D1996612

Natur-Geschichte

Zum Plan in der vorderen Klappe:

Nutzung des Museumsgevierts zwischen Augustinergasse, Martinsgasse, Stapfelberg, Schlüsselberg und Münsterplatz um 1992

- **1** Naturhistorisches Museum (Berri-Bau)
- **2** Völkerkundemuseum
- **3** Schweizerisches Museum für Volkskunde
- **4** Ethnologisches Seminar
- **5** Arbeitsräume des Naturhistorischen Museums
- **6** Arbeitsräume des Völkerkundemuseums

Beiträge zur Basler Geschichte

Christian Simon

Natur-Geschichte

Das Naturhistorische Museum Basel im 19. und 20. Jahrhundert

Christoph Merian Verlag

Für Larry Daley

Gedruckt mit Unterstützung der Berta Hess-Cohn Stiftung Basel und
des Schweizerischen Nationalfonds zur Förderung der wissenschaftlichen Forschung Bern.

1. Auflage, 2009

Bibliografische Information der Deutschen Nationalbibliothek:
Die Deutsche Nationalbibliothek verzeichnet diese Publikation
in der Deutschen Nationalbibliografie; detaillierte bibliografische Daten
sind im Internet über http://dnb.d-nb.de abrufbar.
ISBN 978-3-85616-409-6

cmv christoph merian verlag
Ein Unternehmen der Christoph Merian Stiftung

© 2009 Christoph Merian Verlag

Alle Rechte vorbehalten; kein Teil dieses Werkes darf in irgendeiner Form
ohne vorherige schriftliche Genehmigung des Verlags reproduziert
oder unter Verwendung elektronischer Systeme verarbeitet, vervielfältigt
oder verbreitet werden.

Lektorat: Doris Tranter, Basel
Bildredaktion: Sara Janner, Basel
Gestaltung und Satz: Atelier Mühlberg, Basel
Lithos: LAC AG, Basel
Druck und Bindung: Kösel GmbH & Co. KG, Altusried-Krugzell
Papier: Z-Offset W 100 g/m²

www.merianverlag.ch

Inhalt

1 **Einleitung**

1.1 Anlass zu dieser Arbeit, Ziele und Umstände, Einschränkungen 11
1.2 Die Bedeutung der Naturgeschichte 14
1.3 Naturgeschichte und Biodiversität 17
1.4 Sammeln als Aneignung der Natur, ‹Sammeln als Wissen› 23
1.5 Die Geschichte von Museum und Universität, Zoologie und Paläontologie als Teile einer Basler Geschichte der Naturgeschichte 26
1.6 Grenzziehungen – ‹Boundary Management› 28
1.7 Privilegierte Quellenlage 35
1.8 Aufbau des Buches 37

2 **Traditionen in Universität und Privatgelehrsamkeit. Basler Naturgeschichte 1850–1960**

2.1 Peter Merian und Ludwig Rütimeyer. Historisierung der Naturforschung 41
2.2 Die Zoologie von Fritz Zschokke zu Adolf Portmann. Etablierung der Basler Tradition 49
2.3 Die Erdwissenschaften. Erdgeschichte und Paläontologie 70
2.3.1 Paläontologie und Evolution 70
2.3.2 Erdwissenschaften an der Universität Basel 75

3 **Das Museum als Ort der Naturgeschichte**

3.1 Einleitung 91
3.2 Anfänge und Höhepunkte im 19. Jahrhundert. Von Peter Merian zu Ludwig Rütimeyer 93

3.3 Das Museum in der ersten Hälfte des 20. Jahrhunderts. Die Epoche der Privatgelehrten 109
3.3.1 Einleitung 109
3.3.2 Das Naturhistorische Museum unter Fritz Sarasin 110
3.3.3 Weitere Verwissenschaftlichung und Ausbau unter Hans Georg Stehlin 115
3.3.4 Beamte halten Einzug im Museum der Privatgelehrten 124
3.3.5 Das allgemeine Publikum vor dem verwissenschaftlichten Museum – Fragen der Ausstellungsgestaltung 129
3.3.6 Das Ende der Ära Stehlin 135

4 Die Modernisierung des Museums in der zweiten Hälfte des 20. Jahrhunderts
4.1 Einleitung 143
4.2 Der Systemwechsel und die Leitung des Museums durch Eduard Handschin. Ansätze einer Modernisierung der Strukturen und der Ausstellungen 145
4.3 Der Höhepunkt der Modernisierungsbestrebungen. Politik, Wissenschaft und Kulturgüterschutz zur Zeit der Direktion von Hans Schaub 155
4.3.1 Hans Schaub 155
4.3.2 Führungsprobleme 158
4.3.3 Pilotprojekte: Höhlenbär und Oreopithecus 164
4.3.4 Anthropologie im Naturhistorischen Museum 171
4.3.5 Hofunterkellerung 172
4.3.6 Ausstellungsfragen 178

4.3.7 Einblick in die Forschungen des Museums in den 1960er- und 1970er-Jahren: Geologie/Paläontologie 185
4.3.8 Vorschlag einer Neuausrichtung um 1970 188
4.4 Rückkehr zur Sparpolitik und Beginn der externen und internen Evaluationen. Die 1980er-Jahre 193
4.5 Das Museum um 1990. Eine Zwischenbilanz 205

5 Neue Wege der Wissenschaften an der Universität
5.1 Einleitung 215
5.2 Zoologie. Das Ende der Ära Portmann – Schlussstrich und Neubeginn 218
5.3 Ausflug in die Botanik 233
5.4 Umweltwissenschaften. NLU und MGU 239
5.4.1 NLU. Brückenkopf für die Museumsbiologie 239
5.4.2 MGU. Wissenschaft und Politik 246
5.5 Erdwissenschaften. Geologie als angewandte Physik und Kontinuität in der Paläontologie 249
5.6 Die Präsenz der Museumswissenschaftler an der Universität 250

6 Das Museum in einem gewandelten Umfeld – Staatliche Museumspolitik der 1990er-Jahre als Wendepunkt
6.1 Einleitung 257
6.2 Erwerbung der Käfersammlung Frey 260
6.3 Das Ende der Schaub-Konzeption für die Raumnutzung 261
6.4 Das Naturhistorische Museum in der Phase der Redimensionierung der Staatsaufgaben 265

6.5 ‹Porträt› 1997 269

6.6 Erstmals ein Basler Museumsgesetz 273

6.7 Das Konzept ‹Universitätsgut› 279

6.8 Ergebnisse der Gesetzgebung von 1999 285

6.9 Museumsökonomie, NPM, Governance 287

6.10 Kulturalisierung und wem sie nützt 293

6.11 Neu-altes Profil. ‹Archive der Biodiversität› oder ‹Bibliothek der Naturgeschichte›? 298

6.12 Forschung am Museum. Versuch eines Rückblicks 303

7 Ergebnisse 321

8 Anmerkungen 339

9 Bibliografie

9.1 Quellen 393

9.1.1 Unveröffentlichte Quellen 393

9.1.2 Gedruckte Quellen, Berichte, Internet 396

9.2 Literatur 403

Anhang

Verzeichnis der Abkürzungen 411

Bildnachweis 414

1 Einleitung

1.1 Anlass zu dieser Arbeit, Ziele und Umstände, Einschränkungen

Die vorliegende Arbeit ist weder Festschrift noch Auftragswerk. Entstanden ist das Buch aus der Initiative des Verfassers. Dieser überlegte sich, nachdem er sich früher mit Aspekten von Universitätsgeschichte und Forschungsgeschichte der chemisch-pharmazeutischen Industrie befasst hatte, dass es in wissenschaftsgeschichtlicher Perspektive interessant wäre, sich mit der gut dokumentierten Geschichte eines Naturhistorischen Museums zu beschäftigen, insbesondere hinsichtlich der wissenschaftlichen Funktion der Institution. Der 2006 neu an die Öffentlichkeit getragene ‹Claim› des Basler Museums, als ‹Archive des Lebens› aufzutreten, gab schliesslich den unmittelbaren Anstoss, ein entsprechendes Projekt zu konkretisieren und in Angriff zu nehmen. Dies geschah zunächst ausgehend vom Stand der Forschungen zur Geschichte der Biologie, wie er durch die Zusammenarbeit mit dem Botaniker Jürg Stöcklin und dem damaligen Doktoranden Niklaus Stettler in den 1990er-Jahren gegeben war.[1] Bald aber zeigte sich, dass die Positionen jener Zeit, geprägt von einer Entgegensetzung von Grundlagenbiologie und organismischer Biologie aus den 1970er-Jahren, durch die Entwicklung der Naturwissenschaften selbst teilweise überholt waren; auch verlangte die Beschäftigung mit dem Museum nach einer Ausweitung des Horizonts, um neben der Zoologie auch die Erdwissenschaften besser berücksichtigen zu können (Botanik war aus historischen Gründen kein Gegenstand des Basler naturhistorischen Museums). Diese Arbeit ist somit ein ‹gelehrtes Werk› und nicht ein Versuch, einem breiteren Publikum die Bedeutung der Existenz naturgeschichtlicher Museen zu verdeutlichen – diesem Zweck dienen bereits Schriften wie die als ‹schönstes Buch des Jahres› 1980 prämierte Museumspublikation ‹Raritäten und Curiositäten der Natur› oder die Einführung in die Wichtigkeit naturhistorischer Sammlungen, die Aurel Schmidt 1992 anlässlich der Ausstellung der Bilder von Jürg Kreienbühl schrieb.[2] Der Verfasser hofft aber, dass dadurch Grundlagen bereitgestellt werden, die letztlich auch eine Diskussion über Sinn und Zweck des Naturhistorischen Museums befruchten könnten, obwohl es hier darum geht, exemplarisch die Beziehungen zwischen Institutionen, Funktionen und Inhalten wissenschaftsgeschichtlich zu klären.

Die Arbeit spiegelt in keiner Weise Positionen oder Strategien der Verantwortlichen des Naturhistorischen Museums. Da das Projekt den durch Personalknappheit und räumliche Enge belasteten Museumsbetrieb möglichst wenig stören sollte, beschränkte der Verfasser den Kontakt zum Museum auf das Notwendigste. So wurde die reiche Museumsbibliothek nicht beigezogen. Wir erhielten Einblick in die Protokolle der Museumskommission, einen kompletten Satz Jahresberichte für die zweite Hälfte des 20. Jahrhunderts sowie Zugang zur Fotosammlung im Direktionsarchiv. Darüber hinaus gewährte uns die Stiftung zur Förderung des Naturhistorischen Museums eine finanzielle Unterstützung, die wir auch an dieser Stelle verdanken möchten.

Der Untersuchungszeitraum reicht vom frühen 19. bis zum Ende des 20. Jahrhunderts, wobei darauf geachtet wurde, für das 20. Jahrhundert stärker auf die unveröffentlichten Quellen abzustellen als für das 19. Jahrhundert, für welches bereits Interpretationsansätze vorlagen. Auf Fragen des beginnenden 21. Jahrhunderts wurde nur am Rande Bezug genommen, da sich der Verfasser nicht in aktuelle Diskussionen einmischen wollte.

Der Hauptarbeitgeber des Verfassers gewährte einen unbezahlten Urlaub von fünf Monaten, der den zeitlichen Rahmen dessen absteckte, was machbar war und wo Grenzen gezogen werden mussten. Weitgehend wegfallen musste schliesslich eine Beschäftigung mit der Geschichte der Mineralogie (was angesichts der Bedeutung der Sammlung, aber auch der Forschungsarbeiten in den letzten Jahrzehnten bedauerlich ist),[3] ein Studium der eigentlichen museologischen Aspekte in der Geschichte der Institution und eine vertiefte Auseinandersetzung mit Biografien von Forschern und deren individuellen Leistungen. Ferner musste darauf verzichtet werden, die eigentliche konservatorische Praxis oder das eindrückliche Werk der Präparatoren zu würdigen. Gerade für den hier vertretenen wissenschaftsgeschichtlichen Ansatz, für den die Praktiken zentral sind, wären die technischen Aspekte der Museumsarbeit an sich wichtig gewesen. Die Arbeit beruht auf dem Forschungsstand von 2006/2007.

Das Projekt förderten die Dr. H. A. Vögelin-Bienz-Stiftung für Forschungen im Staatsarchiv Basel-Stadt, die Freiwillige Akademische Gesellschaft Basel und die Stiftung zur Förderung des Naturhistorischen Museums Basel. Mit Hilfe eines zusätzlichen Beitrags der zuletzt genannten Stiftung wurde es Sara Janner ermöglicht, über ausgewählte Persönlichkeiten biografische Studien durchzuführen, die für die vorliegende Geschichte zur Verfügung standen. Sara Janner hat ferner die Bildrecherchen für die vorliegende Veröffentlichung durchgeführt. Sie und die Leihgeber der Bildmaterialien haben es ermöglicht, dass der Band nicht nur in Worten, sondern auch in Bildern zu den Leserinnen und Lesern sprechen kann. Der Verfasser dankt diesen Gönnern, dem Staatsarchiv Basel-Stadt und dem Historischen Seminar der Universität Basel für die Möglichkeit, dort zu arbeiten, sowie den Studierenden, die in einem Seminar im Frühjahrssemester 2007 mitgeholfen haben, das Thema zu strukturieren und die grossen Argumentationslinien zu testen. Ein besonderer Dank geht an die Partner, die sich für Interviews und andere Gespräche zur Verfügung stellten, sowie an Christoph Oberer für die vielfältigen Informationen, Fragen und Anregungen, die er dem Verfasser mitzugeben wusste. Ein wichtiger Begleiter, der nicht nur seine grossen fachlichen Kenntnisse und seine eigenen historischen Vorarbeiten verfügbar machte, sondern auch bei der Finanzierung des Projektes als unentbehrlicher Vermittler wirkte, war Markus Ritter.

1.2 Die Bedeutung der Naturgeschichte

Das allgemeine Ziel dieser Arbeit ist eine Rekonstruktion der Geschichte der ‹Naturgeschichte› in Basel, an der Universität, im Naturhistorischen Museum, und – soweit es in diesem Rahmen möglich war – auch ausserhalb dieses Bereichs, nämlich bei Privatgelehrten, sowie zu zeigen, wann der Staat und private Sponsoren welche Rolle für deren Akzentsetzung und Entwicklung spielten. Damit gelangt man zur Vorstellung eines ‹Dreiecks› Museum–Universität–Staat, ergänzt durch den Aspekt der Beziehungen zur Öffentlichkeit, den der Staat seit den 1930er-Jahren immer wieder an die Museumsverantwortlichen herangetragen hat. Wir wollen zeigen, mit welchen Akzentsetzungen sich in Basel eine bestimmte Tradition entwickelte (und wandelte), welche Alternativen zu ihr existierten und welches Schicksal diese Tradition in verschiedenen Kontexten erlitt. Nicht berücksichtigt wird dabei die Entwicklung im Schulwesen (Mittelschulen, Naturkunde-Didaktik am Lehrerseminar), obschon diese in der Basler Naturgeschichtstradition einen grossen Stellenwert hatte. Wir verwenden einen kulturgeschichtlichen Ansatz, der weniger auf die (oft kumulativ vorgestellte) Entwicklung des Wissens innerhalb der einschlägigen Disziplinen führt, als auf den ‹Sinn›, den die Gesellschaft verschiedenen Inhalten und Formen des Wissens zuschrieb. Naturgeschichtliches Wissen zeichnete sich dadurch aus, dass auch Laien ihm wiederholt eine bestimmte Bedeutung zusprachen und es mit weltanschaulichen Vorstellungen und Werten in Verbindung brachten. Nicht nur durch die soziale Zugehörigkeit verschiedener prominenter Forschender und deren Stellung in der Öffentlichkeit und den Institutionen, sondern auch durch diese Verbindung von Wissenschaft mit bestimmen Orten, Strukturen und Gruppen erhielt die Naturgeschichte ‹ausserwissenschaftliche› Bedeutungen, aufgrund derer sie sich als Gegenstand der Kulturgeschichte eignet.

Dabei werden wir im frühen 19. Jahrhundert einsetzen, das stark vom Ringen mit den Ideen aus der Aufklärung geprägt war. Die kulturgeschichtliche Bedeutung der Naturgeschichte für das 18. und 19. Jahrhundert kann kaum überschätzt werden:

> «[...] There is one constancy, namely, the importance of the roles assigned to natural history in the commonwealth of learning: as a universal discipline, prior to political, social and moral order; as the partner with civil and sacred history in the revelation of the workings of divine providence; as the universal and stable foundation for the transitory and speculative systems of natural philosophy; as the basis for the agricultural, commercial and colonial improvement of the human estate».[4]

Die Naturgeschichte umfasste als historischer Begriff des 19. Jahrhunderts gleichzeitig *mehr* und *weniger* als die moderne Vokabel ‹Biologie›: Mehr, weil auch Erdwissenschaften dazugehörten, die dank der Rolle von Fossilien bei der Bestimmung der Zeitstellung mit biologischen Fakten verknüpft waren (‹Life and Earth Sciences› wäre eine denkbare moderne Umschreibung für Naturgeschichte[5]), aber auch die Mineralogie; weniger, weil Grundlagenphysik sowie der molekulare und intermolekulare Bereich ausgeklammert blieben (dafür wäre insbesondere über die naturwissenschaftlichen Grundlagenfächer der Medizin zu sprechen wie Physiologie, physiologische Chemie und Biochemie). Naturgeschichte war wesentlich an Gestalten orientiert, wie die Facies-Idee der Geologie im 19. und noch die Gestaltbiologie Adolf Portmanns im 20. Jahrhundert zeigten. Naturgeschichte war in einem gewissen Sinne im 19. Jahrhundert wirklich ‹historisch› und dadurch an die damalige Leitwissenschaft Geschichte anschlussfähig.[6] Zwar hiess sie ursprünglich, noch im 18. Jahrhundert, ‹historisch› im Sinne der griechischen Vokabeln *historia, historein*, das heisst Untersuchung, respektive recherchieren, nachforschen. Aber im Verlauf des 19. Jahrhunderts wurde unter dem Einfluss der Entwicklungslehren der Beigeschmack der ‹Geschichte› als zeitlicher Abfolge unabweisbar. Die Erde hatte Geschichte, die Menschheit hatte Geschichte lange vor den schriftlichen Urkunden; Tiere und Pflanzen hatten Geschichte, weil sie als Produkte von Entwicklungen in der Zeit verstanden und erforscht wurden. Die metaphorische Anlehnung an die

Leitwissenschaft Geschichte liess es deshalb zu Ende des 19. Jahrhunderts auch plausibel erscheinen, von den Sammlungen als Bibliotheken oder Archive zu sprechen. In den nachfolgenden Ausführungen werden wir die biologischen Themen vor denen der Erdwissenschaften privilegieren, um einen gewissen Schwerpunkt zu setzen, aber auch deswegen, weil für einen Aspekt des Themas, nämlich die Beziehungen zwischen Universität und Museum, die Geschichte einer Biowissenschaft, nämlich der Zoologie, eine entscheidende Rolle spielte.

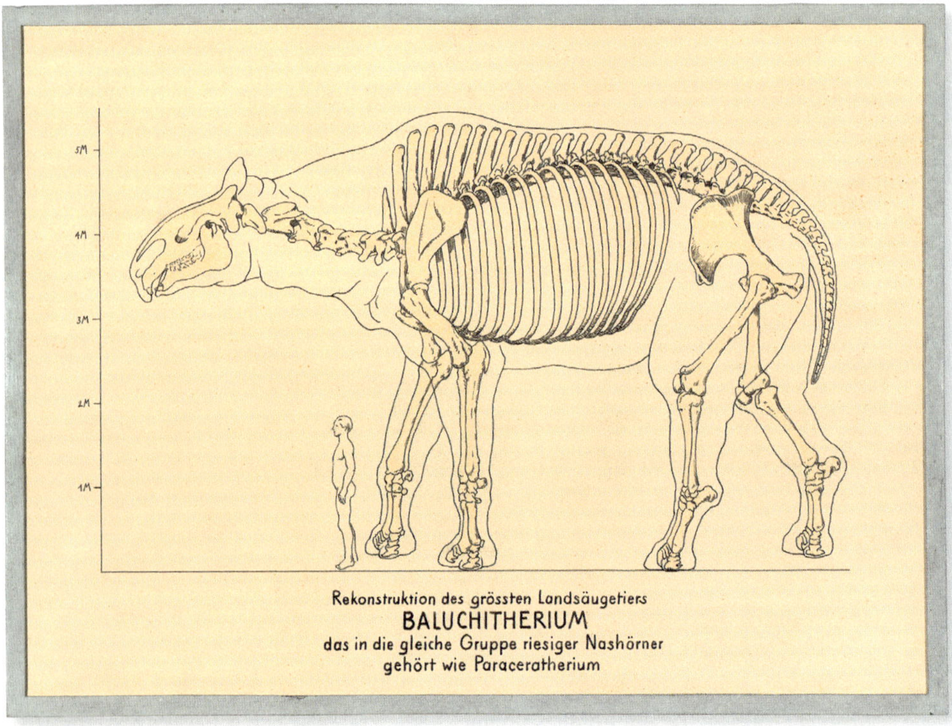

Erläuternde Bildtafel, gezeichnet von Otto Garraux (1904–1989), die den Besuchern des Skelettsaales die Grössenverhältnisse zwischen Mensch und riesigen ausgestorbenen Nashornarten veranschaulichen sollte.

1.3 Naturgeschichte und Biodiversität

Wertvolle Anregungen zu einer wissenschaftsgeschichtlichen Neubewertung der naturhistorischen Museen aus der Perspektive ihrer Bedeutung für die Diversitätsforschung der letzten zwei Jahrzehnte hat Robert Kohler in seinem 2006 erschienenen Buch ‹All Creatures› gegeben.[7] Es ist für die wissenschaftsgeschichtliche Relevanz unseres Themas wichtig zu sehen, dass ein bedeutender Wissenschaftshistoriker nun dezidiert die Wichtigkeit der naturhistorischen Exkursionen und der entsprechenden Museen zu unterstreichen beginnt. Dies ist umso auffälliger, als sich Kohler früher vor allem mit dem Forschungsort und den Praktiken des Laboratoriums (‹Labscapes›) beschäftigte, in welches das ‹Leben› aus dem Feld (den ‹Landscapes›) verpflanzt und einer ganz bestimmten Art der Forschung unterworfen wurde, und der von seiner Ausbildung her durchaus kein ‹soft scientist› ist. Das Buch korrespondiert in Teilen seines Ansatzes mit unserem eigenen Postulat aus den 1990er-Jahren,[8] wonach die Geschichte der Biowissenschaften neu beleuchtet und geschrieben werden könne, nachdem sich die Diversität als eines der zentralen Themen der biologischen Wissenschaften etabliert hat.

Das Basler Museum appellierte demgegenüber an die unter Laien und Unterrichtspersonen der Mittelschulen gut verankerte Tradition des Naturschutzes, als es in den 1960er-Jahren mit temporären Sonderausstellungen aufzutreten begann (Beispiel: Ausstellung ‹Bedrohte und ausgerottete Tiere› mit dem WWF[9]). Es konnte damit an die von Paul Sarasin geschaffene und auch von den Basler Zoologieprofessoren von Fritz Zschokke bis Eduard Handschin vertretene Naturschutzidee anknüpfen. Dann folgten im Zeichen des Umweltschutzes Themen wie Artensterben und ökologische Zusammenhänge.[10] Hauptvehikel für diese Thematik im Dialog mit dem weiteren Publikum waren Sonderausstellungen, für welche die räumlichen Voraussetzungen nach dem Kellerausbau 1970/1971

Paul Sarasin (1856–1929) im Val Clouzza, das 1914 zum Schweizer Nationalpark erklärt wurde. Nach 1900 engagierte sich Sarasin führend in der schweizerischen Naturschutzbewegung.

deutlich besser geworden waren, während die Direktion noch im gleichen Jahrzehnt fand, für die Dauerausstellung seien ökologische Zusammenhänge nur ein Aspekt unter vielen anderen (namentlich phylogenetischen, morphologischen), welche das Museum darzustellen hätte.

Mit der Thematisierung der Biodiversität an der Basler Universität durch MGU und NLU und auf Bundesebene durch das Schwerpunktprogramm Umwelt (SPP-U) in den 1990er-Jahren entstand zwar im Prinzip ein akademischer Anknüpfungspunkt für das Naturhistorische Museum, denn, wie Kohler feststellt: «The history of our knowledge of biodiversity is first and foremost a history of collecting and collections».[11] Tatsächlich erschienen Sammlungen später auch in der Schweiz als Instrumente des Diversitätsmonitorings (siehe dazu den folgenden Absatz). Aber die universitäre Biologie verstand unter Diversitätsforschung oft einen Teil der sogenannten ‹regionalen›, angewandten Biologie, die in manchen Köpfen als zweitrangig (‹diversity freaks›) hinter der allgemeinen, grundlagenorientierten Biologie rangierte. Während ein Wissenschaftshistoriker wie Robert Kohler in den Museen diejenigen Orte des Wissens zu erkennen glaubt, die durch ihre Praktiken die grundlegenden Voraussetzungen für die Bearbeitung biologischer Fragen nach Diversität und Evolution schufen, orientierte sich einerseits in Basel die Biologie an der Universität zunehmend am Modell der Grundlagenforschung in ‹hard sciences› und verschrieb sich andererseits das Basler Naturhistorische Museum nie vorbehaltlos einem Selbstbild als Ort des Diversitätswissens. Wir werden nach den Gründen dafür suchen müssen.

Im Gefolge der Rio-Konvention, die 1992 an der UN-Konferenz über Umwelt und Entwicklung (‹UN Earth Summit›) ausgehandelt wurde, erfuhr Biodiversität in verschiedenen forschungspolitischen und konservationsbiologischen Aktivitäten eine ‹Umsetzung›. Namentlich entstand 1999 in der Schweiz beim Abschluss des Schwerpunktprogramms Umwelt das ‹Forum Biodiversität Schweiz›, das die Brücke zwischen Forschung und Naturschutz, Politik und NGOs schlagen sollte. Eine der bisher wichtigsten Ergebnisse des Forums war eine schweizerische Biodiversitätsstudie[12] als Vorarbeit für die nationale Biodiversitätsstrategie, zu welcher ein Diversitätsmonitoring[13] gehört. Der Ansatz geht hier, durchaus informiert durch einen Diversitätsbegriff, der in der Populationsgenetik wurzelt, in die Breite: Das Ziel ist ein Verlangsamen des ‹Artensterbens› durch eine geplante, konzertierte und zielgerichtete Aktion im Rahmen der Verpflichtungen, welche die Schweiz eingegangen war, indem sie 1994 die Rio-Konvention von 1992 ratifiziert hatte.[14]

Eine Vorstellung von Biodiversität wurde massgeblich durch das (us-amerikanische) ‹National Forum on Biodiversity› vom 21. bis 25. September 1986 in Washington DC geprägt.[15] Voraus war die Konzipierung der Umweltkrise des ausgehenden 20. Jahrhunderts als ‹Biodiversity crisis› gegangen.[16] Die seit den 1990er-Jahren gängige Auffassung erkennt Diversität in drei Dimensionen (die auch als hierarchische Ebenen der Organisation des Lebendigen verstanden werden): genetische Vielfalt, Artenvielfalt und Vielfalt eines Ökosystems. Dies nehmen die Autoren der Schweizer Biodiversitätsstudie auf:

> «Am häufigsten wird Biodiversität auf der Ebene der Art beschrieben. [...] Auf molekularer Ebene lässt sich Biodiversität als genetische Vielfalt innerhalb einer Art, einer Population oder eines Individuums definieren. [...] Zur Biodiversität zählen auch die Vielfalt der Lebensgemeinschaften, in denen

> Arten leben, die Vielfalt der Ökosysteme, an denen diese Lebensgemeinschaften teilhaben, und die Komplexität ökologischer Wechselwirkungen.»[17]

Die Konvention von Rio hatte 1992 die folgende Definition vorgegeben:

> «‹Biological diversity› means the variability among living organisms from all sources including, inter alia, terrestrial, marine and other aquatic ecosystems and the ecological complexes of which they are part; this includes diversity within species, between species and of ecosystems».[18]

Abgesehen von der relativ geringen Aufmerksamkeit, die den genetischen Grundlagen in einer für das breite Publikum geschriebenen Darstellung zuteil wird,[19] fällt in der Schweizer Biodiversitätsstudie die Absenz der Museen unter den Akteuren, die etwas für den Schutz der Biodiversität in der Schweiz tun oder tun sollten, auf. Forschungsaufgaben werden darin wohl am ehesten den Hochschulen zugedacht, aber auch bei Bildungsaufgaben werden Museen nicht prominent erwähnt.[20] Diese werden vielmehr in einen typografischen ‹Kasten› verbannt, in welchem die Museen mit ihren Sammlungen als ‹Archive der Natur› bezeichnet werden. Deren erste Bedeutung liege darin, dass sie «Referenzmaterial» zur «Nachprüfung und Eichung der Artnamen»[21] bereithalten. Hinweise auf die enge Verbindung der Diversität mit der Evolution (die rezente Diversität wird von andern gern als das Ergebnis von 4 Milliarden Jahren Evolution dargestellt, und seit Wilsons Tagung von 1986 wird immer wieder darauf insistiert, dass ohne Diversität keine Evolution denkbar sei) stehen keineswegs im Mittelpunkt. Das ist bedauerlich, da gerade die naturhistorischen Museen in der Regel seit ihrer Gründung im 19. Jahrhundert einem Programm der Entwicklungsgeschichte verpflichtet sind. Naturhistorische Museen werden in der Schweiz anscheinend nicht schwergewichtig zu dem von der Wissenschaftsgeschichte inzwischen als evident vorausgesetzten Wert wahrgenommen, den sie in der Forschung zur Biodiversität und den damit verbundenen ‹Global Change›-Studien haben könnten.

Die Diversitätsthematik ist in der neueren Entwicklung der Biologie zunehmend im Kontext eines Obsoletwerdens des früher betonten Gegensatzes zwischen neuer und alter, molekularer und organismischer, grundlagenorientierter und historischer Biologie verstanden worden. Wenn die Geschichte der Basler Naturgeschichte einmal näher bekannt ist, dann kann auch in einem neuen Anlauf und aus dieser inzwischen gewandelten Perspektive die Frage nach dem Verhältnis zwischen Neuer Biologie und einer ‹alten› Biologie wieder gestellt werden, die zuletzt Niklaus Stettler unter dem Eindruck des in den 1990er-Jahren erreichten Diskussionsstandes als Ressourcenkonkurrenz und «Verdrängungsprozess der ‹Vielfaltsbiologie›, der an den Schweizer Hochschulen zwischen 1945 und 1975 stattgefunden hat», dargestellt hat. Er konzedierte jedoch die Möglichkeit, dass es die «Vielfaltswissenschaft Biologie» selbst «verpasst» haben könnte, «ihren Gegenstand so zu formen, dass sie fähig geworden wäre, zur Überwindung der sich abzeichnenden Biodiversitätskrise beizutragen».[22] Dabei geht es nicht um einen von der politischen Agenda diktierten Aktivismus, sondern durchaus auch um Grundlagenarbeit.

Man sollte auch kurz überlegen, wovon man spricht, wenn man Diversität und Vielfalt als Bezeichnungen für mögliche Gegenstände der von Stettler «historische Biologie» genannten Forschungen (oder Diskurse?) selbstverständlich übernimmt und daraus Erwartungen an die Forschungsprogramme bestimmter Institutionen ableitet. Steht im Kern der Idee von Diversität die Variabilität in Populationen, stehen wir mitten in der Genetik in der Art, wie sie Dobzhansky in den 1930er-Jahren propagierte und wie sie als wichtiges Element in die ‹Moderne Synthese› einging. Damit befinden wir uns aber ausserhalb der Agenden, welche die ‹historischen Biologen› in der Schweiz verfolgten. Ihr Thema war vielmehr die ‹Vielfalt› der ‹Gestalten› und die meist morphologisch vorangetriebene Suche nach Formen und Funktionen in ihrer Entwicklung. Als ‹toile de fond› diente die oft unausgesprochene Annahme eines Planes, eines ‹tieferen Sinnes›, eines ‹Telos› oder, wie wir bei Portmann sehen werden, eines ‹Geheimnisses›, das die Wissenschaft umkreist und ahnen lässt, aber nicht in einem banalen aufklärerischen oder positivistischen Sinne ‹entschleiert›. Die ‹moderne› Auffassung von Evolution als Prozess, dessen Motor die nicht zielgerichtete Selektion ist, war damit im Grunde nicht vereinbar; die Widerstände der ‹historischen Biologen› gegen die Lesart der Evolution, die für uns zum Beispiel mit dem Namen von Ernst Mayr verbunden ist, ergaben sich daraus folgerichtig.

Das Umschreiten des ‹Geheimnisses› rechtfertigte als Sonntagsdiskurs tendenziell eine am Werktag nicht weiter reflexionsbedürftige Praxis des manchmal fetischistischen Umgangs mit Naturerscheinungen als Objekten des Sammelns, einer ‹Naturbetrachtung› statt ‹Naturwissenschaft›.[23] Studiert man die Geschichte der naturgeschichtlichen Biologie einmal nicht zum Zweck der Legitimierung der Traditionen, sondern als wissenschaftliche Praxis *eigener* Art, dann scheint es sich um eine separate Art von Wissenschaft zu handeln. Dabei folgen wir der Kritik der ‹neuen› Biologie an die Adresse der ‹historischen Biologie› nicht so weit, dass wir die ‹alte› als nicht wirklich wissenschaftlich bezeichnen würden – solche Grenzziehungen sind selbst Gegenstand wissenschaftsgeschichtlicher Analyse und nicht davon unabhängige Voraussetzungen. Als diese andere Wissenschaft war sie eingeschrieben in die Sammlungen und Sammlungen von Sammlungen, eben in die naturgeschichtlichen Museen, und ins Naturerleben der Freizeitforscher und Privatgelehrten, die sich zur Beobachtung ‹nach draussen›, ins Feld begaben.

Die Evolutionsbiologie der ‹Modernen Synthese› entwickelte nicht nur ein neues Interesse an der ‹Vielfalt›, sie konstituierte diese auch neu und war damit etwas Anderes als die natürliche Fortsetzung der Naturgeschichte. Die ‹alte› Vielfalt der Naturgeschichte evozierte Ordnung, Heimat, Sinn, Geborgenheit; die ‹neue› schuf scheinbar keine derartige ‹Orientierung› mehr – scheinbar, weil deren Repräsentanten in den 1960er- und 1970er-Jahren gerne darauf insistierten, dass mit der ‹neuen› Biologie auch eine neue Weltanschauung einhergehe oder für diese entwickelt werden müsse. Und die universitären Biologen (das heisst Zoologen und Botaniker, Paläontologen) der Schweiz rezipierten diese Neuerung bis in die 1960er-Jahre mehrheitlich nicht.[24] Es wäre eine übertriebene Erwartung, ‹Vielfaltswissenschaftler› müssten sich notwendig und grundlegend mit der Umweltkrise (Diversitätskrise) befassen. Viel naheliegender ist die Erwartung, dass sie eine der in den Fachtraditionen angelegten Spezialisierungen weiter vertieften.

1.4 Sammeln als Aneignung der Natur, ‹Sammeln als Wissen›

Die Bildung von Imperien durch die weltumspannende Seefahrt führte in der Frühen Neuzeit zu einer Eroberung der Welt durch die symbolische und reale Aneignung ihrer ‹Naturprodukte› in Sammlungen und Botanischen Gärten. Der Imperialismus des 19. Jahrhunderts war begleitet von einer Intensivierung dieser Aneignung, die mit der Errichtung gross konzipierter Museen in den Hauptstädten der Weltmächte einherging. Anthropologie respektive Völkerkunde, Botanik, Zoologie, Paläontologie, Geologie, Mineralogie beschafften, ordneten und präsentierten die Ergebnisse und dokumentierten gleichzeitig mit der wissenschaftlichen Durchdringung des Sammlungsgutes den Anspruch der jeweiligen Nation auf die Suprematie in der Beherrschung von weiten Teilen der Welt.

Die Handels- und Missionsstadt Basel[25] hatte alles Interesse daran, in ähnlicher Weise, aber zum Teil aus anderen Motiven ihren Zugriff auf die ganze Welt in Sammlungen zu repräsentieren. Zwar gebot sie nicht wirklich über ein Imperium wie die Grossstaaten, aber deswegen war der Horizont ihrer Eliten alles andere als lokal begrenzt. Sammeln war auch hier Aneignung, symbolische Eroberung von Welten. Ergänzend wurde um 1900 auch argumentiert, dass die Arbeit in den Sammlungen die Basler Jugend darauf vorbereiten helfe, in der weiten Welt ihre Aufgaben als Missionare, Handelsleute, Geologen etc. zu erfüllen.

Die historische Wissenschaftsforschung hat sich in den letzten Jahren mit der Frage zu befassen begonnen, inwiefern Sammlungen als eine besondere Form des Wissens angesehen werden können.

Naturgeschichte scheint tatsächlich untrennbar mit dem Thema des ‹Sammelns als Wissen› verbunden zu sein. Das Sammeln von Naturobjekten war eine der (neben dem Experiment, was in diesem Zusammenhang gerne vergessen wird) dominanten Praktiken der Objekt-Aneignung, welche die Naturwissen-

Ausstellung über kleinwüchsige Völker im Jahre 1975 in Zusammenarbeit mit dem Völkerkundemuseum (heute Museum der Kulturen), ein wichtiges Sammlungsgebiet der anthropologischen Forschung in Basel bis in die Mitte des 20. Jahrhunderts.

schaften des späten 19. Jahrhunderts noch immer mit der frühneuzeitlichen Naturaneignung zum unmittelbaren Zweck der Herrschaft und damit auch der Repräsentation des gesellschaftlichen Geltungsanspruchs des Sammlers durch sein Naturalienkabinett verband.[26]

Einerseits traten somit im 19. Jahrhundert Gemeinwesen (wie die Stadt Basel) und Nationalstaaten an die Stelle der Mächtigen der Frühneuzeit mit dem Bedürfnis, durch Aneignung der Natur der ganzen Welt Herrschaft zu symbolisieren. Andererseits erfüllte die Sammlung einen besonderen Zweck als Abbild der gottgewollten Ordnung in den Dingen, die staunend beim Sammlungsbesuch auch vom Laien erahnt werden konnte. Drittens war aber gemäss dem Entwicklungsstand der Naturwissenschaften des 19. Jahrhunderts in vielen Disziplinen keine Forschung denkbar ohne die Möglichkeit des unmittelbaren Rekurses auf die Naturdinge in den Sammlungen der Institute, aber auch in den Museen.[27] Zu den symbolischen Funktionen von Herrschaft und Orientierung trat eine unmittelbar wissenschaftliche Notwendigkeit, die Sammlungen und deren staatliche Finanzierung rechtfertigte.

Das Sammeln schloss dabei prinzipiell das Ordnen immer ein, ging es doch auch darum, sich zu vergewissern, dass jeder Gegenstand seinen Platz in einem vernünftigen und/oder von Gott planmässig geschaffenen Universum habe.[28] Dies galt nicht nur für die grossen Museen, sondern genauso für den Privatmann, der sich als Naturforscher verstand, gehörte er nun zur ‹leisure class›, die damit ‹spleen› oder standesgemässe Lebensaufgabe lebte, oder war er der ‹einfache Mann›, der neben der Ausübung von Pfarramt, Schulmeisterstelle oder Handwerk[29] der Leidenschaft des Jagens, der Sammlung und des Bestimmens der Arten verfallen war.[30]

Historische Arbeiten über Naturgeschichte, die weniger auf die Geschichte disziplinärer Fortschritte abzielen, sondern die nach den Massstäben der jeweiligen Epochen und einschlägigen sozialen Gruppen als wissenschaftlich geltenden Praktiken (Sammeln war zweifellos eine solche ‹Praktik›) in den Mittelpunkt rücken, gelten in der modernen Kulturgeschichte als aktuell. So entsteht eine ‹Kulturgeschichte der wissenschaftlichen Sammlungen und Museen› überhaupt.[31]

1.5 Die Geschichte von Museum und Universität, Zoologie und Paläontologie als Teile einer Basler Geschichte der Naturgeschichte

Unser Interesse galt ursprünglich dem gesamten Feld der Biowissenschaften in Basel. Dazu würde eine Beschäftigung mit allen Orten der biologischen Forschung gehören: die Forschungen in der chemisch-pharmazeutischen Industrie, die Tätigkeiten nicht nur der Philosophisch-Naturwissenschaftlichen Fakultät und ihrer Institute (einschliesslich der Chemie), sondern auch die biomedizinischen Arbeiten in der Medizinischen Fakultät. In ein solches Gesamtbild hinein wäre idealerweise die Geschichte des Naturhistorischen Museums zu stellen. Dies könnte in einem späteren Anlauf geschehen, in welchem das aus der Perspektive des ausgehenden 20. Jahrhunderts als ‹Biologie› erscheinende Gesamtgebiet thematisiert werden soll. Für das Verständnis dieser Aspekte ist der Einbezug der nicht-universitären Forschung unabdingbar, nämlich der Tätigkeiten der Privatgelehrten, wie sie sich namentlich in der Naturforschenden Gesellschaft spiegeln.[32] Allerdings ist es schwierig, auf Anhieb eine Geschichte in den ‹Geschichten› der vielen Privatgelehrten zu sehen, die für uns über ihre Beiträge zu den ‹Verhandlungen› und vor allem über die Nachrufe greifbar werden. Ferner müsste zwischen Stadtkanton und Landkanton unterschieden werden, die verschiedene Kulturen pflegten.

Während der Arbeit am vorliegenden Buch weitete sich das Interesse auf die Zeit von ca. 1800 bis ca. 1990 aus, und die Aufmerksamkeit für die Biowissenschaften verschob sich auf das Thema ‹Naturgeschichte›. Immer wieder stiessen wir dabei an die Grenzen dessen, was angesichts der nicht sehr weit gehenden Aufarbeitung der Wissenschaftsgeschichte in Basel möglich war.

Zu einer umfassenden Studie gehörte ferner die Klärung der Geschichte der Finanzierung von wissenschaftlichen Aktivitäten. Es wäre wichtig, die Rolle der einzelnen Finanzierungsquellen zu erkennen, die Verteilmechanismen zu untersuchen und die daraus resultierenden, meist nicht explizit und im Zusammen-

Reinigung eines Wildschweins in einer Ausstellungsvitrine 1976
in der neugestalteten Ausstellung ‹Säugetiere Europas›.

hang diskutierten Schwerpunktsetzungen in der regionalen Wissenschaftsfinanzierung zu rekonstruieren. Die staatliche Wissenschaftspolitik (die meist nur Hochschulen zum Gegenstand hat) ist nur ein Handlungsrahmen unter vielen; hinzu kommen die Kulturpolitik (Museen wurden spätestens durch das 2000 in Kraft getretene Museumsgesetz eindeutig dem Kulturbereich zugeordnet) und das Wechselspiel dieses Basler Stadtstaates mit den schweizerischen, aber auch den europäischen Nachbarn. Zu berücksichtigen wäre insbesondere der Einfluss privater Finanzierungsquellen: das private Mäzenatentum (‹Philanthropie›), die Rolle von Stiftungen und die Einflüsse und Interessen der Industrie.

1.6 Grenzziehungen – ‹Boundary Management›

Aussagen über Funktionen und Standortbestimmungen von Gruppen und Institutionen in der Wissenschaft sind in der Regel mit Abgrenzungen, das heisst Grenzziehungen gegen diejenigen Felder verbunden, die anderen Gruppen und Institutionen zugeschrieben werden. Eine dominierende Art dieses ‹Boundary Management› in den Wissenschaften beruht auf Ein- und Ausgrenzungen, die es naiv erscheinen lassen, zum Beispiel von Biologen, die innerhalb von staatlich finanzierten Institutionen wie Hochschulen oder Museen arbeiten, eine ernsthafte und effiziente Kooperation zu erwarten, die unmittelbar auf die Lösung der Umweltkrise abzielte. Vielmehr herrscht die in den Naturwissenschaften übliche Ressourcenkonkurrenz vor, von der Politiker erwarten, dass sie zu höherer wissenschaftlicher Leistung führe, und von der wissenschaftssoziologisch angenommen wird, sie sei eine Vorbedingung für die Qualitätssicherung in den Wissenschaften. Diese Konkurrenz verläuft nicht unstrukturiert oder anomisch, zumal die politisch gesetzten Rahmenbedingungen nicht nur die Konkurrenz, sondern auch gewisse Kooperationen in Forschung und Lehre mit Anreizen versehen haben. Grenzziehungen dienen deshalb auch dazu, mögliche Kooperationspartner zu unterscheiden von solchen, mit denen man nicht zusammenarbeiten kann oder will.

Während die Spannung zwischen Konkurrenz und Kooperation und die Herausbildung von wissenschaftlichen Gruppenidentitäten durch Grenzziehungen allgemeine Erscheinungen sind, war die Grenzziehung innerhalb der Biologie über den Bezug zu Adolf Portmann wohl eher eine lokale Basler Spezifizität. Unabhängig von dessen wirklicher wissenschaftlicher und kultureller Leistung, die bekanntlich auch eine internationale Wirkung entfaltete – nicht zuletzt durch Portmanns Wirken im Eranos-Kreis –, wurde der Name zur Bezeichnung einer Trennlinie verwendet. Mit Portmann assoziiert war eine Biologie, die auf einer philosophischen, teilweise säkularisiert-religiösen Naturidee aufbaute. Es wurde erwartet, dass eine solche Biologie lebensweltlich relevante Lehren verkünde und die Fragen des ‹Was soll ich tun› und ‹Was darf ich hoffen› zu beantworten helfe. Diese Erwartungen wurden unabhängig davon, dass Portmann selbst wiederholt die Grenzen wissenschaftlicher Erkenntnis in Erinnerung rief, mit Biologie verbunden. Wissenschaftlich stand die Chiffre ‹Portmann› für eine morphologisch basierte, Organismen als Gestalten fokussierende, ganzheitliche Biologie. Negativ wurde damit der Gedanke einer innovationshemmenden, die lokale Rezeption der Grundlagenbiologie verzögernde, ‹beschreibende› Biologie verbunden, die allenfalls für die Jugendbildung tauge.

‹Beschreibend› war abwertend gemeint, im Sinne von ‹nur deskriptiv›. Hier wurde ein Heterostereotyp in die organismische Biologie hereingenommen, das die Wissenschaftsgeschichte ursprünglich aus der ‹heroischen Phase› der Grenzziehung zwischen Molekularbiologen als ‹neuen› und anderen Biologen als ‹alten› kennt. Von einem der ‹Architekten› des Biozentrums stammt die 1970 getane Äusserung, dass Schüler mit ihrem Naturkundelehrer Portmannsche Zoologie in einem Sommerlager ohne weitere Voraussetzungen betreiben könnten, weil sich diese auf einer niederen Stufe der Wissenschaftsentwicklung befinde. Diese sei dadurch charakterisiert, dass sie nicht erfolgreich nach Naturgesetzen suche, nicht in der Sprache der Mathematik formuliere und nicht auf allgemein gültige Erkenntnisse aus sei. Inzwischen ist ‹beschreibend› zu einem Abgrenzungswort *innerhalb* der organismischen Biologie geworden, vielleicht aufgrund einer Erbschaft von Ideen der Zeit um 1980, als die Überwindung der Reste Portmannscher Biologie durch Empirie, Theorie und Quantifizierung weit oben auf der Agenda stand.

Eine Variante der Grenzziehung zwischen alt und neu war die Abgrenzung durch die Publikationspraxis. So gab es lokal publizierende Biologen, die in den ‹Verhandlungen› ihrer Fachgesellschaft in ihrer eigenen Sprache veröffentlichten. Und es gab solche, die Berichte schrieben für staatlich-politische Projekte und damit ‹graue Literatur› produzierten. Von denen grenzten sich dann diejenigen ab, welche die bibliometrische Evaluation nach Zitationserfolg verinnerlicht hatten und auf alle anderen hinunterschauten, die nicht gezielt in den meistzitierten internationalen Zeitschriften publizierten.

Weitere Abgrenzungen funktionierten über Wissenschaft versus Schuldidaktik, Umweltethik und politische Diskurse. Wahre Wissenschaft, wurde gelegentlich gesagt, müsse sich kritisch abgrenzen von den Zumutungen der Umweltpolitik und Umweltdidaktik – Wissenschaft sei an sich nicht ‹grün› und könne es auch nicht sein, sondern bestehe in einer spezifischen gesellschaftlichen Funktion, die sich im Verlauf ihrer Geschichte erfolgreich emanzipiert habe von Laienerwartungen, Ideologien und Politik. Insbesondere Aufrufe, Wissenschaft über die Diversitätsthematik in ihrer anscheinend unmittelbaren Relevanz für das Überleben auf diesem Planeten auf Politik zu beziehen, wie exemplarisch 1986 durch E. O. Wilson vorgeführt, galten einigen als Verrat am Geist der Wissenschaft selbst. Diese Haltung, welche die Abgrenzung gegen Kollegen einschloss, die sich über die Grenze zwischen reiner Wissenschaft und politischen Debatten hinwegsetzten, hatte eine lange Vorgeschichte, die sich zum Beispiel schon in den Kritiken von Toxikologen und Chemikern an Rachel Carson 1962 manifestiert hatte. Wissenschaft, die sich in die politische Arena begebe und dort Forschungsresultate als Kampfinstrumente einsetze, begebe sich in ein Feld, auf dem nicht wissenschaftliche, sondern politische Regeln gälten, und verlöre damit auch den Anspruch auf die überparteiliche Geltung gesicherter Ergebnisse. Eine solche Verschiebung des Terrains bedeute eine Denaturierung der Wissenschaft. Man konzedierte allenfalls zur Zeit der ‹Umweltmode› in der Politik, dass es taktisch geschickt vorgehende Kollegen gäbe, die mit solchen Vorstössen zusätzliche Drittmittelquellen erschlössen, was nicht ohne einen gewissen Neid beobachtet und kommentiert wurde. Selbstverständlich ist die Ausdifferenzierung eines quasi-autonomen Wissenschaftsbereichs (in Abgrenzung von politischen oder gesellschaftlichen Bereichen) eine wichtige Errungenschaft der Moderne, die immer wieder verteidigt werden muss.

Aber in Institutionen, wie sie Museen darstellen, die ihrem Wesen nach hybrid sind, weil sie sowohl wissenschaftlich arbeiten als auch das Publikum belehren, muss das Sprechen zur Öffentlichkeit und damit zur Politik ebenso sorgfältig wie klar gegenüber der reinen Wissenschaft austariert werden. Wer diese Aspekte weiterverfolgt, gelangt zur Frage, ob nicht Museen versuchsweise, statt sich jeweils auf die ‹richtige› Seite der wechselnden Grenzen zwischen ‹Wissenschaft› und ‹Nichtwissenschaft› schlagen zu wollen, sich selbst als eigentliche ‹boundary *institutions*› verstehen könnten, die mit ‹boundary *objects*› umgehen und eine Vermittlungsfunktion über die Grenzziehungen hinweg wahrnehmen.[33]

Ein Ausgangspunkt vieler Grenzziehungen sind Taxonomie und Systematik. Die Feststellung einer Krise des Artenbegriffs und dergleichen mehr ist an sich noch unproblematisch, ja nützlich als Quelle einer fortlaufenden kritischen Selbstreflexion eines schwierigen Wissenschaftsbereichs. Zudem laufen Anstrengungen, der Wissenschaftspolitik und den Kollegen an den Universitäten die Wichtigkeit systematisch-taxonomischer Arbeit ins Bewusstsein zu rufen, an denen sich auch Museumsforscher an vorderster Front beteiligen. Offensichtliches kontraproduktives ‹Boundary Management› liegt aber dann vor, wenn Gräben ausgehoben werden, welche diejenigen Bereiche, die auch Merkmale des molekularen Bereichs mit einbeziehen, von solchen trennen sollen, die nur visuell erkennbare (Gestalt-)Merkmale berücksichtigen wollen. Oder wenn diejenigen, die sich statistischer Methoden bedienen, abgegrenzt werden von solchen, die grundsätzlich nicht quantifizierend arbeiten.

Es mag zutreffen, dass die schon ältere Abgrenzung zwischen ‹molekular› und ‹organismisch› wissenschaftlich-inhaltlich überholt ist. Würde es nur darum gehen, möglichst alle denkbaren Erklärungsansätze und wissenschaftlichen Techniken zur Erreichung des Erkenntniszieles zweckdienlich zu nutzen, liesse sich die Abgrenzung nicht halten. Offensichtlich hatte Portmanns eigene, in seinem Denkzusammenhang wohlbegründete, aber mit Bezug auf den Mainstream der Wissenschaftsentwicklung retardierend wirkende Abwehr des Molekularen und Genetischen während Jahren Argumente für diese Grenzziehung geliefert. Inzwischen scheint aber die Konkurrenz um Ressourcen neue Argumente für eine Grenzziehung zu liefern. Das Biozentrum als Pionierinstitution hatte seinen Forschern Privilegien verschafft wie die Konzentration auf die Postgrad- und Postdoc-Ausbildung sowie eine geringe Lehrbelastung mit dem Ziel, einer Forschungselite günstige Konditionen zu bieten. Ein ‹Zusammenwachsen› der früher Biologie I und Biologie II genannten Bereiche zur ‹einen Biologie› wird deshalb immer wieder belastet durch die Auseinandersetzungen über diese früheren Privilegien einerseits und die Lehrbelastung der vergleichsweise kleinen Truppe organismisch arbeitender Biologen andererseits.

Das früher übliche ‹Boundary Management› soll auch nicht zu voreiligen Schlüssen über die Aufgabenverteilung zwischen verschiedenen Institutionen verleiten. Es muss nicht so sein, dass in der Grenzziehung zwischen ‹Neuer› Biologie und ‹organismischer› Biologie die Museumsforschung gewissermassen automatisch von der ersteren ausgeschlossen ist; und diese Grenze führt auch nicht zwingend dazu, dass die ‹organismische Seite› nun einschliesslich der Museumsforscher zu einer ‹Vielfaltswissenschaft› würde. Andere Grenzziehungen durchkreuzen diese Erwartung. Wer nun unter einem Label wie ‹Archive des Lebens› bereits eine dezidierte Nutzung der Sammlungen zu Zwecken sucht, die aus dem Kontext der Populationsgenetik und deren ökologischen Anwendungen herstammen, kann unter Umständen enttäuscht werden. Die Traditionen der Naturgeschichte, die in den Sammlungen und deren Gefässen verdinglicht dastehen, und die zugehörige Wissenschaftspraxis können dies durchaus verhindern. Das dichotomische Bild: hier universitäre biologische Forschung (funktionalistisch, molekular oder intermolekular-systemisch ausgerichtet, im Einklang mit den Grundideen der übrigen Naturwissenschaften, säkularisiert und gegenüber lebensweltlich-ethischen Postulaten indifferent, zugleich auf grundlegende Mechanismen zielend und zur Technologie hin offen), dort eine Vielfaltswissenschaft (holistisch, organismisch, Laien und Fachleute verbindend in der Schau des Geheimnisses des Lebens, taxonomisch, morphologisch und in der Anwendung ökologisch-konservationistisch) ist viel zu einfach und deshalb falsch. Es ist unbefriedigend, wenn Wissenschaftsgeschichte oder gar Wissenschaftspolitik die wesentliche Grenze dort erkennen möchte, wo zwischen Beschreibung und Experiment oder zwischen national und international, konservativ und modern geschieden wird. Die Grenzziehung ist historisch flüssig, Grenzen können sich überlagern, und die Forschenden selbst können je nach Konstellation einmal auf dieser, ein andermal auf jener Seite einer Grenze auftauchen.

Trotz all dieser Vorbehalte und Differenzierungen glauben wir vereinfachend doch die Tendenz feststellen zu können, dass naturhistorische Wissenschaftspraxis eingeschlossen wurde oder sich selbst einschloss im Gehäuse der Museen, wo sie ihrem Nährboden, den Sammlungen am nächsten war. Wir werden am Beispiel des Basler Naturhistorischen Museums noch sehen, dass sie sich im Namen der richtigen oder besseren Wissenschaft seit dem Ende des 19. Jahrhunderts bewusst mehr oder minder vom Gang der universitären Forschung abgrenzte. Schliesslich entwickelte die Institution Museum ihren Eigensinn, so wie die Institution Universität es ihrerseits auch tat. Problematisch wurde dieser Prozess dadurch, dass im Falle eines Paradigmenwechsels in der universitären Wissenschaft die Wertungen vertauscht werden konnten: Nun war die universitäre Wissenschaft ‹besser›, und die museale Wissenschaft ‹schlechter›, eine Verschiebung, die durch den politischen Zwang zur ‹Öffnung› des Museums noch verstärkt werden konnte: Der Bogen des Heterostereotyps spannte sich dann von ‹Sammeln als l'art pour l'art› über die Bedienung von Schulklassen, Volkshochschule, Lehrerbildung, Umwelterziehung bis zur ‹reinen Beschreibung› von Objekten und deren Veröffentlichung in ‹lokalen Blättchen›. Da das Museum im 20. Jahrhundert stets auf öffentliche Gelder angewiesen und der Regierung unterstellt war, konnte es sich der Parole ‹Öffnung› nicht entziehen. Da innerhalb der Naturwissenschaften die Vorstellung starke normative Kraft hat, dass es nur eine Wissenschaft gebe, war entscheidend, wer im Wissenschaftsbetrieb die Definitionsmacht dessen hatte, was als ‹gute Wissenschaft› galt. Im Verlauf der zweiten Hälfte des 20. Jahrhunderts fiel diese Macht immer deutlicher der universitären Wissenschaft zu. Unter diesen Umständen war der Auftrag eines Museums beinahe unmöglich zu erfüllen; und über der Frage, was die richtige Antwort auf eine solche Situation sei, mussten auch interne Spannungen entstehen. Diese äusserten sich schon in den 1950er-Jahren im Konflikt zwischen dem Habitus des Forschers, der selbstlos dem Museum und den Sammlungen diente, und demjenigen des Forschers, der universitären Massstäben genügen wollte.

Eine andere Grenzziehung wurde gegen Ende des 20. Jahrhunderts sichtbar, die dem Naturhistorischen Museum die Bestimmung und Erfüllung seiner Aufgaben schwer machen könnte. Es war diejenige zwischen Kultur, Bildung einerseits, Wissenschaft andererseits. In den 1990er-Jahren wurden die Museen als sogenanntes ‹Universitätsgut› von der autonomisierten Universität getrennt und administrativ in die kulturpolitischen Strukturen des Staates eingeordnet. Tendenziell steht damit ein Museum, dessen Rückgrat naturhistorische, wissenschaftlichen Zwecken dienende Sammlungen und die darauf bezogene Forschungspraxis bilden, auf der ‹falschen› Seite der Grenze zwischen Kultur und

Wissenschaft. Ob dies ein Risiko bedeutet und ob die potentielle Spannung durch die relative Autonomie des Museums gegenüber dem Staat gemildert wird, muss die Zukunft zeigen.

Eindeutige Vorstellungen über Grenzen und den Ort, den eine Institution im dadurch gegebenen Koordinatensystem besetzt, kollidieren nun allerdings mit der Vielfalt der Tätigkeiten selbst, die zur Museumspraxis gehören. Als Folge der üblichen Differenzierungsprozesse in den Wissenschaften war im Verlauf des 20. Jahrhunderts eine beachtliche Zahl relativ autonomer Abteilungen innerhalb des Museums entstanden. Damit stellten sich die Probleme und damit die Interpretationshorizonte unter Umständen ganz verschieden dar, je nachdem, ob man von Beispielen in Geologie, Mineralogie, zum Teil auch Paläontologie ausging und daraus allgemeine Aussagen über ‹das› Museum formulierte, oder ob man Bereiche von der Art der Entomologie, Osteologie, Malakologie etc. fokussierte. Solche experimentellen Perspektivenwechsel, die für die geschichtswissenschaftliche Arbeit notwendig sind, mögen museumspolitisch unerwünscht sein, da die Institution ja legitimerweise auch als solche um ihre Integrität und Identität besorgt sein muss.

1.7 Privilegierte Quellenlage

Ein Ziel dieser Studie ist die Untersuchung der Beziehungen zwischen Staat, Universität und Museum. Die generellen Fragen, die das Thema aufwirft, sind von einem überlokalen Interesse. Ihnen am Basler Beispiel nachzugehen, fällt besonders leicht, da wir hier über eine speziell günstige Quellenlage verfügen. Die staatlichen Tätigkeiten sind beinahe lückenlos dokumentiert und spiegeln sich in den Aktenbeständen mehrfach. Die oft parallele Überlieferung, die auf die unterschiedlichen Funktionsträger (für die Universität Rektorat, Fakultät, Institute; für den Staatsapparat Regierung, Erziehungsdepartement und die Aufsichtsgremien zwischen Staat und Universität; für das Museum Leitung und Kommission) zurückgeht, gestattet eine grosse Tiefenschärfe. Zwar sind überlieferte verschriftlichte Informationen nie die ‹ganze Geschichte›; es bleibt immer ein Rest, den die Akteure gewusst und allenfalls mündlich erörtert, aber nicht schriftlich fixiert haben. Aber es gibt nur wenige Orte, an denen zum Beispiel Berufungsverfahren detailliert durch alle Instanzen mit allen Argumenten verfolgt werden können.

Hinzu kommen nützliche Instrumente wie die im Staatsarchiv deponierten Privatarchive. Zwar mussten diese wegen der genannten Einschränkungen für das vorliegende Buch weitgehend beiseite gelassen werden. Aber ihre Existenz muss erwähnt werden, damit künftige Bearbeiter, die den Faden aufnehmen möchten, wo ihn der Verfasser liegen lassen musste, wissen, dass sie gut daran täten, von diesen privaten, aber öffentlich aufbewahrten Beständen auszugehen.

Während die im Staatsarchiv greifbaren Bildquellen zum Thema ‹Naturhistorisches Museum› nicht gerade reich sind, wäre es möglich, in der Kombination zwischen den Schätzen des Planarchivs und den aus den ebenfalls sehr dicht überlieferten Bauakten die Geschichte des Museumsgebäudes eingehend zu rekonstruieren. Obschon wir keineswegs der Ansicht sind, dass das gebaute ‹Gehäuse› und dessen Wandlungen für die Geschichte der Institution Museum vernachlässigt werden dürften, so waren wir dennoch durch die erwähnten Einschränkungen gezwungen, hier Abstriche vorzunehmen. Es bleibt zu hoffen, dass – sollte das Haus von Melchior Berri einmal in seiner ursprünglichen Pracht auch im Innern, als Raumkonzept, wiedererstehen – die bereits sehr guten Vorarbeiten zur Baugeschichte des Museums weitergeführt werden.

Mit dem Reichtum der Quellen kontrastiert die Bescheidenheit der geschichtswissenschaftlichen Aufarbeitung. Für die Museumsgeschichte sind wir weitgehend auf Darstellungen verwiesen, in welchen Museumsverantwortliche selbst zu gegebenen Anlässen Geschichte schrieben zum Zweck der Verteidigung oder Propagierung einer bestimmten Auffassung vom Wesen der Institution. In der Gesellschafts-, Staats- und Verwaltungsgeschichte des Stadtkantons erscheint das Museum so gut wie nie als Untersuchungsgegenstand. Die Universitätsgeschichte hat eine Tradition mit vorgegebenen Motiven (zum Beispiel das stets enge Verhältnis zwischen Universität und Bürgerschaft), die Edgar Bonjour in seiner grossen Darstellung zum Jubiläum 1960 neu und materialreich gestaltet hat. Eine den gegenwärtigen Vorstellungen von Universitätsgeschichte bereits viel näher stehende Auffassung vom Gegenstand findet sich in der Darstellung der neueren Universitätsgeschichte von Georg Kreis. Die Universitätsgeschichte ist somit historiografisch deutlich besser erschlossen als die Museumsgeschichte. Aber für die Geschichte der einzelnen Disziplinen und der Verschiebungen ihrer Gegenstände, Abgrenzungen und Ausrichtungen sind wir wieder meistens auf die Kapitel über die einzelnen Fakultäten und Institute oder Fächer bei Bonjour zurückverwiesen, oder dann auf Nekrologliteratur oder Selbstdarstellungen der Wissenschaften mit dem Ziel der Traditionsbildung. Wie viel hier noch zu tun bleibt, erfährt man deutlich, wenn man versucht, über die Relationen zwischen Wissenschaft, Museum, Staat und Gesellschaft zu arbeiten.

1.8 Aufbau des Buches

In der nachfolgenden Darstellung berichten wir zuerst, wie sich die Basler *Naturgeschichtstradition* herausgebildet, wie sie sich vor allem in der Universität institutionell etabliert hat und wie sie weitergegeben und allenfalls den jeweiligen Zeitumständen angepasst worden ist. Danach rekonstruieren wir in zwei Kapiteln die *Institutionengeschichte des Naturhistorischen Museums* vom 19. Jahrhundert bis zum Ende des 20. Jahrhunderts. Diese beiden Kapitel werden durch die ‹Wasserscheide› von 1956 voneinander getrennt, die eine ansatzweise Modernisierung durch eine Abkehr vom Prinzip der Führung durch Privatgelehrte brachte. Nachholend berichten wir darauf von den *Neuorientierungen in der universitären Wissenschaft*, die das Ende der naturgeschichtlichen Tradition an den Hochschulinstituten brachten und das Museum zwangen, neue Bündnispartner auf universitärer Seite zu finden. Zum Schluss befassen wir uns mit den Neuerungen des späten 20. Jahrhunderts in der *Politik des Staates gegenüber den Museen*.

Für das 20. Jahrhundert haben wir uns weitgehend auf die archivalischen Quellen gestützt und erschlossen so zum Teil bisher noch nicht dargestellte Fakten und Zusammenhänge. Für das 19. Jahrhundert konnten wir demgegenüber stärker auf bereits veröffentlichte und konzeptualisierte Informationen zurückgreifen; dafür erheben wir nicht den Anspruch, Neues entdeckt zu haben.[34] Wir hoffen so, die wechselnden Konstellationen im Dreieck Museum–Universität–Staat sowohl im Längsschnitt als auch an ausgewählten Beispielen durch eine ‹dichte› Rekonstruktion von Vorgehen und Positionen interpretieren zu können.

2 Traditionen in Universität und Privatgelehrsamkeit. Basler Naturgeschichte 1850–1960

2.1 Peter Merian und Ludwig Rütimeyer. Historisierung der Naturforschung

Die Basler Naturgeschichte lässt sich durch bestimmte Merkmale charakterisieren, die zwischen ca. 1850 und 1980 vorherrschten. Die Forscher an der Universität, am Museum, aber auch die Privatgelehrten vom Amtsantritt des Osteologen und Paläontologen Ludwig Rütimeyer als Professor an der Universität Basel (1855) bis zum Rücktritt der Portmannschüler Hans Nüesch und Werner Stingelin von den zoologischen Professuren (1977 und 1979) teilten eine Reihe von Grundüberzeugungen und Einstellungen, die sie natürlich jeweils an die Aktualität ihrer eigenen Epoche anpassten.[35] Ausserhalb stand die Industrie, die sich für eine andere Art von Naturwissenschaft interessierte. Das Desinteresse der Unternehmen als solche an Naturgeschichte mag ebenfalls als Konstante angenommen werden. Aber dies schloss nicht aus, dass Industrielle und Industrieforscher als Privatleute grosse Freunde der Naturgeschichte waren; der bedeutende Chemiker und Nobelpreisträger Tadeus Reichstein liebte die Farne,[36] während der Sandoz-Direktor Hans Leemann als grosszügiger Mäzen die Suche nach Fossilien[37] unterstützte.

Peter Merian (1795–1883) dominierte die Basler Naturforschung im 19. Jahrhundert.[38] Dieser Repräsentant der städtischen Elite war zugleich Professor an der kleinen lokalen Universität, die von derselben Elite unterhalten wurde. Er lehrte Naturwissenschaften, zuerst mit dem Interessenschwerpunkt Physik und Chemie, dann wandte er sich der Naturgeschichte zu.[39] Merian sass im Rat der Stadtrepublik, er präsidierte die Kuratel, welche die Aufsicht über die Universität führte. Merian war auch eine der treibenden Kräfte hinter dem Bau des 1849 eingeweihten Museums an der Augustinergasse[40] und tragende Säule in der Kommission, die das Museum ehrenamtlich führte und zu einem grossen Teil auch selbst betrieb. So bestimmte Merian weitgehend den Aufschwung der Naturwissenschaften in seiner Stadt in den drei damals relevanten Institutionen der

Peter Merian-Thurneysen (1795–1883), liberaler Politiker, Naturforscher, Professor und erster Präsident der Museumskommission.

Wissenschaft: Museum (dem er von 1821 bis zu seinem Tod vorstand), Universität (er war nicht nur Professor und Kuratelspräsident, sondern amtete auch als Rektor in den Jahren 1825, 1835 und 1860) und Naturforschende Gesellschaft. Merian und seine ‹Standesgenossen› banden diese Trias von Institutionen an die Basler Gesellschaft, sodass die Naturgeschichte sozial in die Eliten integriert war.[41] Weiter unten werden wir sehen, dass diese Integration auch tiefer in die Gesellschaft hinabreichte, aber seit der Jahrhundertmitte nicht unbestritten blieb.

Peters Merians Name stand inhaltlich-programmatisch für die Synthese aus zwei Auffassungen, die man als ‹konservativen Modernismus› bezeichnen kann. Die eine Auffassung ging davon aus, dass die Stadt neben dem Handel und Bankwesen vom Erfolg der Industrie lebte (vor dem Aufschwung der chemischen Industrie dachte man damit vor allem an die Textilindustrie). Deshalb müsste die Pflege der Naturwissenschaften (und der Technik) eine Öffnung der städtischen Eliten für die ‹Moderne› bewirken, zusammen mit dem Studium neuer Sprachen und der Ausbildung in Handel und Technologie (diesem Ziel dienten vorübergehend Projekte für die polytechnische Bürgerschulung wie das Privatinstitut von Bernoulli). Naturwissenschaften sollten zur Auseinandersetzung mit den damit verbundenen Ideologien anregen und schliesslich die Modernisierung und das konservative Denken miteinander versöhnen. Die andere Auffassung lief auf eine konservativ-antimoderne Reaktion der Eliten gegen den Verlust älterer Werte hinaus. Diese Reaktion artikulierte sich idealistisch-humanistisch und ruhte auf starken christlichen Fundamenten. Man sollte dabei aber nicht verkennen, dass es auch Tendenzen gab, für die schon der Neu-Humanismus zu sehr vom wahren Christentum ablenkte.

So ging der Naturforscher Peter Merian in einem Vortrag vor der Naturforschenden Gesellschaft mit dem damals führenden französischen Paläontologen Georges Cuvier (1769–1832) davon aus, dass die Naturgeschichte eine «Folge von Schöpfungen» sei.[42] Dass Merian sein Programm pragmatisch, ja beinahe theoriefeindlich vortrug, passt recht gut zu Cuviers eigenen, religiöse Fragen nicht offen berührenden Ausführungen. Merian konnte auf diese Weise einen Konsens unter den naturgeschichtlich Interessierten in der Forschungspraxis begründen und weltanschauliche Kontroversen (die angesichts der Gräben, welche die Basler Gesellschaft in religiöser Hinsicht durchzogen, sehr wohl zu befürchten waren) fernhalten.[43] Als die Stadt Basel 1833 den Bürgerkrieg mit der Landschaft verloren[44] und die Haltung der Eidgenossenschaft dabei als feindselig erlebt hatte, empfanden viele Mitglieder der städtischen Eliten die Revolutionen in anderen Schweizer Stadtrepubliken als ernste Bedrohung. Die Selbstbesinnung und die daraus folgende Selbstdarstellung nicht nur in der Kultur, sondern auch in der Pflege der Naturwissenschaften war unter diesen Umständen ein Mittel der Selbstbehauptung. Ein Dokument dafür war der Museumsbau

Ludwig Rütimeyer (1825–1895), seit 1855 Professor für Zoologie und vergleichende Anatomie in Basel und Mitglied der Museumskommission, nach Peter Merians Tod 1883 deren Präsident.

von Melchior Berri (1849), der von der Architekturgeschichte als (verspätetes) Bekenntnis zum klassizistischen Idealismus in republikanischer Interpretation aufgefasst werden kann; die sechs Jahre später (1855) erfolgte Berufung von Ludwig Rütimeyer an die Universität war ein weiteres Element in diesem Zusammenhang.[45]

Während Merian und andere Forscher im Umfeld des Museums und der Naturforschenden Gesellschaft Persönlichkeiten waren, die als Mitglieder der städtischen Eliten selbst naturgeschichtliche Forschung betrieben, Ordnung in die Sammlungen brachten und naturgeschichtliches Wissen vermittelten, war der 1855 auf die Basler Professur für Zoologie und Vergleichende Anatomie berufene Ludwig Rütimeyer (1825–1895) weder Basler noch Städter, und er entstammte keiner Finanz- und Machtelite. Man darf ihn vielmehr als einen Protégé solcher Kreise verstehen, der die Basler Eliten davon überzeugt hatte, dass er ganz in ihrem Sinne Wissenschaft betreiben und mit einer noch höheren fachlichen Autorität, als sie selbst besassen, an der Universität, am Museum und in der Bürgerschaft wirken würde.

Ludwig Rütimeyer[46] stammte aus dem Bernbiet. Trotz aller bewiesenen Bereitschaft, in und für Basel zu wirken, hat er dies stets durch die Art seines Vortrags unterstrichen. Rütimeyer wollte bei aller Protektion durch die Basler Eliten offensichtlich nicht einfach Basler Art für sich übernehmen, sondern seine Eigenart weiterleben. Er demonstrierte wohl auch auf diese Weise, dass sein Wirken nicht als eine Integration seiner selbst in die Basler Republik verstanden werden sollte, sondern als eine Symbiose aus Merianschem Geist und Geld einerseits und Rütimeyerischer Wissenschaft andererseits. Rütimeyer hatte zunächst Theologie studiert, was er offensichtlich nie bereute, und er sah auch keinen Gegensatz zwischen Theologie und den Naturwissenschaften, zu denen er nach kurzer Zeit wechselte. Noch ganz im Sinne früherer Zeiten erwarb er naturwissenschaftliche Bildung im Rahmen eines Medizinstudiums. Dass Rütimeyer eine grosse Kapazität in Zoologie war, steht ausser Zweifel; zudem war er ein origineller Forscher, der an einer der wichtigsten Forschungsfronten seiner Zeit tätig war, nämlich der Entwicklungsgeschichte der Tierarten.[47] Dazu verband er Paläontologie mit vergleichender Osteologie der Wirbeltiere, wobei er sich besonders mit der Geschichte der Haustiere befasste. Auch der Mensch war ganz im Sinne der damals modernen Auffassungen ein Gegenstand seiner entwicklungsgeschichtlichen und vergleichend-anatomischen Forschung. So betrieb Rütimeyer zusammen mit Wilhelm His (1831–1904) die Vermessung von Schädeln von Menschen aus verschiedenen Regionen der Schweiz.[48]

Da er in seinen Forschungen Erkenntnisse, die er an rezentem Material gewann, mit Einsichten aus der Arbeit mit Fossilien kombinierte, nahm Rütimeyer ganz selbstverständlich lebhaft Anteil an der Sammlungsbegeisterung seiner Zeit. Wissenschaft war damals auf reiches Vergleichsmaterial und deshalb auf grosse Sammlungen angewiesen; Grabungsfunde und rezente Präparate bildeten zusammen den (musealen) Grundstock der Erkenntnis. Schon seit 1855 kümmerte er sich neben seiner Professur um die naturwissenschaftlichen Sammlungen im Basler Museum. Nach Merians Tod übernahm Rütimeyer zusätzlich zur Lehre an der Universität die Leitung der Museumskommission. Damit wurde er entsprechend der Organisation dieses Hauses, die wir unten noch näher erläutern werden, der eigentliche Chef des Museumsbetriebs. Als Rütimeyer von seinem Lehrstuhl an der Universität und von seinen Aufgaben am Museum 1893

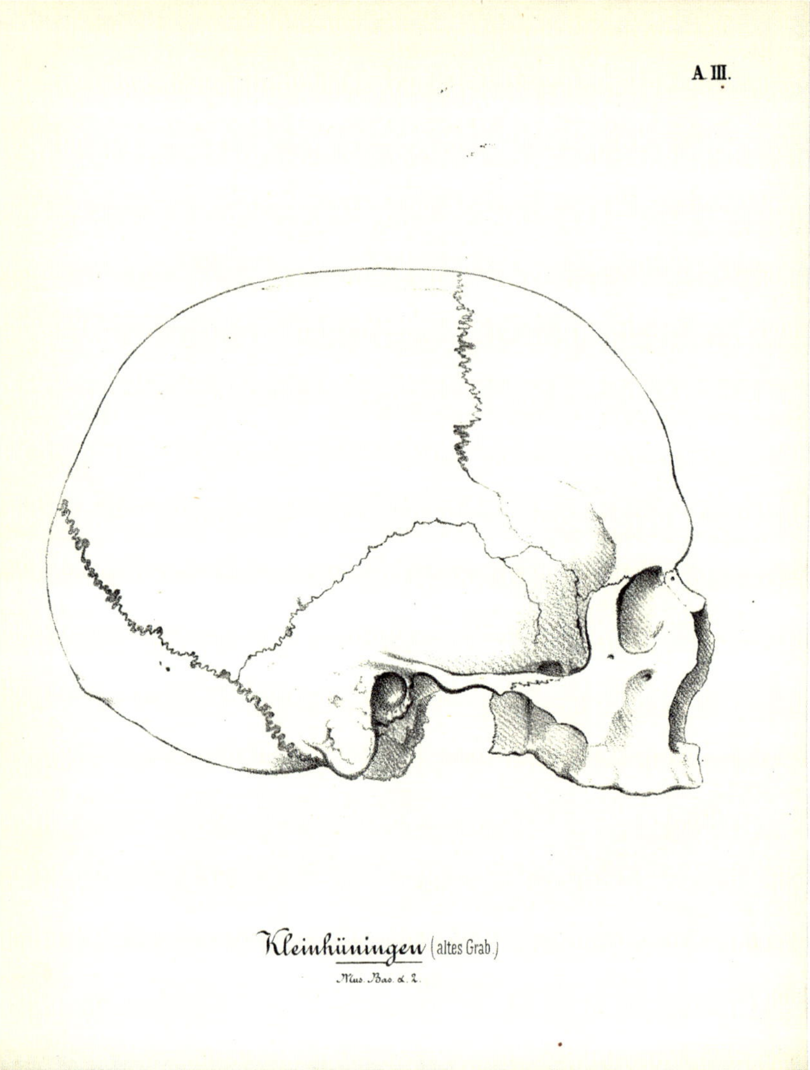

Illustration aus der von Wilhelm His und Ludwig Rütimeyer 1864 gemeinsam herausgegebenen anthropologischen Studie ‹Crania Helvetica›.
Der abgebildete Schädel, heute in der Schädelsammlung der Anthropologischen Abteilung des Museums, stammt aus einem Alamannengrab in Kleinhüningen.

zurücktrat, waren die Sammlungen um eine Grössenordnung umfangreicher geworden, als sie zur Zeit seines Amtsantritts gewesen waren (1000 naturwissenschaftliche Objekte hatte das Museum 1855, 6000 bei seinem Rücktritt, darunter 700 Skelette und 1400 Schädel).[49] Die für den Unterricht der Mediziner wichtigen osteologischen Bestände verblieben allerdings vorerst noch in der Universität.

Nun könnte man erwarten, dass Rütimeyer Darwins ‹Entstehung der Arten› bei deren Erscheinen 1859 lebhaft hätte begrüssen müssen, zumal Darwin selbst Rütimeyers Arbeiten schätzte. Tatsächlich arbeiteten beide im selben Gebiet, der Geschichte der Tierarten, deren Wandlungen in der Zeit und deren Verwandtschaften untereinander. Rütimeyer glaubte mit Darwin und vielen anderen Entwicklungsbiologen seiner Zeit, dass die Veränderung der Arten im Verlauf langer erdgeschichtlicher Zeiträume eine wissenschaftliche Tatsache sei. Insofern war für ihn Darwins Buch ein wichtiger Beitrag, weil dadurch diese Tatsache weiter untermauert wurde. Für das Verständnis der Besonderheiten der Basler naturgeschichtlichen Tradition, die Peter Merian gegründet und die mit Rütimeyer an der Universität verankert wurde, muss aber die Differenz hervorgehoben werden, die Rütimeyer davon abhielt, Darwins Hypothese vom Mechanismus der Artenentstehung als Basis für die künftige Forschung zu betrachten.

Was Rütimeyer ablehnte, war der Selektionsmechanismus, der in Darwins Hypothese den eigentlichen Angelpunkt bildete; Evolution hat bei Darwin keine ‹Richtung›, dahinter steckt kein ‹Plan›. Selektion als Faktor der Artenentwicklung anzunehmen, bedeutete für Rütimeyer ein mechanistisch-verkürzendes Denken, das er ablehnte. Die Vielfalt der Erscheinungen konnte er sich nicht als Resultat ‹blinder› Auswahl denken, und schon gar nicht als einfaches Produkt aus ‹fitness› und ‹survival›. Nun traf es zu, dass Darwins Grundidee mit den damaligen Mitteln nicht beweisbar war. Spekulativen Theorien, die Erscheinungen auf wenige Ursachen reduzierten, misstraute Rütimeyer – in dieser Hinsicht sah er sich im Einklang mit Peter Merian und der Naturforschenden Gesellschaft, die Naturphilosophie ablehnten und sich pragmatisch an die Erscheinungen der Natur halten wollten.[50] Deshalb bestimmte Rütimeyer als Objekt der Paläontologie «nicht das Werden, sondern, wenigstens zunächst, das Gewordene [...].

Ihre Methode besteht daher […] in der Erfahrung und Kontrollierung und Beobachtung des Gewordenen.»[51]

Rütimeyer sah ein Geheimnis hinter der Vielfalt der Erscheinungen am Werk, das er in seinen wissenschaftlichen Arbeiten nur andeutete, am Anfang seiner Laufbahn und bei besonderen Gelegenheiten aber direkter ansprach – wenn auch nie so unmittelbar, dass er die biblische Schöpfungsgeschichte explizit angeführt hätte, wie dies in früheren Generationen noch üblich gewesen war.[52] Die Beschäftigung mit Naturgeschichte führte ihn auf dieses Geheimnis zu und nicht davon weg. Offensichtlich hielt er wenig von der Trennung zwischen dem Glauben und einer ‹instrumentalistischen› Nutzung naturwissenschaftlicher Theorien, wie sie gegen Ende von Rütimeyers Zeit von Pierre Duhem für die Physik vorgeschlagen wurde.[53] Rütimeyer wollte seinen Glauben in die wissenschaftliche Forschung mitnehmen und sah auch dort keinen Platz für naturalistische oder materialistische Gedanken, auch nicht als Mittel zum Zweck der Erklärung, wie dies der Instrumentalismus vorschlug. Die Natur blieb für ihn Schöpfung, und die Beschäftigung damit diente der Verehrung des Schöpfers, nicht einer modernistischen ‹Entzauberung› der Welt. Damit stand er auf dem Standpunkt, den sich offensichtlich Merian gewünscht hatte und der ein grundlegendes Merkmal der Basler Zoologie wurde. Noch Portmann, der Nachfolger von Rütimeyers Nachfolger auf dem Lehrstuhl, stellte sich in eine Traditionsreihe, als deren Ausgangspunkt er 1965 den grossen Basler Forscher und Lehrer des 19. Jahrhunderts, Ludwig Rütimeyer, erkannte.[54] Fortschrittliche Wissenschaft, an der Front der eigenen Zeit, wurde so zu einem Bollwerk gegen Begleiterscheinungen der Moderne, die negativ beurteilt wurden: Materialismus, Abwendung vom Christentum unter Berufung auf naturwissenschaftliche Erkenntnis (Szientismus), eine Welt der Machbarkeit ohne Mass und Ziel, ohne Gott eben. Dabei kam diese Auffassung von Naturforschung nicht belehrend, bekehrend daher; sie wirkte im Stillen, durch das Vorbild der Lehrer, und als gewissermassen natürliche Begleitung von Forschungsleistungen von internationalem Rang und internationaler Ausstrahlung.

2.2 Die Zoologie von Fritz Zschokke zu Adolf Portmann. Etablierung der Basler Tradition

Nachfolger Rütimeyers auf dem Lehrstuhl der Zoologie und der vergleichenden Anatomie wurde 1893 Friedrich (Fritz) Zschokke (1860–1936). Der Lehrstuhl gehörte nun nicht mehr der Medizinischen Fakultät an, sondern der naturwissenschaftlichen Abteilung der Philosophischen Fakultät. Dennoch bildete weiterhin ein Lehrangebot für die medizinische Propädeutik einen Teil der festgeschriebenen Pflichten des Dozenten.

Mit Zschokke erfolgte auch ein weiterer Schritt zur Trennung der Funktionen zwischen Museumsarbeit und universitärem Lehrstuhl. Wie wir weiter unten sehen werden, war für Rütimeyer das Museum und weniger die Universität ein eigentlicher Forschungsort. Zschokke kümmerte sich zwar um das Museum, der Mittelpunkt seiner Forschungen war aber nicht die Sammlung im Museum, sondern die Arbeit im Feld. Gleichzeitig vergrösserte sich die Distanz zwischen Museum und Universität, die sich unter Rütimeyer schon manifestiert hatte, zu einem eigentlichen Graben. Rütimeyers unmittelbarer Nachfolger als Präsident der Museumskommission und damit als Leiter des Museums war der Apotheker und Mineraloge Theodor Engelmann, der zwar ein begeisterter Sammler war, aber kaum Verbindungen zur Universität hatte. Er, und vor allem sein Nachfolger, der Privatgelehrte Fritz Sarasin, wollten nicht mehr, dass Universitätsprofessoren *ex officio* Mitglieder der Museumskommission sein sollten. Schon Rütimeyer hatte eine zu enge Verbindung zwischen Museum und naturwissenschaftlichen Lehrstühlen der Universität abgelehnt; sein Nachfolger Engelmann brach als Präsident der Museumskommission einen Streit mit dem Geologieprofessor Carl Schmidt vom Zaun, dessen Auffassung des Verhältnisses zwischen Universität und Museum ihm missfiel. Engelmanns Nachfolger Sarasin stellte schliesslich bei der Diskussion um die Revision des Universitätsgutsgesetzes offen die Frage, warum Professoren, nur weil sie auf den Lehrstuhl für Geologie

Theodor Engelmann (1854–1931), Mineraloge, Apotheker und Antiquitätensammler, hat grosse Verdienste um die Mineralogische Sammlung, die er über Jahrzehnte betreute und durch private Ankäufe systematisch erweiterte.

oder Zoologie berufen worden waren, unbedingt Mitglieder der Museumskommission sein sollten. Ab 1920 führte dann der Bewunderer und, was die Forschungsthemen betrifft, auch Nachfolger Rütimeyers, Hans Georg Stehlin (über ihn unten mehr) das Museum ehrenamtlich, wie es vor ihm Merian (mit dem er auch verwandt war), Engelmann und Sarasin getan hatten, mit dem Ziel, es zu einer international anerkannten Stätte wissenschaftlicher Forschung zu machen, während Zschokke in der Museumskommission zwar die Verantwortung für die Wirbellosen übernahm, aber keine aktive Rolle in der Museumsleitung spielte.[55]

Fritz Zschokke[56] war ein Enkel von Heinrich Zschokke, der in der Helvetik zu nationaler Berühmtheit aufgestiegen und zur verehrten Gründerfigur des Kantons Aarau geworden war.[57] Fritz Zschokke hatte (im Unterschied zur Generation Rütimeyers) von Anfang an Naturwissenschaften studiert, und dies an den besten Schulen Kontinentaleuropas. Habilitiert hatte er sich bei Rütimeyer in Basel. Zschokke setzte Rütimeyers Forschungen fort, indem er seinerseits in einer entwicklungsgeschichtlichen Perspektive arbeitete und dafür auch paläontologisches Material heranzog. Die Hauptvorlesung bestand in einer morphologisch angelegten Entwicklungsgeschichte der Tiere. Säuger interessierten ihn in seinen eigenen Forschungen jedoch viel weniger als Fische, Kleinlebewesen in Gewässern und Parasiten der Fische. So bestehen seine Pionierleistungen im Studium der Arten in stehenden und fliessenden Gewässern sowie in seinen Beiträgen zur Kenntnis der Fischparasiten. Eine Verbindung zu Fischereiinteressen ist dabei nicht unmittelbar erkennbar, wohl aber eine Expertise über die Wanderungen der Fische in den Binnengewässern, die er in Gutachten für die Flusskraftwerke und die damit verbundenen Fischtreppen nutzte.

Zschokke kann thematisch in die Tradition seines Vorgängers gestellt werden: Eines seiner Lieblingsthemen waren die glazialen Relikte in den lokalen Faunen. Er verband damit die Frage, welche Populationen gewissermassen als Überlebende der Eiszeit angesehen werden könnten, sei es am Alpenrand, sei es dort, wo sich die Gletscher nach Norden zurückgezogen hatten. Mit dieser Fragestellung beteiligte sich Zschokke an den Diskussionen über die Entwicklungsgeschichte, nur dass sein Beitrag noch stärker geologisch mitgeprägt war als Rütimeyers Entwicklungsgeschichte der Haustiere, da Zschokkes Thesen mit der Geschichte der Eiszeiten zusammenhingen. Auch für Zschokke ist das Wort ‹Naturgeschichte› wörtlich zu nehmen. Hatte sich Rütimeyer darauf beschränkt, diese Geschichte auf der Zeitachse zu rekonstruieren, fügte Zschokke eine räumliche Dimension hinzu, indem er danach fragte, wie die Geschichte der Populationen mit den vorrückenden und sich zurückziehenden Eismassen der letzten Eiszeit zusammenhing. Er rekonstruierte dafür die Geschichte der «niederen tierischen Bewohner unserer Seen und Teiche, Ströme und Bäche», die er durch aktuelle Befunde der «Tiergeographie und Biologie» untermauern wollte, da er in der Paläontologie zu wenig Anhaltspunkte dafür fand. Ob seine Thesen nach damaligen Massstäben wissenschaftlich haltbar waren oder nicht, sei hier dahingestellt;[58] er selbst hielt sie für so wichtig, dass er sie auch bei Vorträgen im Ausland ausführlich behandelte.

Ein weiteres Interessengebiet von Zschokke war die Darstellung der Fauna in der Region Basel. Mit seinem Schüler Paul Steinmann erstellte er eine Aufnahme der wichtigsten Tierarten der Region und deutete deren Vorkommen und Verbreitung ‹biologisch›[59], wie man damals sagte, das heisst als Ergebnis des Zusammenwirkens mit Umweltfaktoren. Nicht erst durch diese Arbeiten wurde sich Zschokke der Verluste bewusst, welche die intensivierte Raumnutzung, das teils spekulative Wachstum der Stadt und die Ausdehnung der Industrie am Rhein der Fauna zugefügt hatten.[60] Maifische, Lachse, aber auch die Rheinmücken[61] standen nach seinen Ergebnissen als die Verlierer der Modernisierung da. Damit gehörte Zschokke zur beginnenden Naturschutzbewegung, welche die negativen Aspekte der damaligen Veränderungen, die Bedrohung der Natur durch die Verstädterung und die industrielle Nutzung des Naturraums anprangerte. Man kann diese Sensibilität als Spielart einer konservativen Weltsicht verstehen und damit auch Zschokke in die Reihe der modernitätskritischen oder -feindlichen Basler Biologen einordnen.[62]

Während der Name Rütimeyer für den Aufbau grosser wissenschaftlicher Sammlungen und damit teilweise für die Verbindung von universitärer Wissenschaft mit dem Museum stand, sorgte Zschokke dafür, dass Zoologie in Basel zu einem bekannten naturwissenschaftlichen Fach mit einem für die Zeit um 1900 gut ausgebauten, von zahlreichen Doktorierenden (die Exkursionsfotos zeigen die Beteiligung von Damen, die jedoch in Zschokkes Erinnerungen nur als Freundinnen seiner Studenten und Pin-ups an den Arbeitsplätzen auftauchen[63]) frequentierten Labor wurde. In den über dreissig Jahren seiner Basler Tätigkeit konnte er zahlreiche Schüler ausbilden, die als Limnologen oder Lokalfaunisten in die Welt, in die Schulstube oder ins Museum gingen.

Es wäre falsch, sich Zschokke einseitig als eine lokale Grösse vorzustellen. Er war nicht ohne Stolz der Ansicht, seine ‹Zoologische Anstalt›, eingerichtet in einem Teil der Alten Universität am Rheinsprung, könne sich mit den bedeutenderen ausländischen (deutschen) Instituten messen. Darin sah er sich dadurch bestätigt, dass die Deutsche Zoologische Gesellschaft eine Jahrestagung in seinem Basler Institut abhielt. Er beteiligte sich am internationalen Dozentenaustausch, der nach dem Ersten Weltkrieg in Gang kam, und war als Pionier an der Universität Cambridge UK zu Gast, wo er mit einer Vorlesung über die Tierwelt in und nach der Eiszeit sowie Vorträgen über den Schweizer Nationalpark Erfolg hatte.[64] Zschokkes Schüler profitierten von den Beziehungen, die ihr Lehrer mit Cambridge pflegte, und verbrachten eine gewisse Zeit dort als Studierende oder als Dozenten, so zum Beispiel auch der Entomologe Eduard Handschin, dem wir später als Museumsdirektor wieder begegnen werden.

Zschokke hielt darüber hinaus zahlreiche öffentliche Reden, in denen er die Zoologie als eine sinnsuchende und sinnstiftende, ästhetisierende Wissenschaft präsentierte, um den gelehrten Kollegen anderer Fächer, aber auch einem weiteren Publikum Ernst und Tiefe der Naturgeschichte vorzustellen.[65] Stilistisch stark befrachtet, mit goetheschen Reminiszenzen arbeitend, sind diese Beiträge Vorläufer eines Genres, das später sein Assistent und Nachfolger Portmann mit sprachlicher Virtuosität, gedanklicher Klarheit und dem Blick auf ein anderes, weniger gebildetes Publikum pflegte. Gemeinsam war aber bei aller Verschiedenheit der Mittel beiden Zoologen die Annahme, dass aus der Biologie tiefgreifende Einsichten folgten, die jeden denkenden Menschen etwas angingen und deren Bedeutung wohl nicht weit hinter den Gedanken zurückzustehen hätte, zu denen sonst Fächer des älteren Bildungskanons wie Philosophie, Altertumswissenschaften oder Geschichte anregten.[66] Aus der Ehrfurcht vor der Natur folgte der Wille, diese gegen die zu weit gehenden Ansprüche der Zeit, verkörpert in Urbanismus und Industrie, zu verteidigen. Die Begegnung mit der wahren Natur wurde in Exkursionen gelebt, die nicht nur für den von der Wanderbegeisterung erfassten Zschokke, sondern auch für seine Schüler ein besonderes Erlebnis waren.[67]

Zschokkes Institutsbetrieb war aufgrund der Grösse und thematischen Diversität auf Mitdozenten und Hilfskräfte angewiesen. Man müsste deshalb an dieser Stelle auf deren Rolle und Identität eingehen, doch erlauben die dürftige Überlieferung und die geringen Mittel, die für unsere Studie verfügbar waren, keine eingehende Untersuchung. Dennoch seien einige Hinweise gegeben.

Erwähnung verdient vor allem der Extraordinarius Rudolf Burckhardt (1866–1908), der fünfzehn Jahre in Basel lehrte und ein eifriges Mitglied der Naturforschenden Gesellschaft war (1898–1900 Präsident). Rudolf Burckhardt war ein Sohn des Rektors des Gymnasiums, Prof. Fritz Burckhardt, der ihn in die Naturkunde eingeführt hatte. In der Jugend interessierte sich Burckhardt für religiöse Fragen, eine Neigung, die ihn in die Nähe der Pietisten und vorübergehend der Katholiken brachte. Das Studium absolvierte Rudolf Burckhardt in Basel ab 1884. Dabei beeindruckte ihn Rütimeyer, der ihn für Zoologie und Paläontologie gewann und ihn zugleich auf die Bedeutung des Aristoteles als Naturforscher hinwies. Ab 1887 arbeitete Burckhardt im Naturhistorischen Museum an

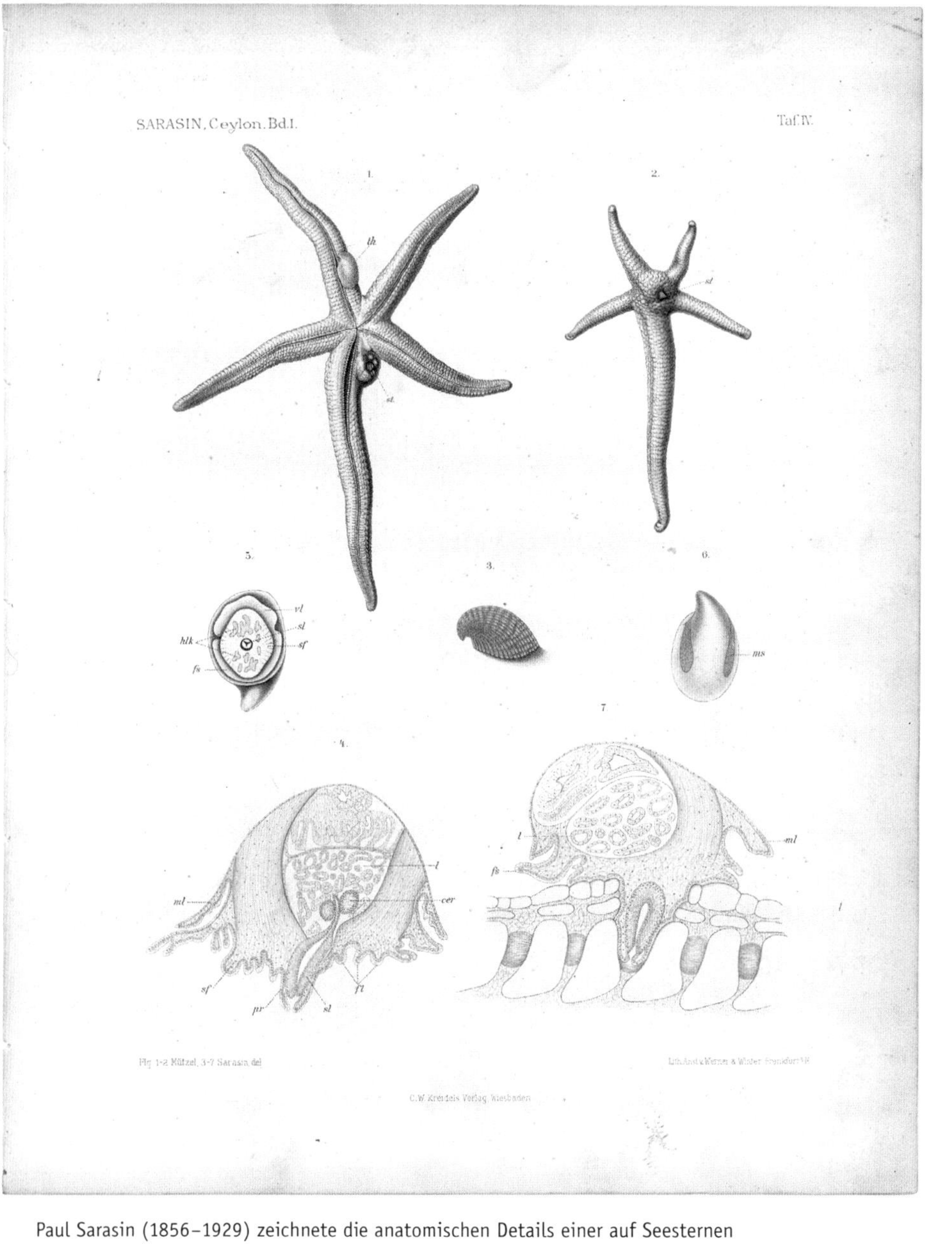

Paul Sarasin (1856–1929) zeichnete die anatomischen Details einer auf Seesternen parasitierenden Schneckenart und die histologischen Schnitte, die die Details des Vorgangs erläutern, eigenhändig. Die Darstellung des betroffenen Seesterns (Fig. 1 + 2 der Bildtafel) überliess er einem spezialisierten Zeichner namens Mützel.

Fischen. Georg von Bunge führte ihn in den Vitalismus ein. 1887 hielt sich Burckhardt in Leipzig, 1888 in Pegli bei Genua auf. Den Herbst 1888 verbrachte er in Berlin bei den Anatomen Oscar Hertwig (1849–1922) und Heinrich Wilhelm Waldeyer (1836–1921). Für seine Dissertation wählte er das Thema der Histogenese des Rückenmarks der Tritonen; dabei bestätigte er die Neuroblasten-Theorie des bereits erwähnten Basler Anatomen His. Mit dieser Arbeit doktorierte er 1889 in Basel. Im selben Jahr wurde er Assistent bei Hertwig in Berlin, wo er über das Nervensystem niederer Wirbeltiere und zur Paläontologie arbeitete. In dieser Stadt fühlte er sich zu Hause, und dort verkehrte er auch mit den grossen Basler Privatgelehrten, den Vettern Paul und Fritz Sarasin, auf die wir unten eingehen werden.[68]

Nach Aufenthalten in Rovigno (1892) und Neapel (1893) habilitierte er sich 1893 in Basel für Zoologie. Burckhardt interessiert sich für den Entwicklungsgedanken, den er nicht bei Darwin, sondern bei Aristoteles suchte. Aus diesem Grunde hielt er mehrfach eine Vorlesung über Geschichte und Kritik des Darwinismus ab, in der er sich auch gegen Haeckels Idee, dass Ontogenese und Phylogenese gleich abliefen und dass die ‹Welträtsel› (Titel des bekanntesten Buchs von Haeckel) gelöst seien. Burckhardt verband Vergleichende Anatomie mit funktionalen und phylogenetischen Ideen; er war anti-positivistisch eingestellt und aus diesem Grunde an Geschichte interessiert. Nach seiner Intention sollten historische Studien den Sinn für Wissenschaftsphilosophie schärfen; der Zoologe müsse den Konstruktionscharakter wissenschaftlicher Ideen erkennen können. Aristoteles schätzte er als einen wirklichen Biologen, der ein Tier ganzheitlich erfasse und – im Unterschied zu den Positivisten des ausgehenden 19. Jahrhunderts – seine Erkenntnisse auf einen weiteren Kontext zurückbezog, das heisst innerhalb eines expliziten philosophischen Rahmens zur Interpretation ansetzte.

1894 wurde Burckhardt der Titel eines Extraordinarius verliehen. Einen Ruf nach Ann Arbor lehnte er ab. Nach einem weiteren Aufenthalt in Neapel (1898), der Studien über das Fischgehirn gewidmet war, übernahm er 1899 die Assistentenstelle am Zoologischen Institut in Basel. Nun wandte er sich ornithologischen Studien zu, für die er auch Röntgenaufnahmen beizog. Nach 1902 gab er die Vergleichende Anatomie weitgehend zugunsten der Geschichte der Biologie auf. Enttäuscht über die mangelnden Karriereaussichten in Basel übernahm er 1907 eine leitende Funktion in der Zoologischen Station des Berliner Aquariums in Rovigno, wo er 1908 seinem Leben ein Ende setzte.[69]

Paul Steinmann haben wir erwähnt als Zschokkes Koautor bei der Erforschung der regionalen Fauna. Er durchlief keine akademische Karriere, verfasste aber das damalige Standardwerk über schweizerische Fische.[70]

Zu den Hilfskräften der Basler Zoologischen Anstalt gehörten Schüler und Anfängerstudenten, die Zschokke im Labor zur Hand gingen. Unter diesen befand sich Adolf Portmann (1897–1982). Portmann war das künstlerisch hoch begabte, früh an Naturdingen interessierte Kind einer Strassenbahnerfamilie vom Basler Wiesenplatz, die allerdings aus derjenigen Arbeiteraristokratie mit künstlerischem Einschlag herstammte, die sich in den Fabriken des Textildrucks im 18. und 19. Jahrhundert herausgebildet hatte. Sein Vater, ein antikirchlicher, für die Arbeiterbildung und den Arbeitersport begeisterter Sozialist, sorgte dafür, dass er die Oberrealschule und nicht das Gymnasium der ‹Herrensöhne› besuchte. Zschokke war rasch begeistert von seinem Helfer, der sich nun der Zoologie verschrieb, bevor er überhaupt die Maturität erworben hatte. Sobald er die Berechtigung besass, studierte Portmann bei Zschokke und begann sehr bald mit der Dissertation – auf Zschokkes Verlangen über die Libellen in der Region Basel.[71]

Während seiner Wanderjahre nach dem Doktorat, in welchen auch der definitive Entscheid gegen eine Künstlerlaufbahn und für die Naturwissenschaften fiel (Portmann war wie Zschokke ein Wandervogel[72]), bildete sich Portmann weiter in Meeresbiologie[73] und anderen Fächern. Entsprechend der Aktualität der Zeit interessierte er sich für Entwicklungsbiologie an Embryonen,[74] ein Thema, das die Basler Privatgelehrten Paul und Fritz Sarasin zuvor schon fasziniert hatte. Eine für die spätere Interessenrichtung grundlegende Ausrichtung seiner Forschungen erfolgte an der französischen Station für Meeresbiologie in Banyuls: Portmann begann dort mit dem Studium der Hinterkiemerschnecken. Deren Farben- und Formenvielfalt überzeugte ihn für den Rest seines Lebens davon, dass ein solcher Reichtum, dessen biologische Funktionalität nicht unmittelbar einsichtig war, nicht als einfaches Ergebnis von Variabilität und Selektion verstanden und niemals mit einem funktionalistischen Ansatz erfasst werden könne –

welche Augen sollten im Dunkel des Meeres die Farbenvielfalt auch wahrnehmen?[75] Das Verhältnis zu Darwin wurde zu einer Kernfrage für die Herausbildung von biologischen Traditionen, nicht nur, aber auch in Basel.

Portmann ging sehr früh auf Distanz zu dem, was in seiner Jugendzeit mit Darwinismus verbunden wurde. In rezeptionsgeschichtlicher Perspektive sollte man sich darüber im Klaren sein, dass das Bild des Darwinismus unter Umständen weder dem Wortlaut Darwinscher Schriften noch der heutigen Interpretation von Darwins Entdeckungen entsprach. Darwinismus war im ausgehenden 19. und frühen 20. Jahrhundert oft mit Sozialdarwinismus verbunden, woraus sich eine übergreifende Auffassung vom ‹Leben› konstruieren liess, der zufolge auch Menschen und Staaten in einem ‹Kampf ums Dasein› stünden, in welchem nur die Stärksten überlebten – was neben einer gewissen Nietzsche-Interpretation weitgehende Abweichungen von hergebrachten christlichen Werten auch ‹naturwissenschaftlich› zu legitimieren versprach.[76]

Nicht so für Portmann. Er wandte sich dem Studium alternativer entwicklungstheoretischer Gedanken zu, darunter denjenigen in den Schriften von Lamarck[77], die er für intelligenter als Darwins ‹mechanische› Idee von der Selektion hielt. Ergänzend interessierte er sich für Lebensphilosophie.[78] Und obschon Portmann keineswegs in einem kirchlichen Sinne religiös war (er trat 1926 aus der protestantischen Kirche aus)[79], hatte für ihn wie für seinen Basler Lehrer Zschokke und vor allem für dessen Vorgänger Rütimeyer die Natur einen tieferen Sinn, den die Wissenschaft nicht direkt an- oder auszusprechen erlaubte. Natur präsentierte sich für Portmann als sinnvolle Vielfalt von ‹Gestalten›, Farben und Formen, unter denen sich durch den Entwicklungsgedanken und die Forschung namentlich an Embryonen gewisse Zusammenhänge, Aussagen über Entwicklungen und Verwandtschaften gewinnen liessen – wobei sich der letzte Sinn bloss ahnen liess. Ausgangspunkt war die Begegnung mit Natur*gestalten*, die Erfahrung der Organismen und ihrer ‹Innerlichkeit› in einer unmittelbaren (‹primären›, Portmann nannte diese zunächst auch ‹ptolemäischen›) sinnlichen Wahrnehmung, die danach wissenschaftlich durch rationale, methodengeleitete Erkenntnis zu einem ‹Stand des Wissens› weiter verarbeitet wurde. Dabei sollte, ausgehend von der gegenwärtigen Erfahrung, ‹Entwicklung› rückwärts erforscht werden (wie dies Rütimeyer formuliert hatte) – während die darwinistischen

Entwicklungsforscher unter Reduktion des sinnlich Wahrgenommenen auf ‹Mechanismen› gewissermassen ‹nach vorn› dachten.[80]

Portmanns Distanz zur Idee, dass die ‹blinde› Selektion der zentrale Evolutionsmechanismus sei, gehört ideengeschichtlich in die Auseinandersetzungen über die Evolution der 1920er- und 1930er-Jahre, die Grimoult für Frankreich mitsamt deren Vorgeschichte im 19. Jahrhundert nachgezeichnet hat.[81] Nicht zufällig interessierte sich Portmann für Pierre Teilhard de Chardin (1881–1955)[82], dessen ideelle Voraussetzungen er, obschon nicht katholisch, zu einem gewissen Grade teilte. Teilhard deutete die Evolution als zielgerichteten Prozess, in dem ‹Zufall› keinen Platz habe. Die Entwicklungsgeschichte habe einen Plan, «une liaison physique entre les vivants», der zufolge die Lebewesen an einem ganz bestimmten Moment der Erdgeschichte erschienen seien. Unabhängig von äusseren Bedingungen vollziehe sich die Evolution orthogenetisch, gesteuert von einem Gesetz der wachsenden Komplexität und angetrieben von einer inneren Kraft. Teilhards innere Kraft ähnelte der Portmannschen ‹Innerlichkeit›. Für das Verständnis von Portmanns Ideen interessant ist auch der Umstand, dass Grimoult Teilhard als (verspäteten) Neo-Lamarckianer auffasst. Grimoult meint auch, dass Teilhard keine Sonderstellung zukomme, wie gerne gesagt werde, sondern dass Teilhards Erfolg ein Resultat der Popularität gewesen sei, welche die Verbindung von Finalismus und christlicher Vorsehung in den 1930er-Jahren genoss. Die Krise des Evolutionsgedankens bei den Paläontologen war ein weiteres Beispiel dafür, dass zur Zeit, da Portmann seine grundlegenden Ideen konsolidierte, viele Biologen an der Orthogenese und teilweise auch an der Erblichkeit erworbener Eigenschaften festhielten. Auf diese Weise war es ihnen auch unmöglich, eine Brücke zu den Erkenntnissen der Genetiker zu finden. Diese Krise des Evolutionsgedankens prägte die Biologie in den 1920er-Jahren allgemein; sie bildet damit den wissenschaftsgeschichtlichen Hintergrund für Portmanns Interesse am Neo-Lamarckismus. Portmann sah darin offensichtlich eine Möglichkeit, Freiheit zurückzugewinnen angesichts des im Darwinismus der damaligen Zeit angelegten antidemokratischen Determinismus.[83]

Wichtig war Portmann, dass wissenschaftliches Wissen Grenzen hatte, an denen die Aussagen des Forschers halt machen mussten. Dies hinderte ihn allerdings nicht daran, sich selbst gern in solchen Grenzbereichen aufzuhalten.

Es gehörte zu seiner Selbstdisziplin, solche Grenzen klar zu benennen, was auch Teil seines Kampfes gegen pseudowissenschaftliche, letztlich politisch interessierte Deutungen war. Grenzen sah er aber nicht nur in der Erkenntnis, sondern auch im Handeln, was ihn auf die Postulate von ‹Natur- und Menschenschutz› führte, auf die wir unten zurückkommen.[84] Portmann teilte den 1920–1930 verbreiteten Eindruck, dass die (positivistische) Haeckel-Generation die ‹Welträtsel› keineswegs gelöst habe. Dafür beherrschten darwinistische Schlagworte vom ‹Kampf ums Dasein› die politische Arena, während die Wissenschaft dazu schwieg oder gar diese Schlagworte selbst übernahm. 1943 nannte Portmann dies in einem Referat die ‹Moralkrise› der Biologie und warnte davor, dass «manche politische Auffassungen seit mehr als 80 Jahren im biologischen Theoriedickicht am Wildern» seien.[85]

Portmann wurde bei Zschokke nach Abschluss des Studiums Erster Assistent und wuchs so in den Vorlesungs- und Übungsbetrieb des Instituts hinein. Mit der ihm eigenen Schnelligkeit war er auch bald Privatdozent. Ende der 1920er-Jahre verschlechterte sich Zschokkes Gesundheitszustand. Als er sich einer schweren Operation unterzog, die zwar als Erfolg gewertet wurde, ihm aber keine volle Berufsausübung mehr erlaubte, übernahm Portmann 1928 seine Stellvertretung, bis Zschokke das Alter erreicht hatte, in welchem er in den Genuss seiner Pension gelangen konnte. Nun stand Zschokkes Ordinariat 1931 zur Wiederbesetzung an.

Gemäss dem damals üblichen Berufungsverfahren gab es keine offene Ausschreibung des Zoologielehrstuhls. Auch spielte die Fakultät noch kaum eine Rolle,[86] vielmehr erörterte zunächst die Sachverständigenkommission der Kuratel unter Beizug externer Experten das mögliche Kandidatenfeld.[87]

Dabei diskutierten die Kommissionsmitglieder zuerst bestandene Gelehrte, deren Reputation gewissermassen als Gradmesser für die realistischerweise Anzufragenden diente. Als wissenschaftlich am besten ausgewiesen galt ihnen Jean Strohl von Zürich (1886–1942).[88] Adolf Portmann, ein 33 Jahre junger Privatdozent und Assistent, wurde zwar erwähnt, doch hielt ihn die Expertenkommission der Kuratel für «noch zu unselbständig», es fehle ihm an «männlicher Festigkeit» (so zunächst die Einschätzung von Regierungsrat Hauser vor der Kuratelskommission), er sei «nicht immer ganz zuverlässig» (Dekan

Matthies). Im Bericht der Sachverständigenkommission an die Kuratel stand schliesslich Strohl als Beispiel «geistiger Durchdringung» der Biologie glänzend da, während Portmann attestiert wurde, er sei «noch etwas unreif».[89] Die Fakultät konnte sich nicht zu den Kandidaten äussern, wurde aber gefragt, ob der Lehrstuhl nach Zschokkes Pensionierung verdoppelt werden solle. Am 23. Januar 1931 erstellte sie zu dieser Frage ein ablehnendes Gutachten: Man solle vermeiden, Modetrends nachzugeben und die Spezialisierung weiter voranzutreiben, ausserdem wären die Kosten eines zweiten Ordinariats bedeutend, und die geringe Zahl der in Basel in Zoologie Doktorierenden (sechs oder acht) würde es nicht rechtfertigen, zwei Institute zu schaffen (anscheinend konnte sich die Fakultät nicht vorstellen, dass zwei Ordinarien zusammen ein Institut führten).

Diesen Argumenten stimmte die Kuratel ihrerseits in ihrem Antrag an das Erziehungsdepartement am 10. Juni 1931 zu. Das Kuratelsplenum fand aber den Rat seiner eigenen Sachverständigenkommission, die Strohl an die erste Stelle und Portmann nur 3° loco gesetzt hatte (2° loco ex-aequo: E. Marcus [Berlin], Adolf Naef [Kairo], Jakob Seiler [Zürich][90]), nicht überzeugend und argumentierte für Portmann. Der Erziehungsrat bevorzugte Strohl und begründete dies mit dem Grundsatz, dass der von der Expertenkommission als fachlich bester Kandidat Bezeichnete gewählt werden sollte. Regierungsrat Hauser schien in seinem Bericht an den Gesamtregierungsrat vom 18. Juli 1931 diese Position zunächst ebenfalls zu akzeptieren. Die Mehrheit der Regierung wies das Geschäft aber an den Erziehungsrat zurück, der daraufhin erklärte, für den Erfolg einer Berufung Portmanns könne er keine Verantwortung übernehmen. So wurde Portmann unter Applaus der Presse[91] vom Regierungsrat als Vorsteher der Zoologischen Anstalt gewählt, aber zunächst nur im Rang eines Extraordinarius. Dies wurde im Frühjahr 1933 durch die Beförderung zum Ordinarius ohne jeglichen Widerstand korrigiert.[92]

Im Grunde war es ein Dilemma: Von der Fakultät bis in den Erziehungsrat hinein herrschte Einigkeit darüber, dass die Ära Zschokke beendet werden sollte – aber wie verhielt sich Portmann zu Zschokke? Über Portmanns Entwicklung waren nur Vermutungen möglich; er war eher eine Option als eine real erkennbare Chance für Neues. Und Zschokke bezeichnete einmal (in der Sachverständigenkommission der Kuratel) Portmann als unreif, ein andermal setzte er sich sehr für ihn in. Letzteres sprach eher gegen Portmann, da Universitätskreise und Bildungspolitiker es ungern sahen, wenn abtretende Professoren über ihre eigene Nachfolge entscheiden wollten (was dann Ende der 1960er-Jahre Portmann selbst erfahren musste, als er seinerseits über seine Nachfolge bestimmen wollte). Es scheint aber, dass im Regierungsrat jemand entschlossen war, den hoch begabten, jungen Privatdozenten als Geschenk des Himmels anzusehen und die Risiken der Hausberufung geringer zu gewichten als die Hoffnungen auf eine eigenständige Entwicklung Portmanns. Inhaltlich löste sich Portmann dann nur schrittweise von der Vorlesung seines Vorgängers – eine eigene Linie wurde bei Portmann gegen Ende der 1930er-Jahre und dann ganz klar in den 1940er-Jahren erkennbar.

Interessant wäre zu wissen, welche Rolle der sozialdemokratische Erziehungsdirektor Fritz Hauser bei Portmanns Berufung spielte – Portmann selbst galt als der Sozialdemokratie nahestehend wegen seiner Herkunft aus einem sozialistischen Haushalt (sein Vater war Strassenbahner, und Hausers Hausmacht war der Verband des Personals öffentlicher Dienste VPOD)[93], wegen seiner Ablehnung eines konfessionell und institutionell gebundenen Christentums und wegen seines Einsatzes für die Volksbildung. Man wird nicht fehlgehen, den Entscheid dennoch als überparteilich zu verstehen. Portmann überzeugte offenbar auch den freisinnigen Kuratelspräsidenten Ernst Thalmann[94]; er war der Fortsetzer der mit Rütimeyer begonnenen Tradition auf dem Lehrstuhl für Zoologie, seine Jugendlichkeit hielten viele weniger als Zeichen der Unreife denn als zusätzlichen Vorzug. Fachlich konnte ihm weder in Meeresbiologie noch in Entwicklungsbiologie an Embryonen noch in der regionalen Faunistik jemand etwas anderes vorwerfen als eine noch geringe Zahl von Veröffentlichungen. Auch hatte er sich bereits während mehreren Semestern als Dozent der grossen Vorlesung für die Mediziner und als Veranstalter der Übungen bewährt. Die Studenten waren von Portmann begeistert, ebenso das Lehrerseminar, für welches er an einer Erneuerung des Naturkundeunterrichts (im Stil des Naturerlebnisses durch eigene Beobachtungen, Exkursionen, exemplarisches Lernen etc., wie seit dem ausgehenden 19. Jahrhundert von allen Reformern verlangt) mitgewirkt hatte.

Zudem war er keineswegs auf Basel fixiert, sondern hatte sich erfolgreich auf ein amerikanisches Stipendium beworben, das er dann allerdings nicht beanspruchte, als ihn Zschokke zum Ersten Assistenten machte. Portmanns Internationalität war vielleicht noch ausgeprägter als die seines Lehrers und Vorgängers Zschokke, da er nicht nur die französische Forschung durch regelmässige Aufenthalte an den dortigen meeresbiologischen Stationen genau kannte und im Laboratoire Arago in Banyuls seine Frau gefunden hatte, sondern auch die deutsche Zoologie seit seinen Wanderjahren genau verfolgte. Später pflegte er regelmässige Verbindungen zur amerikanischen Ostküste. Nach 1945 wurde Portmanns Internationalität noch deutlicher sichtbar, als er für die französische Besatzung die Universität Freiburg i. B. von nazistisch belasteten Professoren säubern half und im Eranos-Kreis in Ascona zu einer nicht mehr wegzudenkenden Figur mit informellen und schliesslich formalisierten Organisationsaufgaben wurde. Seine letzte Lebensgefährtin war Amerikanerin.

Wie wir gesehen haben, bestand die Konzession an die Gegner Portmanns 1931 darin, dass er zwar als Leiter des Instituts und Inhaber des Lehrstuhls, aber nur im Rang eines Extraordinarius angestellt wurde – eine Probezeit gewissermassen, die mit der Erhebung in den Rang eines Ordinarius auf Antrag der naturwissenschaftlichen Abteilung der philosophischen Fakultät 1933 formell beendet wurde. Portmanns Ernennung zum Ordinarius fiel damit in die schwere Zeit des Faschismus und des Frontismus, der nationalsozialistischen Diktatur im nördlichen und seit 1938 auch im östlichen Nachbarland. Ab Mai 1940, nach der Niederlage Frankreichs gegen Deutschland, war Basel ein exponierter Vorposten der Schweiz. An der Universität und in einem Teil des städtischen Kulturlebens blühten seit den frühen 1930er-Jahren germanophile und nazistische Kreise auf. Fächer wie Biologie, aber auch Geografie und Wirtschaftskunde erhielten die zweifelhafte Aufgabe zugedacht, Ideologien mit Munition zu versehen und diese pseudowissenschaftlich zu verbrämen. Ein Medizinprofessor der Universität Basel, der Pathologe Werner Gerlach, bekundete in den 1930er-Jahren offene Sympathien für das nationalsozialistische Deutschland.[95] Mit dem Agrarhistoriker Friedrich Vöchting (1884–1969) und dem Geografen Fritz Jaeger (1881–1966) lehrten an der Universität Basel zwei Persönlichkeiten, die während des Krieges an nationalsozialistisch gesteuerten, germanophilen Kulturanlässen mitwirkten und nach Kriegsende deswegen aus der Universität vertrieben wurden.[96]

Widerspruch brauchte bis mindestens 1943 Mut. Portmann stellte sich, die Dinge für heutige Begriffe vorsichtig, aber doch klar beim Namen nennend, konsequent und vor dem Forum der breiten Öffentlichkeit gegen diese Tendenzen.[97] Spätestens seit Winter 1940/41 war in ihm die Position gereift, die er in den ‹Biologischen Fragmenten› 1944 im Druck veröffentlichte. Für die Besucher seiner Vorlesungen begann die Auseinandersetzung mit dem Biologismus der antidemokratischen Rechten in der Samstags-Vorlesung vom Winter 1940/41 zum Thema ‹Biologische Probleme einer Lehre vom Menschen› greifbar zu werden.[98] Für ihn liess sich ein Menschen- und Gesellschaftsbild, welches das Vorrecht des Stärkeren, die angebliche Notwendigkeit zu Gewalt und Kampf aus der Biologie rechtfertigen wollte, nicht naturwissenschaftlich begründen. In der damaligen Wahrnehmung gehörte Portmann zu den Stimmen der Vernunft, der Aufklärung, aber auch der Begrenzung menschlicher Hybris durch tiefere Einsicht in das Wesen von Natur und Mensch. Portmann profilierte sich als humanistischer Anti-Nazi, der zusammen mit Liberalen und Sozialisten das Fundament jeglicher Neigung zu faschistischem Denken zu zerstören trachtete[99] – und dabei auf die Macht des Wortes, des Gedankens, auch des historischen Rückblicks auf die Wandlungen der Biologie baute und das Medium des populären Vortrags und des Radios nutzte. Die Wirkung war gross, und in ihr liegt ein Grund der Portmann-Verehrung, die bis heute anhält.

In diesen Kontext gehört der Vorstoss des Zoologen Portmann in die Anthropologie – ein Zugriff auf den Kern der damaligen Biologie selbst, wenn man davon ausgeht, dass dieses Fach ausgesprochen oder unausgesprochen (und jedenfalls in der Erwartung der Gebildeten ausserhalb des engeren Fachbetriebs) eigentlich stets vom Menschen handelte.[100]

In den Basler naturwissenschaftlichen Traditionen waren zwei Elemente bereits vorgegeben, als sich Portmann öffentlich zu anthropologischen Fragen zu äussern begann. Beide betrafen das Verhältnis des Menschen zum Tierreich.

Dass der Mensch zu einem gewissen (aber welchem?) Grade dem Tierreich angehörte, war schon eine Voraussetzung von Rütimeyers vergleichender Morphologie und Osteologie gewesen. Auch wer die Vorstellung, ‹wir› seien ‹Nach-

Der Zoologe Adolf Portmann (1897–1992, rechts im Bilde) informiert sich um 1960 in den Arbeitsräumen der osteologischen Sammlung über den von Johannes Hürzeler (1908–1995) entdeckten Oreopithecus.

fahren› von Affen, als vulgäre, ideologische Verkürzung abtat, ging von einer Art Verwandtschaft der Menschen mit den Primaten aus. Zudem waren die Physiologie und Morphologie des Menschen geläufige wissenschaftliche Forschungsgegenstände, für die es zu Beginn des 20. Jahrhunderts nur wenig Tabus gab. Man darf durchaus die anthropologischen Forschungen, welche die einflussreichen Privatgelehrten Fritz und Paul Sarasin um die Jahrhundertwende betrieben, in diesem Zusammenhang sehen.

Beide waren fasziniert von der Idee, die Naturgeschichte Rütimeyers auf den Menschen auszudehnen und in diesem Sinne Dokumente einer Geschichte des Menschen aufzusuchen, paläontologisch und archäologisch, aber auch ethnografisch durch Studien über Völker, die aktuell noch in einem älteren, ‹steinzeitlichen› Zustand lebten, kleinwüchsig waren und scheinbar eine sehr einfache Kultur aufwiesen. Fritz Sarasins Völkerkunde war in dieser Art ein Studium des Menschen und seiner kulturellen Leistungen.[101] Wie er beim 100-jährigen Jubiläum der Naturforschenden Gesellschaft in Basel 1917 betonte, sah Fritz Sarasin als naturwissenschaftlich geschulter Anthropologe und Zoologe eine Linie von den frühesten Zeugnissen von Menschenartigen bis zu den heutigen Menschen, und kulturell ebenfalls *eine* Linie von Baumnestern zu den Pfahlbauten und von dort zu den antiken Tempeln und Renaissance-Bauten, von den Höhlenmalereien zu den Fresken Leonardos.[102] Dies alles war provozierend, vor allem vor dem Hintergrund der christlichen Kultur des offiziellen Basels des 19. Jahrhunderts, aber auch vor demjenigen des humanistischen Idealismus.

Das zweite vorgegebene gedankliche Element war, dass der Mensch eben doch nicht restlos im Tierreich aufgehen konnte, es musste eine spezifische Differenz geben. Dies gebot der bei Rütimeyer noch nicht säkularisierte, in späteren Generationen in ein humanistisches, manchmal unkirchliches, aber nicht wirklich unchristliches Gewand gekleidete Glaube an die Natur als sinnvoll geordnete Schöpfung und an die Fähigkeit des Menschen, diese wenn nicht zu erkennen, zu durchschauen und nachzubilden, so diese doch zu ahnen und zu schauen.

Portmann baute auf dem Höhepunkt der faschistischen Herrschaft über Europa eine Verbindung zwischen diesen beiden Vorgaben, welche seinen Zeitgenossen wie ein Lichtstrahl in der Finsternis vorkam. Man könnte heute Portmann einen naturalistischen Trugschluss vorwerfen, weil er die Biologie bemühte, um einen Beweis dafür zu führen, dass der Mensch nicht in Biologie aufgehe, ihr nicht durch ein finsteres Schicksal verhaftet sei. Diese Kritik erlaubt aber nicht, Portmanns Wirkung zu verstehen – abgesehen davon, dass er damit wohl weniger einen schlüssigen Beweis führen als einen Vorschlag zur Diskussion stellen wollte: Seine Zeit aber war tendenziell geneigt, dem Biologen-Anthropologen mehr zu glauben als dem philosophischen Anthropologen, und so machte die ‹Portmann-These› die Runde, der zufolge der Mensch eine ‹physiologische Frühgeburt› sei – das Menschenjunge sei ein schutzloser, auf sich allein gestellt nicht lebensfähiger Nesthocker, der die letzten Monate seiner im Grunde noch embryonalen Entwicklung ausserhalb des biologischen und innerhalb eines kulturellen ‹Uterus› zubringen müsse. So zwinge seine eigene Biologie den Menschen dazu, ein Kulturwesen zu sein, und damit stehe er im Tierreich so einzigartig da, dass man ihn eben aus soliden wissenschaftlichen Gründen nicht wirklich dem Tierreich zurechnen dürfe.

Parallel zur Ablehnung dessen, was er am Darwinismus als mechanistisch und primitiv-funktionalistisch kritisierte, führte Portmann die Idee einer ‹ganzheitlichen› Naturbetrachtung bei seinen Schülern auf einen Höhepunkt. Ohne dies offen zu predigen, allein durch die Weckung eines ästhetischen Zugangs zu den Naturdingen, liess er erkennen, dass die Natur Schöpfung sei, und deutete er an prominenten Stellen an, dass dahinter oder darin ein ‹Geheimnis› verborgen sei, welches der Naturwissenschaftler ahnen dürfe. 1965 stellte er sich, wie oben kurz erwähnt, anlässlich einer Würdigung seines Vor-Vorgängers selbst offen in eine Linie mit Rütimeyers religiöser Auffassung der Natur.[103]

Dabei wahrte er stets eine zwar interessierte, aber doch ausgeprägte Distanz nicht nur zum Darwinismus sondern auch zur Genetik. In der Diskussion um die Zoologie (und Biologie) ‹nach Portmann›, in die er energisch eingriff, bezeichnete er Genetik als Nazi-Wissenschaft, die niemals zu einer Grundlage des Naturverständnisses werden dürfe – als welche er am ehesten die vergleichende Morphologie[104] und die Verhaltensforschung empfahl.[105] Sein Konzept einer allgemeinen Biologie stand so in Opposition zu den Plänen für ein Biozentrum, das gerade an reduktionistische, funktionalistische und experimentelle Ansätze anknüpfte, die ihm gefährlich erschienen. Dazu unten mehr.

Portmann, seine Schüler und Mitarbeiter blieben dem Naturschutz verpflichtet, der schon einer früheren Generation von universitären und nichtuniversitären Naturforschern ein Anliegen gewesen war: Zu erwähnen sind Paul Sarasin, Fritz Zschokke, der Schweizerische Nationalpark und der Kampf gegen die negativen Folgen der Industrialisierung, Grossstädte und Agglomerationsbildung. Gegen Ende von Portmanns Wirken an der Universität, in den 1960er-Jahren (dem Jahrzehnt Rachel Carsons) wandelte sich dieser Naturschutzgedanke zum ‹Umweltschutz›. Portmanns ganzheitliche Naturkunde erlebte in dieser späteren konzeptionellen Konstellation eine neue Rezeption.[106]

Neben Portmann wirkten am Institut bedeutende andere Naturforscher. Aus ihrer Zahl seien hier nur zwei herausgegriffen. Zu erwähnen ist zunächst der Entomologe Eduard Handschin (1894–1962), Extraordinarius, dann persönlicher Ordinarius, Präsident der Kommission für das Naturhistorische Museum und ab 1956 erster beamteter Leiter des Naturhistorischen Museums.[107] Handschin verband seine Wissenschaft (und die Verantwortung für das Museum) mit dem Kampf für den Naturschutz[108] an der Schwelle zum Umweltgedanken mit seinem Einsatz gegen die chemische Maikäferbekämpfung in den 1950er-Jahren. Als international ausgewiesener Entomologe hatte er in der Schweiz und in Australien Wirkungskreise gefunden. Grundlagenforschung verband er mit einem ausgesprochenen Interesse für die praktischen Anwendungsmöglichkeiten entomologischen Wissens. Seine Beobachtungen hatten ihn zur Überzeugung geführt, dass biologische Methoden der Schädlingsbekämpfung wichtig seien und dass die mit einer marktorientierten Agrarproduktion einhergehende ‹Chemisierung› der Landwirtschaft mehr Nachteile als Vorteile hätte.

Rudolf Geigy (1902–1995)[109] war ein Studienkollege von Portmann gewesen, als beide unter Zschokke Zoologie studiert hatten; beide betonten das gute gegenseitige Einvernehmen sehr stark. Geigy beendete sein Studium in Genf 1926 mit einer licence ès sciences bei Emile Guyénot (1885–1963), der ihm physiologische Fragestellungen nahe brachte. Ebenfalls bei Guyénot doktorierte

Rudolf Geigy (1902–1995, vorne links) an der Jahresversammlung der Schweizerischen Naturforschenden Gesellschaft in der Aula der Universität Basel 1970.

Geigy 1930 mit einer Arbeit zur experimentellen Entwicklungsbiologie, die internationale Anerkennung fand. Danach diente er kurze Zeit Zschokke als Assistent, dann Portmann, sobald dieser Zschokkes Nachfolge angetreten hatte. Es war Portmann, der Geigy 1932 habilitierte, und bei der Gründung des Tropeninstituts 1943 wurde das neue Institut formell Portmanns Zoologischer Anstalt unterstellt.[110] Obschon Geigy mit der ‹Medizinischen Zoologie›, das heisst einer für das Verständnis der Ursachen und Verbreitung gewisser Krankheiten wesentlichen Wissenschaft, nicht einer ‹Zoologie für Mediziner›, ein anderes Programm verfolgte als Portmann, und obschon er seit 1943 mit dem Tropeninstitut[111] über eine eigene Institution verfügte, zeigte er sich stets präsent in der Zoologischen Anstalt und erschien nach aussen neben Portmann als Co-Direktor des Hauses am Rheinsprung. Geigy war 1938 Extraordinarius, seit 1953 Ordinarius ad personam (Rektor der Universität 1962/63). Er hätte an sich ausserhalb oder am Rande der Universität ein Dasein als Privatgelehrter führen können, denn er war der einzige Sohn des Chemie-Unternehmers Johann Rudolf Geigy-Schlumberger (1862–1943), der als Schüler des berühmten Chemikers Adolf von Baeyer (1835–1917) den Wissenschaften sehr zugetan war und die Forschungsmöglichkeiten seines Sohns (der erst ab 1943 selbstständig über das Vermögen des Vaters verfügen konnte) durch die Finanzierung von dessen privaten Laboratorien ebenso förderte, wie er durch eine Stiftung die zoologische Forschung anderer unterstützte.[112] Ein gesetzliches Ordinariat (für die erwähnte ‹Medizinische Zoologie›, in der naturwissenschaftlichen Fakultät angesiedelt) wurde für ihn erst 1964 geschaffen. Geigy bekleidete es von 1965 bis 1973. Die Schaffung des Ordinariats und die Berufung Geigys waren Vorgänge, die nicht ohne Missverständnisse abliefen.[113] Man hätte erwarten können, dass der Träger des Namens einer chemischen Fabrik und Mitglied von deren Verwaltungsrat (seit 1932) einer Naturwissenschaft das Wort geredet hätte, die sich den Industrieinteressen unterordnete. Dies war nicht der Fall. Natürlich gab es Verbindungslinien. So interessierte sich Geigy als Spezialist für Tropenkrankheiten auch für die Schädlingsbekämpfung und damit für eine Produktelinie der Firma J. R. Geigy AG. Geigys ursprüngliche Forschungsinteressen, obwohl durch experimentelle Methoden an Embryonen und physiologisch-genetische Überlegungen gekennzeichnet, standen der Idee nach näher bei den Vettern Sarasin und der Verbindung zwischen Naturwissenschaft und Ethnologie als bei Hadorn. In diesem Sinne gehörte Geigy zur Tradition der Naturgeschichte.[114]

Mit seinem Tropeninstitut verfolgte Geigy zwar experimentell-biologische Studien weiter, doch wollte er nun aus humanitärem Antrieb tropische Krankheiten erforschen, um den Menschen des Südens eine bessere Zukunft zu sichern – mehrere Monate pro Jahr weilte er seit 1949 in der afrikanischen Forschungsstation in Ifakara (Tanzania).[115] Im Licht des Engagements seines Nachfolgers (und Schülers) Thierry Freyvogel betrachtet, führte Geigys Arbeit auf ökologische und entwicklungssoziologische Zusammenhänge.[116] Geigys Beziehung zum Naturhistorischen Museum Basel beleuchten wir weiter unten kurz – hier sei nur darauf hingewiesen, dass er bei seinem Tod im Jahre 1995 dem Museum eine halbe Million Franken vermachte.[117] Es scheint aber, dass unter den Basler Institutionen der Zoologische Garten sein Interesse stärker fesselte als das Naturhistorische Museum.[118] Ausserhalb und innerhalb von Basel förderte er die Ornithologie stark; er wirkte als Mäzen für die Schweizerische Vogelwarte in Sempach (gegründet 1924) und die Vogelzugforschung von Masarey bis zu Ernst Sutter (Letzterer wirkte am Museum; wir werden auf ihn noch zurückkommen).

2.3 Die Erdwissenschaften. Erdgeschichte und Paläontologie

2.3.1 Paläontologie und Evolution

Wie wir in der Einleitung gesehen haben, bildeten die Erdwissenschaften einen festen Bestandteil der Naturgeschichte. Wir geben deshalb auf den folgenden Seiten einen kurzen Überblick über deren Vertretung an der Basler Universität in der Absicht, wenigstens einen Teil des wissenschaftlichen Umfeldes des Naturhistorischen Museums zu skizzieren. Im Unterschied zur vorausgehenden Darstellung über die Geschichte der Zoologie, die auf Archivmaterial aufgebaut ist, arbeiten wir hier vor allem mit dem in der Literatur verfügbaren Wissen.

Die Paläontologie erhielt im Kontext des Entwicklungsdenkens im 19. Jahrhundert eine grosse Bedeutung. Wir wenden uns deshalb für einen Moment der Geschichte der Auffassungen von der Evolution zu, die in diesem Fach herrschten, wobei wir die Entwicklung in Frankreich näher betrachten. Die Ausführlichkeit rechtfertigt sich unter anderem damit, dass die nachfolgenden Ausführungen helfen werden, auch die Positionen in der Basler Zoologischen Tradition zu verstehen. Um nur ein Beispiel zu nennen: Adolf Portmann bildete sich seine Ideen über die Evolution in Frankreich unter dem Einfluss einer Spielart des Neo-Lamarckismus heraus. Das Studium der Rezeptionen der Evolutionslehre verdeutlicht die ideelle Klammer, welche Erdwissenschaften und Biologie in Basel, aber wohl nicht nur hier, zu verbinden vermochte.

Zu Darwins Zeiten herrschten zwei Lehrmeinungen vor, Cuviers Katastrophentheorie (der in Basel offensichtlich Peter Merian anhing) und Lyells Uniformitarianismus. Beide waren nicht eindeutig mit der Evidenz der Fossilien in Einklang zu bringen. Einig war man sich darüber, dass in der Erdgeschichte identifizierbare Arten vorkamen, die an ihre jeweilige Umgebung ‹angepasst› waren, und dass sich diese im Lauf der Zeit verändert hatten. Verwandtschaften zwischen den Arten wurden gesehen; auch war klar, dass benachbarte Schichten näher verwandte Arten enthielten als weiter voneinander entfernte Schichten. Dies allein sprach allerdings noch keineswegs dafür, Darwin zuzustimmen.

Die Frage nach der Evolution ist historisch unmittelbar mit der Ideengeschichte der Paläontologie verbunden. Während bis zum Ende des 18. Jahrhunderts allmählich das Wesen der Fossilien als geklärt gelten konnte (wofür die Verbindung mit der Erdgeschichte eine wichtige, anfangs vernachlässigte Rolle spielte), war die Frage nach dem Entstehen und Vergehen der Arten Gegenstand kontroverser Antworten bis ins 20. Jahrhundert hinein.[119] Seit etwa 1830 erlaubte die Verbindung von Erdgeschichte und Fossilienkunde die Entwicklung einer paläontologischen Stratigrafie. Die Forscher konstruierten Systeme von Erdaltern, wofür die Anhänger von Cuvier jeweils eine neue Schöpfung postulierten. Gegen 1850 trat das Interesse für die Frage nach dem Aussterben von Arten (durch Katastrophen wie Sintflut etc.) zurück. In Frankreich[120] blieb Buffon die Leitschnur für viele Jahrzehnte, allenfalls auch Lamarck, aber nicht Darwin. Vorherrschend war der «transformisme limité».[121]

Darwin hatte in seinem Hauptwerk in zwei Kapiteln eingehend Paläontologie herangezogen. Im Kapitel 9 wird erklärt, weshalb nur wenige Zwischenstufen überliefert sind. Kapitel 10 begründet die Kontinuitätsthese paläontologisch; nach seinen Schlussfolgerungen aus der fossilen Evidenz war das Auftreten und Verschwinden der Arten ein langsamer Vorgang, der sich schrittweise vollzog. Darwin verzichtete explizit auf eine Idee des Forschritts in diesem Vorgang und kritisierte offen diejenigen Paläontologen, die glaubten, die Organisation des Lebendigen zeige eine progressive Tendenz – was ihn in Konflikt mit vielen potentiellen Anhängern der Evolutionslehre brachte. Darwin wurde abgelehnt als Vertreter einer transformistischen Position, die in Frankreich schon um 1830 ‹widerlegt› worden sei. Die Evidenz der Fossilien schien für eine diskontinuierliche Geschichte des Lebens zu sprechen.[122] Diese französischen Debatten mit ihrer negativen Beurteilung der Selektionstheorie von Darwin sind für die Basler geistesgeschichtlichen Hintergründe im 19. Jahrhundert zweifellos relevant, da sie die Positionen Peter Merians, Ludwig Rütimeyers und teilweise noch diejenige Adolf Portmanns verstehen helfen.[123]

Dennoch bedeutete in vielen Ländern die Rezeption Darwins einen Schritt in Richtung der Vorherrschaft des Evolutionsgedankens – so zum Beispiel im deutschen Sprachraum. Nach 1860 entstanden dort evolutionistische Forschungsprogramme zur Suche nach phylogenetischen Sequenzen. Das Werk von Melchior Neumayr (1845–1890, Professor in Wien) der 1870er-Jahre gilt als Durchbruch dieser Forschungsrichtung, indem es die Phylogenese von Muscheln und Süsswasserschnecken detailliert vorführte.

Grosses Aufsehen erregte ferner die Entdeckung menschlicher Fossilien, die als Zwischenglied zwischen Tier und Mensch verstanden wurden, so der Java-Mensch von 1891 (diese Deutung erwies sich später als falsch). Die Phylogenie der Haustiere, ein Gebiet, das in Basel Ludwig Rütimeyer faszinierte,[124] wurde am Beispiel des Pferdes populär (Vladimir Onufrievich Kovalevskiĭ [1842–1883] mit Veröffentlichungen von 1873 und 1876, Othniel Charles Marsh [1831–1899] mit einer solchen von 1879). Schon in den 1860er-Jahren wurden mit dem Archaeopteryx das Fossil eines reptilienartigen Vogels und mit dem Compsognathus ein vogelartiges Reptil gefunden.

Aus dem späten 19. Jahrhundert kennt man aus Frankreich zahlreiche Zeugnisse der Schwierigkeit, die Selektion im Sinne Darwins zu verstehen. Selektion wurde als eine ‹intelligente› Agentur missverstanden, die durch Ausmerzen des ‹Schlechten› das Neue gezielt schaffe. Die bei Jean-Baptiste Rames (1832–1894) explizit gemachte Identifikation der Selektion mit dem Tod (‹la Mort›, gross geschrieben) mag erklären helfen, warum Widerstände weiter bestanden, in der Selektion den entscheidenden Mechanismus zur Erklärung der Geschichte der Arten zu sehen.[125] Stattdessen herrschte der ‹Finalismus› vor, das heisst die Annahme, dass die Evolution durch ein höheres Wesen oder durch einen verborgenen Plan geleitet sei. Dies galt nicht nur für Frankreich, sondern auch für andere Länder bis gegen 1900 und teilweise weit darüber hinaus.[126] Die Embryologie einerseits, die Metamorphose der Insekten andererseits wurden zu Sinnbildern, Analogien oder gar Erklärungen der Evolution, verstanden als sinnvoller Prozess. Die Verbindung von Ontogenese mit Phylogenese kündigte sich an, in verschiedenen, mehr oder minder religiösen, säkularisierten oder materialistischen Versionen.[127]

In den 1880er-Jahren setzte sich die Idee der Evolution bei den Paläontologen durch – allerdings in der dargestellten Art, das heisst ohne wirkliches Verständnis der Bedeutung der Selektion im Sinne Darwins, aber zunehmend mit säkularisierten Spielarten der Finalitätsidee. Die Wissenschaft entfernte sich von den biblischen Voraussetzungen, nicht aber vom Gedanken einer zielgerichteten, ‹sinnvollen› Evolution.[128] In diesem Kontext wurde Lamarck wieder aktuell. Wie bei jeder Rezeption gab es verschiedene Lesarten der Ideen Lamarcks, die um 1900 relevant wurden. Von Nordamerika ging eine Rezeption aus, für welche die Vererbung erworbener Eigenschaften, aber vor allem die Teleologie, die Idee eines Fortschritts auf ein bestimmtes Ziel hin, das zentrale Dogma sein sollte. Französische Neo-Lamarckisten schrieben der Teleologie weniger Gewicht zu. Unter ihnen spielten Materialisten und Szientisten eine gewisse Rolle, welchen der Glaube an einen Endzweck der Entwicklung des Lebens ebenso metaphysisch erschien wie der Glaube an einen Schöpfer. Höhepunkt des französischen Neo-Lamarckismus war 1909 die Feier zum 100-jährigen Erscheinen der ‹Philosophie Zoologique›.[129] Was von der Lamarck-Begeisterung blieb, war die Überzeugung der Paläontologen, dass die Phänomene aus einer Vielzahl von Faktoren, namentlich Anpassung an die Umwelt, aber auch Selektion, zu erklären seien.[130]

Mainstream wurde im frühen 20. Jahrhundert ein Determinismus: Es gebe einen Plan der Entwicklung des Lebens, und die Paläontologie solle die Gesetzmässigkeiten, nach denen sich dieser Plan realisiere, enthüllen (Charles Depéret [1854–1929]). Dieser Forschungsrichtung entsprachen am besten Studien zur ‹Orthogenese›, namentlich des Pferdes: Man stellte sich vor, dass *eine* Entwicklungslinie in den Fossilien zur Realisierung eines morphologischen idealen Typus hin tendiere und dass diese Entwicklungslinie allgemeinen Gesetzmässigkeiten (zum Beispiel Zunahme der Grösse) gehorche.[131] Dieser Finalismus wurde bestärkt durch Ernst Haeckel (1834–1919): Paläontologie und Embryologie schienen zwei sich ergänzende Wissenschaften zu sein, unter der Voraussetzung, dass Ontogenese und Phylogenese sich wechselseitig erklären würden. Hinzu kam ein Artbegriff, der typologisch definiert wurde (Typen wurden apriorisch gesetzt) und in welchem die intellektuelle Erbschaft der Anhänger des Schöpfungsgedankens weiterlebte. Typus (an sich Teil eines Denkens, das die Arten als unveränderlich betrachtete) und Evolution wurden im Finalismus miteinander versöhnt, der seinerseits den Glauben an die ‹Gesetze des Fortschritts› voraussetzte. Dank der Idee der Typen konnten sich darin auch christliche Forscher wiedererkennen, welche die materialistische Variante der Forschrittsidee ablehnten – nicht ohne damals aktuellen Grund: Die laizistischen Republikaner setzten in Frankreich Paläontologie als Schulfach durch in der Hoffnung, damit den biblischen Schöpfungsglauben zu untergraben. Der Gedanke eines Endzwecks war aber im Prinzip materialistisch-progressiven und christlichen Ideengebäuden gemeinsam. Für die Wissenschaft galten diese Einseitigkeiten wenig, in ihr wirkte das Verbindende stärker. Diese Konkordanz hätte an sich der Institutionalisierung des Faches förderlich sein können;[132] sie machte aber vor der Hochburg des staatlichen Universitätssystems halt: Paläontologie entwickelte sich am Muséum d'histoire naturelle und an der Ecole des Mines, aber kaum an der wichtigsten Universität des Landes, der Sorbonne, die nur einen maître de conférence für Paläontologie erhielt, dessen Stelle zudem 1903 aus Geldmangel gestrichen wurde. Die Institutionalisierung im Universitätswesen, schwach wie sie war, wurde nach 1918 noch weiter geschwächt. Paläontologie galt fast nur als geologische Hilfswissenschaft, eine Auffassung, die auch ausserhalb Frankreichs Anhänger hatte.[133] Erst 1953 wurde in Paris ein Lehrstuhl für Paläontologie geschaffen.[134]

In den 1930er-Jahren beherrschte in Frankreich erneut die Kritik an der Evolutionslehre die Debatten. Der Geologe Paul Lemoine (1878–1940), zuerst Professor in Toulouse 1919, dann ab 1920 am Muséum d'histoire naturelle in Paris, dessen Direktor er 1932–1936 war, stellte öffentlich die Evolutionslehre im Namen eines Vitalismus in Frage («la matière a une propriété spéciale qui est la vie») und kritisierte die Mechanismen der Evolution. Gleichzeitig wurde in Frankreich aber auch die populationsgenetische Interpretation des Darwinismus rezipiert (propagiert unter anderen von einem Normalien mit linker politischer Ausrichtung, Georges Teissier [1900–1972], ab 1938),[135] ein Vorgang, der die Krise des finalistischen Evolutionismus der Paläontologen erst mit Verzögerung beeinflusste. Cédric Grimoult glaubt, diese Verzögerung sei spezifisch für Frankreich; wir würden hinzufügen, dass dies auch für die Schweiz, insbesondere Basel, galt.

In der Paläontologie herrschte somit bis weit ins 20. Jahrhundert hinein nicht Darwins Selektionsidee vor, sondern an Lamarck oder der Orthogenese orientierte Theorien. Evolution wurde verbreitet als zielgerichteter Prozess aufgefasst, was mit Darwins ‹ungerichteter› Selektion nicht vereinbar war: Der Selektionsmechanismus war der Hauptgrund für die verbreitete Ablehnung des Darwinismus, wie dies am Beispiel der Basler Zoologen von Rütimeyer bis Portmann nachvollzogen werden kann.[136] Hier in der Zoologie wie dort in der Paläontologie war der springende Punkt die Weigerung, ‹Zufall› in der Selektion anzuerkennen; bei vielen Autoren spielte ein religiöser oder quasi-religiöser Hintergrund mit. Bis in die 1960er-Jahre blieb diese Tendenz in Frankreich für die Paläontologen wichtig.[137] 1947 wurde am französischen Paläontologenkongress zwar die synthetische Evolutionstheorie (‹Moderne Synthese›) vorgetragen. Die anwesenden französischen Fachvertreter, darunter Pierre Teilhard de Chardin, verteidigten aber die Orthogenese und die ‹causalité interne› der Evolution. Eine neue Generation, vertreten durch Henri Tintant, Louis Thaler und Jean Chaline, versöhnte seit den 1960er-Jahren die französische Paläontologie mit dem synthetischen Neodarwinismus, indem sie quantitative Methoden anwendete.[138]

2.3.2 Erdwissenschaften an der Universität Basel

Anlass zu Untersuchungen über die Anfänge der Paläontologie in Basel hat die Kommentierung der ‹Merkwürdigkeiten› von Daniel Bruckner gegeben. Versteinerungen zu sammeln war eine der grossen Leidenschaften des 18. Jahrhunderts. Schon Peter Merian hielt die Übernahme der Sammlung von Hieronymus d'Annone (Annoni, verstorben 1770) durch die Universität und deren Ausstellung in einem Schrank im Haus zur Mücke für den Beginn einer ‹öffentlichen Naturaliensammlung›. Bruckners Sammlung wurde 1778 von der Stadt angekauft. Im Naturhistorischen Museum wurden anlässlich der Kommentierung der ‹Merkwürdigkeiten› auch Nachforschungen angestellt über den Verbleib der Objekte, die Bruckner abgebildet und/oder besprochen hatte.[139] Die weitere paläontologische Sammlungsgeschichte im Museum soll hier nicht Gegenstand einer Darstellung sein; wie verweisen hierfür auf die vorhandenen Publikationen.[140]

Hier beschäftigt uns die Geschichte der Paläontologie an der Basler Universität. Typischerweise war universitäre Paläontologie bei den Erdwissenschaften (und nicht bei biologischen Fächern, obschon sie mit Spuren von Organismen umgeht) angesiedelt. Nach der Ära Rütimeyer galt dies auch für Basel.[141]

Im Zuge der Etablierung von akademischen Erdwissenschaften an der Universität war in Basel ein einziger Lehrstuhl geschaffen worden, an welchem Geologie, Paläontologie und Mineralogie hätten gepflegt werden sollen. Für dieses Gebiet liess Peter Merian 1866 für den von ihm bewunderten Autodidakten Albrecht Müller, der seit 1863 als Extraordinarius in Basel gewirkt hatte und auch am Museum mit ihm eng kooperierte, eine Professur einrichten.[142] Seine Hauptaufgabe sah Müller in der Mehrung der geologischen Sammlung am Museum und deren Nutzung durch den universitären Unterricht. Er verfasste eine geologische Karte Basels und untersuchte die Geschichte des Juras.[143] Daneben bearbeitete der Zoologe Rütimeyer paläontologische Themen. Dessen Nachfolger Zschokke dozierte über Fragen der Eiszeiten, wie wir gesehen haben, war aber sichtlich viel mehr an rezenten Arten interessiert.

Der erste akademisch ausgebildete Geologe an der Universität Basel war Carl Schmidt von Brugg, der 1890 berufen wurde. Er hatte in Strassburg und Greifswald studiert und war vor seiner Berufung Assistent in Freiburg gewesen. Er selbst interessierte sich primär für Geologie und Mineralogie und war auf die Geologie der Alpen, insbesondere des Simplongebiets, spezialisiert.[144]

Die Erdwissenschaften richteten sich nach Schmidts Berufung in einem eigenen Institut ein, ausserhalb des Museums, am Münsterplatz 7. Dieses Institut wurde 1919 geteilt in je eine Abteilung für Mineralogie-Petrografie und eine für Geologie-Paläontologie.[145] Schmidt leitete die erste Abteilung unter Beibehaltung des gesetzlichen Lehrstuhls; der Extraordinarius (Karl) August Buxtorf (1877–1969) leitete als Ingenieur-Geologe die zweite Abteilung und wurde 1920 zum Ordinarius befördert. Petrografie (der Alpen) lehrte PD Heinrich Preiswerk seit 1904; dieser wurde 1912 zum Extraordinarius befördert (Rücktritt 1933). Das Institut übersiedelte 1926 ins Bernoullianum, womit sich die Erdwissenschaften noch weiter vom Museum entfernten – was offensichtlich die Präsidenten der Museumskommission von Rütimeyer über Theodor Engelmann bis Fritz Sarasin nicht störte, ganz im Gegenteil, wie wir noch sehen werden.

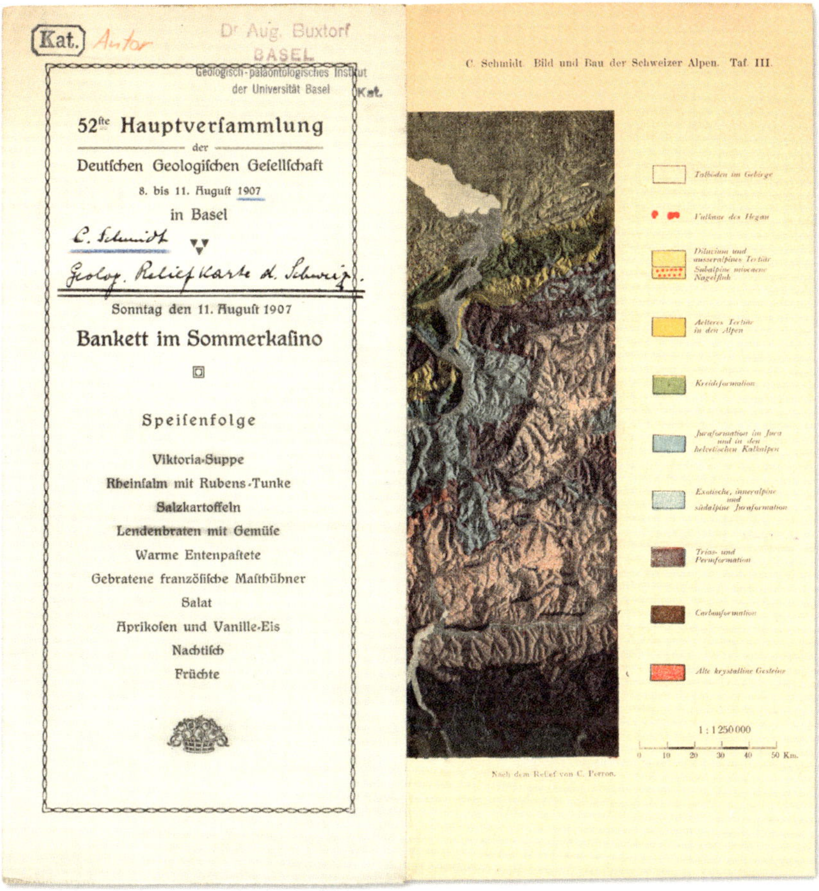

Anlässlich der 52. Hauptversammlung der Deutschen Geologischen Gesellschaft vom 8. bis 11. August 1907 fand ein Bankett im Sommerkasino statt. Die auf der Rückseite der Menukarte abgebildete Reliefkarte der Schweiz von Carl Schmidt (1862–1923) dokumentiert die führende Rolle von Basler Geologen bei der Erforschung der Alpentektonik.

Insbesondere in der Abteilung Geologie-Paläontologie bildete sich eine Basler Schule der Erdölprospektion heraus. Man nutzte das Vorkommen von bestimmten Fossilien als Hinweis auf mögliche Erdölvorkommen. Basler Geologen, die auf der Suche nach Öl in ihren jüngeren Jahren in die Welt hinausgezogen waren, kehrten oft später zurück und etablierten sich hier als Paläontologen-Privatgelehrte.[146] Das Zeitalter verlangte auch mehrfach nach geologischen

Gutachten für Bauwerke wie Tunnels im Jura und insbesondere in den Alpen (Carl Schmidt und Heinrich Preiswerk, die wir weiter unten erwähnen werden, begleiteten den 1898 begonnenen Bau des Simplontunnels). Diese Arbeit prägte nicht nur das Wissen über die Gesteinsformationen der Schweizer Berge und deren Geschichte, es eröffnete wiederum einen Zugang sowohl zur Paläontologie (insbesondere im Jura) als auch zur Mineralogie (Mineralienfunde beim Ausbrechen von Tunnels). Ob sie nun an der Universität, in einem schweizerischen Staatsauftrag oder im Dienste einer Erdölgesellschaft in Übersee tätig waren, viele dieser Geologen aus der Basler Schule vermehrten die Bestände in den Museumssammlungen. Belegstücke aus geologischen Studien mussten in einem Museum deponiert werden, um die wissenschaftliche Nachprüfung der Ergebnisse möglich zu machen. Die Geologen, die in der Privatindustrie als Ölprospektoren tätig waren, schickten oft laufend Funde aus ihren Arbeiten ans Museum. So erhielt das Museum zusätzlich zur studienbegleitenden eine berufsvorbereitende Funktion: Wer Geologie und Paläontologie in Basel studierte mit dem Ziel, als Erdölgeologe in die Welt hinaus zu ziehen, bereitete sich auf seine künftige Berufsarbeit durch das Studium der Sammlungen im Basler Museum vor, das neben schweizerischem Material reiche Anschauungen dessen bereit hielt, was ‹am anderen Ende der Welt›, etwa in Mittel- und Südamerika oder in Asien auf ihn wartete.

Für das ausgehende 19. und beginnende 20. Jahrhundert ist die Aktivität von August Tobler (1872–1929) ein herausragendes Beispiel. Es illustriert einerseits das Verhältnis eines Privatdozenten der Basler Universität zum Museum, andererseits das Karrieremuster des Erdölgeologen im Ausland mit wissenschaftlichen, der Sammlung dienenden Interessen mit einer Fokussierung auf Paläontologie. Tobler hatte sich schon als Schüler des Humanistischen Gymnasiums für Naturwissenschaften interessiert und sich der 1886 gegründeten Schülerverbindung Natura angeschlossen. Der Sekundarlehrersohn August Tobler hatte in München beim damals berühmten Paläontologen Karl Alfred von Zittel (1839–1904) und in Basel bei Carl Schmidt (1862–1923) Geologie und Paläontologie studiert. Seine Dissertation behandelte die Geologie der Juraketten südöstlich der Oberrheinischen Tiefebene. Am Naturhistorischen Museum begann er noch vor seinem Doktorat als Assistent zu wirken (Bearbeitung der Sammlung Ulrich Stutz:

Der Geologe August Tobler (1872–1929), neben Hans Georg Stehlin und Fritz und Paul Sarasin nach 1914 eine der dominierenden Persönlichkeiten der Museumsleitung.

Versteinerungen aus den Zentralschweizer Alpen, 1894 als Geschenk ans Museum gelangt). Tobler entwickelte die Nutzung paläontologischer Einsichten zur Bestimmung der chronologischen Abfolge geologischer Schichten zur Perfektion. Nach einer Zeit als Privatdozent (habilitiert 1899 für Geologie und Paläontologie), während der er Mitarbeiter der Geologischen Kommission war und sich mit der Vierwaldstättersee-Region befasste (die geologische Karte von 1916 war das Resultat), wurde er 1900 von der niederländischen Regierung angeworben und zur Erforschung von Erdölvorkommen nach dem damaligen Niederländisch-Ostindien entsandt. Die Region, die er in Süd-Sumatra bearbeitete, hatte kurz vorher Carl Schmidt besucht – Toblers Einstieg in die angewandte Erdölgeologie war ganz offensichtlich von Schmidt vorbereitet worden. Dort wirkte er mehr als ein Jahrzehnt. 1912 kehrte er nach Basel zurück und begann, sich im Naturhistorischen Museum zu engagieren, unterbrochen durch einen Aufenthalt in den Ölfeldern von Trinidad 1913/14. Damals begleitete ihn sein Schüler und Assistent Hans Georg Kugler, der später in der Karibik Karriere machte und danach seinerseits im Basler Museum eine ähnliche Stellung als Privatgelehrter einnahm wie vor ihm Tobler. Von 1918 bis 1929 war Tobler als Kommissionsmitglied für die geologischen Sammlungen verantwortlich, die er durch eigenes Material erweiterte (‹Aussereuropäische Sammlungen›). Zugleich interessierte er sich lebhaft für Völkerkunde.[147] Er lebte in grossbürgerlichem Stil als Privatgelehrter in einem Haus unmittelbar gegenüber dem Museum (Augustinergasse 5) zusammen mit einer als ‹Hausdiener› bezeichneten Familie aus Malaysia (Mas Bakal), deren Oberhaupt in Wahrheit sein wissenschaftlich-technischer Privatassistent war. Tobler genoss ein grosses internationales Ansehen als Geologe und Paläontologe, was er unter anderem dazu nutzte, die schweizerische Geologenzeitschrift Eclogae Geologicae Helvetiae zu einer weltweiten Anerkennung als eines der führenden Blätter des Faches zu bringen. In seiner Generation gehörte Tobler zusammen mit den Vettern Sarasin und dem Leiter der Museumskommission, Hans Georg Stehlin, zu den bestimmenden Persönlichkeiten im Museum. Im Einklang mit Stehlins Zielen förderte er die wissenschaftliche Verwertung der Sammlungen durch lokale und internationale Forscher und unterstützte er durch Legate die Institution als Mäzen.

Den 1923 verstorbenen Carl Schmidt ersetzte auf dem Basler Lehrstuhl Max Reinhard (1882–1974). 1952 trat dessen Schüler Eduard Wenk (1907–2001) die Nachfolge Reinhards auf dem Schmidtschen Lehrstuhl, der inzwischen vor allem ein Mineralogie-Lehrstuhl geworden war, an.[148]

1944 verliess August Buxtorf sein Ordinariat für Geologie – und damit auch das Naturhistorische Museum, wo er die alpine Geologie aktiv betreut hatte. Louis Vonderschmitt (1897–1978) trat seine Nachfolge an, der seinerseits 1966 von Hans Peter Laubscher abgelöst wurde. Interessant ist dabei, dass die Fakultät in ihrem Gutachten zur Nachfolge Vonderschmitt fand, die interessanten neuen Entwicklungen in Erdwissenschaften vollzögen sich in der Geologie, in der Geophysik und der Geochemie; aus diesen Gründen sei davon abzusehen, einen Paläontologen für die Nachfolge Vonderschmitt in Betracht zu ziehen.

Die Mitglieder der Geologisch-Paläontologischen Anstalt 1937 vor dem Bernoullianum (von links): Manfred Reichel, Louis Vonderschmitt, Heinrich Alfons Haus, August Buxtorf, Hans Anderegg, Paul Brönnimann und Willi Mohler.

Hans Schaub, Direktor des Naturhistorischen Museums, Extraordinarius für Geologie und Spezialist für Nummuliten, wurde dennoch angefragt, ob er sich für die Nachfolge Vonderschmitt interessiere, und er lehnte ab, da er es vorzog, Museumsdirektor zu bleiben. Als überragender Kandidat wurde daraufhin Hans Peter Laubscher zur Wahl vorgeschlagen, der schliesslich auch den Lehrstuhl erhielt.[149] Wir werden später feststellen, dass hier insofern eine gewisse Ähnlichkeit mit der Diskussion über die Nachfolge Portmann in der Zoologie bestand, als eine Modernisierung des entsprechenden Faches durch eine Ausrichtung auf jüngere, ‹härtere› Auffassungen der Wissenschaften gefordert wurde.

1933 wurde die Paläontologie in Basel aufgewertet mit der Privatdozentur von Manfred Reichel (1896–1984), der schon seit 1928 erster Assistent bei Buxtorf war. Buxtorf konnte oder wollte sich diesem Gebiet kaum widmen, während August Tobler es als besonders wichtig ansah. Als früherer Zoologe pflegte Reichel einen morphologischen Ansatz, statt Paläontologie auf geologisch-stratigrafische Fragestellungen auszurichten.[150]

Manfred Reichel[151] hatte in Genf eine Ausbildung als Zeichner und Bildhauer begonnen. Danach studierte er in Neuenburg, seiner Heimatstadt, Zoologie, unterbrochen durch ein Semester in Basel bei Zschokke 1920/21. Reichel war der Enkel eines in Neuenburg bekannten Ornithologen. Nach dem Lizentiat 1922 fand er an der Universität Neuenburg eine Anstellung als Assistent am Geologischen Institut. Dort arbeitete er für Emile Argan (1879–1940), der ihn mit der Übersetzung des bahnbrechenden Werks von Alfred Wegener (1880–1930) von 1915 über die ‹Entstehung der Kontinente und Ozeane› betraute (veröffentlicht mit einer Einleitung von Argan 1924). Nach dem zoologischen Doktorat in Neuenburg 1926 wechselte er zur Paläontologie über. 1928 wurde er Assistent am Basler Geologischen Institut unter Buxtorf, wo er sich 1933 habilitierte.[152] Sein Spezialgebiet war von da an die Mikropaläontologie, ein Interesse, das auf eine Anregung durch August Tobler zurückging, der ihn in Basel als Erster auf Foraminiferen aufmerksam gemacht und selbst schon etwa ein Jahrzehnt vor Reichels Ankunft darüber gearbeitet hatte.[153] Reichel hatte als grossen Vorzug die Verbindung von Zoologie mit Geologie aufzuweisen. Auch Reichel interessierte sich namentlich für die Foraminiferen, deren innerer Aufbau in Dünnschliffen erforscht wurde. Reichel schuf sich unter anderem einen Namen durch seine ausgezeichnete Fähigkeit, solche Objekte dreidimensional zu erfassen, als sein eigener Zeichner zu arbeiten und vergrösserte Modelle der fossilen Organismen (resp. deren Kalkschalen) herzustellen. 1940 erfolgte die Beförderung zum Extraordinarius, verbunden mit einem Lehrauftrag für Paläontologie. 1955 wurde er zum Ordinarius *ad personam* ernannt.[154] Sein Unterricht galt der Paläontologie in ihrer ganzen Breite. Vom Basler Bernoullianum aus wirkte er als Lehrer weit über die Grenzen des Stadtstaates hinaus; Studierende aus Bern,

Drahtmodell des Flugsauriers Archaeopteryx von dem Zoologen und Mikropaläontologen Manfred Reichel (1896–1984), der sich intensiv mit den physikalischen Voraussetzungen der Entwicklung der Flugfähigkeit der Vögel beschäftigte.

Freiburg, Neuenburg und Genf hörten bei ihm wöchentlich Mikropaläontologie.[155] Das Forschungsprogramm von Reichel war taxonomisch ausgerichtet; die wichtigste Methode bestand aus Beschreibung und Vergleich.[156] Am Bernoullianum baute er eine eigene Sammlung von Mikrofaunen auf, die in den 1950er-Jahren als eine der wichtigsten in der Schweiz angesehen wurde.[157] Seine Mikropaläontologie wurde der Kern einer eigentlichen Basler Schule, welche die auf Carl Schmidt und August Tobler zurückgehende Verbindung zur angewandten Geologie aufrecht hielt: Die Paläontologen hatten die Möglichkeit, bei Erdölgesellschaften zu arbeiten.[158] Reichel war nicht nur einer der führenden europäischen Mikropaläontologen, sondern interessierte sich weiterhin für sein Promotionshauptfach, die Zoologie. Dieses zoologische Interesse schlug sich in Arbeiten zum Vogelflügel und Vogelflug nieder,[159] die er auch für das Studium des Archaeopteryx und der Flugsaurier fruchtbar machte.[160] Damit hatte er mehrfache Bezugspunkte zur Tätigkeit des Museums geschaffen, dessen Kommission er ab 1950 für viele Jahre angehörte, war doch Ornithologie ein Schwerpunkt der dortigen Sammlungen. Wenn Reichel in seinen Forschungen einen engen Bezug zum Museum hatte, dann bestand dieser viel eher in seinen Beiträgen zur Ornithologie als in paläontologischen Arbeiten für das Haus an der Augustinergasse. Anders verhielt es sich mit demjenigen Bezug zum Museum, der über die Ausbildung des Nachwuchses lief: Basler Absolventen der Erdwissenschaften hatten während mehrerer Generationen fast alle auch bei Reichel studiert, und einige von diesen arbeiteten vorübergehend oder dauernd am Museum (zu nennen wären Lukas Hottinger, aber auch Burkhard Engesser). Reichel hat in seinen Forschungen kaum mit Museumsbeständen gearbeitet, auch wenn er zeitweise seine ‹Einführung in die Paläontologie› im Museum abhielt.[161] 1966 ging Reichel in Pension. Ein Nachruf würdigte ihn als einen der Naturforscher, «deren Tätigkeit nicht zur Manipulation natürlicher Prozesse im Reagenzglas führt, sondern die Tür öffnet zu einem humanen, ehrfürchtigen Verständnis der lebenden Kreatur in der uns umgebenden Natur.»[162] Damit wurde Reichel in die Nähe der in der Basler Zoologie vorherrschenden Auffassungen gestellt. Dazu passt auch die Nachricht, dass Reichel keine Beiträge zur Erforschung der Evolution leistete, sondern entsprechenden Fragen auswich.[163]

Reichel hat in Basel an der Universität die Mikropaläontologie, die schon früher am Naturhistorischen Museum dank Tobler praktiziert worden war, als Schwerpunkt eingeführt. Welche Fachautorität ausserhalb von Basel für diese Entwicklung den Bezugspunkt abgab, ist noch offen. Georges Deflandre (1897–1973), der allerdings zur selben Generation wie Reichel gehörte, ist eine prüfenswerte Hypothese,[164] falls man in Basel sich nicht direkt durch die Studien des Amerikaners Joseph Augustine Cushman (1881–1949) anregen liess. Aus der Perspektive des deutschen Sprachraums begann die Mikropaläontologie mit dem Berliner Medizinprofessor Christian Gottfried Ehrenberg (1795–1876), der allerdings die Mikrofossilien noch nicht als Einzeller erkannte und aus vitalistischer Anschauung heraus die Evolutionslehre ablehnte.[165] Es brauchte erst die Erkenntnis, dass sich die Einzeller ähnlich wie die Vielzeller nach Arten unterscheiden lassen, um die Mikropaläontologie zu einem Werkzeug der Naturgeschichte zu machen.

International entscheidend war der von Jesse James Galloway (1882–1962) erbrachte Nachweis, dass sich Foraminiferen als Leitfossilien zur exakten Bestimmung des Alters geologischer Schichten verwenden lassen.[166] Darauf beruhte das Interesse der Erdölgesellschaften an der Mikropaläontologie (erstes solches Labor bei einer Gesellschaft 1917) und die Einrichtung eines eigenen Kurses an der University of Columbia durch Galloway 1924. Der bereits erwähnte Harvard-PhD Joseph A. Cushman, Direktor des Boston Natural History Museum und Gründer eines privaten Labors, das seit 1923 für Erdölfirmen arbeitete (eigene Zeitschrift ab 1925), wurde zum bekanntesten Foraminiferenforscher der ersten Hälfte des 20. Jahrhunderts. Die Erdölprospektion hatte damit eine nach damaligen Begriffen kostengünstige Methode gefunden, um teure Fehlbohrungen zu vermeiden. Damit etablierte sich das Fach in den 1920er- und 1930er-Jahren, ausgehend von den nordamerikanischen Forschungen, definitiv.[167] In der deutschsprachigen Erdölgeologie hielt die Mikropaläontologie ab 1931 Einzug, wozu man auf Otto Wetzel[168] verweisen kann. August Tobler gehörte somit weltweit zu den Pionieren.

Reichels Nachfolger an der Universität wurde (Conrad) Lukas Hottinger (geb. 1933), Sohn des Direktors des Basler Kinderspitals. Er hatte 1952 am Humanistischen Gymnasium die Maturitätsprüfung bestanden, danach Paläontologie studiert und bei Reichel promoviert. 1956 bis 1958 war er in Basel Assistent, danach wirkte er sechs Jahre in Rabat im geologischen Dienst von Marokko, wo er auch an der Universität unterrichtete. Nach dem Aufenthalt in Marokko bekleidete er ab 30. September 1963 eine Stelle als Assistent I am Museum. 1964 habilitierte er sich an der Universität Basel. Vier Monate nach der Wahl von Laubscher auf das Geologie-Ordinariat im Herbst 1966 erfolgte Hottingers Ernennung zum Extraordinarius und Nachfolger Reichels. Hottinger, der 1988 bis 1994 Vizepräsident der SANW war, ging 1998 in Pension.[169] Er hat an anderen Organismen als Reichel und mit einer deutlichen Ausrichtung auf ökologische

Zusammenhänge einerseits, die Funktionalität der Formen (funktionale Morphologie) andererseits geforscht. Im Unterschied zu Reichel war Hottinger am Museum unmittelbar präsent mit Entwürfen für Ausstellungen und mit Ausstellungsführern.[170]

Hottinger wie Reichel waren Anhänger einer integrativen Biologie; sie wollten bewusst auf Experimente am Lebendigen verzichten und einen ‹Sinn› (in einer Portmann verwandten Auffassung) in der Geschichte des Lebens suchen. Sie gehören damit zu denjenigen, die mit der Vorstellung eines zufälligen Spiels von Mutation und Selektion in der Art der neodarwinistischen Synthese wenig anfangen konnten – was sie mit der Basler Tradition der Zoologie verband, die von Rütimeyer bis Portmann und dessen unmittelbare Schüler reichte.[171] Dies hinderte Hottinger jedoch keineswegs, in den 1970er-Jahren neue, interdisziplinäre Konzeptionen für Basler ‹Life Sciences› an Universität und Museum zur Debatte zu stellen, die wir im Zusammenhang mit der Museumsgeschichte vorstellen werden.

Wir haben damit unsere kurze Darstellung der Zoologie und der Geologie/Paläontologie an der Universität Basel für die Zeit vom 19. Jahrhundert bis in die 1960er-Jahre abgeschlossen. Dabei haben wir eine bestimmte ‹Kultur› dieser Wissenschaften herausgearbeitet. Diese war in der hier behandelten Epoche charakterisiert durch Aufgeschlossenheit für das in diesen Wissenschaften jeweils Neue; ja in manchen Beispielen konnten wir zeigen, dass Basler Forscher Pionierleistungen vollbrachten. Ihre wissenschaftliche Innovationsfähigkeit war meistens an eine konservativ erscheinende Zurückhaltung gekoppelt, wenn es um universelle Erklärungsmodelle und die Reduktion von Leben und Evolution auf einfache Mechanismen ging. Ihr Verhältnis zur Natur beruhte auf einem Respekt vor der Schöpfung, ob sie diese nun religiös verstanden oder in einer säkularisierten Form als Ordnung der Natur auffassten. Sie erschlossen sich die Vorstellung dieser Ordnung eher in der Gesamtschau und in der sinnlichen Wahrnehmung, als nach dem Vorbild der ‹Leitwissenschaften› Physik und Chemie mit Experiment und Statistik Modelle zu entwickeln. Angesichts der inzwischen beinahe obligatorisch gewordenen Vorstellung in der Wissenschaftsgeschichte vom Aufstieg einer ‹neuen Biologie› in der ersten Hälfte des 20. Jahrhunderts und der damit verbundenen Frage nach den Hindernissen ihrer Durchsetzung in den lokalen Kontexten präsentiert sich die Basler Universität mit ihren Instituten der Erdwissenschaften und der Zoologie (auf die Botanik werden wir später kurz eingehen) als Hort der Naturgeschichte. Sie eignete sich damit in dieser Epoche bestens als Partnerin des Naturhistorischen Museums. Wir werden im folgenden Kapitel sehen, wie sich diese Partnerschaft entwickelte, und dafür die Geschichte des Museums in den Mittelpunkt stellen.

3 Das Museum als Ort der Naturgeschichte

3.1 Einleitung

Nachdem wir die Entwicklung und – mit Portmann – den Höhepunkt der Traditionslinie der Basler Naturforschung als Naturgeschichte an der Universität am Beispiel der Zoologie skizziert und ergänzend einen Blick auf die Erdwissenschaften geworfen haben, wenden wir uns der Geschichte des Naturhistorischen Museums zu. Wir versuchen, dabei Verbindungslinien zwischen der universitären Wissenschaft und dem Museum aufzuzeigen, aber auch das Museum als Institution *sui generis* unter den wissenschaftlichen Anstalten zu begreifen. Dabei werden wir auch Gelegenheit erhalten, auf die im Bereich der Naturgeschichte sehr grosse Bedeutung der Privatgelehrten einzugehen, auch wenn wir in diesem Rahmen keine Geschichte der Naturforschenden Gesellschaft in Basel, des Treffpunkts der Privatgelehrten und autodidaktischen Spezialisten, schreiben können.

Einleitend zeigen wir die drei Phasen auf, die der damalige Museumsdirektor Hans Schaub 1967 in der Geschichte seiner Institution unterschied:

1. «Am Anfang waren die Museumssammlungen, die naturwissenschaftliche Forschung und die Ausbildung der Studenten unter einem Dach vereint. In dieser ersten Entwicklungsphase waren die Vorsteher der Sammlungen durchaus identisch mit den Inhabern von Lehraufträgen, und diese Sammlungsvorsteher und Universitätslehrer waren zugleich auch uns wohlbekannte Forscherpersönlichkeiten wie Prof. Peter Merian und Prof. Ludwig Rütimeyer.»
   Diese Periode entsprach den Jahren, in denen das Museum von Peter Merian (1821–1882) und Ludwig Rütimeyer (1883–1895) geleitet wurde.[172]

2. «Das Anwachsen der Sammlungen einerseits, die Erhöhung der Studentenzahlen anderseits [...] brachten es mit sich, dass die Sammlungen, also das Museum, und die der Ausbildung der Studenten dienenden Universitätsinstitute in einer zweiten Phase organisatorisch auseinander wuchsen und sich schliesslich völlig trennten. Natürlich gab es immer noch einzelne Wissenschaftler, die in ihrem speziellen Fache eine Personalunion zwischen Museum und Hochschule verkörperten, aber sie galten als – gelegentlich sogar als unerwünscht bezeichnete [173] – Ausnahmen.» Die Trennung begann nach Schaub mit dem Tod Rütimeyers 1895 und der «Übernahme der effektiven Leitung des Museums durch Privatgelehrte». In dieser zweiten Phase stand am Museum «eindeutig die Forschung im Vordergrund».
   Diese Phase entsprach in der Museumskommission den Präsidentschaften von Theodor Engelmann (1896–1898), Fritz Sarasin (1899–1919), Hans Georg Stehlin (1920–1941) und Walter Bernoulli (1941–1945).
3. Eduard Handschin, Professor für Entomologie an der Zoologischen Anstalt und damit der erste Universitätsdozent seit Rütimeyer, der in das Amt des Kommissionspräsidenten aufstieg, war als solcher 1945–1956 Leiter des Museums. 1956 trat Eduard Handschin vom ehrenamtlichen Präsidium der Kommission zurück und wurde erster hauptamtlicher Direktor des Museums. Auch die Abteilungsvorsteher wurden als Staatsangestellte gewählt, unterstützt durch Assistenten sowie administratives und technisches Personal, während die Kommission die Aufgabe einer Aufsichtskommission übernahm. ‹Freiwillige› (ehrenamtliche) Mitarbeiter spielten weiterhin eine grosse Rolle. Neu wurde die Forschung teilweise durch den Nationalfonds unterstützt. Drei Aufgaben musste das Museumspersonal seither erfüllen: Gestaltung von Ausstellungen, Betreuung der Sammlungen, wissenschaftliche Forschung.[174]

Wir werden diese Dreiteilung der Museumsgeschichte soweit sinnvoll übernehmen.

3.2 Anfänge und Höhepunkte im 19. Jahrhundert. Von Peter Merian zu Ludwig Rütimeyer

Das Museum geht als Ort naturwissenschaftlicher Sammlungen auf die Reorganisation der Universität von 1818 zurück. Eine Sammlung von ‹Naturprodukten› für den Lehrstuhl in Naturgeschichte, ergänzt durch ein Kabinett von Apparaten für den Unterricht in Chemie und Physik, sollte möglichst in Reichweite des Hörsaals aufgestellt werden. Dazu sollten die bereits vorhandenen Naturalienkabinette den Grundstock abgeben, erweitert um die einschlägigen Bestände der öffentlichen Bibliothek. Praktisch hiess das, dass man zu Beginn aus dem damaligen Bibliotheks- und Sammlungsgebäude, dem Haus zur Mücke, diejenigen Elemente aus den Beständen herausbrach, welche für die Naturwissenschaften von Interesse waren. Diese Elemente wurden 1821 als ‹naturhistorisches, physikalisches und chemisches Museum› im Falkensteinerhof, den die Stadt der Universität zu diesem Zweck zur Verfügung stellte, vereinigt.[175] Dieser Moment wurde oft als Gründungsdatum dieses Museums betrachtet; so zum Beispiel 1921 von Hans Georg Stehlin.[176]

Die Zielsetzungen dieser Institution lassen sich aus dem Memorandum der Regenz der Universität von 1818 erkennen: Es ging hauptsächlich darum, dem Professor der Naturgeschichte (aber auch demjenigen für Chemie/Physik) für dessen eigene Forschung und für die Bedürfnisse des Unterrichts die erforderlichen Materialien bereitzustellen. In zweiter Linie war daran gedacht, dass die an Naturgeschichte interessierten Privatgelehrten das Museum nutzen sollten. Mit Grund durfte angenommen werden, dass aus deren Kreisen die Sammlung durch Geschenke und Nachlässe fortlaufend bereichert würde. Die wichtigsten älteren Sammlungen, die den Grundstock bildeten, wurden im Memorandum aufgezählt: Die Kabinette aus dem 17. Jahrhundert, die Sammlungen des Pfarrers Hieronymus d'Annone, diejenigen des Herausgebers der ‹Merkwürdigkeiten› Daniel Bruckner, des Professors Johann Jakob d'Annone, des Obristen Johann

Rudolf Frey. Die Intention ging eindeutig dahin, diese Sammlungen, wo immer die Bestimmungen der Donatoren es erlaubten, aufzulösen und die Stücke in eine systematische Ordnung zu bringen. Botanik wurde zwar erwähnt, aber ausdrücklich im Museumsprojekt nicht berücksichtigt, da dafür schon der Botanische Garten vorhanden war und man überhaupt möglichst sparsam vorgehen wollte. Somit beschränkte sich das Museum von 1821 auf das Tierreich einerseits, das Reich der Gesteine und Mineralien andererseits. Hinzu kamen die erwähnten Gegenstände, die für Demonstrationen im Unterricht in Chemie und Physik verwendet wurden, was dieses ‹naturwissenschaftliche› Museum, wie es vorübergehend genannt wurde, vervollständigte.[177]

Die Sammlung in Falkensteinerhof eignete sich auch als Mittelpunkt der bereits erwähnten Privatgelehrten, die zusammen mit den Professoren die Naturforschende Gesellschaft in Basel bildeten.[178] Die Museumseinrichtung von 1821 war ein Erfolg; zusätzliche Sammlungen kamen laufend durch Geschenke und Erbschaften hinzu, sodass Platzmangel[179] bald zu einem Problem wurde – zusammen mit konservatorischen Übeln: Insektenfrass und andere unerwünschte Tätigkeiten von Kleinlebewesen verunstalteten die Sammlungsobjekte.

Man hat den Eindruck, dass ausser bei einem kleinen Kreis wirklich engagierter Naturfreunde, die sich unter der Leitung von Peter Merian so gut sie konnten um das Museum kümmerten, die Begeisterung schon etwas nachzulassen begann, als der Schock der Kantonstrennung die naturgeschichtlich interessierten Basler wachrüttelte. 1833 drohte eine Realteilung der Sammlung (als Teil des Basler Staatsgutes) zwischen der Stadt und der Landschaft, oder wenigstens der Verkauf der Bestände und die Teilung des Erlöses unter den Bürgerkriegsparteien. Die Landschäftler hatten den Eindruck, dass die Sammlung eine wahre Schatzhöhle sei. Sie glaubten, dass die Städter versuchten, rasch die wertvollsten Stücke verschwinden zu lassen oder als nicht zur Sammlung gehörig zu bezeichnen, bevor die Landschäftler darauf Zugriff erhielten. Das Fehlen eines wirklichen Inventars, auch ein Anzeichen für die relative Vernachlässigung in den vorausgehenden Jahren, erleichterte die Entstehung von Mythen über diese Schätze.

Von beiden Seiten vorgeschlagene und auf Entscheid des eidgenössischen Schiedsgerichts eingesetzte Experten erstellten ein grobes Inventar und schätzten den Wert des Sammlungsgutes. Das Schiedsgericht bestimmte die Berechnungsgrundlagen, auf deren Basis festgelegt wurde, wie viel die Stadt im Sinne einer Ablösung den Landschäftlern zu zahlen hatte. Eine wichtige Rolle spielte in der Argumentation der Städter der Umstand, dass einzelne Donatoren, namentlich Professor d'Annone, bestimmt hatten, dass die von ihnen gestifteten Stücke die Stadt niemals verlassen dürften. 1834 formulierte man deshalb in der Stadt das Konzept des Universitätsgutes, das unveräusserlich, untrennbar, an das Territorium Basels gebunden und nur zu universitären Zwecken verwendbar sei und deshalb innerhalb des Basler Staatsvermögens eine Sonderstellung einnähme. Die Geschichte dieses Konzeptes, das bis in die jüngste Gesetzgebung nachwirkt, stellen wir weiter unten im Zusammenhang der Reformen der 1990er-Jahre dar. Die Aufregung um die Gefahr, die dem Museum durch die Kantonstrennung drohte, und die Feststellung, dass die ‹andere Seite› darin einen grossen Schatz sah und einen Anteil daran verlangte, führte bei den interessierten Eliten sichtlich zu einer erneuten Besinnung auf deren Wert für die Universität und die Stadt als Ort der Gelehrsamkeit.

Aus diesem Bewusstsein der Bedeutung der Bestände heraus, aber auch wegen des Platzmangels im Falkensteinerhof, verbanden sich pragmatische Wünsche nach mehr Raum[180] mit republikanischem Stadtpatriotismus zur Planung eines neuen, besonderen Museumsbaus. Im Unterschied zur Museumskonzeption von 1818/1821, die rein naturwissenschaftlich ausgerichtet war, sollte der Neubau zugleich die gesamte öffentliche Bibliothek und die städtische Kunstsammlung aufnehmen. Eine 1842 begonnene Geldsammlung unter der Bürgerschaft[181] sowie ein Beitrag aus der Staatskasse ermöglichten den Bau des von Melchior Berri entworfenen Museumsgebäudes an der Augustinergasse. Der Grundstein wurde 1844 gelegt; die Bauarbeiten kamen 1848 zum Abschluss. 1848 zogen Chemie und Physik in den Neubau ein – sie konnten sich über die Spende von 112 Pfund Quecksilber durch den Ratsherrn Geigy freuen. 1849 waren die wichtigeren Exponate eingeräumt und aufgestellt. Dr. Christoph Burckhardt und Dr. Franz Bernoulli stellten die Säuger auf, Privatdozent Dr. Ludwig Imhoff und Andreas Bischoff-Ehinger besorgten die Schaustellung der Insekten, Albrecht Müller kümmerte sich um die Mineralien. Da für die übrigen Arbeiten in den Berichten kein Name genannt ist, darf man annehmen, dass Peter Merian sich

Der Arzt und Entomologe Ludwig Imhoff (1801–1868) gehörte zu den Gründungsmitgliedern der Museumskommission und war jahrelang deren Sekretär. Er leistete wichtige Beiträge zur Erforschung der Schweizer Insektenfauna.

selbst mit Reptilien, Conchylien, Versteinerungen und Echinodermen beschäftigte. Die feierliche Eröffnung wurde im November 1849 vollzogen, obschon der Inhalt von zwölfhundert Schubladen noch der Bearbeitung harrte. Peter Merian sah darin den Beginn einer neuen Epoche der Geschichte des Museums und wünschte sich, dass sie «gewinnbringend werden [möge] für einen gediegenen Unterricht der studierenden Jugend und für Erhaltung und Belehrung des wissenschaftlichen Sinnes in unserer Mitte».[182]

Die Argumentation, mit der bei der Geldsammlung die Bürger zu Spenden motiviert wurden, war auffällig zurückhaltend. Sie verwies auf ein pragmatisches Programm, das bewusst auf jede Metaphysik verzichtete und von modischer Naturphilosophie Abstand nahm. Der einzige rhetorische Höhenflug bezog sich auf die patriotische Tat, für das Ansehen der Stadt zu sorgen und diese als Ort des Musendienstes zu profilieren.[183] Das patriotische Engagement für das Museum verstetigte sich nach dessen Eröffnung 1849 durch die Gründung des Freiwilligen Museumsvereins.[184]

So leise diese Argumente daherkamen, so laut sprach der Bau von Melchior Berri (1801–1854). In der Augustinergasse entstand an Stelle und auf den Fundamenten des früheren Augustinerklosters, das die Universität als ‹Oberes Kollegium› genutzt hatte, ein für damalige Begriffe gewaltiger, durch seine klassizistische Formensprache inmitten der Altstadt höchst auffälliger Bau.[185]

Das Museum entstand nicht wirklich aus der «breiten Übereinstimmung der Bürgerschaft aller Schichten und von gleichgerichteten Interessen», es war «keine alle begeisternde Idee», sondern entsprang der Initiative einer Minderheit gegen den Geist des ‹Frommen Basel›[186], das lieber einen Kirchenbau als diesen ‹Götzentempel› gesehen hätte, und gegen das Basel der Volksbildungsfreunde, die lieber neue Schulräume gehabt hätten.[187]

Im Museumskonzept der 1840er-Jahre wurde das Museum zu einem privilegierten Medium der modernen Bildung auf der Grundlage sinnlicher Erfahrung, die Natur und Kunst umfasste, aber auch Wissen in Buchform bereitstellte: Kunstsammlung, öffentliche Bibliothek, Naturgeschichte waren unter einem Dach vereint.[188]

Das Haus repräsentierte einen Bildungsgedanken republikanisch-konservativen Zuschnitts, der in Konkurrenz mit der Idee einer konservativ-frommen Republik, aber im Einklang mit Universität und Gymnasium den Anschluss an die ‹Moderne› herstellen wollte. Von der Moderne wurde nur das neue Wissen, nicht aber die radikalen politischen Ideen übernommen. Man erkennt darin das gemässigte Programm Peter Merians, das wir weiter oben bereits skizziert haben.[189]

Interessant ist der Fries, der nach Ideen von Berri durch Johann Jakob Öchslin aus Schaffhausen gestaltet wurde (beendet 1846). Das Konzept erfuhr unter Berris Einfluss eine Verschiebung vom Christlich-Musischen zum Bürgerlich-republikanisch-Technischen im Sinne eines Brückenschlags zwischen Konservativen und Liberalen und unter dem Eindruck der Genfer Revolution.[190] Ferner sollte man bedenken, dass das neue Museum im Herbst 1849 mit einer Predigt von Karl Rudolf Hagenbach eröffnet wurde, in welcher das Museum als möglicher Ort der Erbauung, als Hilfe zur Erfahrung von Gottes gütiger Schöpfung präsentiert wurde.[191] Mit der antikisierenden Formensprache wollte Berri, wie er in seiner Ansprache bei der Eröffnung andeutete, an die helvetische

Die Augustinergasse vor der Errichtung des Museums in einem Aquarell von Johann Jakob Schneider (1822–1889) nach Johann Jakob Neustück (1799–1867), um 1843. Auf der rechten Strassenseite das hohe Gebäude des Oberen Collegiums der Universität im ehemaligen Augustinerkloster. Teile des Mauerwerks wurden für den Museumsbau wiederverwendet.

Überzeugung erinnern, dass die Schweizer die ‹neuen Griechen› seien, die für ihre Freiheit kämpften.[192]

Die Kommission, die das Museum nicht nur leitete, sondern auch die konkrete Museumsarbeit leistete, war nach der Einrichtung des neues Hauses voll damit beschäftigt, bestehende Sammlungen zu revidieren (das Ziel war, eine Aufstellung zu erreichen, die dem damaligen Stand der Wissenschaft entspräche), ausgewählte Neuanschaffungen zu tätigen und vor allem Geschenke einzuordnen und zu bestimmen. Peter Merians getreue Kommissionsmitglieder besorgten die meiste Arbeit persönlich, aus wissenschaftlichen Interessen und im Sinne eines Dienstes an der Stadt und an dieser Institution. Christoph Burckhardt war für Zoologie, Ludwig Imhoff für Insekten, Albrecht Müller für Mineralien und Peter Merian selbst für Versteinerungen zuständig.[193] Hauptsorge war das stetige Wachstum der Sammlungen, das viel Arbeit verursachte und immer mehr Platz benötigte – der Grundsatz war Vollständigkeit, keine Ablehnung von Geschenken und möglichst komplette Präsentation der Objekte. Das Haus hatte

Ansicht der Augustinergasse nach einer Darstellung von Friedrich Zimmermann (1822–1884), gestochen von Alexander Alboth, nach 1849. Stilistisch bedeutete der klassizistische Museumsbau einen bewussten Bruch mit dem spätmittelalterlichen und frühneuzeitlichen Stadtbild Basels.

entsprechend dem letztgenannten Ziel zu Beginn kaum Stauraum und war weitgehend nicht unterkellert. Immerhin wurden zeitweise bezahlte Angestellte beigezogen, sodass es falsch wäre, sich die Museumsarbeit unter Merian als ausschliessliche Freiwilligenarbeit vorzustellen.

Ludwig Rütimeyer übernahm nach Merians Tod das Kommissionspräsidium und damit die Leitung des Museums. Aus diesem Anlass verfasste er 1883 einen Rückblick und Ausblick, der einen guten Ausgangspunkt für eine Zwischenbilanz der Museumsgeschichte darstellt.[194]

Unter Merian war das Museum zu einem Publikumsmagneten geworden. Nach dem Kirchgang am Sonntagvormittag gehörte es zu den beliebtesten Vergnügungen, durch das Museum zu spazieren. Es soll so weit gekommen sein, dass die Räume überfüllt waren und man Ordner herbeiholen musste[195] – man darf sich vorstellen, dass zwischen den Exponaten nicht viel freier Platz für den Besucherstrom blieb und dass einige Objekte ungeschützt im Raum standen. Das Museum war auch ein Magnet für die Spendefreudigkeit und der Mittelpunkt der Gentlemen-Forscher und -Sammler geworden. Sammeln und Forschen über Naturgegenstände war standesgemäss, und das Spenden von gesammelten Objekten galt als eine patriotische Tat. Die für Basel typischen Beziehungen zum weltumspannenden Fernhandel sowie zur protestantischen Mission boten vielfach genutzte Möglichkeiten zum globalen Erwerb von Objekten.[196] Ansätze wissenschaftlich-systematischer Arbeit (wie die umfangreiche Käfersammlung) standen neben dem Wunsch, dem Publikum an Schaustücken exotische Sensationen zu zeigen.

Der seit dem frühen 19. Jahrhundert vorherrschende Wille zur Vollständigkeit, zusammen mit dem Fleiss der freiwilligen Museumsarbeiter, hatte zu einer Explosion der Bestände geführt. Das Haus wurde als Schatzkammer betrachtet, in der alles ausgestellt oder eingelagert wurde, was man besass, oder in Rütimeyers kritisch gemeinten Worten, ein «Stapelplatz einer möglichst grossen Zahl von Naturalien»[197]. Erste Eingriffe in den Bau waren deswegen schon unter Peter Merian erfolgt: Der Umzug der Chemie und Physik aus dem Berri-Bau in das Bernoullianum machte einen als Amphitheater eingerichteten Hörsaal überflüssig. Die Stufen dieses Amphitheaters wurden 1878 abgebrochen und der Raum für die besonders an Platzmangel leidende Reptiliensammlung genutzt.[198]

Rütimeyer war mit dem Museum, so wie er es von Merian übernommen hatte, unzufrieden. Die Platznot war zu einem Hindernis nicht nur für die wissenschaftliche Arbeit, sondern auch für den Publikumskontakt geworden (dieses Thema zog sich dann seit 1882 durch alle Jahresberichte hindurch) – Rütimeyer wollte zwar das Museum «für öffentliche Belehrung nutzbar machen», konnte dieses Ziel aber nicht verfolgen, solange alles vollgestellt war. Eine Schere öffnete sich zwischen der Spendefreudigkeit der wissenschaftsbegeisterten Privatleute und dem von der öffentlichen Hand verfügbar gehaltenen Raum im Museumsbau, die Rütimeyer nicht dadurch schliessen wollte, dass er Geschenke ablehnte.[199] Der vielbeklagte «absolute Mangel an Raum»[200] verhinderte denn auch nicht, dass 1889 eine Sammlung zum Ankauf des Reliefs der Jungfrauregion des bekannten Ingenieurs und Vermessungstechnikers S. Simon (1857–1925) erfolgreich durchgeführt wurde – und dieses Relief fand tatsächlich noch irgendwo Platz, wo es bis zum Umbau 1930 Staub ansetzen konnte.[201]

Skelettsammlung von Ludwig Rütimeyer (1825–1895) im Zoologischen Institut in der alten Universität am Rheinsprung zwischen 1880 und 1900.

An sich zusammengehörende Sammlungsbestände waren auf verschiedene Räume verteilt; ausser einigen Kommissionsmitgliedern, die ‹ihre› Sammlungsteile genau kannten, hatte kaum jemand eine Übersicht. Rütimeyer spielte mit dem Gedanken, das Haus für das Publikum zu schliessen, da eine Präsentation, die für die Besucherströme genügend Raum liess, keine Chance mehr auf Verwirklichung hatte.[202] In seinem Bericht für 1883 äussert sich ein förmlicher Hass auf den Berri-Bau, der sich so wenig für eine zeitgemässe Museumsarbeit eignete. Dabei orientierte sich Rütimeyer bereits an Ideen aus der (nordamerikanischen) ‹Neuen Welt› und träumte von einem zweckmässigen Neubau, der erst erlauben würde, den Belehrungszweck des Museums zu erfüllen, das heisst «nicht nur eine Schaustellung für die Mannigfaltigkeit der Naturprodukte, sondern schon durch die Art der Einrichtung eine der öffentlichen Erziehung dienende methodische Lehranstalt für Naturgeschichte in ihrem vollem Umfang zu sein».

Diese Bemerkung bezog sich auf die öffentliche Bildung von Laienbesuchern. Es fragt sich, was das Museum in diesem Zustand für Unterricht und Forschung an der Universität, der es gehörte, bedeuten konnte. Eine direkte Nutzung des Museums für die Arbeit der Universität war kaum erkennbar. Rütimeyer und

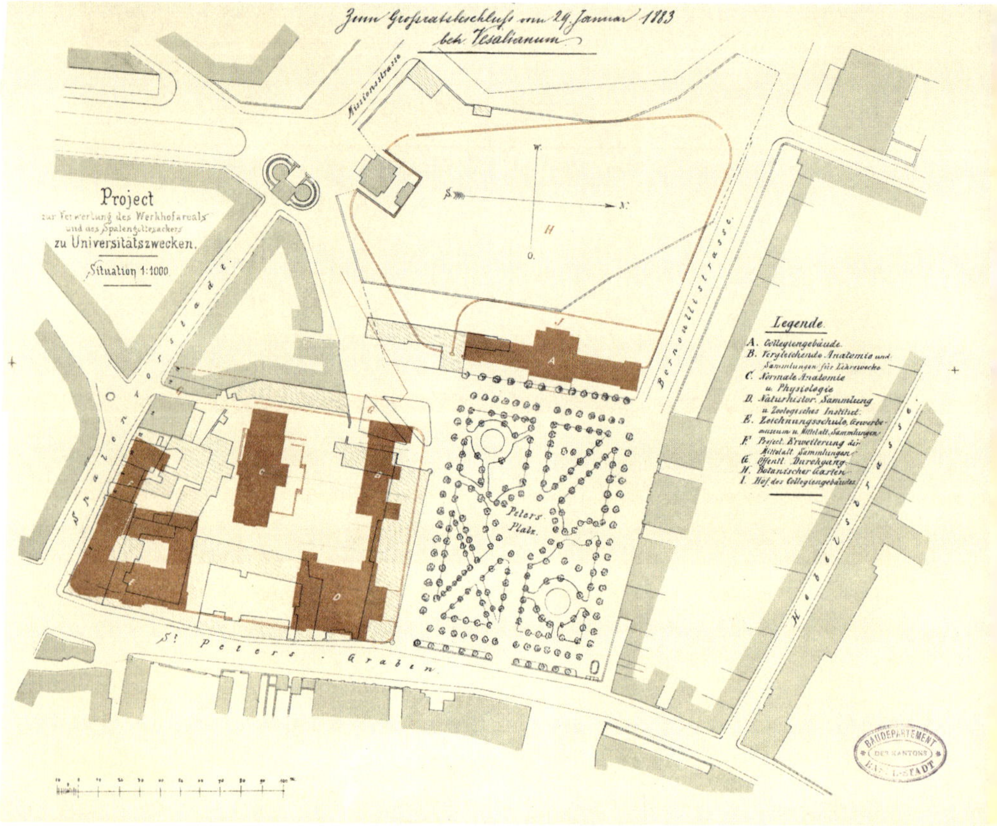

Planbeilage zum Grossratsbeschluss vom 19. Januar 1883 betreffend Vesalianum, Baudepartement Basel-Stadt. Von den projektierten Bauten wurde damals nur das Vesalianum (mit C bezeichnet, Anatomie und Physiologie) ausgeführt. Mit A bezeichnet ist ein geplantes Kollegienhaus (oben am Petersplatz), mit D (links vom Petersplatz) die Naturhistorische Sammlung und das Zoologische Institut, mit B die Vergleichende Anatomie und Sammlungen für Lehrzwecke. Der Plan repräsentiert den Gedanken eines Universitätscampus um den Petersplatz unter Verwendung des Areals des Alten Zeughauses und des Spalenfriedhofs; ein neues Naturhistorisches Museum in Verbindung mit Universitätsinstituten wäre ein Teil davon gewesen.

andere sammelten selbst für Forschung und Unterricht in denjenigen Häusern, die ihrer akademischen Arbeit dienten (Unteres Kollegium am Rheinsprung, die medizinischen Institute), und damit selten im Museum. So befand sich die vergleichend-anatomische Sammlung an Rütimeyers Lehrstuhl; sie kam erst

Stadtbaumeister Heinrich Reeses Entwurf der Hauptfassade gegen den Petersgraben des geplanten Naturhistorischen Museums von 1890.

später ins Museum. Merians Getreue, die den Museumsbetrieb aufrecht erhielten, waren mit wenigen Ausnahmen (Albrecht Müller, Rütimeyer) keine Professoren der Universität.

Rütimeyer wollte einen Schwerpunkt auf Geologie und Paläontologie setzen (darin sollte das Museum auf der Höhe der Wissenschaft stehen und Vollständigkeit anstreben), um aus dem ziellosen Wachstum herauszukommen. Die übrigen Abteilungen sollten bloss «eine derartige Vertretung [erhalten], dass die Sammlung gleichzeitig einen Überblick der wichtigen Formen und, namentlich in Verbindung mit der vergleichend-anatomischen Sammlung, die mit dem Museum Schritt halten soll, einen ausreichenden Stützpunkt für einheimische Studien bieten können».

Im letzten Drittel des 19. Jahrhunderts sah man den Ausweg nur noch in Plänen entweder für einen neuen Museumsbau in der Gegend des Petersplatzes, oder einem Auszug von Beständen, die neben den naturgeschichtlichen Sammlungen im Berri-Bau aufbewahrt und ausgestellt wurden. Die Hoffnung auf einen solchen Museumsneubau verbanden die Naturforscher am Museum mit der Befürchtung, ihn mit naturwissenschaftlichen Universitätsinstituten für Zoologie und Geologie teilen zu müssen.[203] Daraus ergibt sich deutlich, dass in den Konzeptionen bereits eine Ausdifferenzierung stattgefunden hatte: Verstand man 1818 noch ein Museum als eine Art erweiterten Handapparat für den Hochschulunterricht und für die Forschung der Privatgelehrten in Naturwissenschaften, so galt im ausgehenden 19. Jahrhundert ein Museum als eine Institution *sui generis*, als ein «Archiv der Naturgeschichte» (wie Rütimeyer in den Jahresberichten 1893 und 1895 und Stehlin – offensichtlich angeregt durch das Studium von Rütimeyers Berichten – dann 1930 wieder formulierte). Dieses ‹Archiv›, so glaubte man, müsste unter einem zu engen Bezug auf die unmittelbaren Bedürfnisse der Universität leiden: Die Objekte würden bei Demonstrationen im Unterricht beschädigt, die Sammlungen wären der Willkür von – in einigen Fächern – rasch wechselnden Lehrstuhlinhabern ausgesetzt, die Möglichkeiten zu langfristigem Aufbau könnten verloren gehen, und das Museum würde zu einer Art Kantonsschulsammlung verkommen. Rütimeyer verband mit einer Nähe zur Universität nur negative Vorstellungen: eine Verpflichtung des Museums, an der Universität Unterrichtsstunden anzubieten … Universität bedeutete für ihn ‹Schule›, und bliebe das Museum ihr verhaftet, könnte es weder der Bewegung der Wissenschaft folgen, noch den Fachleuten dienen, «die über den Schulunterricht jeder Art hinaus sind». Somit sah er in der Universitätsanbindung gerade ein Hindernis für wirkliche wissenschaftliche Forschung oder den Dienst an einer solchen. Die erträumte Emanzipation von der Hochschule wäre für ihn der Schritt zu einem Museum als einem wahrhaft wissenschaftlichen Institut gewesen.[204] Man wird dies im Auge behalten müssen, wenn kurz danach Rütimeyers Nachfolger in der Präsidentschaft der Kommission, Theodor Engelmann und Fritz Sarasin, (vergeblich) darauf hinarbeiteten, den Grundsatz abzuschaffen, wonach Universitätsprofessoren Mitglieder der Museumskommission werden mussten.

Die Universitätsbibliothek, erbaut zwischen 1894 und 1897 von Emanuel La Roche und Hans Pfaff. Heute steht nur noch der linke Flügel, der Magazinbau an der Bernoullistrasse. Im Vordergrund links die Freitreppe des 1874 fertiggestellten Bernoullianums.

Rütimeyers Befürchtungen, zu nahe an die Universität heranrücken zu müssen, erfüllten sich nicht, da statt einem multifunktionalen Neubau ‹nur› der Bibliotheksneubau gegenüber dem Bernoullianum[205] errichtet wurde. Damit waren zwar die Bücher im Berri-Bau aus dem Weg. Dies bedeutete aber einerseits einen Bruch mit der alten Idee, dass Objekte und Bücher zusammengehörten (dies wurde korrigiert durch die Einrichtung einer Spezialbibliothek im Museum), andererseits aber brachte der Auszug der Bibliothek keinen Durchbruch in der Platzfrage. Die Hälfte des freigewordenen Raumes belegte sogleich die vergleichend-anatomische Sammlung (Grundstock der Abteilung Osteologie), die von Rütimeyers Lehrstuhl der Universität an die Augustinergasse verlegt wurde; den Rest beanspruchten Objekte, die man nun ausstellen wollte, welche man aber vorher wegen Platzmangel nicht hatte zeigen können. Rütimeyer fühlte sich auf unbestimmte Zeit im ungeeigneten Bau gewissermassen gefangen. Er versuchte sich damit zu trösten, dass die Augustinergasse den Vorteil habe, dass dort das

Die Räume der Universitätsbibliothek im Seitenflügel des Museums an der Martinsgasse, aufgenommen von Jakob Höflinger zwischen 1862 und 1866, vor der Errichtung des Bibliotheksgebäudes an der Schönbeinstrasse (1894–1897).

Museum seinen Zweck als öffentliche Schau- und Lehrsammlung besser erfüllen könne, weil es sich um eine bevorzugte Stelle innerhalb der Stadt handle, die sich zudem in der Nähe zu anderen Sammlungen befinde. Der andere Zweck des Museums werde von der Öffentlichkeit kaum beachtet – eine Klage, die Stehlin 1930 fast wörtlich wiederholen wird: Es solle ein wissenschaftliches Institut sein mit Sammlungen von überregionaler Bedeutung. Ein Hinweis auf die nicht immer friedliche Koexistenz mit der Kunstsammlung im Obergeschoss des Museums lag in Rütimeyers Abgrenzung des Wesens einer naturgeschichtlichen Sammlung von demjenigen eines Kunstmuseums. Erstere nähere sich der Funktion nach einer Bibliothek (oder einem ‹Archiv›, wie er an anderer Stelle schrieb) an.[206]

Mit dem Auszug der Bibliothek war der zweite Eingriff in die Substanz des Berri-Baus nach der Einrichtung der Reptiliensammlung im Amphitheater der Physik respektive Chemie verbunden: Eine Treppe wurde verlegt, der Flügel

Ansicht der Hauptfassade gegen den Spalenring eines von der Basler Baugesellschaft 1914/1915 eingereichten Projekts für ein Kunstmuseum auf der Schützenmatte. Solche Pläne, die seit 1890 diskutiert wurden, weckten bei den Verantwortlichen für die naturhistorischen Sammlungen immer wieder die Hoffnung, die von der Kunstsammlung belegten Räume im Museum an der Augustinergasse übernehmen zu können.

gegen die Martinsgasse erhielt einen neuen Eingang, Galerien wurden im Erdgeschoss im Frontbau eingezogen (die ursprünglich sehr hohen Räume des Museumsbaus galten den Museumsleuten seit Rütimeyer nur noch als Verschwendung von Ausstellungsfläche), Sulzer installierte eine neue Heizung, und im Keller entstand ein Mazerierraum mit einer Kanalisation.[207]

Im letzten Drittel des 19. Jahrhunderts hatte das Museum seinen universalen Anspruch als Tempel des Wissens, den es durch die Vereinigung der Kunst- und naturwissenschaftlichen Sammlungen mit der Bibliothek im Berri-Bau 1849 gewonnen hatte, mehr und mehr verloren. Physik und Chemie mit ihrem Hörsaal und ihren Instrumenten und Präparaten waren ausgezogen, als das Bernoullianum geschaffen wurde (1874)[208], seit 1894 stand für die mittelalterliche und antiquarische Sammlung die Barfüsserkirche zur Verfügung (diese Sammlungen waren allerdings vorher in Nebenräumen des Münsters und nicht im ‹Museum› selbst aufgestellt gewesen[209]); dann verliess die Universitätsbibliothek das Haus und siedelte in den Neubau gegenüber dem Bernoullianum über (1896)[210] – ein Trend, der sich noch in der ersten Hälfte des 20. Jahrhunderts mit dem Auszug der Schweizerischen Geologischen Kommission aus dem Museum und deren Unterbringung im Bernoullianum fortsetzte. Bis 1928 blieb aber die Kunstsammlung im oberen Stockwerk des Museumsbaus untergebracht, sodass nach aussen die alte Idee eines Tempels der Musen noch gewahrt wurde, während im Innern die Konflikte zwischen Naturforschern und Kunstwissenschaftlern wegen Ressourcenkonkurrenz zunahmen. Das Zusammenleben von Kunst und Naturwissenschaften hatte seinen inneren Sinn verloren und wurde nur noch faute de mieux, in Ermangelung eines eigenen Hauses für die Kunst, praktiziert.

Das Basler wissenschaftliche Leben begann sich gegen Ende des 19. Jahrhunderts räumlich aufzutrennen zwischen zwei Polen. Der neue Pol war im Bereich Spalentor/Klingelbergstrasse entstanden.[211] Dazu gehörten das Bürgerspital, das Bernoullianum von 1874, die Pathologie von 1880, das Vesalianum von 1885, die Hygienische Anstalt im Stachelschützenhaus am Petersplatz von 1894, der Bibliotheksneubau und das neue Gebäude für die Botanik von 1896, und etwas weiter entfernt das Chemiegebäude von 1910 an der Spitalstrasse, wo sich 1921 auch die Anatomie, die Physikalische Chemie und 1925 die Physik an der Klingelbergstrasse beim Schellenmätteli ansiedelten.[212] Der andere Pol, auf dem Münsterhügel gelegen, bestand aus dem alten universitären Zentrum zwischen Münsterplatz (Institute zum Beispiel der Geologie – am Münsterplatz lag auch das Gymnasium), Augustinergasse (ehemals ‹Oberes Kollegium›, dann Museum von 1849) und Alter Universität am Rheinsprung (‹Unteres Kollegium›, unter anderem mit der Zoologischen Anstalt, in enger räumlicher Verbindung mit vielen anderen Wissenschaften bis zum Neubau des Kollegienhauses am Petersplatz von 1939 sowie den Seminarräumen der philosophisch-historischen und der juristischen Fakultät und dem Lehrerseminar).[213]

3.3 Das Museum in der ersten Hälfte des 20. Jahrhunderts. Die Epoche der Privatgelehrten

3.3.1 Einleitung

Am Ende des 19. Jahrhunderts begann gemäss Schaubs Epocheneinteilung der Museumsgeschichte die Zweite Phase, die er als die Periode der faktischen Entfernung von der Universität bezeichnete, wobei die führende Rolle nicht mehr Professoren wie Peter Merian oder eben Ludwig Rütimeyer, sondern Privatgelehrten zufiel. Präsidenten waren in der hier betrachteten Periode zunächst gelehrte Angehörige der führenden Familien wie der Privatgelehrte Fritz Sarasin (Präsident 1899–1920 und nochmals 1940–1942), der mit Peter Merian verwandte Hans Georg Stehlin (1920–1940), und danach kurzzeitig der Geologe Walter Bernoulli (1942–1946). Die hier betrachtete Reihe schloss der Entomologe und persönliche Ordinarius Eduard Handschin, der einer Basellandschäftler Unternehmerfamilie entstammte (1946–1956).[214]

Die ehrenamtliche Kommission, die das Museum betrieb, bestand trotz deren Leitung durch Privatgelehrte im frühen 20. Jahrhundert nicht nur aus Gentlemen-Wissenschaftlern der Basler Eliten, sondern auch aus kenntnisreichen Spezialisten für bestimmte Sammlungsgebiete, die finanziell keinen anderen Hintergrund hatten als eine Anstellung. So fanden sich in der Kommission vom Unterricht freigestellte (Mittelschul-) Lehrer,[215] die als Spezialisten für bestimmte Teile des Tierreichs oder von Gesteinsarten und Versteinerungen unentbehrlich für den Betrieb eines der Forschung dienenden, wohlgeordneten Museums und seiner Sammlungen waren. Hinzu kamen von Amtes wegen die Inhaber einschlägiger Lehrstühle, von denen einige sich sehr aktiv mit der Betreuung bestimmter Sammlungsteile befassten. So wurde die Kommission in der ersten Hälfte des 20. Jahrhunderts zu einer sozial gemischteren Gruppe.[216]

3.3.2 Das Naturhistorische Museum unter Fritz Sarasin

Der Apotheker, Pharmaziehistoriker und Mineraloge Theodor Engelmann wurde als Rütimeyers Nachfolger für wenige Jahre Kommissionspräsident. Unter ihm brach ein Konflikt mit dem Geologieprofessor (und *ex officio*-Kommissionsmitglied) Carl Schmidt los, der leicht im Sinne der Grenzziehung zwischen Museum und Universität gedeutet werden konnte, obschon er wahrscheinlich eine deutlich persönliche Komponente aufwies und zudem vom Vorwurf, mit Peter Merians wissenschaftlichem Erbe frevlerisch umzugehen, überschattet war. Eine weitere Dimension war die nach dem Abgang überragender Präsidenten-Persönlichkeiten wie Merian und Rütimeyer aufkommende Frage, welche Autorität dem Kommissionspräsidenten über ‹gewöhnliche› Kommissionsmitglieder zustand. Schmidt hatte im Glauben, er trage die Verantwortung für die geologischen Sammlungsobjekte im Museum und könne deswegen auch eigenständig Entscheide fällen, Schubladen ausgeräumt, die offensichtlich 1849 von Merian eingerichtet und seither nie mehr geöffnet worden waren; auch hielt er Objekte für wertlos, die mangels Etiketten nicht identifizierbar waren. Engelmann sah darin einen Angriff auf seine präsidiale Autorität (Schmidt hatte ihn vorher nicht gefragt) und ein Beispiel für den schon von Rütimeyer befürchteten Abstieg des Museums zu einer Lehrsammlung für den Unterricht. Engelmann blieb bis Ende 1928 Kommissionsmitglied, bis 1923 sass er in der Kommission neben Schmidt. Der Nachwelt ein Begriff blieb Engelmann durch seine apothekengeschichtliche Sammlung, die er 1929 an Häfligers pharmaziehistorisches Museum in der Universität abtrat. In seinem Nachruf auf Engelmann stellte Hans Georg Stehlin entgegen der Konvention, die eigentlich nur lobende Bemerkungen über einen Verstorbenen zuliess, fest, Engelmann hätte wenig Verständnis für die «wissenschaftliche Seite des Museumsbetriebes» gezeigt, worunter Stehlin Arbeiten wie Ordnen und Bestimmen in den Sammlungen verstand. Liest man Engelmanns Jahresbericht für 1898, so trat dieser dafür ein, dass sich das Museum sowohl an Fachleute wenden als auch ‹Volksmuseum› sein solle, denn: «Auch weitere Kreise sollen die sicheren Tatsachen und neuen Ergebnisse der Wissenschaft in sich aufnehmen», wobei er nicht anders als vor ihm Rütimeyer und nach ihm

Stehlin selbst der Ansicht war, diese weiteren Kreise sollten im Museum nicht bloss staunen, sondern auch denken und lernen.[217]

Nach Engelmann wurde der aus Berlin zurückgekehrte Privatgelehrte Fritz Sarasin Präsident. Entsprechend seinem wissenschaftlichen und sozialen Gewicht hatte er (im Unterschied zu Engelmann) keine Probleme innerhalb der Kommission. Dennoch äusserte auch er Bedenken gegen den Mechanismus, der Inhaber von Lehrstühlen der Zoologie und Erdwissenschaften automatisch zu Kommissionsmitgliedern werden liess. Offen gab er der Befürchtung Ausdruck, dass es keineswegs garantiert sei, dass ein Professor auch Interesse an der Museumsarbeit zeigte – dazu muss man berücksichtigen, dass man, obschon es inzwischen einen beamteten Museums-Kustos gab und temporär Assistenten beschäftigt wurden, doch auf die aktive Leitung und Betreuung ganzer Sammlungsabteilungen durch Kommissionsmitglieder angewiesen blieb.

Fritz Sarasin wurde 1859 geboren, sein mit ihm entfernt verwandter Vetter Paul, mit dem er zusammen in Deutschland studierte und die meisten Forschungsreisen unternahm, 1856. Beide repräsentierten einen Höhepunkt des Einflusses begüterter Privatgelehrter auf die Wissenschaft in Basel und müssen deshalb auch zusammen vorgestellt werden. Paul, das siebente Kind des Ratsherrn Carl Sarasin, begann seine wissenschaftliche Ausbildung in Basel mit Medizin, dann wandte er sich der Zoologie zu. Dieses Fach studierte er bei Ludwig Rütimeyer, der für seine Ansichten bestimmend wurde. Fritz studierte zuerst in Genf bei Carl Vogt und Henri de Saussure und setzte dann seine Ausbildung in Basel bei Rütimeyer und beim Anatomen Julius Kollmann (1834–1915) fort. Die Vettern begaben sich darauf 1881 als Freundespaar zusammen nach Würzburg zu Karl (Gottfried) Semper (1832–1893), bei dem Paul 1882 und Fritz 1883 promovierte. Die beiden lebten dann in Berlin, einem Ort, den sie ebenso sehr wegen des dortigen kulturellen und wissenschaftlichen Lebens wie wegen Pauls Abneigung gegen das fromme Basel seiner Kindheit gewählt hatten.

Dort entwickelten sie den Plan zur ersten Forschungsreise, auf die sich Paul durch Museumsbesuche in Paris und London vorbereitete. Diese Reise führte sie von 1883 bis 1886 nach Ceylon. Den Leitfaden für die breit angelegte Forschungs- und Sammlungsexpedition gab Sempers Entwicklungsphysiologie mit ihrem Fokus auf embryonale und postembryonale Entwicklung an Elefanten (!),

Die Forschungsreisenden und Sammler Fritz Sarasin (1859–1942, links) und Paul Sarasin (1856–1929, Mitte) mit dem Arzt und Ethnografen Leopold Rütimeyer (1856–1932) auf einem Ausflug des Vorstandes des Schweizerischen Naturschutzbundes an den Baldeggersee im Jahre 1908.

Amphibien und Schnecken ab. Das Basler Museum erhielt aus den Erträgen dieser Reise Säugerskelette (diese gingen an Rütimeyer) und Reptilien (diese gingen an Ratsherrn Dr. Fritz Müller, der im Basler Museum eine beachtliche Reptiliensammlung betreute[218]). Schon bei dieser ersten Reise spielten anthropologische Interessen mit. Die Vettern Sarasin begegneten den Weddas, ceylonesischen Ureinwohnern, die als Steinzeitmenschen mit ‹primitiver Kultur› und ‹primitiven Körpermerkmalen› gedeutet wurden. Die anthropologischen Ansätze schlossen die Vermessung lebender Menschen und von Gebeinen ebenso ein wie fotografische Aufnahmen. Eine der Leitfragen war die Suche nach Bindegliedern zwischen Affen und Menschen. Insbesondere Fritz befasste sich mit Vermessung und grafischer Darstellung verschiedener Schädeltypen. Nach der Rückkehr liessen sie sich wieder in Berlin zur Auswertung der Ergebnisse als Privatgelehrte nieder. Weitere Reisen folgten, so auch eine in Begleitung von Ludwig Rütimeyer nach Ägypten. Tiergeografische Fragestellungen dominierten die Reise nach Celebes (heute Sulawesi), die in die Jahre von 1893 bis 1896 fiel. Danach liessen sich die Vettern Sarasin in Basel nieder und wurden 1896 Mitglieder der Museumskommission. Fritz Sarasin präsidierte diese Kommission von 1898 bis 1920; bis 1936 wirkte er als Vorsteher der Zoologischen Abteilung (Schwerpunkt Ornithologie). Fritz und Paul Sarasin waren zeitweise gleichzeitig Mitglieder der Kommission für das Völkerkundemuseum und derjenigen für das Naturhistorische Museum.[219]

Bei weiteren Reisen nach Celebes und nach Ceylon (1902–1903 respektive 1907) wurden die anthropologischen Studien neben den Weddas auch an den Toala (in Süd-Celebes) vertieft. Der völkerkundliche Impetus entsprang dem Bewusstsein, dass man sammeln müsse, was man über ‹primitive› Völker noch zusammentragen könne, bevor diese unter europäischen Einfluss gerieten. Fritz reiste aus solchen Motiven 1911–1912 nach Neukaledonien und auf die Loyalty-Inseln. Dabei begleitete ihn Dr. Jean Roux, der beamtete Kustos des Basler Museums. Neben Zoologie und Anthropologie betrieben die Sarasin auch geologische Studien, namentlich in Celebes.

Man erkennt hier die ganze Breite des naturgeschichtlichen Interesses, angewandt auf fremde Länder, die nach dem Kriterium damaliger wissenschaftlicher Attraktivität ausgewählt wurden. In den Darstellungen der Leistungen der Vettern Sarasin verlautet nichts über vorausgehende Verbindungen mit der Basler Mission oder dem Fernhandel, welche im 19. Jahrhundert oft die Wege für Expeditionen gebahnt hatten.

Paul, der 1910 das Präsidium der Kuratel der Universität übernommen hatte, wandte sich in enzyklopädischer Breite (einschliesslich Studien über menschliche Sexualorgane und den Sonnenkult) Prähistorie, Zoologie, Physik und Kulturgeschichte zu, während Fritz zoologisch und ethnografisch arbeitete. Paul, der seit seinem dreissigsten Altersjahr an Gicht litt und Medikamente in hohen Dosen konsumierte, betätigte sich daneben mit grossem Einsatz, der zu manchen Konflikten Anlass gab, als Präsident des Naturschutzbundes.

Die Sarasin legten den Grund für die Ausrichtung beider Museen an der Augustinergasse auf die wissenschaftliche Forschung und erreichten es unter anderem, dass in den 1920er- und 1930er-Jahren das Völkerkundemuseum mit staatlichen Krediten eigene Expeditionen durchführen konnte. Staatlich finanzierte Expeditionen sind für das Naturhistorische Museum erst für spätere Jahrzehnte bezeugt. Paul Sarasin starb 1929, Fritz Sarasin 1942.[220]

Fritz Sarasin nahm das Problem des Platzmangels im Berri-Bau sehr ernst und beteiligte sich an den Bestrebungen, zur Entlastung des Hauses an der Augustinergasse einen Neubau für die Kunstsammlung zu realisieren, womit er aber zunächst an der Standortfrage und anderen Faktoren scheiterte. Er gründete 1903 das Initiativ-Komitee für die Museumsneubauten, welches zunächst das 1916/17 vollendete Völkerkundemuseum auf Parzellen, die an den Berri-Bau angrenzten, zustande brachte,[221] und erst viel später das Kunstmuseum.

Zwar hatte das Universalmuseum an der Augustinergasse schon früh ethnologische Sammlungen besessen, darunter die Mexiko-Sammlung von Lukas Vischer[222], die im Berri-Bau im oberen Stockwerk neben der ‹Antiquitäten-Sammlung› untergebracht war.[223] Weitere Bestände kamen durch Mission und Handelsreisen aus Afrika und Asien herein. Seit 1892 existierte nach der Abtrennung der ‹Antiquarischen Sammlung› eine sogenannte ‹Ethnografische Sammlung›, die nach dem Auszug der Universitätsbibliothek im Erdgeschoss der Augustinergasse ausgestellt wurde. Dazu gehörte auch die ägyptische Sammlung von Paul und Fritz Sarasin. Erster Kommissionspräsident der Ethnografischen Sammlung war der Anthropologe Prof. Julius Kollmann, der dann von Fritz Sarasin abgelöst wurde.[224] Fritz und Paul Sarasin intensivierten die Forschungen über Südostasiatische Völker. Insbesondere Fritz Sarasin machte sich zum Initiant eines eigentlichen Völkerkundemuseums, das mehr sein sollte als nur ein Saal des bestehenden Museums. Ab 1893 existierte dieses als neue, eigene Institution organisatorisch bereits getrennt, aber räumlich noch integriert im Naturhistorischen Museum unter separater Führung. Der Bezug blieb aber gewahrt, teils dadurch, dass dieselben Exkursionen sowohl ethnologisch, anthropologisch als auch zoologisch ausgerichtet waren, teils dadurch, dass Entwicklungsvorstellungen vorherrschend waren, die Kultur, Mensch und Tier gleichermassen umfassten (man denke hier an die Tier- und Menschenschauen im Zoologischen Garten, die ‹lebendiges Material› präsentierten, während das Museum ‹tote› Zeugnisse von Kultur, Mensch und Tier sammelte). 1917 wurde wie erwähnt das Völkerkundemuseum als eigenes, an das bestehende Museum angrenzendes Haus eröffnet. Gemeinsam blieb den beiden Institutionen bis zum Ende des 20. Jahrhunderts der Eingang an der Augustinergasse 2; und eine gemeinsame Hauskommission führte den Betrieb des Hauses.[225] Eine eigene Geschichte hat die Volkskunde (später gelegentlich als europäische oder schweizerische Ethnologie bezeichnet), deren Bezüge zur universitären Germanistik, aber auch zur Altphilologie in Basel vielfältig waren. Ihnen soll in diesem Rahmen jedoch nicht weiter nachgegangen werden.[226]

Sarasin setzte es ferner durch, dass die Idee im Grundsatz akzeptiert wurde, dass das Häusergeviert, das von Augustinergasse, Stapfelberg, Schlüsselgasse und Münsterplatz umgrenzt wird, als zusammenhängender ‹Museumsblock› angesehen wurde: Tendenziell sollten alle Liegenschaften, die zu diesem Block gehörten, nach und nach Museumszwecken zugeführt werden – was einen Prozess auslöste, der 1919 durch den Ankauf des Hauses Schlüsselberg 15 (‹Zum Landser›) und dessen Nutzung als Depot der Kunstsammlung 1926 schon weit fortgeschritten war.[227] Er erreichte auch, dass unter seiner Präsidentschaft die Erste dieser Liegenschaften, das Haus ‹zum Weissen Bären›, für das Museum gesichert und darin ein Depot eingerichtet wurde. Damit waren Eingriffe in die Bausubstanz verbunden; das Haus ‹zum Weissen Bären›, das vorher eine Druckerei beherbergt hatte, wurde mit einem Warenlift der Firma Schindler (gegen eine Offerte der Firma Otis) ausgestattet und eine Verbindung zum Hauptgebäude des Museums wurde hergestellt.[228]

3.3.3 Weitere Verwissenschaftlichung und Ausbau unter Hans Georg Stehlin

Präsident der Kommission und damit Leiter des Museums wurde für die wichtige Periode von 1920 bis 1940 Hans Georg Stehlin. Dieser setzte den von Rütimeyer gewiesenen Weg weitgehend unverändert fort, sowohl in der Museumspolitik als

Hans Georg Stehlin (1870–1941), Paläontologe und Osteologe, Präsident der Museumskommission 1920–1941.

auch in seiner eigenen wissenschaftlichen Tätigkeit. In Letzterer verband er die Arbeit an der Natur-Geschichte in Rütimeyers Sinn mit dem Studium von Fossilien.[229] Stehlin war ein Enkel Peter Merians, dessen naturgeschichtliche Erbschaft für ihn verpflichtend war. Stehlin hatte in seinem Elternhaus täglichen Umgang mit dem Ratsherrn Peter Merian gehabt. Die Familie Stehlin gehörte ursprünglich zur Elite der Basler Untertanen auf der ‹Landschaft›, die sich 1798 in der Helvetischen Revolution zu Wort meldete und bald durch Conubium in die höchste städtische Elite integriert wurde. Die zweite Generation war repräsentiert durch Hans-Jakob Stehlin-Hagenbach (1803–1879), einen freisinnigen Zimmermeister und Architekten, der von 1858 bis 1873 Bürgermeister der Stadt Basel war. Dessen Söhne waren Johann Jakob Stehlin-Burckhardt (1826–1894), Architekt, und Dr. Carl (Rudolf) Stehlin-Merian (1831–1881), Advokat und Basler Vertreter im Ständerat. Carl hatte drei Söhne: Carl (1859–1934), Jurist, Historiker und Archäologe (Initiator des Historischen Grundbuchs), Friedrich (1861–1929), Architekt, und Hans Georg (1870–1941), Paläontologe. Mit Letzterem starb die Familie aus.[230]

Nach dem Besuch des Humanistischen Gymnasiums studierte Stehlin Medizin, dann Zoologie bei Rütimeyer, bei dem er über ‹Jugendliche Veränderungen am Schädel von Wiederkäuern› promovierte. Danach besuchte er Bonn, das meeresbiologische Institut in Neapel und absolvierte eine Bildungsreise durch Frankreich, Spanien und die Kanarischen Inseln. Nach Rütimeyers Tod wurde er Assistent am Naturhistorischen Museum, wo er zuerst die eozänen Säuger aus Egerkingen betreute und neue Grabungen veranlasste. Danach leitete er die ganze Paläontologie und vergleichende Anatomie der Wirbeltiere. 1898 stieg er aus der Assistenz in die Museumskommission auf, schuf 1899 die Osteologische Abteilung und realisierte die erste Aufstellung der zwei Säle für rezente und fossile Wirbeltiere im Erdgeschoss. Seit 1908 leitete er auch die Fachbibliothek im Museum. Wie erwähnt wurde er 1920 Nachfolger von Fritz Sarasin als Präsident der Kommission. 1924 wurde er auch Präsident der Hauskommission, die den Berri-Bau verwaltete,[231] und erlangte damit eine recht starke Stellung. Stehlin widmete sich bereits dem Studium fossiler Säugerzähne, das später zu einem Schwerpunkt der Basler Museumsforschung wurde.

Von Fritz Sarasin übernahm Stehlin folgende Gliederung der Museumsaktivitäten:[232]

Abteilung	Unterabteilungen	Verantwortlich
Zoologie	Wirbeltiere	F. Sarasin, Präsident
	Wirbellose	F. Zschokke*
Osteologie	–	H. G. Stehlin
Geologie	Petrographie	C. Schmidt*
	Indische Abteilung	A. Tobler
	Alpin-sedimentäre Abteilung	A. Buxtorf*
	Mesozoisch-jurassische (ausseralpine) Abteilung	E. Greppin
	Mesozoisch-cretacische (ausseralpine) Abteilung	E. Baumberger
	Tertiäre und quartäre (ausseralpine) Abteilung	
	und Sammlung fossiler Pflanzen	E. Baumberger
Mineralogie	–	Th. Engelmann, Vizepräsident

* bezeichnet Universitätsprofessoren

Das wichtigste Ereignis in Stehlins Präsidentschaft war der Auszug der Kunstsammlung aus dem Berri-Bau 1928 und der nachfolgende Ausbau der früher durch die Kunstwerke belegten Säle, die am 6. Juli 1932 mit einer durch einen Bauarbeiterstreik 1930 verursachten Verspätung neu eröffnet wurden. Bis zur Eröffnung des neuen Hauses für die öffentliche Kunstsammlung am St. Alban-Ring wurden die Kunstschätze in den Räumen des Kunstvereins in der Kunsthalle untergebracht.[233]

Wir fassen in der Zeit des Auszugs der Kunstsammlung und den damit verbundenen Dokumenten drei Aspekte, die das Schicksal des Museums als einer staatlichen Anstalt prägten: die Frage der Wahrnehmung und Aufgabenzuschreibung durch Aussenstehende, insbesondere durch die Politik (‹Image›), die Notwendigkeit, zusätzliche Ressourcen herbeizuargumentieren, und die Bestimmung des Verhältnisses zum universitären Wissenschaftsbetrieb.

Stehlins Ziel war die Präsentation der «wichtigsten Schätze des Museums tadellos präpariert und montiert» für die Öffentlichkeit. Die Aufteilung der Räume entsprach den Abteilungen des Museums, wobei jede Abteilung ihre Präsentation selbst gestaltete. «Dabei bemühte man sich in den meisten Teilen der Ausstellung, möglichst viel gut erhaltenes und gut präpariertes Material auszustellen, in Vitrinen, welche das Material vor Staub und vor Parasitenbefall schützten. Das ausgestellte Material sollte wissenschaftlich einwandfrei bestimmt, angeschrieben und systematisch oder stratigraphisch geordnet sein. Die Ausstellungen stellten einen – den ausstellungswürdigen – Teil der wissenschaftlichen Sammlungen dar. Ein wesentlicher Teil der nicht ausgestellten Sammlungen befand sich in den Schubladen im unteren Teil der Ausstellungsmöbel.» Die damals eingerichtete, grosse «Schaustellung früher Säugetiere» galt als Stehlins eigenes Werk.

Regierungsrat Fritz Hauser, Vorsteher des Erziehungsdepartements, erinnerte bei der Eröffnung daran, dass vom Museum ein «befruchtender Einfluss auf das Bildungsleben der Stadt, insbesondere auch auf den Schulunterricht» ausgehen sollte – von der Universität war nur am Rande die Rede, und der Physiker Wilhelm Matthies (geb. 1881), der an sich die naturwissenschaftliche Abteilung der Philosophischen Fakultät hätte repräsentieren können, sprach für die Naturforschende Gesellschaft.[234] Dadurch wird die Distanz zur Universität offensichtlich, aber ebenso die Rollenzuschreibung durch ein einflussreiches Mitglied der Regierung.

Stehlin selbst vertrat eine Konzeption der Museumsaufgaben, die aus zwei getrennten Teilen bestand: der wissenschaftlichen Aufgabe und der Vermittlungsaufgabe. Diese beiden legte er in einem ‹Exposé› 1930 explizit dar: «Das Basler Naturhistorische Museum verfolgt wie jede grössere Anstalt seiner Art einen Doppelzweck; es will einerseits der Belehrung des Publikums dienen, andererseits eine Forschungs-Anstalt sein.»

Die wissenschaftliche Tätigkeit sollte komplementär und ebenbürtig zur Forschung an den Universitäten sein, denn die Forschungen an Museen seien speziell «[...] diejenigen, welche jahrzehnte-langes beharrliches Sammeln erfordern und ausgedehnte Sammlungen benötigen. Dahin gehören vor allem die Zoologische Systematik und die Palaeontologie in ihrem ganzen Umfang, deren Pflege denn auch je länger je mehr Aufgabe der Museen geworden ist». Erwähnt wird dann nicht die eigentliche Forschungsleistung (nämlich neues Wissen hervorzubringen), sondern das Sammeln in Schwerpunktgebieten, die eine lange Tradition aufwiesen; ferner die Ablage der Dokumentation zu den wissenschaftlichen Veröffentlichungen namentlich in Zoologie und Geologie. Das Museum sah Stehlin so als «unser ‹Naturhistorisches Archiv›», worunter er den «gesamte[n] ausschliesslich wissenschaftlichen Zwecken dienende[n] Teil der Sammlungen» verstand.

Die zweite Aufgabe, welche sich das Museum stelle, sei die, «eine Stätte der Belehrung für das bildungsfreundliche Publikum und besonders für die heranwachsende Jugend zu sein. Seine Entwicklung in dieser Hinsicht ist leider seit einem halben Jahrhundert ohne Unterbrechung durch Raummangel gehemmt gewesen.» Neu bot sich jetzt, mit dem Auszug der Kunstsammlung und den Umbauten, die Gelegenheit, die verfügbare Fläche beinahe zu verdoppeln. Was sollte damit nun geschehen? Viel erfährt man aus dem Exposé nicht:

> «Es sei nur bemerkt, dass beabsichtigt ist, dem Verständnis des nicht vorgebildeten Besuchers, also vor allem auch der Schuljugend, durch Erläuterungen tunlichst entgegenzukommen. Ferner, dass nicht nur auf Erweiterung und Verbesserung der bisherigen Schaustellung Bedacht genommen ist,

sondern dass auch wesentlich Neues geboten werden soll. So wird z.B. im grossen Saal des ersten Stockes ein Überblick über die Entwicklung der Säugetierwelt Europas gegeben werden, wozu uns unsere osteologische Sammlung heute ein ausgezeichnetes Material darbietet, während andererseits der Saal im Erdgeschoss links die lebende mitteleuropäische Tierwelt, so viel möglich in biologischen Gruppen, vorführen wird.»[235]

Die Zweiteilung der Aufgaben des Museums ging auch in die noch unter Stehlin erlassene Ordnung für das Naturhistorische Museum Basel vom 5. Januar 1940 ein, worin man lesen konnte: «[Das Museum] dient einerseits der wissenschaftlichen Forschung, andererseits der Belehrung des Publikums».

Der Auszug der Kunstsammlung führte zum bisher tiefgreifendsten Umbau des Hauses.[236] Stehlins Exposé von 1930 stellte zunächst die im frühen 20. Jahrhundert (das heisst nach den Umbauten, die durch den Auszug der Universitätsbibliothek nötig geworden waren) vorgenommenen Veränderungen dar:

1915 Umbau des alten Kellers unter dem Aulaflügel zu einem Alkoholkeller;
1919 Übernahme des Hauses ‹zum Weissen Bären› und Einrichtung eines Depots für Geologie und Osteologie;
1924 Ausbau des Kellers unter dem Martinsgassflügel für die geologischen Bestände, die bisher noch im Bernoullianum gewesen waren;
1928 Unterkellerung des Frontbaus zur Aufnahme weiterer geologischer Bestände.

Nicht nur wurde jetzt die Heizung erneuert, es wurden die Dachgeschosse betoniert, um dort Lagerraum zur Unterbringung der nicht montierten Bälge, der Insektensammlung und anderer zoologischer Trockenpräparate zu gewinnen.[237] Die Böden des oberen Stockwerks wurden verstärkt und viele andere Arbeiten dieser Art vorgenommen. Das Museum erhielt eine Werkstätte mit ausreichender Stromversorgung und ein fotografisches Labor.[238]

Zweimal wurde der Staat eingeladen, grössere Summen zu gewähren, einmal für die baulichen Veränderungen, dann für die Finanzierung der neuen Vitrinen mit grossen Glasflächen, die Stehlin für eine zeitgemässe Präsentation als unentbehrlich ansah. Wie in Basel üblich, zahlte der Staat nur einen Teil des

Aufwandes, ein anderer Teil wurde durch Gönner gespendet. Trotzdem ist erstaunlich, dass der Kredit politisch durchkam. Man wird noch genauer untersuchen müssen, ob die Staatskasse durch Einnahmen aus der guten Konjunktur der 1920er-Jahre noch ausreichend dotiert war, oder ob Stehlin besonders klug vorging. Wenig später war dann in den Krisenjahren und Kriegsjahren wieder Sparen angesagt, bis sich in der Hochkonjunktur und dank dem politischen Geschick von Hans Schaub in den 1960er-Jahren ein neues Zeitfenster öffnete, das den nächsten Umbau in vergleichbarer Dimension ermöglichte.

Stehlin vermachte dem Museum bei seinem Tod alle ihm zugeschickten Bücher, den ganzen wissenschaftlichen Nachlass und seine Instrumente. Schon 1928 hatte er den Vergleichend-anatomischen Fonds gestiftet; und mit einem

Gedenkstein zur Erinnerung an den Umbau des Berri-Baus nach dem Auszug der Kunstsammlung 1932, angebracht an der Hofmauer des Museums.

Legat erweiterte er das Kapital dieses Fonds, damit das von ihm unvollendet Hinterlassene abgeschlossen werden könne.[239]

Stehlin hatte zwar das noch von Rütimeyer gesteckte Ziel erreicht, dass das Museum von internationalen Fachleuten besucht wurde, dass sich diese lobend über die Sammlungen äusserten und dass sie auf der Basis dessen, was sie dort gesehen hatten, auch publizierten. Inwiefern aber das wissenschaftliche Leben des Museums ausserhalb der Geologie mit demjenigen an der Basler Universität verbunden blieb, ist für die Zeit ab etwa 1895 fraglich. Wir möchten annehmen, dass sich die unter Rütimeyer gewünschte und unter Sarasin herbeigeführte Verselbstständigung des Museums als ein Ort des Wissens eigener Art nun unter Stehlin auszuwirken begann und sich damit die funktionale Differenz gegenüber der Universität vertiefte.

Die Ordinarien mit einschlägigen Lehrgebieten waren zwar gehalten, sich als Mitglieder der Museumskommission wählen zu lassen (was zum Beispiel Portmann im Herbst 1931 tat)[240], und als solche wurde von ihnen erwartet, dass sie auch persönlich im Museum tätig wurden. Der Zoologie-Ordinarius Zschokke war offiziell Vorsteher der Abteilung Wirbellose am Museum, ging aber lieber in die Natur hinaus als ins Museum;[241] Portmann brachte zwar im Museum seine Schüler unter und wies in Volkshochschulkursen auf dieses hin, er scheint dort aber nicht selbst geforscht zu haben.

Eine relativ enge fachliche Verbindung zwischen Museum und universitärer Zoologie bestand bei Handschin (typischerweise also in der Entomologie und bei einem Nicht-Ordinarius), der zeitweise an beiden Orten, an der Universität und am Museum, angestellt war. Die zoologischen Sammlungen lagen in der Realität meist in den Händen von Museumsangestellten, deren Zahl unter Stehlin zunahm, und weiterhin von Privatgelehrten. Die unmittelbare Tätigkeit der einschlägigen Universitätsprofessoren war für die Erdwissenschaftler eine Realität. Gesteinssammlungen waren für den geologischen Unterricht wichtig. Zudem war es Pflicht, Belegstücke für wissenschaftliche Veröffentlichungen in einem Museum aufzubewahren. Die Jurageologie stand in engem Zusammenhang mit der Erforschung der Paläontologie der entsprechenden Erdalter. Der Geologie-Professor August Buxtorf diente in der Museumskommission, und der Paläontologe Manfred Reichel stand seit 1933 in einer engen Beziehung zur Ornithologie am

Museum, wie wir gesehen haben. Buxtorf war in dem die Schweiz betreffenden Teil der geologischen Sammlungen durchaus aktiv, während die aussereuropäische Geologie und die Paläontologie am Museum durch Privatgelehrte wie August Tobler (der schon 1923 einen aus einem staatlichen Sonderkredit bezahlten Assistenten hatte[242]) betreut und gefördert wurde. Für die Mineralogie hätte der Nachfolger auf dem Lehrstuhl von Carl Schmidt, Max Reinhard, als Kommissionsmitglied sorgen sollen. Er war dazu aber nicht in der Lage, sodass die Bestimmung und Ordnung der Mineralien durch Dr. Otto Grütter[243] als temporär angestellte Hilfskraft vorgenommen wurden.

Unabhängig davon, ob die jeweiligen Universitätslehrer am Museum wirklich persönlich aktiv wurden, existierte ein geistiger und sozialer Bezug zwischen Hochschule und Museum. Die Orientierung auf Morphologie, aber auch der Bezug zur Entwicklungsperspektive und Embryologie, die Nähe zum Naturschutzgedanken sowie der Geist von Portmanns Naturgeschichte bildete ideelle Klammern, die damals Zoologie und Paläontologie an beiden Institutionen umfassten. Laufbahnen von Forschern, die von der Universität ans Museum und zurück führten, und Dozenten, die aktiv Verantwortung für Sammlungen am Museum trugen, bildeten eine starke personelle Verbindung.

Stehlins eigener Schwerpunkt war demgegenüber die Osteologie, die an der Universität nach Rütimeyers Tod kaum mehr mit gleicher Intensität wie vorher gepflegt wurde – aus seiner Perspektive war es richtig, Universität und Museum als komplementäre wissenschaftliche Institutionen zu sehen und die auf Rütimeyer und Sarasin zurückgehende Distanz zur Universität beizubehalten.

Das Wachstum der Sammlungen ging weiterhin auf die Schenkungen zurück, welche die Privatgelehrten (sowie die eigenen Angestellten) dem Museum zudachten, auf gelegentliche Ankäufe von Präparaten im Handel und auf die Feldarbeit der Verantwortlichen für die Abteilungen. Mit Rütimeyers Rücktritt gelangten grosse osteologische Bestände ins Museum, die früher in der Universität gelegen hatten; die Entomologie erlebte einen Aufschwung, während die Geologie und Mineralogie von der Erforschung des Juras und den Tunnelprojekten insbesondere des Alpenraums profitierten. Eigentliche, eigene Feldexkursionen zur Komplettierung der Sammlungen nahm das Museum als Institution in der ersten Jahrhunderthälfte nur selten vor.[244] Exkursionen fanden dennoch statt;

sie waren meist Sache von Privatgelehrten im Museum und in dessen Umfeld sowie Teil der privaten Sammlungstätigkeit der Missionare, der Handelsleute, der Erdölgeologen und anderer Persönlichkeiten im Ausland, soweit es sich nicht um die Erweiterung durch schweizerische oder lokale Bestände durch entsprechende Sammler handelte. Die am Museum wirkenden Personen begaben sich gewöhnlich in den Ferien auf eigene Kosten auf Sammelexkursion.

3.3.4 Beamte halten Einzug im Museum der Privatgelehrten

In der hier behandelten Epoche wurde es üblich, dass am Museum nicht nur ehrenamtliche Privatgelehrte, vom Schuldienst teilweise freigestellte Lehrer und Kommissionsmitglieder tätig waren, sondern auch Wissenschaftler, Handwerker und Hilfskräfte, die dort als Staatsangestellte wirkten. Man darf dies als Prozess der ‹Professionalisierung› bezeichnen. Im Verlauf dieses Prozesses stellte sich gelegentlich die Frage nach der Hierarchie zwischen Privatgelehrten und Angestellten. Schon Peter Merian hatte temporär Mitarbeiter angestellt und besoldet. Im 20. Jahrhundert wurde daraus ein Stab von Wissenschaftlern und Technikern, die in zunehmender Zahl im Staatsdienst standen und als Staatsbeamte von der Regierung gewählt wurden. Vor Stehlin war schon Fritz Sarasin als Kommissionspräsident mit deren Schicksal befasst worden.

Unter den frühen Museumsbeamten ist namentlich Dr. Jean Roux zu erwähnen, der zweite beamtete Kustos des Museums. Er wurde 1876 geboren und war im Jahr 1902 am Museum als ‹Kustos› angestellt worden. Er kooperierte eng mit beiden Vettern Sarasin in zoologischen Fragen. Roux übernahm 1902 die Verantwortung für die Reptilien, Amphibien und Crustaceen, die vor ihm einer von Peter Merians Getreuen, Ratsherr Fritz Müller unter sich gehabt hatte. Roux wurde nach seiner Pensionierung 1936 von der Regenz per 1. Januar 1937 zu einem Mitglied der Kommission für das Naturhistorische Museum ernannt, damit seine Kenntnisse für das Museum weiterhin nutzbar blieben. Er übernahm zu diesem Zeitpunkt die Gesamtverantwortung für die zoologischen Sammlungen von Fritz Sarasin, während sich Sarasin selbst nur noch der Ornithologie widmete. Roux starb jedoch bereits 1939.[245]

Der Zoologe Jean Roux (1876–1939), Kustos der Zoologischen Abteilung und enger Mitarbeiter von Fritz Sarasin (1859–1942), begleitete diesen auf seiner Expedition nach Neukaledonien und erschloss das Material für die Sammlungen des Museums. Er leitete auch die wissenschaftliche Auswertung durch Spezialisten.

Nachfolger von Roux wurde vorübergehend Dr. Heini Hediger, der seit 1934 I. Assistent bei Portmann gewesen war und sich bei seiner Ernennung 1936 soeben mit einer Schrift über Dressur bei Portmann habilitiert hatte. Er war aus zehn Bewerbungen ausgewählt worden. Unter den Mitbewerber befand sich unter anderen Carl Stemmler.[246] 1938 wechselte Hediger nach einem kurzen Versuch, in Basel durch Verhandlungen einen höheren Lohn zu erzielen, bereits nach Bern als ‹Verwalter› des Tierparks Dählhölzli. Sein Nachfolger am Basler Museum wurde der Malakologe Lothar Forcart,[247] der schon seit seiner Promotion an der Universität Basel 1932 am Museum als freiwilliger Mitarbeiter die Mollusken betreut hatte.[248] Die Oberaufsicht über die Tätigkeit des Kustos für Zoologie lag seit 1940 (das heisst nach Roux' Tod) beim Kommissionsmitglied Adolf Portmann.[249]

Fassade des Museums an der Augustinergasse in den 1940er-Jahren.
Das parkierte Auto gehört dem Zoologen Lothar Forcard-Müller (1902–1990),
damals Kustos der Zoologischen Abteilung.

Lothar Forcart (1902–1990) war eine interessante Persönlichkeit, die viel für das Museum (und gezielt für dieses) geleistet hat. Der Sohn des Schappefabrikanten Rudolf Forcart (1865–1916) entdeckte schon in der Schulzeit sein Interesse an naturhistorischen Fragen. Ab 1921 studierte er Botanik, Geologie und Zoologie, hauptsächlich in Basel, aber mit Auslandsemestern in Berlin und – wie es sich für einen Zschokke-Schüler gehörte – in Cambridge. 1932 promovierte er bei

Zschokke über die Mollusken der Bündner und angrenzenden italienischen Alpentäler. Forcart bezeichnete sich als den letzten Doktoranden Zschokkes und wollte damit zum Ausdruck bringen, dass er in einer Tradition wirken wollte, die über Zschokke zu Rütimeyer und zu Peter Merians Mitstreiter Fritz Müller zurückreichte, aber von den nachfolgenden Zoologen wie Geigy, Handschin oder Portmann in seinen Augen abgebrochen wurde. Am Museum war er zunächst ehrenamtlich in der von Fritz Sarasin geleiteten zoologischen Abteilung tätig. Als Assistent arbeitete er für Gottlieb Bollinger (1883–1978), der die Molluskensammlung von 1910 bis 1941 unter sich hatte. 1938 folgte dann die bereits erwähnte Ernennung zum beamteten Kustoden. Seine Bestrebungen, die 1932 nur provisorisch aufgestellte Säugersammlung nach ‹modernen Methoden› umzugestalten, wurden von Hans Georg Stehlin gestoppt. So wandte er sich der Katalogisierung und systematischen Fragen zu. Nach 1956 konnte er immerhin die Amphibienausstellung neu gestalten, wobei er für Basler Verhältnisse innovativ biologische Aspekte einbrachte und sogar ein Diorama realisieren konnte. Seine Überzeugung, dass das Museum ein die Abteilung übergreifendes Gesamtkonzept bräuchte, konnte sich nie durchsetzen.[250]

Neben Roux' wurde 1928 eine zweite Kustodenstelle geschaffen, die Dr. Rolf Rutsch erhielt; dieser arbeitete für die Geologie.[251] 1935 wurde er jedoch Assistent am Bernoullianum, habilitierte sich im selben Jahr und begab sich 1937 in einen einjährigen Urlaub. In dieser Zeit sollte er auf Kosten der Trinidad Leaseholds Ltd. eine geologische Sammlung mit Material aus Trinidad bearbeiten. Dies ermöglichte eine vertretungsweise Anstellung von Dr. Ernst Gasche (geb. 1908). Im Herbst 1938 kündigte Rutsch in Basel mit dem Ziel, in Südamerika tätig zu werden, worauf Ernst Gasche zu seinem Nachfolger gewählt wurde.[252] 1939 ernannte die Universität Bern Rutsch zum Mitglied ihres Lehrkörpers.

Eine dritte Kustodenstelle wurde 1936/37 geschaffen: Sie betraf die Osteologie, ein Gebiet, für welches in der Kommission seit 1922 Hermann Helbing zuständig war, der 1938 verstarb. Begründet wurde die Schaffung dieser Stelle mit dem Umstand, dass die Freiwilligen, die sich dafür eingesetzt hätten, krank (Helbing) oder bereits verstorben seien und dass es immer schwieriger würde, solche freiwillig arbeitende Fachkräfte zu gewinnen. Auch war absehbar, dass Kommissionspräsident Stehlin in einigen Jahren selbst in Pension gehen würde.

Von Anfang an hatte Stehlin Dr. Johannes Hürzeler für die neue Kustodenstelle im Auge. Dieser wurde nach einer pro forma-Ausschreibung per 1. April 1937 auch eingestellt.[253]

Unterdessen wurden ausser den temporären Studentenjobs und den Kustodenstellen auch feste Assistenzen geschaffen, so diejenige für den Entomologen Eduard Handschin im Jahre 1928. Handschin hatte damals bereits einen Lehrauftrag an der Zoologischen Anstalt der Universität mit einer Besoldung von Fr. 5000 p. a., wovon die FAG Fr. 4000, der Staat Fr. 1000 zahlten. Mit der ihm 1928 zugesprochenen Assistenz am Museum erhielt er nochmals Fr. 5000, insgesamt also Fr. 10 000 p. a. Im Antrag wurde unterstrichen, dass Handschin ein gut bezahltes Angebot aus Australien ausschlage, um in Basel tätig zu sein.[254]

In der für Handschin gefundenen Lösung klingt das Problem des Besoldungsansatzes der wissenschaftlichen Angestellten am Museum deutlich an. Das neue Universitätsgutsgesetz von 1919 hatte die Frage nach den Einstufungen, Stellenbezeichnungen und Pflichten solcher Museumsbeamter erstmals prinzipiell aufgeworfen. In einem Schreiben von August Ruepp an den Vorsteher des Erziehungsdepartements vom 17. März 1919 machte dieser ihn darauf aufmerksam, dass die Aufgaben der (damals nur drei) Beamten an den Museen (je einer am Kunstmuseum, Historischen Museum und Naturhistorischen Museum) sehr verschieden seien. Roux im Naturhistorischen Museums sei «im Grund der Konservator des Museums, d. h. der oberste staatliche Beamte, der – kontrolliert von seiner Kommission – die ihm unterstellten Sammlungen verwaltet»; der Briefverfasser meinte, mit diesen Aufgaben müsste er dem 1. Bibliothekar der Universitätsbibliothek gleichgestellt werden. Roux war als ‹Kustos› in Klasse 10, seine Kollegen an den beiden anderen Museen waren als ‹Konservatoren› in Klasse 14 eingeteilt.

Fragen stellten sich auch im Zusammenhang mit den nicht-akademischen Angestellten und Arbeitern an den Museen. Am 6. Dezember 1919 gab Fritz Sarasin einen Überblick über das Personal an seinem Museum. Anlass dazu bot eine Sitzung der Vorsteher der Universitätsanstalten (zu denen das Museum gehörte) mit dem sozialdemokratischen Departementsvorsteher Hauser. Zu den Museumsangestellten gehörten damals Eugen Huber (Präparator), Johann Stuber (Sammlungsdiener), Fritz Zimmermann (Präparator), A. Bertschi (II. Hauswart),

Haller (Verwalter) sowie ungenannte weibliche Aushilfen. Nicht diskutiert wurde bei diesem Anlass das akademische Personal, das heisst die Assistenten (seit 1907 gab es deren zwei)[255] und Jean Roux.[256]

Die Lohnfragen waren schon vor dem Ersten Weltkrieg aktuell geworden. Nach der Debatte um 1919 wurden sie es wieder in den 1930er-Jahren. Die Entlöhnung der Kustoden war offensichtlich so gering, dass Angestellte, die nicht eigenes Vermögen hatten, von ihrer Anstellung kaum leben konnten. Hediger versuchte, wie wir gesehen haben, eine Lohnaufbesserung zu erhalten, sodass man annehmen darf, er wäre nicht nach Bern gegangen, wenn die Besoldung in Basel besser gewesen wäre. Angestellte, die man wirklich in Basel halten wollte, erhielten wie schon Roux 1906, 1910 und später Lohnzulagen, allerdings in zum Teil bescheidener Höhe, so Hürzeler und Gasche 1939.[257]

3.3.5 Das allgemeine Publikum vor dem verwissenschaftlichten Museum – Fragen der Ausstellungsgestaltung

Nachdem also Stehlin das Ziel erreicht hatte, dem Museum eine überregionale Geltung bei Wissenschaftlern zu verschaffen, nachdem unter seiner Präsidentschaft der Weg zur Professionalisierung der Museumsarbeit eingeschlagen worden war und nachdem sich das Verhältnis zur Basler Universität in einer vielfältigen, aber auch mehrdeutigen Weise ausgestaltet hatte, musste man sich fragen, wie sich denn die Beziehungen zum allgemeinen Publikum, dem ja der Bildungsauftrag der Institution galt, nach der Erneuerung der Ausstellungen von 1932 entwickelte. Regierungsrat Hauser hatte ja dem Museum die Erfüllung dieses Auftrags zusammen mit der Wirkung auf die Schulen zur Pflicht gemacht.

Bis zur Umgestaltung nach 1932 (oder nur bis zum Ersten Weltkrieg?[258] Es scheint für jene Jahre keine durchgehenden Besuchsstatistiken zu geben) erfreute sich das Naturhistorische Museum eines regen Publikumsinteresses bei Baslern wie bei Gästen und Durchreisenden. Das Museum an der Augustinergasse war nicht nur wegen der Kunstsammlung, sondern auch wegen der naturgeschichtlichen Exponate eine Attraktion für den traditionell gewordenen sonntäglichen Spaziergang, aber auch für Touristen und Vereine, welche die Stadt besuchten. Was diese Besucher dort vor 1930 genau suchten und fanden, ist bisher unerforscht; entscheidend ist jedoch der Hinweis darauf, dass es sich um eine wenig geordnete, nur in Ansätzen der Systematik gerecht werdende, recht eng aufgestellte Sammlung handelte, die das Publikum faszinierte. Diese Faszination gehörte in eine Zeit ohne Fernsehen, mit relativ teuren und meist nur schwarz-weiss illustrierten Zeitschriften. Offensichtlich stillte das Museum den Drang, gemeinsam etwas Visuelles, oft auch Irritierendes zu erleben.

Als Stehlin veranlasste, die Ausstellung umzugestalten, liess er sich von rein wissenschaftlichen Gesichtspunkten, insbesondere von der Systematik, leiten.[259] Von ‹Dauerausstellung› zu sprechen, ist angesichts des Umstands, dass einzelne Säle von 1932 bis 1996 unverändert blieben, wirklich gerechtfertigt. Auf der anderen Seite ist der Ausdruck ‹Dauerausstellung› auch irreführend, weil Stehlins Konzept zufolge nicht eine Dauerausstellung neben Wechselausstellungen stand, sondern einfach die Sammlungen systematisch durch die ansehnlichen Stücke präsentiert werden sollten. Er wollte damit bei den Besuchern, auch denen, die nicht vom Fach waren, einen naturwissenschaftlichen Bildungseffekt erzielen – Bildung im Gegensatz zum Staunen oder zur Faszination, die von Unverstandenem, Unerklärtem ausginge und einen blossen Unterhaltungswert hätte. So waren Schautafeln vorgesehen, die etwa die Geologie des Juras erläuterten, die Abfolge der Erdalter auflisteten oder systematische Zusammenhänge grafisch darstellten. «Wer sich die Mühe nimmt, die den Schauobjekten beigegebenen Erläuterungen zu lesen, kann sich heute in unseren Sälen sehr mannigfaltige Belehrung holen. Leider entschliesst sich freilich noch immer nur ein sehr kleiner Teil des Publikums zu dieser Anstrengung», schrieb Stehlin nach erfolgter Neueinrichtung.[260] Ergänzend waren aber weiterhin Schaustücke sowie präparierte Trophäen von Gönnern des Museums vorhanden. René Clavel, der im Wenkenhof in Riehen residierte und die Villa Castelen bei Augst hatte bauen lassen, schenkte zum Beispiel dem Museum einen von ihm selbst geschossenen Giraffenbullen – fertig montiert.[261] Hinzu kamen Präparate von Tieren, die im Zoologischen Garten verendet waren. Noch in den 1960er-Jahren beanspruchte die Museumsleitung ein Recht darauf, solche Tiere vom Zoologischen Garten gratis zu erhalten.[262]

Die Besucherzahlen waren trotz aller Anstrengungen des Museums fortan rückläufig und blieben es bis in den Zweiten Weltkrieg hinein. Positiv wurde nur

Der Skelettsaal nach 1945 und vor der Neugestaltung in den 1980er-Jahren. Hinter dem an der Decke aufgehängten Skelett eines Zwergwals (oberes Bild) ist noch die (später entfernte) Galerie und die erst in den 1940er-Jahren eingerichtete elektrische Beleuchtung sichtbar.

Präparator W. Schlier bei der Modellierung einer Dermoplastik eines 1949 im Basler Zoologischen Garten verstorbenen Okapibullen.

der zunehmende Besuch durch Schulklassen vermerkt.[263] Stehlin klagte lebhaft über den Besucherschwund. Er selbst schrieb diese Entwicklung nicht der Umgestaltung der Säle (und auch nicht dem Auszug der Kunstsammlung) zu, sondern der Weltwirtschaftskrise, der Arbeitslosigkeit der dreissiger Jahre.[264] Die Gewichtung der Faktoren ist im Rückblick schwer vorzunehmen. Auffällig bleibt, dass es Stehlin nie in den Sinn kam, dass vielleicht die alte, vergleichsweise chaotische und wissenschaftlich da und dort zweifelhafte Aufstellung für ein unwissendes Publikum attraktiver gewesen sein könnte. Vergegenwärtigen muss man sich ferner, dass das Museum auch nach dem Umbau von 1932 über so gut wie keine künstliche Beleuchtung in seinen Ausstellungsräumen verfügte; Museumsbesuche waren nur bei ausreichendem Tageslicht überhaupt möglich.[265] Und wenige Jahre nach der neuen ‹Schaustellung› verlangten Kritiker im eigenen Haus (darunter 1936 Handschin) einen wirklichen Modernisierungsschritt: Die Trennung zwischen wissenschaftlicher Sammlung und Publikumsausstellung und eine Ausstellungsgestaltung, die gezielt für das allgemeine Publikum und für Schulklassen entwickelt werden sollte.

Aus verschiedenen Gründen wurde die internationale Mode der Dioramen in Basel nur zaghaft aufgegriffen.[266] Das imposanteste Basler Schaustück dieser Gattung, der Höhlenbär,[267] wurde erst für das Universitätsjubiläum 1960 geschaffen und war zusammen mit der Präsentation des Oreopithecus ein Pilotprojekt für eine damals in Basel neue Museologie, die unter anderem auf Handschin zurückging.[268] Noch Schaub hielt in den frühen 1960er-Jahren, obwohl nunmehr voll gewonnen für die seit der Jahrhundertwende propagierte Idee der konsequenten Trennung zwischen Ausstellung und Sammlung, Dioramen für Firlefanz, weil damit ‹nur› ökologische Zusammenhänge dargestellt werden konnten, nicht aber systematische, phylogenetische oder funktionale. Dioramen schienen also den wissenschaftlichen Belehrungszweck teilweise zu verfehlen. Hingegen verfügte man über die üblichen, mehr oder minder dramatisch montierten Einzelpräparate ‹charismatischer› Arten, die teils im Handel angekauft wurden, teils durch die Exkursionen der Gentlemen-Forschungsreisenden (und Grosswildjäger) ins Museum gelangten. Auf diesen Wegen erwarb man allerdings Belege für damals bereits seltene Arten, nach deren baldigem Aussterben sich Basel rühmen konnte, eines der wenigen verbleibenden Zeugnisse verschwun-

Zwischen dem Ersten und Zweiten Weltkrieg investierte die Museumsleitung viel in möglichst lebensechte Präparate: So liess sie 1928 das wertvolle Präparat einer ausgestorbenen Zebraart, des Quagga, in Bern bei dem Präparator und Dermoplastiker Georg Ruprecht neu montieren (rechts).

dener Lebensformen zu besitzen. Zu diesen gehört das Beispiel Quagga: Quaggas starben in freier Wildbahn 1879 aus. Das letzte lebende Exemplar verendete 1883 im Antwerpener Zoo. Es blieben 22 Präparate in Museen erhalten.[269]

Was Stehlin mit der Ausstellung wollte, war ein Nachvollzug des aus dem 19. Jahrhundert stammenden Ideals der systematischen Präsentation: Der Besucher sollte durch die Konfrontation mit der *Ordnung* der Natur gebildet werden, und der Sammler sollte seine eigenen Stücke mit den Exponaten im Museum vergleichen können, um ihm die Bestimmung der Art zu erleichtern und ihm den Platz seines Stückes in der wissenschaftlichen Systematik vor Augen zu führen. Stehlin scheint den Eindruck gehabt zu haben, dass das aus dem 19. Jahrhundert geerbte Museum ein Durcheinander war, das er als Wissenschaftler nicht verantworten konnte, dass er aber im Unterschied zu seinen beiden Vorgängern durch den Umbau von 1932 die vielleicht einmalige Chance erhalten habe, es nun richtig zu machen. Daher der Ehrgeiz, endlich eine wissenschaftlich korrekte Aufstellung nach systematischen Zusammenhängen, nach fachlichen Kriterien beschriftet und ausgelegt zu realisieren. Eine Trennung von Schau und Sammlung war von Stehlin noch nicht angestrebt, aber aus praktischen, konservatorischen und ästhetischen Gründen wurde unterschieden zwischen denjenigen Stücken, die oben auf den Ausstellungsmöbeln hinter Glas dauernd gezeigt wurden, und denjenigen, die in den Schubladen und Kästen im untern Teil der Ausstellungsmöbel im Verborgenen ruhten. Auch verfügte das Haus nur über wenige Magazinräume, sodass die Präsentation der Sammlung in neu gebauten Vitrinen auch in praktischer Hinsicht eine naheliegende Lösung war. Damit war allerdings eine gewisse Endgültigkeit erreicht; die Sammlung als Ausstellung und Ausstellung als Sammlung war weitgehend unverrückbar. So wurde noch in den 1930er-Jahren eine Museumsidee verwirklicht, die aus dem vorherigen Jahrhundert stammte und in ihren museologischen Ansätzen international als überholt gelten konnte, während gleichzeitig das Ziel der Verwissenschaftlichung weitgehend erreicht wurde.

Wissenschaftlichkeit war nämlich durchgehend Stehlins Massstab. Für die museumsinterne Arbeit waren die von Rütimeyer gesetzten Normen massgebend; für die Aussenkontakte bestand Stehlins Stolz darin, dass andere bedeutende Museen mit Basel in einem regen Austausch- und Leihverkehr standen und dass namhafte Gelehrte aus vielen Ländern die Museumssammlungen in Basel besuchten und im Vergleich zu anderen Museen lobten. Eigene Publikationstätigkeit war nun wichtig, wenn auch noch nicht ein derart prioritäres Ziel wie im heutigen Wissenschaftsbetrieb; wichtiger war demgegenüber, dass die wissenschaftlichen Besucher das in Basel Gesehene und Studierte in ihren Veröffentlichungen anführten.

3.3.6 Das Ende der Ära Stehlin

Stehlins Nachfolger wurde 1941 der Geologe Walter Bernoulli (1885–1946), er blieb Präsident bis 1945.[270] Bernoullis Amtszeit war eine Übergangsperiode und wurde auch von den Zeitgenossen als solche gesehen – an sich bereits geplante organisatorische Veränderungen wurden aufgeschoben, bis nach Bernoullis Rücktritt Eduard Handschin das Präsidium der Kommission übernahm. Der Einstieg in die ‹Modernität› der zweiten Hälfte des 20. Jahrhunderts wurde durch

Handschin angedacht und nach ihm vor allem durch Hans Schaub ausgeführt. Diese Epoche werden wir im nachfolgenden Abschnitt behandeln.

Zu Stehlins und Bernoullis Zeiten verschlechterte sich der bauliche Zustand des grossen Hauses rasch.[271] In den Unterhalt wurde offensichtlich zu wenig investiert, und Berris Bau war wohl auch nicht in allen Aspekten als Qualitätsbau ausgeführt worden – die damaligen Einsparungen rächten sich. Die Umbauten von 1896, 1924[272] und 1932 wurden ohne grundlegende Gebäudesanierung ausgeführt; auch wurde ausser der neuen Heizung von 1930 kaum eine Infrastrukturaufwertung betrieben. Zur Beinahe-Katastrophe kam es während des Zweiten Weltkrieges, als wegen Energiesparmassnahmen das Hauptgebäude des Museums nicht mehr beheizt wurde,[273] was Schäden durch Feuchtigkeit zur Folge hatte.[274] Nach dem alliierten Luftangriff auf Schaffhausen 1944, der das dortige Museum getroffen hatte, wurden in Basel zusätzliche Schutzmassnahmen ergriffen.[275] Immerhin war bei Kriegsausbruch im Obergeschoss eine Sicherung mit Sandsäcken vorausgegangen, welche die Schliessung einiger Säle für das Publikum bedeutete.[276] Das Museum blieb während des Krieges unter der Woche vollständig geschlossen und öffnete nur noch an Sonntagen; zu sehen waren wegen der Schutzmassnahmen viele Objekte bis Juli 1945 überhaupt nicht mehr.

Unter Stehlin hatte die Sammlung eine Dimension erreicht, die einen Betrieb ohne massgebliche Inanspruchnahme öffentlicher Mittel und ohne eine hinreichend grosse Gruppe staatlich besoldeter Konservatoren unmöglich machte – die dann in qualvoller Enge zwischen den Schränken und Regalen der Sammlung Arbeitsplätze suchen mussten, so gut es ging. Besoldete Angestellte waren aber wenig zahlreich und schlecht entlöhnt: Wie wir gesehen haben, gab es drei sogenannte Kustoden, die unter der unmittelbaren Aufsicht der für die jeweiligen Sammlungsteile zuständigen Kommissionsmitglieder zu arbeiten hatten, und einige wenige sogenannte Assistenten (faktisch ausgewiesene Wissenschaftler mit Doktorat, die volle Verantwortung für ‹ihre› Sammlungen trugen – die teilweise wirklich ihre Sammlungen waren, die sie selbst ins Museum einbrachten). In vielen Bereichen wurde die Hauptarbeit weiterhin von Freiwilligen (später ehrenamtliche Mitarbeiter genannt) geleistet. Es gab einen

Der Geologe Walter Bernoulli (1885–1946) 1930 in Mesopotamien. Nach seinem Studienabschluss 1912 arbeitete er – wie viele andere Basler Geologen – während Jahren für Erdölgesellschaften ausserhalb Europas.

staatlichen, jährlich wiederkehrenden Museumskredit. Dieser belief sich auf wenige tausend Franken und wurde in der Rezession der 1930er-Jahren auf unter dreitausend Franken zusammengestrichen. Diese Summe blieb über Jahre unverändert, wurde dann auf den ursprünglichen Betrag von Fr. 3500 zurückgesetzt und blieb auf diesem Niveau, bis Hans Schaub eine wesentliche Erhöhung durchsetzte. Ansätze dazu, die Konsequenzen aus dem geschilderten Engpass zu ziehen, manifestierten sich erst unter seiner Direktion, wie wir im nächsten Kapitel zeigen werden.

Nach dem bedeutenden Umbau von 1932 mit der neuen Präsentation und einigem Flickwerk am Bau war für über drei Jahrzehnte kein grosses Engagement des Staates mehr spürbar – oder konnte sich Stehlin nicht vorstellen, bei der Regierung energisch vorzusprechen und zugleich ein erfolgreiches Bündnis von Museumsinteressierten zum Lobbying zu vereinigen? Die Krise der 1930er-Jahre und die Kriegszeit waren allerdings Zeiten, in denen es sehr schwer war, Neues zu verwirklichen – doch die Universität erhielt 1939 ein neues Kollegienhaus, um nur ein Gegenbeispiel anzuführen. Die Finanzierung vieler Aufgaben des Museums erfolgte über private Stiftungen und direkte Spenden, also durch das, was international ‹Philanthropie› genannt wird. Sehr grosse einzelne Beträge, die eine Neukonzeption auf einen Schlag oder gar den Bau eines neuen Hauses ermöglicht hätten, blieben aus. Das Kunstmuseum hatte Vorrang. Gespendet wurde meist diskret, wobei für die Erfüllung vieler Aufgaben die an das Museum gebundenen Stiftungen eine wichtige Rolle spielten.

Auffällig ist das Fehlen eines Diskurses über Museumspolitik zwischen 1930 und der Nachkriegszeit. Die letzten Überlegungen vor der Reorganisation von 1956 hatte Stehlin 1930 angestellt; sie dienten vor allem der Rechtfertigung des Mobiliarkredits nach dem Umbau. Dazu nutzte Stehlin eine Darlegung des wissenschaftlichen Auftrags einerseits, des Bildungsauftrags andererseits, die wir oben ausgewertet haben. Das Museum zu erhalten, zu fördern und durch Arbeit und/oder Geld zu unterstützen galt fraglos als eine noble Verpflichtung von Privatleuten gegenüber der Stadt, den Wissenschaften oder dem Andenken an Peter Merian. Die besoldeten Mitarbeiter wurden als Hilfskräfte betrachtet.

Insgesamt erhält man den Eindruck, dass durch die Verwissenschaftlichung unter Stehlin, der keine entsprechend radikale Professionalisierung des Museumspersonals und keine markante Vermehrung der Ressourcen entsprachen, zwar internationales und lokales fachliches Ansehen gewonnen wurde, dass damit aber das Museum seine Beziehungen zur städtischen Öffentlichkeit schwächte (ausgenommen die Schulklassen, die begannen, ihren Weg ins Museum zu finden), während der Staat noch immer davon ausging, dass das Museum vor allem durch die begüterten Interessierten und durch die Gratisarbeit von Laienforschern oder von beurlaubten Lehrern und unterbezahlten Assistenten getragen werden sollte. Die Ausdifferenzierung der wissenschaftlichen Funktionen des Museums gegenüber denen der Universitätsinstitute wurde ohne explizite Problematisierung vom Museum zunächst einmal als Gewinn eines eigenen Profils und einer gewissen Autonomie begrüsst und dafür seit dem Ende des 19. Jahrhunderts die Metapher des ‹Archivs› oder der ‹Bibliothek› für die Naturgeschichte bereitgestellt (dies entsprach schliesslich einem internationalen Trend). Nach einem Moment der offenen Distanzierung zur Universität pendelte sich informell für Biologie und Geologie/Paläontologie ein Modus vivendi zwischen den Institutionen ein, der später, mit wachsendem Einfluss von Adolf Portmann, zu einer Symbiose werden konnte. Dabei war die universitäre Partnerin in diesem Verhältnis eine zunehmend von der internationalen Entwicklung der Biologie abgekoppelte, ja sich als Alternative dazu präsentierende Wissenschaft, wie wir noch sehen werden.

Bevor wir auf die Entwicklungen der Wissenschaften an der Universität eingehen, werden wir auf den folgenden Seiten die Geschichte des Museums in der zweiten Hälfte des 20. Jahrhunderts darstellen, um ein Bild von der Modernisierungsleistung insbesondere von Hans Schaub und dessen Team zu gewinnen.

4 Die Modernisierung des Museums in der zweiten Hälfte des 20. Jahrhunderts

4.1 Einleitung

Nach der Phaseneinteilung von Hans Schaub, die wir einleitend zitiert haben, ist die Zeit nach 1945 diejenige gewesen, die durch die Führung des Museums nicht mehr durch Privatgelehrte, sondern durch universitäre, professionalisierte Wissenschaftler geprägt war. Dies traf zweifellos zu. Zudem schritt die Professionalisierung auch in der Organisation des Museums weiter fort: Die Leitung wurde 1956/57 beamteten Wissenschaftlern übertragen, während die Museumskommission zur Aufsichtskommission mutierte. Wir werden allerdings untersuchen müssen, ob diese Aufsicht die Museumsleitung nicht auf operative Kompetenzen beschränkte, und was die Führung des Hauses durch einen Direktor für die Unterstellung der beamteten Abteilungsvorsteher (*de facto* die früheren Kustoden) und ‹Assistenten› (das heisst wissenschaftlichen Angestellten) unter die Museumsleitung bedeutete.

Wir werden ferner zeigen müssen, wie das Museum mit seinem Dauerproblem, dem Platzmangel, umging, war doch zu erwarten, dass der Zugewinn an Fläche von 1932 rasch durch das Wachstum der Sammlungen wett gemacht wurde.

Da durch die Professionalisierung des Personals der Staat als dessen Arbeitgeber für den Museumsbetrieb stärker in die Pflicht genommen wurde, wird es interessant sein zu sehen, ob der Staat deswegen eine explizite Politik gegenüber dem von ihm nun viel direkter abhängigen Museum entwickelte und wie deren Leitlinien aussahen.

Schliesslich wird zu prüfen sein, wie sich das Verhältnis zur Universität Basel weiter entwickelte und was von den in der vorausgehenden Periode angelegten Möglichkeiten realisiert wurde: ein Museum als autonomer Wissensbetrieb *sui generis* neben der Universität oder eher eine Anbindung über Biologie und Erdwissenschaften an die lokale Universität. Auf die Integration der wissenschaftlichen Arbeit in überregionale Zusammenhänge werden wir eher sporadisch eingehen können. Wir werden jedoch die Bestrebungen, das Museum in eine positive Beziehung zu einem nicht-wissenschaftlichen Publikum zu bringen (‹Bildungsauftrag›, wie dies die Grundlagentexte der vorhergehenden Periode bezeichneten), darstellen.

Wir erschliessen damit Kontexte, deren Kenntnis für die Interpretation der Zeit grösserer Veränderungen gegen das Ende des 20. Jahrhunderts erforderlich sein wird. Bevor wir uns diesen Veränderungen der 1990er-Jahre zuwenden können, wird es nötig sein, in einem besonderen Abschnitt die jüngeren Entwicklungen im lokalen universitären Umfeld des Museums darzulegen.

4.2 Der Systemwechsel und die Leitung des Museums durch Eduard Handschin. Ansätze einer Modernisierung der Strukturen und der Ausstellungen

In der Person von Eduard Handschin (1894–1962)[277] kam die manchmal spannungsreiche Verbindung zwischen Wissenschaft, Universität und Museum deutlich zum Ausdruck. Zugleich sprach er von einer – gemessen an der Tradition – weitgehenden Modernisierung des Museums, die von seinen Nachfolgern schrittweise realisiert wurde, während seine Untergebenen den Eindruck gewannen, er bremse ihre eigenen Vorschläge zu einer Neukonzeption der Ausstellungen. Handschins Programm diktierte nach unserer Interpretation die Museumspolitik bis in die 1990er-Jahre, wenn auch Handschin selbst wenig dazu beitrug, dass es materiell realisiert werden konnte. Seine Amtszeit fällt noch in eine Epoche altväterlicher Sparsamkeit, und er war persönlich nicht sonderlich erfolgreich darin, zusätzliche Mittel zu beschaffen.[278] Auch galt Handschin nicht

Der Entomologe Eduard Handschin (1894–1962) wurde 1946 Präsident der Kommission und 1956 erster beamteter Direktor des Museums.

allen als ‹wirklicher Museumsmann›. Dafür gibt es verschiedene Ursachen. Er kam aus einer Universitätslaufbahn, die sich neben Geigy und Portmann nicht so positiv entwickelte, wie er es sich wohl erhofft hatte, ans Museum. Er strebte auch als Kommissionspräsident und Museumsdirektor weiterhin nach einer Art von wissenschaftlichen Erfolgen, wie sie damals eher mit einem universitären Habitus in Verbindung gebracht wurden. Dabei verkörperte er nicht das Wertsystem des entsagungsvollen ‹Dienstes an der Sammlung›. Er verband die nicht unproblematische Reorganisation von 1956 in seiner eigenen Person mit dem Schritt vom Kommissionspräsidium in die Museumsdirektion. Wie wir weiter oben an seinem Gehalt sehen konnten, war er nicht der Ansicht, dass ein Wissenschaftler entweder von seinem persönlichen Vermögen leben oder am Hungertuch nagen sollte. Die Spannung zwischen den Idealen des Museumsdienstes und den Zielen einer akademischen Laufbahn, zwischen der hergebrachten Autonomie der Abteilungen und der neuen Cheffunktion des Museumsdirektors erschwert eine ausgewogene Beurteilung der Person bis heute. Eine Ambivalenz lag darin, dass er einerseits Stehlins Bestimmung der ‹Mission› des Museums primär als Ort der Forschung für Wissenschaftler fortführte, andererseits aber von der notwendigen Neugestaltung der Ausstellungen sprach, aber ohne diejenigen Mitarbeiter wirklich zum Zuge kommen zu lassen, die glaubten zu wissen, wie eine solche unternommen werden müsste. Dass er als Entomologe eine grosse Kapazität war, haben wir bereits im Kapitel über die Geschichte der universitären Wissenschaften angedeutet.

Eduard Handschin, ein Sohn des Liestaler Unternehmers und Politikers Carl Albrecht Handschin-Freivogel (1849–1933, ‹Hanro›), liess sich schon als Schüler von seinem Lehrer Franz Leuthardt für Naturkunde begeistern. Er studierte in Basel Zoologie bei Friedrich Zschokke. Dort promovierte er 1918 beim Basler Ordinarius mit einer Arbeit über die Bodenfauna oberhalb der Schneegrenze. Nach einem Zwischenspiel in Lausanne beim Embryologen N. Popoff und beim Bakteriologen Bruno Galli-Valerio war er Assistent bei Emile André in Genf[279] (Hydrobiologie, Parasitologie), und 1921 wurde er Privatdozent in Basel. Seit 1919 war er wissenschaftlicher Mitarbeiter am Nationalpark. Die von Zschokke verfügbar gemachten Kontakte nach England baute er gezielt aus. Am Basler Zoologischen Institut wurde er, nachdem er 1925 vorübergehend in Cambridge gelehrt hatte, 1927 Extraordinarius (in Verbindung mit einer Assistenz am Naturhistorischen Museum, wie wir oben gesehen haben). 1928 war er Rockefeller-Stipendiat in Harpenter. Die Wahl von Adolf Portmann zum Leiter der Zoologischen Anstalt und die Verbindung zwischen Portmann und Geigy scheinen die weitere universitäre Laufbahn in Basel gebremst zu haben, ohne dass uns Konflikte bekannt geworden wären. 1942 wurde er schliesslich zum Ordinarius *ad personam* für Entomologie befördert; dies bedeutete den Höhepunkt seiner akademischen Karriere. Handschin befasste sich auch mit angewandter Entomologie; 1929–1932 war er in dieser Eigenschaft als Berater in Australien tätig und befasste sich mit der Bekämpfung der Büffelfliege.

Seit 1923 wirkte Handschin als freiwilliger Mitarbeiter im Naturhistorischen Museum. Beim Auszug der Kunstsammlung aus dem Berri-Bau 1932 übernahm er dort mit Dr. A. Huber die Neukonzeption der entomologischen Schausammlung. 1942 trat er in die Kommission ein, deren Präsident er 1945/46 nach Walter Bernoullis plötzlichem Tod wurde. 1949 unternahm er gemeinsam mit den Völkerkundlern des benachbarten Museums eine Expedition nach Sumba. Bei der Umstrukturierung des Museums erhielt er 1956/57 den vollamtlichen Direktorenposten, den er bis zu seiner Pensionierung 1959, also nur für eine kurze Zeit, versah. Er war nicht von allen Museumsmitarbeitern gleichermassen geschätzt. Dies mag damit zusammenhängen, dass er den Habitus des entsagungsvollen, sich ganz der Sammlung widmenden, notfalls dafür persönliche Opfer bringenden Forschers in geringerem Masse ausgebildet hatte. Handschin erschien als guter Kommunikator, guter Feldforscher mit akademischem Ehrgeiz und grosser Präsenz in nationalen und internationalen Fachgesellschaften, als herausragender Formenkenner, aber ohne tieferes Interesse an Taxonomie und an der Bearbeitung von Sammlungen und ohne durchschlagende Erfolge als Museumsadministrator.

Handschin war aktiver Naturschützer und kämpfte gegen Kraftwerke und synthetische Insektizide. In der als ‹Maikäferkrieg› bezeichneten Kampagne zur Vernichtung der Maikäferbestände in der Schweiz durch DDT und HCH bezog er dezidiert Stellung gegen die modernen Methoden der Schädlingsbekämpfung. Er fühlte sich dazu aus wissenschaftlichen Gründen berufen, weil er beim Studium der Bodenfauna (Springschwänze) zum Schluss gekommen war, dass eine

Behandlung des Bodens durch biozide Stoffe mit breiter Wirkung mehr Schaden als Nutzen stiften müsste. Man wird darin aber keine persönliche Auseinandersetzung zwischen Handschin und Geigy sehen dürfen. Handschin befand sich nicht nur im Einklang mit weiten Kreisen der Basler Eliten, die dem Naturschutz anhingen und Störungen des ‹biologischen Gleichgewichtes› fürchteten, sondern auch mit Koryphäen seines eigenen Faches wie Vincent Brian Wigglesworth.[280] Viel Energie widmete er der wissenschaftlichen Bearbeitung der Käferfauna des Nationalparks (auch dies wie der Naturschutz ein typisch baslerisches Engagement), während er privat Briefmarken sammelte. Seine Stellung in der Basler Naturforschenden Gesellschaft war während vieler Jahre zentral.[281]

Im Herbst 1956 erfolgte der Systemwechsel von der ehrenamtlichen Kommission als Museumsleitung zu einer (ebenfalls ehrenamtlichen) Aufsichtskommission einerseits und einer beamteten (und damit besoldeten) Museumsdirektion andererseits. Zusätzlich wurde die Funktion der Abteilungsvorsteher, die vorher Kommissionsmitgliedern vorbehalten gewesen war, ebenfalls als beamtete Wissenschaftlerposition konzipiert. Handschin wurde in diesem Vorgang zum ersten beamteten, vollzeitlich angestellten Museumsdirektor erhoben. Gleichzeitig mussten sich die bisherigen Kustoden (das heisst die angestellten Konservatoren) neu auf ihre Stellen bewerben, die fortan als Abteilungsvorsteherschaften bezeichnet wurden.[282]

Andeutungen in den Akten ist zu entnehmen, dass Regierungsrat Hauser schon gegen das Ende der Amtszeit Stehlins entschlossen gewesen war, einen derartigen Schritt zu vollziehen. Stehlin trat aber als Kommissionspräsident relativ überraschend aus gesundheitlichen Gründen zurück, und unverzüglich musste ein Nachfolger (Walter Bernoulli, 1941–1945) bestimmt werden. Inzwischen verstarb Fritz Hauser am 26. März 1941. So verstrichen weitere fünfzehn Jahre, bis die Sache an die Hand genommen wurde.[283] Näheren Aufschluss darüber gibt ein Schreiben, in welchem Hans Georg Stehlin gegenüber dem Vorsteher des Erziehungsdepartements, Dr. Adolf Im Hof (Hausers Nachfolger), bei seinem Rücktritt vom Kommissionspräsidium Lehren aus seiner Amtszeit als Kommissionspräsident zog.[284] Er beklagte die sinkende Bereitschaft zur Freiwilligenarbeit im Museum, aber zugleich erklärte er diese Tendenz.

«Die Verhältnisse ändern sich, auch ohne den gegenwärtig [1941] tobenden Krieg. Sie sind heute einer freiwilligen Betätigung weniger günstig, als sie Ende des letzten Jahrhunderts waren, da ich im Verein mit einigen älteren Freunden in die Museumsverantwortung eintrat. Einerseits hat das Museum solchen Umfang gewonnen, dass seine Verwaltung nicht mehr wie einstmals ohne Beiziehung besoldeter Hilfskräfte bewältigt werden kann. Andererseits hat sich zweifellos die Zahl derjenigen, welche ihre Zeit ganz oder zur Hauptsache einer nicht remunerierten Beschäftigung widmen können, verringert; und in der nächsten Generation werden sie vielleicht kaum mehr zu finden sein. Es steht daher zu gewärtigen, dass in nicht zu ferner Zeit eine etwas veränderte Museumsordnung eingeführt werden muss, welche die Oberleitung der Anstalt nicht mehr wie bisher ausschliesslich in die Hand der freiwillig amtierenden Kommission legt.»

Er warnte aber davor, die Freiwilligen den Beamteten unterzuordnen:

«Gerade die wertvollsten freiwilligen Kräfte werden ihm [dem Museum] verloren gehen, wenn man ihnen eine Subalterntätigkeit unter einem verfügenden Direktor zumutet. [...] Vorderhand ist der Moment zu einer solchen Neuerung noch nicht da.»

Regierungsrat Im Hof unterbreitete diese Gedanken der Kuratel. Deren Präsident Max Gerwig antwortete:[285]

«Das Schreiben betrifft die noch von Regierungsrat Hauser aufgeworfene Frage, ob nicht auch hier eine Art Curatorenstelle zu schaffen wäre für die Funktionen (oder einen Teil derselben), die bisher St[ehlin] ausgeübt hat. Da auch Stehlin diese Frage für die Zukunft bejaht, wäre es meines Erachtens gerade aus den von ihm dargelegten Überlegungen zweckmässig, die Frage der Neuorganisation zu besprechen, solange er noch mitberaten kann. Man kann dann trotzdem einstweilen noch bei der alten Lösung bleiben.»

Stehlin sah also die Hauptschwierigkeit im Verhältnis zwischen den Freiwilligen und den künftigen Beamten, insbesondere einem Direktor. Zunächst jedoch zeigte sich beim Systemwechsel 1956/57, dass das zentrale Problem im Verhältnis zwischen Direktion und Abteilungsvorstehern, die ebenso wie der Direktor zu Beamten wurden, lag.

Es gab 1956 drei Abteilungen, für die je ein ‹Kustos› als bezahlter Angestellter zuständig war, der unter der je nach Engagement der betreffenden Persönlichkeit mehr oder weniger aktiven Leitung eines Kommissionsmitgliedes mehr oder weniger autonom arbeitete. In der Osteologie war dies Johannes Hürzeler, in der Geologie Ernst Gasche und in der Zoologie Lothar Forcart.[286] Deren Stellen wurden neu als Abteilungsvorsteherschaften bezeichnet und öffentlich ausgeschrieben. Die drei bisherigen Kustoden mussten sich für diese Stellen neu bewerben und waren danach in der typischen Verwaltungshierarchie dem neuen Direktor unterstellt. Es scheint, dass die Regierung die Ausschreibung der Vorsteherstellen als weitgehend formalen Vorgang verstand, während die Museumskommission ernsthaft andere Bewerbungen prüfte und einzelne ihrer Mitglieder die Gelegenheit nutzten, ihre Kritik an bisherigen Museumsangestellten zum Ausdruck zu bringen.

Die Vorsteherstelle für Osteologie konnte problemlos mit Johannes Hürzeler besetzt werden – er war der einzige Kandidat und genoss zudem die Unterstützung von Portmann. Negativ vermerkt wurde mangelndes Organisationstalent und die Neigung, seine eigenen Feldforschungen über seine Museumsaufgaben zu stellen. Ernst Gasche hingegen erhielt durch Walter K. Nabholz (1918–1997, später Geologieprofessor an der Universität Bern) einen ernsthaften Konkurrenten, der als guter Organisator und profunder Kenner der schweizerischen Geologie bekannt war, aber die Basler Sammlungsbestände nicht kannte. In der Kommission erhielt die Kandidatur Nabholz die vorbehaltlose Unterstützung der Professoren Wenk (Mineralogie) und Reichel (Paläontologie). Die Bewerbung von Lothar Forcart wurde durch diejenige des Entomologen Alfred (Fred) Keiser (1895–1969) ernsthaft konkurrenziert. Keiser beeindruckte die Kommission als überragender Museumsmann mit sehr gutem wissenschaftlichem Leistungsausweis. Diese ging so weit, in einer Vorsondierung eine Trennung der Zoologie in Entomologie (Keiser) und übrige Zoologie (Forcart) prüfen zu lassen, was am Einspruch des Finanzdepartements scheiterte. Forcart wäre mit dieser Lösung nicht einverstanden gewesen. Der einzige Nachteil, den ein Kommissionsmitglied an Keisers Bewerbung entdecken konnte, war, dass dieser schon 62 Jahre

Der Entomologe Fred Keiser-Jenny (1895–1969), langjähriger Leiter der Insektensammlung, beim Bestimmen und Präparieren von Insekten.

alt war. Die Kommission beantragte schliesslich, es seien zu Vorstehern Johannes Hürzeler, Walter Nabholz und Fred Keiser zu wählen.[287]

Die Kuratel stellte sich gegen die Kandidatur von Keiser mit der Begründung, er sei schon zu alt für die Vorsteherschaft. Die Regierung liess sich auch von der Kandidatur Nabholz nicht überzeugen. So wurden dank der Regierung alle bisherigen Kustoden, Hürzeler, Gasche und Forcart, als Abteilungsvorsteher gewählt. Keiser blieb dem Museum als Entomologe dadurch erhalten, dass er wie bisher vom Schuldienst freigestellt wurde – dies ergab für ihn übrigens ein höheres Einkommen, als er in der Vorsteherposition am Museum erzielt hätte.[288] Die Wahl von Forcart auf die Vorsteherstelle machte den Weg frei für eine Beförderung des Ornithologen Ernst Sutter zum ‹Assistenten I›.[289]

Da der Systemwechsel weitgehend ohne eine Aufstockung der Ressourcen realisiert wurde, waren die Wirkungen eher problematisch – die Abteilung Mineralogie, die keinen Kustos gehabt hatte, verfügte auch nach dem Systemwechsel nur über einen ehrenamtlichen Vorsteher.[290] Weder die Ressourcen noch die Strukturen enthielten ausreichende Voraussetzungen zur Umsetzung eines Modernisierungsprogramms.[291]

Es sieht so aus, als ob die Neukonzeption nicht zu Ende gedacht worden wäre. Als Systemwechsel mit dem Ziel eines Neubeginns im Zeichen echter Professionalisierung wurde sie nicht angegangen. Im Endeffekt resultierte daraus wiederum eine weitgehende Autonomie der Abteilungen (es gab in den ersten zehn Jahren unter dem neuen Regime keine einzige Ausstellung, die abteilungsübergreifend konzipiert gewesen wäre) und eine starke Stellung der Kommission gegenüber dem Direktor. Diese relative Schwäche der Direktion äusserte sich auch darin, dass einzelne Abteilungsvorsteher bei geschicktem Vorgehen am Direktor vorbei direkt an die Kommission gelangten. Handschin betonte in seinem Jahresbericht für 1956, dass der Systemwechsel dem Museum vom Staat auferlegt worden sei – ein Ausdruck seiner Unzufriedenheit damit, dass der Direktor nun nicht mehr zugleich Kommissionsmitglied sein konnte. Er und sein Nachfolger verkehrten aber mit der Kommission auf gleichem Fuss, sodass man nicht sagen konnte, wer wen beriet, erinnert sich die langjährige Sekretärin der Direktion, die auch die Kommission administrativ betreute.[292]

Die Amtsordnungen für den Direktor und die Abteilungsvorsteher[293] wurden im Oktober 1956 genehmigt. Diesen zufolge verfügten die Abteilungen über eigene Rechnungen; die Verantwortung für den Leihverkehr und den übrigen Sammlungsbetrieb lag ausdrücklich bei den Abteilungsvorstehern. Der Direktor konnte ihnen Abwesenheiten für Feldstudien etc. bis vierzehn Tage gewähren; über alle anderen Abwesenheiten hatte die Museumskommission zu entscheiden, die damit in die Personalgeschäfte eingreifen konnte. Explizit wurde denjenigen Angestellten eine Lehrtätigkeit an der Universität gestattet, die deren Lehrkörper bereits angehörten.

Die Grundsatzfrage nach der Natur der Kompetenzen der Kommission wurde damals nicht aufgeworfen, soweit wir sehen können. Erst im Protokoll der Kommission vom 25. Oktober 1977 finden sich Spuren einer Diskussion über die Kompetenzen derselben, geführt auf der Basis des Universitätsgutsgesetzes von 1919 und der Ordnung für das Naturhistorische Museum von 1956. Neben der Unterstützung und einer Führungshilfe für den Direktor, dem Erteilen von Anregungen zur Organisation von Sammlungen und Ausstellungen, dem Recht auf Vorschläge bei Mitarbeiterwahlen (die in letzter Instanz durch die Regierung erfolgten) und einem Recht auf Information hatte die Kommission, wie damals bestätigt wurde, wirkliche Aufsichts- und Entscheidbefugnisse: Die Revision der Abteilungen, die Bewilligung von Forschungs- und Sammlungsexkursionen, die Genehmigung der Jahresrechnung (mit der Kontrolle über die stiftungsgemässe Verwendung der Fondsmittel) sowie die Genehmigung der Jahresberichte und Arbeitsprogramme.

Handschin hoffte vergeblich auf eine grundlegende Erneuerung des Museums, was für ihn vor allen eine Reform der Ausstellungen und ein Ende der Platznot bedeutet hätte. Bei seinem altersbedingten Rücktritt 1959 (da er nun Staatsbeamter geworden war, musste er mit 65 Jahren als Museumsdirektor in Pension gehen) war Wichtiges vorgeplant, namentlich die prinzipielle Trennung von Ausstellung und Sammlung (ein Wunsch, den er bereits 1937, fünf Jahre nach der Eröffnung der Stehlinschen Einrichtung des Museums, geäussert hatte),[294] die Erneuerung der Ausstellung derart, dass Vitrinen im Stile der Zeit, mit Innenbeleuchtung, aufzustellen seien, zwischen denen genügend Platz für grössere Gruppen (lies Schulklassen und Volkshochschulkurse) vorzusehen wäre. Wahrscheinlich dachte schon Handschin daran, dass die zum Zweck der Repräsentation und der Lichtführung (ohne elektrisches Licht) von Berri 1849 sehr hoch gebauten Räume durch den Einzug von Decken niedriger zu gestalten seien. Die Ausstellung sollte den Laien verständlich sein und ihnen Zusammenhänge aufzeigen, die dem Nicht-Vorgebildeten nicht aufgingen, wenn man ihn mit Stehlins systematischer Präsentation konfrontierte; das heisst noch viel mehr erläuternde Texte und Darstellungen wären nötig gewesen statt jeweils nur ein Etikett mit dem fachlich korrekten Namen und der Herkunft des Exponats.

Der Angelpunkt des Konzepts war eine strikte Trennung zwischen Ausstellung (wobei noch hauptsächlich an neue Dauerausstellungen, getrennt nach den bestehenden Abteilungen, gedacht war, kaum an Wechselausstellungen) und Sammlung. Die Sammlung sollte dem Blick des Besuchers entzogen und der wissenschaftlichen Arbeit vorbehalten werden. Diese museologische Philosophie war zu dem Zeitpunkt, da Handschin sie sich zur Leitschnur nahm, bereits seit Jahrzehnten die Zielvorstellung anderer Museen. In den (meist privaten) Museen der USA war die Umstellung schon um 1900 erfolgt und hatte die vorausgehende Idee der systematischen Präsentation der Sammlung abgelöst. In Deutschland hatte Wilhelm Haacke dasselbe schon 1886 postuliert.[295] Die Idee der Trennung von Sammlung und Ausstellung und die Umgestaltung der Letzteren hat nach Handschin Hans Schaub in den 1960er-Jahren vehement verfochten und teilweise realisiert: Das Museum sollte einem anderen Publikum, nämlich den Laienbesuchern, eine ‹Schau› bieten, die ohne vorausgehende, vertiefte Bemühungen um die zugrundeliegenden Wissenschaften verständlich war. Die thematischen Zusammenhänge zwischen den Exponaten seien deutlich aufzuzeigen. Dazu brauchte es bauliche Voraussetzungen, die nur auf Kosten einer inneren Umgestaltung des Berri-Baus zu schaffen waren. Fassade, Eingangs- und Treppenbereich sowie Aula sollten in ihrem historischen Erscheinungsbild erhalten bleiben, der Rest des Baus soll «für die Aufnahme moderner Ausstellungen» umgebaut werden. Schaub bezog sich dabei explizit auf das Vorbild der «grossen Museen der USA», die diese Prinzipien «schon vor 50 Jahren» selbstverständlich angewendet hätten.[296]

Die Voraussetzung dafür waren Kredite, grössere bauliche Veränderungen und vor allem ein massiver Zugewinn an Fläche. Als Sofortlösung sollten Nachbarhäuser im Museumsblock nun endlich für das Museum integral genutzt werden können, zusätzlich zum Haus ‹zum Weissen Bären› am Schlüsselberg, das das Museum schon seit 1918 mit Depots und Büros belegt hatte[297] und welches als einziges Gebäude während des Krieges beheizt worden war. Die von Fritz Sarasin im Prinzip durchgesetzte Idee des Museumsblocks war in der Realisierung stark verzögert worden, da der Staat zwar Häuser erworben hatte, diese aber nicht konsequent für die Bedürfnisse des Museums umgebaut und diesem übergeben wurden. Die Regierung sagte Handschin zwei entsprechende Liegenschaften (‹zum Fälkli› und ‹zum Venedig›) zu, dann widerrief sie die Zusage, weil die Häuser seit 1946 für Notwohnungen gebraucht wurden.[298] Schliesslich wurden sie doch für das Museum freigeräumt, nach längerer Wartezeit umgebaut und Mitte der 1950er-Jahre fertig gestellt. Die Häuser ‹zum Fälkli› und ‹zum Venedig› gehörten nun dem Museum,[299] das erst einmal Büroräume und gewisse Sammlungsbestände vom Haupthaus in diese Nachbarhäuser verlegte. Den bedeutenden Zugewinn an Fläche, den die Konzeption der Trennung von Sammlung und Ausstellung voraussetzte, konnte erst Handschins Nachfolger Schaub realisieren.

4.3 Der Höhepunkt der Modernisierungsbestrebungen. Politik, Wissenschaft und Kulturgüterschutz zur Zeit der Direktion von Hans Schaub

4.3.1 Hans Schaub

Die Verbindung von Wissenschaft und Museum, die Handschin als Universitätslehrer und Museumsleiter in Personalunion 1956 erstmals seit Rütimeyer wieder initiiert hatte, fand in Hans Schaub (1913–1994) eine Fortsetzung.

Der ‹Genosse› Hans Schaub (Mitglied der Sozialdemokratischen Partei), Sohn des Baselbieter Lehrers und sozialdemokratischen Ständerates Walter Schaub (1885–1957, Ständerat für Basel-Landschaft 1935–1947)[300], Enkel eines Seidenbandarbeiters, hatte sich nach der 1948 erfolgten Promotion unter Leitung von August Buxtorf respektive von dessen Nachfolger Louis Vonderschmitt über den Schlierenflysch im Jahr 1958 an der Basler Universität für Geologie und Paläontologie habilitiert[301] und wurde an derselben Universität mit einem Lehrauftrag für ‹Stratigraphische Geologie› bedacht.[302] Vorher war er gute zwanzig Jahre lang im Schuldienst gestanden (Naturkunde- und Mathematikunterricht am Realgymnasium; Mittellehrerexamen 1937, Oberlehrerexamen 1939/40 bei Portmann). Nummuliten (und Assilinen) waren die Fossilien, deren Studium Aufschlüsse über die Geologie der Alpen bot (Schaubs Arbeitsgebiet war eine Weile der Pilatus, wobei er sich dort schon mit Nummuliten befasste; als Dozent war er an der geologischen Karte Sörenberg beteiligt und führte seine Studierenden öfter auf Exkursion in dieses Gebiet)[303]. Schaub galt in der Wissenschaft als Beispiel für die fruchtbare Verbindung von Paläontologie und Geologie. Im Unterschied zu Reichel war Schaubs Forschung auf geologische Fragestellungen ausgerichtet, für welche die Paläontologie als Hilfswissenschaft respektive geologische Spezialwissenschaft diente. Schaub gehörte zur ersten vom Nationalfonds ab 1953 unterstützten Forschergeneration – die Finanzierung seiner Beurlaubung durch die 1952 gegründete Förderinstitution erlaubte ihm, Urlaub vom Schuldienst zu nehmen und die Habilitation zu erreichen. Die Ernennung

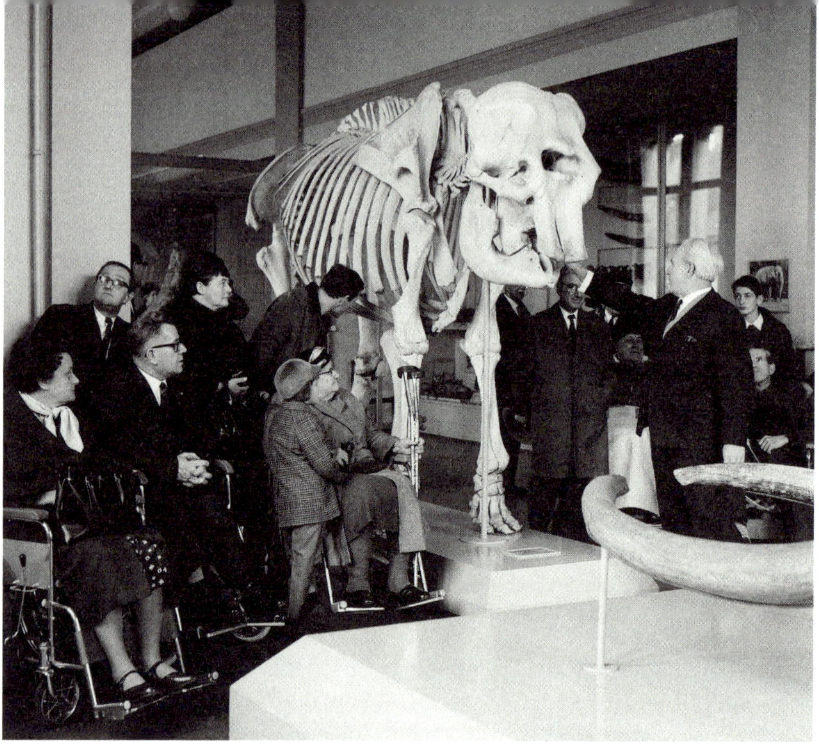

Direktor Hans Schaub (1913–1994) in den 1960er-Jahren bei einer Führung mit Behinderten vor dem Skelett von ‹Miss Mary›, einer Elefantenkuh, die zwischen 1928 und 1947 im Zoologischen Garten Basel lebte.

zum Museumsdirektor 1958 verband Schaub mit der Hoffnung, sich vom Schuldienst am Realgymnasium zu befreien und so vermehrt in der Forschung tätig sein zu können.

Sein politisches Engagement beanspruchte einen beträchtlichen Teil seines Pensums, wobei seine soziale Einstellung den roten Faden abgab.[304] Zuerst trat er ab 1945 in der Schulsynode und in der Kassenkommission der Pensionskasse des Basler Staatspersonals politisch in Erscheinung. Ab 1955 sass er (bis 1984) im Erziehungsrat.[305] 1960 bis 1968 gehörte er dem Verfassungsrat an. 1964 bis 1976 war er Grossrat, gewählt auf den Listen der Sozialdemokraten.

Als er 1959 nach der Pensionierung von Eduard Handschin die Direktion des Naturhistorischen Museums übernahm, wurde er, so hiess es in einer Pressemeldung, mit dem Auftrag des Erziehungsdepartements versehen, «den Personalstab auszubauen und die Ausstellungen neu zu gestalten», oder mit anderen

Worten, «das zuvor sozusagen ausschliesslich den Zwecken der Wissenschaft dienende Institut zu einem auch den Laien ansprechenden, modernen Schaumuseum» umzugestalten.[306]

1960 wurde Hans Schaub zum Extraordinarius ernannt. Er las an der Universität zwischen zwei und sechs Stunden – die Verbindung zur Universität gab dem Museumsdirektor die Möglichkeit, mit Studenten, anderen Dozenten und den internationalen Forschern in Kontakt zu bleiben und laufend neue Ansätze kennenzulernen. Umgekehrt gestattete es ihm die Stellung am Museum, sich mit dem Museum vor der internationalen Fachwelt zu profilieren (1965 wurde von ihm das Europäische Mikropaläontologische Kolloquium in Basel organisiert, welches die Bedeutung der Basler Paläontologie unterstrich und die auf Schmidt und dessen Schüler zurückgehenden Beziehungen zur internationalen Erdölindustrie erneut bekräftigte)[307]. 1964 wählte ihn das Basler Stimmvolk in den Grossen Rat, wo er sich als Umweltschützer profilierte und in den entscheidenden Jahren der Kreditzusprache für den Ausbau seines Museums, aber auch noch danach während der neuen Sparphase bis 1976 wirkte.

Schaub war erfolgreich in der Realisierung sowohl eines Programms des personellen Ausbaus (die Mineralogie erhielt einen beamteten Vorsteher und Konservator,[308] das Museum gewann zusätzliche Präparatoren[309] etc.) als auch mit dem Raumprogramm. 1979 übergab er die Museumsleitung an Urs Rahm. Zwei Jahre später konnte er sein wissenschaftliches Lebenswerk, die Monografie über Nummuliten und Assilinen,[310] fertig stellen.

In vieler Hinsicht war seine Amtszeit (jedenfalls zu Beginn) von den Umständen begünstigt: Dabei kamen ihm seine politischen Ämter, die Präsenz auch an der Universität und die enge Bekanntschaft mit den meisten Regierungsräten zustatten;[311] doch nützten diese weniger, als die Konjunktur abflaute und die Politik einen Sparkurs verordnete. Die erste Phase seiner Amtszeit als Museumsleiter fiel in die Epoche der Hochkonjunktur – wobei man sich vergegenwärtigen sollte, dass das Museum weiterhin unter sehr prekären Umständen funktionieren musste. Mit dem Sandoz-Chef Dr. Hans Leemann hatte das Museum zeitweise einen Gönner von industriellem Format, während Prof. Rudolf Geigy mit seinen privaten Mitteln dort einsprang, wo ein finanzieller Engpass zu überwinden war. Anträge beim Staat auf die Schaffung neuer Stellen hatten hin und wieder Erfolg, obschon bald Sparmassnahmen ausgerufen und 1969 eine Plafonierung[312] verordnet wurde.

4.3.2 Führungsprobleme

Hans Schaub war der erste Direktor des Naturhistorischen Museums, der ‹von aussen› ins Museum berufen wurde. Ausserdem hatte er das Privileg, als Direktor nicht zugleich Vorsteher einer Abteilung zu sein – dadurch blieb ihm erspart, zugleich als Konkurrent der Vorsteher um die gleichen Ressourcen wie diese kämpfen zu müssen und ihnen gegenüber Führungsaufgaben zu erfüllen.

Letztere Aufgaben waren nicht einfach zu erfüllen. Immerhin hatten sich alle damaligen Abteilungsvorsteher 1959 bei der Pensionierung von Handschin um das Direktorenamt beworben: Forcart, Gasche und Hürzeler. Mindestens der zuletzt Genannte scheint sich ernsthaft vorgestellt zu haben, dass er grosse Chancen hätte, gewählt zu werden, da er sich während seines Studiums systematisch auf die Erfüllung von Museumsaufgaben vorbereitet hatte.[313] Hinzu kamen Bewerbungen von Portmanns Assistenten, nämlich Hans Nüesch und L. Vischer, sowie diejenige von Hans Schaub. Die Museumskommission war sich einig, dass keiner der bisherigen Abteilungsvorsteher in Frage käme, denn man stellte sich unter dem Direktor jemanden vor, der etwas von Verwaltung und Organisation verstand. Alternativ oder ergänzend suchte man nach einem Kandidaten, der die Verbindung zwischen Universität und Museum herstellen und aufrechterhalten konnte – dieses Kriterium hatte auch den Hintergrund, dass die Regierung Einsparungen zu erzielen suchte und dachte, man könne mit einem einzigen Salär gleichzeitig einen Museumsdirektor und Universitätsdozenten erhalten. Hürzeler und Forcart wurde die Fähigkeit zu organisieren abgesprochen. Gasche sprach man das persönliche Format ab, das man sich von einem Direktor erwartete.

Somit blieben Nüesch, Schaub und Vischer im Rennen. Der abtretende Direktor Handschin sprach sich gegen Nüesch aus. Aber Portmann lobte seinen Mitarbeiter, den er von der ETH Zürich an das Basler Zoologische Institut geholt hatte, um Praktika zu leiten und ihn auch sonst zu entlasten, als glänzenden Organisator, der zwar von Museumsarbeit nichts verstehe, aber die moderne

Konzeption der Schausammlungen befürworte und eine «saubere» (sic) Verwaltungsarbeit verspräche. Von Vischer, für den sich der Mineraloge Wenk einsetzte, wusste man, dass er internationale Beziehungen hatte und ein «zäher Arbeiter» sei, dabei aber keinerlei Erfahrung in Verwaltungsfragen vorweisen könne. Somit blieb Schaub, charakterisiert als wissenschaftlicher Systematiker mit bereits etablierten Beziehungen zum Museum, der zudem, weil selbst Geologe, gegenüber dem Leiter der Abteilung Geologie die erforderliche Autorität aufbrächte. Nur der Bankier Alfred Sarasin vermisste in der Kommissionsdebatte an Schaub die Erfahrung eines längeren Auslandsaufenthaltes. Mit den Enthaltungen des Kommissionspräsidenten Sulger und des Bankiers Sarasin gingen fünf Stimmen an Schaub, nur eine (wohl diejenige Portmanns) an Nüesch. Politische Argumente sind keine protokolliert worden. Die Regierung wählte anstandslos Hans Schaub.[314]

Die Enttäuschung der museumsinternen Mitbewerber legte sich zum Teil, als der Ausbau unter Schaub Wirklichkeit wurde, zum Teil wurden die früheren Mitbewerber nach und nach wegen Erreichung der Altersgrenze pensioniert. Für deren Nachfolge hatte Schaub immerhin ein Antragsrecht.[315] Schaubs Kurs vermochte aber die Opposition der Abteilungsvorsteher nicht sogleich auszuschalten, im Gegenteil. Obschon Schaub keine eigene Abteilung leitete und insofern zu erwarten war, dass er nicht in Konkurrenz zu den Abteilungsvorstehern geriet, ergaben sich Ressourcenkonflikte: Die Vorsteher wollten einen möglichst grossen Anteil an Stiftungsmitteln[316] für ihre eigenen Abteilungen erhalten, während Schaub für Verwaltung, Technik und andere Direktionsbereiche eine Tranche reservieren wollte. Hinzu kam Schaubs Idee, die Bedeutung der Trennung zwischen den Abteilungen im Ausstellungsbereich (nicht in der wissenschaftlichen Arbeit an den Sammlungen) zu relativieren: «Die scharfe Trennung zwischen den Abteilungen ist auf dem Gebiete der wissenschaftlichen Sammlungen und ihrer Bearbeitung das Richtige. In den Ausstellungen ist sie aber vom Objekt aus gesehen keine Notwendigkeit, und dem Besucher erschwert sie das Erfassen des Zusammenhangs», schrieb er im Jahresbericht für 1960. Der Streit wurde schliesslich 1961 vor der Kommission ausgetragen, welche die Appellation der Abteilungsvorsteher gegen Schaubs Entscheidungen aufnahm, um sich als Vermittlerin zwischen dem Direktor und dessen Angestellten zu positionieren.[317]

In der zweiten Hälfte der 1960er-Jahre wirkte der Interessengegensatz zwischen den Abteilungen und der Direktion weiter. Forcart, immerhin Stellvertreter des Direktors, verfasste einen Entwurf für eine Museumsordnung, die nach Feststellung der Kommission den Abteilungsvorstehern nur Rechte und der Direktion nur Pflichten zuschrieb. Interessant ist, dass dabei die Kommission explizit feststellen musste, dass das Museumspersonal insgesamt dem Direktor *unterstellt* sei und dass dieser zwar Befugnisse nach ‹unten› delegiere, aber die Gesamtverantwortung stets behalte.[318] Die 1956 geschaffenen administrativen Hierarchien waren offensichtlich für die Vorsteher, die sich ganz mit ihren Abteilungen identifizierten, schwer zu akzeptieren.

Schaub hatte auch Mühe, eine Kontrolle über das Fund-Raising der Abteilungen herzustellen. Zwar waren die Verhältnisse am Museum komplex, aber kaum komplexer als an damaligen Hochschulinstituten: Zum Beispiel bezahlten die Zoologen Forcart und Keiser alle Exkursionen, Sammlungsreisen und Konferenzteilnahmen aus eigener Tasche, während der Ornithologe Sutter mit entsprechenden Ausgaben den Ausstellungskredit belastete. Nationalfondsbeiträge bezog der Zoologe H. R. Haefelfinger, der direkt mit Bern abrechnete. In der Osteologie organisierte und finanzierte Schaefer seine Zusammenarbeit mit israelischen Forschern teilweise mit Industriespenden, die er ohne Mitwissen und Mitwirkung des Direktors sammelte. Hürzeler war besonders erfolgreich im Fund-Raising. Er hatte eine private Gönnerin gefunden, deren Beiträge er an der Museumsbuchhaltung vorbei direkt bezog. Direkte Zahlungen *ad personam* leistete für seine Projekte auch der Sandoz-Direktor Hans Leemann. Dabei galt erfolgreiches Einwerben von Drittmitteln in den 1960er-Jahren noch keines-wegs als positiv; im Gegenteil: Man sprach in der Kommission von «unwürdiger Bettelei».[319]

Diese gelegentliche Frontstellung zwischen wissenschaftlichem Personal und Direktion sollte aber den Blick auf die Konflikte innerhalb des Personals nicht verstellen. In der Osteologie manifestierten sich wiederholt Probleme zwischen zwei Persönlichkeiten, und seit 1962 beschäftigten deren schlechte Beziehungen und die Auswirkungen, die sie auf den ganzen Museumsbetrieb hatten, Direktion und Kommission. Es konnte nicht ausbleiben, dass aus diesen Spannungen auch Missverständnisse zwischen beiden Osteologen und dem Direktor Schaub resultieren.[320]

Zudem erwiesen sich die weiterhin sehr bescheidenen Gehälter (man denke an die Situation von Fred Keiser, der als beurlaubter Lehrer deutlich mehr einnahm, als er als Museumsmitarbeiter hätte verdienen können) in der beginnenden Hochkonjunktur vollends als unattraktiv. Diese mangelnde materielle Attraktivität liess sich in gewissen Fällen weiterhin mit dem immateriellen Gewinn kompensieren, der in der Aussicht bestand, in reichen Sammlungsbeständen frei zu forschen.[321] Kamen dann aber betriebsinterne Konflikte in diesem Forschungsparadies hinzu, wurden die Probleme manifest. So geschah es im Fall Markus von Orelli. Der vielversprechende Entomologe nahm eine Anstellung als ‹Assistent› an, nur um sie bald wieder in Richtung chemische Industrie zu verlassen.[322] Kritisiert wurde in diesem Zusammenhang auch die Bezeichnung ‹Assistent›, denn diese ‹Assistenten› arbeiteten als selbstständige Kuratoren.[323] Zudem verlautete in der Museumskommission, die «ständige Intrigiererei der Osteologen» (eine Anspielung auf den erwähnten Konflikt) würde den übrigen Angestellten das Leben schwer machen.[324] Zwischenzeitlich brachen auch Konflikte in der Geologie aus, die aber die wissenschaftliche Arbeit und die Ausstellungsplanung nicht beeinträchtigten.[325]

Ein schwerer Konflikt in der Zoologie, der durch die Entomologen ausgelöst wurde, blieb Schaub erspart; er brach erst unter seinem Nachfolger Rahm aus. Wir erwähnen ihn dennoch in diesem Kapitel, da er Hinweise auf strukturbedingte Führungsprobleme am Museum enthält, wie sie seit 1956 bestanden. Der verdiente Entomologe Fred Keiser, der bis zu seiner Pensionierung offiziell auf der Lohnliste des Basler Schulwesens stand und für die Museumsarbeit freigestellt worden war, hatte in W. Wittmer[326] einen Nachfolger gefunden, der als faktischer Leiter der Entomologie am Museum wirkte. Wittmer gründete eine Stiftung Pro Entomologia[327], mit der zunächst ein grosses Buchprojekt finanziert wurde. Mit dem Übertritt des Zoologen H. R. Haefelfinger ans Bäumlihofgymnasium wurde eine Stelle frei, die auf Empfehlung von Wittmer, von Rudolf Geigy und von Hans Schaub im Dezember 1970 mit einem jungen italienischen Entomologen besetzt wurde.[328]

1980 gab Wittmer die Museumsarbeit auf. Der Entomologe aus Italien war einer von drei Bewerbern für die Nachfolge. Nachdem der dritte als Myriapodenspezialist und nicht als eigentlicher Entomologe ausgeschieden wurde, musste zwischen dieser internen Bewerbung und einem Kandidaten, der seine Dissertation noch nicht ganz abgeschlossen hatte, aber die Sammlungen durch seine studentische Mitarbeit im Museum gut kannte, entschieden werden.[329] Die Bevorzugung des acht Jahre jüngeren Bewerbers war für den internen Bewerber unverständlich; er wurde durch seinen Anwalt beim Regierungsrat vorstellig, der eine erneute Begründung des Wahlvorschlags verlangte. Seine wissenschaftliche Qualifikation stand ausser jedem Zweifel, doch sprachen ihm verschiedene Kommissionsmitglieder die Eignung zum Abteilungsvorsteher ab. Eine gewisse Rolle spielte, dass sich sein früherer Protektor Wittmer inzwischen gegen ihn stellte. Noch 1984 beklagte sich Wittmer schriftlich beim Erziehungsdepartement und bei der Kommission für das Naturhistorische Museum über die Arbeit des Betreffenden am Museum, während sich zugleich Nüesch, inzwischen emeritierter Zoologieprofessor, über dessen Tätigkeit im Universitätsinstitut negativ äusserte.[330] Auf der anderen Seite drohte ein Sammler damit, seine Ameisen aus dem Museum zurückzuverlangen, wenn der abgewiesene interne Kandidat nicht Vorsteher werde. Dabei war die in Basel umstrittene Persönlichkeit neben E.O. Wilson und Barry Bolton einer der drei weltweit kompetentesten Ameisenspezialisten.

Dieses Beispiel zeigt einerseits, dass es in den gegebenen Museumsstrukturen schwierig war, einen wirklich hervorragenden Spezialisten seines Faches, der nicht zugleich dafür begabt war, mit freiwilligen und anderen Mitarbeitern umzugehen, mit einer Position auszustatten, die seiner wissenschaftlichen Exzellenz entsprach. Es zeigt andererseits, dass die Entscheidungsgänge komplex waren und keineswegs durch eine ‹Linie› auf eine Instanz zuliefen, die mit Autorität den richtigen Entscheid fällen konnte. Daraus resultierten Konstellationen, in denen Konflikte leicht eskalierten und nur sehr schwierig wieder beigelegt werden konnten. Sie verweisen auf grundsätzliche Defizite der Führung und vor allem der Führungsstrukturen am Museum.

Hans Schaub hatte aber eine glückliche Hand bei der Beschaffung zusätzlicher staatlicher Einnahmen: Der traditionell sehr bescheidene Staatsbetrag an das Museum wurde 1961 von Fr. 9800 auf Fr. 21200 aufgestockt.[331]

Schaub ging unabhängig von den genannten Schwierigkeiten von Anfang an energisch wichtige und symbolträchtige Punkte an. Er kritisierte die bisherige

Das Personal setzte sich 1960 wie folgt zusammen

Direktion	Hans Schaub, Direktor (Stratigrafie, Mikropaläontologie)
	Ruth Benz, Direktionssekretärin
Abteilung Zoologie	Lothar Forcart, Vorsteher (Mollusken, Amphibien, Reptilien)
	Fred Keiser, Leiter der entomologischen Sammlungen (Dipteren)
	Ernst Sutter, Assistent, Ornithologie
	Marcus von Orelli, Assistent, Entomologie und Cephalopoden
	Eduard Handschin, ehrenamtlicher Mitarbeiter (früherer Direktor), Entomologie
	Albert Huber, ehrenamtlicher Mitarbeiter (Lepidopteren)
	Carl Bader, ehrenamtlicher Mitarbeiter (Acarinen)
	Paul Bohny, ehrenamtlicher Mitarbeiter (Mollusken)
	Hans Voellmy, ehrenamtlicher Mitarbeiter (Hemipteren)
Abteilung Osteologie	Johannes Hürzeler, Vorsteher (fossile Säuger)
	Hans Schaefer, wissenschaftlicher Mitarbeiter (fossile und rezente Säuger)
	Samuel Schaub, ehrenamtlicher Mitarbeiter
Abteilung Geologie[332]	Ernst Gasche, Vorsteher (Kalkalgen, oberösterreichische Kalkalpen)
	Peter Staehelin, Assistent (Jura)
	Hans G. Kugler, ehrenamtlicher Mitarbeiter (Karibik)
	Fritz Lieb, ehrenamtlicher Mitarbeiter (Ammoniten des unteren Doggers)
	Ernst A. Ritter, ehrenamtlicher Mitarbeiter (Karbon Schweiz)
	Fritz Woltersdorf, ehrenamtlicher Mitarbeiter (Evertebraten Jura und Tertiär)
	Doris Grönhagen, Verwaltungsangestellte (ab 1963 Direktionssekretärin)
Abteilung Mineralogie	Otto Grütter, Vorsteher (teilzeitlich)
Technisches Personal	2 Präparatoren
	1 technischer Beamter
	1 technischer Gehilfe
	1 Hauswart
	1 Hauswartgehilfin

Art der Jahresberichte und erkannte die Chance, die sich mit Ausstellungen zum Universitätsjubiläum von 1960 bot. Er wandte sich gegen die Tradition, der zufolge Ausstellungen jeweils nur abteilungsweise geschaffen und betreut wurden; Osteologie und Zoologie sollten zusammenwirken – doch wurde die neue Ausstellung von den Osteologen ohne die Zoologen geplant. In der Ausstellung zum Universitätsjubiläum 1960 wurden Hürzelers grosse Entdeckung in der Toskana, der Oreopithecus, und der neu rekonstruierte Höhlenbär zu Blickfängern. An Rütimeyer wurde durch eine Revalorisierung seiner Porträtbüste angeknüpft. Geschickt suchte sich Schaub mit einem Abteilungsvorsteher in ein positives Verhältnis zu setzen, der nicht von seiner eigenen Fachrichtung war, und ernannte mit Unterstützung der Kommission Lothar Forcart zu seinem Stellvertreter. Fürs Erste sprengte Schaub den von Handschin noch als unüberwindlich angesehenen Finanz-Engpass dadurch, dass er den Vergleichend-anatomischen Fonds heranzog, um die Gestaltung der Jubiläumsausstellung für 1960 zu finanzieren.

4.3.3 Pilotprojekte: Höhlenbär und Oreopithecus

Das Universitätsjubiläum von 1960 bot in der Tat eine gute Gelegenheit, öffentlich zu zeigen, dass ein neuer Wind im Museum wehte. Regierung und Universität erinnerten sich daran, dass die Museumssammlungen Universitätsgut waren, und so wurden die Museen in die Feierlichkeiten einbezogen, wozu auch besondere Mittel flossen. Bleibende Errungenschaften für das Naturhistorische Museum war die zuletzt erwähnte Pilotausstellung, die einerseits das Diorama ‹Höhlenbär› enthielt, andererseits den Oreopithecus mit begleitenden Präparaten und Erläuterungen. Zweihundert Menschen wohnten der Eröffnung bei. Es war ein hoffnungsvoller Anfang einer neuen Zeit für das Museum.

Für den Höhlenbären war kein komplettes Skelett vorhanden, sondern nur Teilfunde aus dem Jura, die Anregung gaben, einen Bären zu rekonstruieren. Da niemand genau sagen konnte, was für ein Fell Höhlenbären trugen, verfiel man auf die auch sonst effektvolle Idee, die Rekonstruktion im Gegenlicht zu präsentieren. So erblickt der Besucher den Bären in seiner Höhle, und als Hintergrund sieht er die Öffnung der Höhle und eine Juralandschaft. Während der Bär

Präparator W. Schlier auf der fertigen Rohform des Höhlenbären, der 1959/60 für das einzige Diorama des Museums hergestellt wurde.

unter Anleitung des Osteologen Johannes Hürzeler durch einen Präparator modelliert wurde, trug Otto Garraux (1904–1989) die künstlerische Gestaltung und die Hintergrundmalerei bei. Damit erzielte er einen überraschend naturalistischen Effekt. Garraux war Zeichenlehrer an der Basler Knabenrealschule und diente dem Museum seit 1927 oder 1930 und einer bedeutenden Reihe Gelehrter gegen Honorar als wissenschaftlicher Zeichner und Gestalter. Zuvor hatte er an der Neukonzeption ausgewählter Vitrinen mitgewirkt und beleuchtete Kästen geschaffen, in denen man fossile Hirsche als Rekonstruktionszeichnungen bewundern konnte – einmal ‹lebensecht›, und bei umgeschalteter Beleuchtung sah man die Skelette.[333]

Otto Garraux(-Schmid) war als Illustrator wissenschaftlicher Werke sehr bekannt. Er verfügte über die besondere Begabung, genau dasjenige zeichnerisch hervorzuheben, das es zur visuellen Unterstützung eines wissenschaftlichen Arguments brauchte. Seine Illustrationen finden sich unter anderem in Werken von Elisabeth Schmid (der Knochenatlas dürfte dasjenige Werk sein, das seine Zeichnungen am weitesten verbreiten half), Rudolf Geigy, Lothar Forcart, Hans Hess und besonders von Emil Kuhn-Schnyder (Universität Zürich) und Helmut Zapfe (Naturhistorisches Museum Wien). Er wirkte seit 1930 an der Knabenrealschule.[334] Sein Wirken am Museum haben wir bereits erwähnt.[335] In seiner Freizeit sammelte er Häuserschnecken, die er mit Hilfe präziser Zeichnungen erfasste. Durch seine Sammlung, diese Zeichnungen und sein Inventar ist für die Jahrzehnte 1950–1970, die für die Veränderungen in der Umwelt eine wesentliche Etappe darstellen, für die Region und die Schweiz wichtiges Material zusammengekommen. Dieses gestattet es, den Wandel des Artenspektrums nachzuzeichnen.[336]

Johannes Hürzeler wurde mit seinen Forschungen über fossile Hominiden bekannt. Sein Name verbindet sich insbesondere mit dem Fund eines weitgehend kompletten Oreopithecus-Skeletts in der Kohlengrube von Baccinello (Toskana) 1958, der international sehr beachtet wurde.[337] Diesen Fund stellte das Museum für das Universitätsjubiläum 1960 (Ausstellung ‹Der Mensch in Raum und Zeit mit besonderer Berücksichtigung des Oreopithecus-Problems›) buchstäblich ins Rampenlicht.[338] Hürzeler sah im Oreopithecus einen Verwandten des Homo Sapiens, wofür er zu Recht auf den Bau des Beckens hinweisen konnte, der auf den aufrechten Gang dieses Organismus schliessen liess. Stolz verkündete er, dass nach seinen Untersuchungen der Oreopithecus kein ‹Hundsaffe› sei, wie man vor ihm vermutete, sondern ein Anthropomorphe.

Unter dieser Voraussetzung sollte der Fund eine gebührende Inszenierung erhalten. Zusammen mit der von Hürzeler sorgfältig erhobenen, begleitenden Fauna wurde die Bedeutung des Fundes dem Laienpublikum nahe gebracht. Spätere Untersuchungen ergaben freilich, dass der Rummel um das Oreopithecus-Skelett, das die italienische Regierung der Schweiz erst gar nicht ausliefern wollte, nicht korrekt begründet war. Die neue Auffassung ist im Grunde noch viel interessanter als Hürzelers Bestimmung des Objekts: Oreopithecus war zwar

Der wissenschaftliche Zeichner Otto Garraux (1904–1989), ein freischaffender Mitarbeiter des Museums, an seinem Arbeitsplatz in seinem Haus.

kein Menschenartiger und hat im Stammbaum des Homo Sapiens nichts verloren, aber er war ein Affe, der den aufrechten Gang praktizierte – so ist im Verlauf der Evolution der aufrechte Gang nicht nur auf dem Weg zum rezenten Menschen aufgetreten, sondern auch in der Evolution der Affen – aber dort ging er wieder verloren.

Im Museum war Hürzeler verantwortlich für die Osteologie, wobei er häufig dafür kritisiert wurde, die Sammlungen fossiler Säuger zugunsten seiner Forschungen zu vernachlässigen. Wir haben oben im Rahmen der Erörterung der Führungsprobleme am Museum auf diese Argumente bereits hingewiesen. Man kann dies so auffassen, dass Hürzelers Forschungserfolge eine Dimension erreichten, die den eng gespannten Rahmen des Museums und seiner Hierarchien ebenso sprengten wie seine Erfolge beim Einwerben von Spenden. Wie auch der Fall aus der Entomologie zeigt, tat sich das Museum schwer mit wissenschaftlich erfolgreichen Menschen, die vielleicht etwas weniger bescheiden auftraten, als dem herkömmlichen Habitus des entsagungsvollen Sammlungsbetreuers entsprochen hätte. Die Kritik kann ferner als Indiz dafür verstanden werden, dass am

Museum nie wirklich geklärt wurde, aus welchen Elementen die Kernaufgaben eines Abteilungsleiters bestanden und wie einzelne dieser Elemente im Falle grosser Erfolge zu gewichten seien. Interne Konflikte und die vorübergehend geringe Wertschätzung des Oreopithecus durch die akademische Forschung[339] konnten Hürzeler von seiner wissenschaftlichen Arbeit nicht abhalten.

Er wird meist als gewinnende, seriöse Persönlichkeit geschildert, deren wissenschaftliche Leistungen sich durchaus auch in der Sammlung und deren Erschliessung niedergeschlagen haben. Die in der Museumskommission gemachte Unterstellung, er habe die Feldforschung bevorzugt und die Museumsarbeit darüber vernachlässigt, war nicht korrekt. Hürzelers Fundstellenkataster wird bis heute weitergeführt und stellt immer noch ein wichtiges Hilfsmittel dar.[340]

Johannes Hürzeler (1908–1995) war der Sohn eines Primarlehrers aus dem solothurnischen Grentzenbach. Sein Vater Ferdinand und dessen Freunde weckten im Knaben die Begeisterung für das Sammeln von Fossilien. Dabei entdeckte er eine Säugerfauna im Bohnerz von Gösgen, die er dem Präsidenten der Basler Kommission für das Naturhistorische Museum, Hans Georg Stehlin, zeigte. Stehlin publizierte die Gösgener Funde. Der Kontakt zwischen Stehlin und Hürzeler entsprach Stehlins Konzept, begabte Schüler und Lehrer zu fördern und die in systematischer Ordnung präsentierten Museumssammlungen dafür zu nutzen, diesen Vergleichsmaterial und Unterrichtsvorlagen zu bieten. Johannes Hürzeler machte in Aarau die Matur. Danach immatrikulierte er sich 1928 an der Universität Basel und studierte bei August Buxtorf Geologie. 1936 doktorierte er bei Stehlin.

Hürzeler war seit 1927 im Museum aktiv gewesen, zuerst als freiwilliger Mitarbeiter während seines Studiums an der Universität Basel. Seine von Stehlin angeleitete Dissertation war ein interessantes Beispiel für die Kooperation zwischen Universität und Museum zu einer Zeit, da sich das Museum von der Universität zu emanzipieren suchte. Hürzelers Dissertation machte ihn sogleich zu einem renommierten Säugetierpaläontologen. Nach einem Studienaufenthalt in Lyon wurde er 1937 am Basler Museum Kustos, wie wir gesehen haben, und bei der Reorganisation 1956/57 zum Vorsteher der Osteologischen Abteilung gewählt, eine Funktion, die er bis 1973 erfüllte. Hürzeler macht die osteologische Abteilung des Basler Museums zu einem Anziehungspunkt für internationale

Johannes Hürzeler (1908–1995, rechts) und Hans Georg Lorenz kurz nach dem Fund des Oreopithecus-Skeletts 1958 in der Kohlengrube von Baccinello bei Grosseto in der Toscana.

Fachleute, die die neuesten Funde mit ihm besprachen und ihre Veröffentlichungen der Museumsbibliothek überliessen. So war Hürzeler dauernd über die neuesten Entwicklungen in seinem Fach auf dem Laufenden, lange bevor er 1960 als Ehrendozent eine offizielle Lehrfunktion in der Universität erhielt. Allerdings hatte er schon vorher Dissertationen betreut und Studierende im Feld in die Grabungstechnik eingeführt. Abgesehen vom damals als Sensation betrachteten Oreopithecus-Fund von 1958 in der Toscana ist Hürzeler durch die Arbeit mit Säugerzähnen bedeutend, für welche grössere Mengen Sedimente aus Fundstellen durchsucht wurden (ab ca. 1952). Die von Stehlin aufgebauten und von Hürzeler erweiterten Sammlungen bildeten seit den 1970er-Jahren den Ausgangspunkt für ein Nationalfondsprojekt zur Zonierung der Schweizer Molasse, das seinerseits internationale Bedeutung erlangte.[341]

Für die Geschichte der Ausstellungen im Basler Museum sind seine Beiträge ebenfalls wichtig, gehörte er doch zu denen, die dem Publikum umfassende Zusammenhänge aufzeigen wollten. Im Jubiläumsjahr der Universität 1960 erhielt Hürzeler als Erster den neu gestifteten Basler Wissenschaftspreis; gleichzeitig wurde er Ehrendozent an der Universität. Tatsächlich lehrte er seither

Winzige Zähnchen fossiler Siebenschläfer aus dem französischen Sansan (Gers), der besterforschten Fauna des Mittelmiozän in Europa. Johannes Hürzeler (1908–1995) hatte in den 1950er-Jahren mehrere Tonnen Sedimente zum Ausschlämmen der Reste von Kleinsäugern nach Basel geschickt.

regelmässig über fossile Primaten, gestützt auf Stücke aus der reichhaltigen Sammlung.[342] Sein Vorlesungsprogramm über fossile Primaten verstärkte die Verbindung zwischen Museum und Universität weiter.

Seine Ehrung durch den Papst (Gregoriusorden 1965) und seine Begegnung mit Pierre Teilhard de Chardin eröffnen Perspektiven auf das Verhältnis der katholischen Kirche zur wissenschaftlichen Untersuchung der Anfänge des Menschen. Hürzeler selbst äusserte sich in katholischen Diskussionskontexten über die Beziehungen zwischen Glauben und Wissenschaft, Evolution und Schöpfungslehre.[343] Dabei legte er stets grossen Wert auf differenzierte Argumentation, was allerdings in der Auseinandersetzung um die evolutionsgeschichtliche Einordnung seines Fundes kaum zur Kenntnis genommen wurde. Es scheint, dass Hürzeler gegen seinen Willen von katholischer Seite ebenso wie von der Gegenseite durch vereinfachende Zuschreibungen zum ‹katholischen Wissenschaftler› gestempelt wurde. Hürzeler war dadurch so frustriert, dass er den Plan, eine Monografie über den Oreopithecus zu schreiben, nicht ausführte. Weitere Ehrungen (korrespondierendes Mitglied der Académie des Sciences/Institut de France; Ehrenmitglied der Society of Vertebrate Paleontology)[344] weisen darauf hin, dass Hürzeler in seinem Fach international anerkannt gewesen ist.[345]

4.3.4 Anthropologie im Naturhistorischen Museum

Inzwischen wurde das Museum um eine Abteilung für Anthropologie bereichert: Der Zahnmedizinprofessor Roland Bay, der sich der Anthropologie verschrieben hatte, war zunächst am Völkerkundemuseum im Verein mit den Ur- und Frühgeschichtlern (Elisabeth Schmid)[346] anthropologisch tätig gewesen. Er verlegte seine Wirkungsstätte ins Naturhistorische Museum als ehrenamtlicher Mitarbeiter und (unbezahlter) Abteilungsvorsteher; an der Universität wirkte er als Dozent für Anthropologie. Obschon durch Bays Präsenz im Museum das Platzproblem verschärft wurde, freuten sich die Museumsleute über den Einzug der grössten Basler Kapazität für fossile Menschen – eine Kapazität, die auch

Der Zahnmediziner und Anthropologe Roland Bay (1909–1991), ab 1966 Dozent für somatische und historische Anthropologie an der Medizinischen, Philosophisch-Historischen und der Philosophisch-Naturwissenschaftlichen Fakultät.

Johannes Hürzeler akzeptierte.[347] Bei dieser Gelegenheit wurde eine (Vor-)Geschichte der Anthropologischen Abteilung konstruiert, die ins Jahr 1908 zurückreichte und offensichtlich die Präsenz der Anthropologie im Museum stark legitimieren sollte: Ein Grossratsbeschluss habe damals die Abteilung ins Leben gerufen. 1917 wurde die Anthropologie zu einer Abteilung des Völkerkundemuseums. Dort betreute sie Fritz Sarasin bis 1942. Ab 1942 wurden Skelettfunde von Basler archäologischen Grabungen der anthropologischen Sammlung einverleibt. Roland Bay wurde entsprechend dieser Tradition als Sarasins Nachfolger vorgestellt.[348]

Der Beginn der anthropologischen Arbeit im Naturhistorischen Museum verzögerte sich aber wegen Platzproblemen und wegen des Umbaus des Museums (auf den wir weiter unten eingehen werden) von 1967 bis 1971.[349] 1975 wurden dennoch auch die Skelette aus dem Vesalianum in die Anthropologische Sammlung verbracht. Richtig in Fahrt kam die Anthropologische Abteilung erst, als eine Interkantonale Arbeitsgemeinschaft Anthropologie gegründet wurde, welche die Mittel beschaffte, aus denen Bruno Kaufmann bezahlt werden konnte.[350] Doch trat der Kanton Basel-Stadt dieser Arbeitsgemeinschaft mit Verzögerung erst 1978 bei, und die Räume, welche die Forscher im Stapfelberg 6[351] bezogen hatten, wurden im selben Jahr umgebaut – Kaufmann musste in das Untersuchungsgefängnis auf dem Schellenmätteli, Bay in den zweiten Keller des Museums ausweichen.[352] 1981 löst Kaufmann Bay als Vorsteher ab.[353] Zehn Jahre später wurde beschlossen, diese Abteilung wieder aufzuheben, während die Interkantonale Arbeitsgemeinschaft weiterhin für die Verwaltung der Sammlung aufkommen sollte.[354] 2002 wurde die anthropologische Sammlung schliesslich in die Osteologie integriert.[355]

4.3.5 Hofunterkellerung

Es fehlte in Basel ausser an Geld bekanntlich an Raum, um die Trennung zwischen Sammlungen und Ausstellungen wirklich vorzubereiten und durchzuführen. Stehlin und Handschin waren am Problem gescheitert, wo die Sammlungen gelagert werden sollten, während die neuen Ausstellungen aufgebaut wurden. Die Idee, im Hof einen dritten Flügel zu errichten (‹Zwischentrakt›), liess sich nicht realisieren, da die Denkmalpflege einen solchen Eingriff in den Berri-Bau nicht duldete. Nun plante man, Zwischenböden in die als zu hoch empfundenen Berri-Räume einzuziehen. Ein Ausweichen in das gegenüberliegende Haus am Stapfelberg war unmöglich, da die benachbarten Volkskundler schneller gewesen waren und den freiwerdenden Raum für sich gesichert hatten. Bankier Sarasin als neu gewählter Kommissionspräsident versprach Schaub seine Unterstützung für einen grossen Umbau zugunsten neuer Schausammlungen.[356] Es war klar, dass der eigentliche Engpass der fehlende Magazinraum war und dass dieser auch mit Zwischenböden nicht überwunden werden konnte. So kam im Herbst 1962 der Gedanke auf, den Hof, den der Berri-Bau U-förmig umschloss, zu unterkellern und damit auch dem Katastrophenschutz Genüge zu tun. Im Unterschied zur früheren Sparpolitik kamen diesmal vom Erziehungsdepartement ermutigende Signale – die Ersten seit den späten 1920er-Jahren.[357]

Glückliche Umstände kamen dem Museum in dieser Lage entgegen. Zivilschutz und Kulturgüterschutz sollten endlich ernsthafte Konsequenzen ziehen aus Bedrohungsszenarien wie demjenigen der Bombardierung Schaffhausens im Zweiten Weltkrieg, die dem dortigen Museum grossen Schaden zugefügt hatte. Schutzbauten wurden nun vom Bund subventioniert. In dieser Konstellation konnte ein kühner Plan reifen und durch Grossratsbeschluss auch realisiert werden: Die Unterkellerung des gesamten Museumshofes auf vier Etagen nach Kulturgüterschutznormen.

Die Vorlage (Ratschlag) der Regierung ans Parlament vom 11. September 1964 argumentierte zunächst mit der «Behebung des Raummangels» als Hauptzweck.[358] Konstatiert wurde dabei in der sehr klar strukturierten Vorlage, dass die damaligen Ausstellungen (nach Stehlins Konzept) sich nur an Spezialisten, nicht aber an «grössere Kinder» und Laien wandten. Man müsste die Objekte in einen Zusammenhang stellen und zugleich auch ästhetisch präsentieren. Zudem sollte genügend Platz zwischen den Vitrinen vorhanden sein, um Gruppen führen zu können, und schliesslich müsste das Postulat verwirklicht werden, Ausstellung und wissenschaftliche Sammlungen voneinander zu trennen. Vorbildlich seien demgegenüber die Pilotprojekte von 1960, der Höhlenbär und die Oreopithecus-Ausstellung, sowie die damals aktuelle Ausstellung ‹Bedrohte Tierwelt›. Unzulänglich seien nicht nur die Ausstellung, sondern auch die Aufbewahrung der wissenschaftlichen Sammlungsobjekte, die nicht katastrophensicher sei. Für die Forschung, die nach Schwerpunkten erfolge (dafür stand eine Liste von Gegenstandsgruppen: Schnecken, Insekten, Spinnen, Milben, Vögel, Reptilien; Versteinerungen des Jura und Mittelamerikas, Säuger, Mollusken, Foraminiferen des Tertiärs), habe das Basler Museum eine «einzigartige Stellung», die auch der Nationalfonds anerkenne. Es brauche mehr Platz für die Forscher, die unter anderem mit Nationalfondsmitteln beschäftigt würden. Platzmangel herrsche auch in der Bibliothek. Ferner brauche das Museum Platz für internationale wissenschaftliche Besucher und Benützer der Sammlungen sowie für «die vermehrt von Entwicklungsländern gesuchte Zusammenarbeit».

Dies war die Ausgangslage, wie sie von Schaub geschickt dargestellt wurde. Sie rufe nach Massnahmen, deren Angelpunkt die Schaffung zusätzlichen Magazinraumes sei. Geprüft worden seien die Verlegung des Museums an die Peripherie der Stadt, zum Beispiel auf das Bäumlihofareal (ein Plan, der verworfen worden sei, weil die Basler Schulen einen zu weiten Weg ins Museum gehabt hätten) und die Verwandlung von weiterem Wohnraum auf dem Münsterhügel in Magazinraum («unannehmbar», ausserdem würde damit den Erfordernissen des Katastrophenschutzes nicht Rechnung getragen). Es bleibe die Unterkellerung des Hofes und der spätere Einzug von Zwischenböden im Hochparterre und im zweiten Obergeschoss. Man wollte also nicht nur Magazinraum gewinnen, sondern hielt am älteren Ziel der Schaffung zusätzlicher Flächen im Berri-Bau fest. Die Kosten wurden auf Fr. 7,956 Mio. kalkuliert.[359] Schaub gab für die Behandlung der Vorlage im Parlament die Parole aus, man solle von einer Massnahme für den Kulturgüterschutz sprechen. Diese Akzentsetzung war im Ratschlag selbst noch ein Argument unter anderen, obschon der Schutzaspekt innerhalb des Museums ernst genommen und nicht nur als Scheinargument gegenüber der Politik verstanden wurde.[360] Auch fehlte im Ratschlag noch der Hinweis auf die Subventionen, die der Bund für Schutzbauten gewähren konnte.

Gleichzeitig mit der Vorlage erschien ein Artikel in den Basler Nachrichten über den «Sinn des Museums», der den Achtmillionenkredit zu rechtfertigen versuchte. Zwar habe Basel schon achtzehn Museen (das eben entstehende Antikenmuseum eingerechnet), und Gegenstände in Museen könnten als «tot» gelten. Aber Museen seien wichtig, um die historische Kontinuität in einer Zeit raschen Wandels sichtbar zu machen – das seither bekannte Kompensationsargument. Die Museen müssten dem Besucher die geistige Arbeit erleichtern, die ausgestellten Gegenstände in einen Zusammenhang zu bringen. Mit einer Reduktion der Anzahl präsentierter Objekte und der Einführung von Sonderausstellungen würde sich dieses Ziel leichter erreichen lassen. «Noch zu Beginn unseres Jahrhunderts», das heisst um 1900, habe das Museum vor allem Unterhaltungsbedürfnisse befriedigt. Es sei üblich gewesen, am Sonntag nach dem Kirchgang ins Museum zu gehen, zur Befriedigung eines «ungezielten Schaubedürfnisses». Die Unterhaltungsindustrie habe seither dieses Bedürfnis besser befriedigt. Wie könne man Menschen zu vermehrtem Museumsbesuch anregen? Die Sonderausstellungen beim Universitätsjubiläum 1960 hätten den Weg gewiesen, wie sich an den damals stark vermehrten Besucherfrequenzen ablesen lasse. Der Autor schlägt als unterstützende Massnahmen die Abschaffung der Eintrittsgebühren vor, die finanziell ohnehin nicht ins Gewicht fielen: 1963 habe der Staat an die Museen an der Augustinergasse Fr. 584 300 bezahlt, während die Einnahmen aus Eintritten nur Fr. 6113 ausmachten. Die Neueinrichtung von Ausstellungen, wie sie erfreulicherweise das Naturhistorische Museum jetzt plane und, falls der Kredit bewilligt würde, durchführen könne, brauche Zeit und sei aufwendig, da der «Hemmschuh» des Platzmangels zuerst behoben werden müsse. Zentral in dieser Argumentation war der Wunsch, Bevölkerung und Museen generell einander (wieder) näher zu bringen.

Der Grosse Rat bewilligte am 20. Mai 1965 ohne Gegenstimme die Summe von Fr. 7 956 000.[361]

Hans Schaub ergriff 1967 die Gelegenheit, seine Vision einer weiteren Öffentlichkeit selbst darzulegen.[362] Er relativierte nicht nur die Bedeutung der Trennung in Abteilungen für die Ausstellungen zugunsten des Aufzeigens von Zusammenhängen; er unterstrich auch die Bedeutung der Forschung für das Museum und die Verbindung zwischen Museumsaufgaben und Lehre an der Universität (die er selbst praktizierte) sowie die Notwendigkeit von Schwerpunktsetzungen in der Forschung des Museums. Ausstellung, Forschung und Kulturgüterschutz (Sammlungsbewahrung in katastrophensicherem Keller) seien die drei Elemente der Mission des Museums.[363] Allerdings wurden schon hier Grenzen der Schwerpunktsetzung sichtbar: Statt wirkliche Schwerpunkte zu benennen,

Sicht aus der Baugrube auf die langsam von aussen nach innen wachsenden Betonböden der zukünftigen Magazinkeller. Ganz oben ist der Fuss des für den Materialtransport benötigten Krans sichtbar (um 1970).

musste sich der Leser mit einer Aufzählung der «Arbeitsgebiete der gegenwärtigen Mitarbeiter unseres Museums» begnügen.

Im Museum schritt die Planung neuer Dauerausstellungen langsam voran. Der Paläontologe Lukas Hottinger, damals Assistent in der Abteilung Geologie, erhielt von seinem Vorgesetzten Gasche freie Hand zur Gestaltung einer Geologieausstellung für die Zeit nach dem Umbau. Diese wurde allerdings als Provisorium und Vorschau schon 1967, bevor die Bauarbeiten überhaupt begonnen hatten, realisiert.[364]

Zwischenzeitlich wurde der Versuch unternommen, mit dem Zoologen H.R. Haefelfinger eigens einen Ausstellungsverantwortlichen anzustellen, der zusammen mit dem Direktor sämtliche Ausstellungen ausführen sollte – dies wäre eine revolutionäre Neuerung gewesen gegenüber der traditionellen Zuständigkeit der Abteilungsvorsteher, die allerdings bereits im Zusammenhang mit der erwähnten Geologieausstellung zu Problemen führte. Nach einem Studienaufenthalt in Banyuls und zoologischen Arbeiten für das Museum trat Haefelfinger schliesslich 1970 eine Stelle am Bäumlihofgymnasium an, blieb dem Museum aber als ehrenamtlicher Mitarbeiter erhalten.[365] Schon 1968 galt wieder die alte Regelung, dass die Abteilungen die Ausstellungen vorbereiteten, wobei der Direktor eine Oberaufsicht ausübte.[366]

1968 begann endlich der 1965 bewilligte Hofaushub mit einer archäologischen Untersuchung der auf 2,5 Meter Mächtigkeit geschätzten Kulturschicht.[367] 1970 war die Hofunterkellerung fertig. Nun stand als nächste Bauetappe der Einzug der Zwischenböden im Berri-Bau bevor.[368] Seit 1971 waren die Museumsleute damit beschäftigt, die Sammlungen in den neuen Kellergeschossen einzuräumen und im Berri-Bau diejenigen Ausstellungen abzubauen und die Exponate ebenfalls im Keller einzulagern, die dem Umbau des Hauptgebäudes im Wege standen.

Das neue, unterirdische Bauwerk musste das Museum sogleich gegen die Ansprüche der Nachbarn, des Museums für Völkerkunde, verteidigen. Gerüchten zufolge war der viergeschossige Keller überdimensioniert, und das Naturhistorische Museum, so wurde gesagt, werde nie mehr als zwei Kellergeschosse füllen können.[369] Die Kuratel als Aufsichtsgremium über das Universitätsgut besichtigte regelmässig die Museen; beim Durchgang durch das Naturhistorische Museum liess sich ihre Delegation von den leeren Kellergeschossen beeindrucken und schlug vor, einen Teil davon dem Völkerkundemuseum zuzusprechen. Nun wurde die Einrichtung der Sammlungen des Naturhistorischen Museums im Keller beschleunigt, um das, was Schaub als «Zweckentfremdung» kritisierte, zu verhindern.[370] Das Völkerkundemuseum hatte im Präsidenten der Hauskommission

Aufnahme der im Rohbau fertigen neuen Magazinkeller unter dem Innenhof des Museums.

der Augustinergassemuseen, Architekt Martin Burckhardt, einen Fürsprecher gefunden, der mit dem Argument der Feuergefahr einen Platz für Bestände der Völkerkunde im neuen Keller forderte. Schaub erklärte den Umstand, dass sich der Bezug des Kellers durch das Naturhistorische Museum verzögerte, mit dem vom Staat inzwischen verordneten Personalstopp und der Priorisierung der Vorbereitung neuer Ausstellungen. Man hatte ja in Aussicht gestellt, das Museum mit ganz neuen Ausstellungen wieder gegenüber der Bevölkerung zu öffnen.[371]

4.3.6 Ausstellungsfragen

Für die Dauerausstellungen[372] wählte Schaub eine Konzeption, die relativ geringe Kosten mit guten Effekten zu verbinden suchte und durch die gleichzeitig die Abteilungsvorsteher eingebunden werden sollten. Die ersten Themen sollten eine Geschichte der Erde und eine Geschichte der Tierwelt sein. Zurückstecken musste ein Osteologe, dessen Ideen für die neue Dauerausstellung als «Kitsch» von «grandiosesten Ausmassen» in der Kommission durchfielen. Immerhin waren der Zoologe Portmann und der Geologe Vonderschmitt auch bei Schaubs sorgfältig überlegten Plänen noch der Meinung, sie müssten vor einem «Monstermuseum» warnen[373] – die Kommissionsmitglieder traten hier in der Rolle der Bremser auf.

Zur Vorbereitung der Umgestaltung in Richtung einer ‹Schau für Laien› besuchten Schaubs Mitarbeiter 1962 verschiedene ausländische Museen, um positive und negative Beispiele für die Neueinrichtung von Ausstellungen zu sammeln.[374] 1965 weilte der Direktor anlässlich der ICOM-Tagung im Osten der USA und besuchte Museen in New York, Philadelphia und Washington. Dabei liess er sich von der prominenten Position der Museen in den Grossstädten beeindrucken. Noch war es in Basel keineswegs selbstverständlich, dass, wie er in den USA gesehen hatte, alle Vitrinen *von innen beleuchtet* waren. Der überragende Stellenwert, den die US-Politik angeblich den Museen einräumte, schien sich für Schaub auch darin zu bestätigen, dass der Präsident der USA persönlich die ICOM-Tagung eröffnete. Aber die amerikanische Vorliebe für Dioramen missfiel Schaub: Wie wir gesehen haben, glaubte man in Basel, diese liessen ‹nur› ökologische, nicht aber systematische, anatomische, morphologische und phylogenetische Zusammenhänge sichtbar werden.[375]

Die neuen Geschosse unter dem Hof erlaubten nun im Prinzip die geplante, komplette Umstellung der Dauerausstellung nach didaktischen Gesichtspunkten sowie die Verlagerung der Sammlungen in die vier Keller (einige befanden sich dennoch auf dem Dachboden). Nach dem Aufschwung der 1960er-Jahre, der die ersten (seit 1932) grösseren baulichen Voraussetzungen für ein neues Naturhistorisches Museum am alten Ort geschaffen hätte, verordnete der Kanton zuerst eine Personalplafonierung, dann einen Abbau des kantonalen Personals um 10%. Schaubs Ausbaupläne wurden dadurch gebremst; die personellen Ressourcen wuchsen in den 1970er-Jahren nicht entsprechend dem Zuwachs an Fläche. Damit stand die Einrichtung der neuen Ausstellungen unter einem finanziellen Unstern: 1970 war die Unterkellerung beendet, danach begann der Einzug der Zwischenböden im Hauptbau (abgeschlossen 1976).

Als die Museumsleitung folgerichtig Kredite für die Einrichtung der neuen Ausstellungen verlangte, war die (erste) sogenannte Ölkrise ausgebrochen, und der Kanton Basel-Stadt ging nach dem Ende der Hochkonjunktur zu einer Sparpolitik über. Kredite für Assistenten und Handwerker wurden zusammengestrichen, von der erwünschten Krediterhöhung blieb ein Zuwachs von 10% übrig. Für die Jahre 1974 bis 1978 sollte das Museum schliesslich auf Beschluss der Regierung 300 Stellenprozente streichen. Dieser Beschluss durchkreuzte Schaubs Ausbaupläne, der für den gleichen Zeitraum sieben definitive Personalstellen vorgesehen hatte (je zwei für die Mineralogie und Geologie und drei für die Zoologie). Schaub legte daraufhin einen Plan vor, der einen Abbau bei den Aushilfen, bei der Administration (Reduktion des Beitrags des Museums zur zentralen Hausverwaltung der Museen an der Augustinergasse von 75 auf 50%) und bei den Handwerkern, nicht aber bei den Wissenschaftlern vorsah. Wegfallen sollten die Führungen an den Mittwochabenden, und die Einrichtung der neuen Ausstellungen sollte verlangsamt werden.[376] Die Ausstellungsgestaltung musste weitgehend aus vorhandenen Ressourcen bewältigt werden. Dabei verfolgte das Museum meist die (in der Kommission oft kritisierte) Politik, die museumseigenen Stiftungen zu Lasten des Staates zu schonen.[377]

Die Vorarbeiten für die Neukonzeption brachten für das Publikum zunächst die Schliessung ganzer Abteilungen und von Teilen davon mit sich. Die vorgesehene Öffnung auf ein weiteres Publikum verkehrte sich so vorübergehend ins Gegenteil; die Attraktivität des Museums, soweit sie auf Dauerausstellungen beruhte, sank erst einmal. Der Lifteinbau im Vorderhaus führte zu den ersten Schliessungen. Das bisherige Ausstellungsgut musste im neuen Keller versorgt werden, damit die Räume für die neu konzipierten Dauerausstellungen vorbereitet werden konnten. Hottinger kritisierte Schaubs Vorgehen in der Kommission und schlug vor, die Tätigkeitsfelder des Museums insgesamt zu überdenken, wirkliche Schwerpunkte zu setzen, die sich dann gebührend entfalten könnten, und auf anderes zu verzichten. Dabei hatte er besonders die Anstellung eines Mitarbeiters in der Geologie im Visier. Die übrigen Kommissionsmitglieder folgten ihm zwar nicht, fanden aber, dass man die Techniker zu einem Pool vereinigen solle, auf den alle Abteilungen zugreifen könnten. Kommissionspräsident Sarasin wollte insgesamt durch eine gesteigerte Effizienz des Personaleinsatzes den verordneten Verlust der 300 Stellenprozente wettmachen. Nur die von Laubscher vorgeschlagene Poolung der Sekretariate stiess auf energischen Widerstand des Vizedirektors Rahm.[378]

Im Endeffekt beanspruchte der Aufbau der neuen Ausstellungen einen Zeitraum von drei Jahrzehnten, von der Mitte der 1960er- (Kreditentscheid des Grossen Rates 1965) bis in die späten 1990er-Jahre (der Wirbellosensaal wurde zuletzt umgestaltet und 1999 neu eröffnet). Wie 1971 lebhaft geklagt wurde, hatte das Museum beim Übergang der Leitung von Handschin an Schaub 1959 den offiziellen Auftrag erhalten, «moderne, attraktive Ausstellungen zu gestalten», erhielt dazu aber nur die baulichen, nicht auch die personellen Voraussetzungen. So hatte zum Beispiel die Mineralogie ausser dem Vorsteher Graeser zunächst keinen einzigen bezahlten Mitarbeiter, die Bibliothek stand ohne Bibliothekar da.[379]

Mit der Umgestaltung der Dauerausstellungen, die durch den Bau der vier Keller unter dem Hof des Basler Museums um 1970 möglich wurde (der dritte grosse Schub nach den Veränderungen im Zusammenhang mit dem Auszug der Universitätsbibliothek in den 1890er-Jahren und nach Stehlins Umbauten von 1932), veränderte sich das für die Laien erlebbare Museum in Richtung eines

Oben: Museumsmitarbeiter malen an der Erdbebenkarte für die neugestaltete geologische Ausstellung ‹Die Erde›, um 1978.

Unten: Auch gestalterisch zentrale Elemente der Ausstellung ‹Die Erde› waren grosse Globen, die frei im Ausstellungsraum aufgestellt wurden. Die Aufnahme von 1978 zeigt, wie die Paläontologen John Saunders und Peter Jung die Weltkugeln auspacken.

‹offenen Lehrbuchs› der Naturgeschichte, während die wissenschaftlichen Sammlungen aus seinem Blick unter dem Boden verschwanden. Das Museum erhielt so eine neue Benützeroberfläche. Es trat in Konkurrenz zu Jugendmedien – vom Jugendbuch über den National Geographic-Film bis zu Wissenschafts- und Natursendungen am Fernsehen.[380] Die erste neugestaltete Dauerausstellung war ‹Die Erde›. Dieser stark inszenierte Saal von 1978 war typisch für die damalige Auffassung, indem die Ausstellungstechnik mit Schaukarten und Modellen, in denen auf Knopfdruck Lämpchen leuchten, glänzte.[381] Bei der Konzeption der neuen Dauerausstellungen wurde (wie schon unter Stehlin) kaum daran gedacht, dass eines Tages andere Bedürfnisse nach anderen Präsentationsformen rufen könnten und man daher mit Vorteil auf künftige Veränderungen durch bewegliche Module Rücksicht zu nehmen hätte.

Um diese Zeit begann die Sorge um die Besucherzahlen zu einem wichtigen Punkt auf der Agenda der Direktion zu werden, nach dem Motto: erst die Voraussetzungen schaffen (Unterkellerung und Zwischengeschosse und dann Trennung Sammlung und Ausstellung), dann neue Dauerausstellungen erstellen und danach die Öffentlichkeitsarbeit intensivieren. Schaub war es, der nach diesem Prinzip vorgehen wollte; wirksam konnte es aber eigentlich erst unter seinem Nachfolger Rahm werden.

Als Urs Rahm 1979 die Nachfolge von Hans Schaub antrat, hatte er das Problem, dass er nicht nur Direktor, sondern auch in Personalunion Vorsteher der Zoologischen Abteilung war; wie sollte unter diesen Umständen der Direktor selbst sich der Öffentlichkeitsarbeit annehmen können? So verfiel man auf den Gedanken, ein Vizedirektor müsse diesen Bereich besonders pflegen. Da Peter Jung mit der Geologieausstellung (‹Die Erde›) einschlägige Erfahrungen gesammelt hatte, wurde er zum Vizedirektor ernannt. Interessanterweise wurde ihm bedeutet, dass dies kein Präjudiz bilden solle für die Nachfolge Rahm. Gedacht wurde auch an Stefan Graeser, den Vorsteher der Mineralogie, doch dieser hatte seinen Arbeitsplatz im Bernoullianum und war entsprechend selten am Museum anzutreffen, hiess es.[382]

Als Ergebnis ging das Museum mit Dauerausstellungen in das 21. Jahrhundert, die deutlich die Handschrift der sukzessiven Moden der 1960er- und 1970er-Jahre zeigten und damit wieder quer zu späteren Tendenzen lagen, die zum Beispiel durch die Grande Galérie de l'évolution im Pariser Muséum von 1992 und die weitgehend integrale Restitution der Galérie de Paléontologie der gleichen Institution 1998 verwirklicht wurden.[383]

Anders sah es bei den Wechselausstellungen aus. Es war Schaub, der in den 1960er-Jahren zur Praxis der (temporären) Sonderausstellungen überging. In den 1950er-Jahren wurden zwar bereits Sonderausstellungen eingerichtet; diese waren meist sehr klein und innerhalb der von der Dauerausstellung belegten Räume konzipiert, oder sie richteten sich nur an ein Fachpublikum, das zum Beispiel während eines wissenschaftlichen Kongresses in den Magazinen die Ausstellung zu sehen bekam. Mit den grossen Sonderschauen konnten die Be-

Ein Mitarbeiter des Museums führt Teilnehmer des Kinderclubs in den 1980er-Jahren durch den Skelettsaal. Über den Köpfen schwebt das von Reichel geschaffene Modell eines Pletosaurus.

sucherzahlen angehoben werden, noch bevor neue, didaktische Dauerausstellungen die Ausrichtung auf ein breites Publikum permanent bewirken konnten (wie man annahm). Mit attraktiven Themen hat das Museum in diesem Wettbewerb um Aufmerksamkeit offensichtlich einen Platz behaupten können. Das Naturhistorische Museum scheint mit den permanenten Präsentationen in erster Linie Schulklassen angesprochen zu haben. Damit entstand die Gefahr, dass das Museum mit den Dauerausstellungen junge Menschen einmal in deren Leben und vielleicht nur vorübergehend faszinierte; danach war es abgestempelt als didaktische Anstalt für Kinder. Nur die temporären Sonderausstellungen, die immer neue und weitergehende Reize bieten müssen[384], haben gemäss dieser Idee die erhoffte Magnetwirkung auch auf das erwachsene Publikum. Diese Ausstellungen galten seit jener Zeit immer wieder Aspekten des Naturschutz- und Umweltgedankens – in Fortführung der Naturschutztradition insbesondere der Basler Zoologie, aber mit neuen Wendungen hin zum Umweltgedanken und im Zeichen von neuen Bewegungen wie dem WWF. Ferner befriedigten die Ausstellungen ein Bedürfnis nach Erlebnissen und Sensationen und hoben die Eintrittsfrequenzen markant an.

Der Sensationsaspekt hatte jedoch eine immanente Logik: die dauernde Steigerung; die nachfolgende Schau musste noch grösser, noch attraktiver sein als die vorausgehende. In dieser Hinsicht sei – obschon wir damit vorgreifen – auf die Wanderausstellung Saurier aus China (1990) hingewiesen, die das personell schwach dotierte Museum an seine Grenzen führte.[385] Die Spirale von immer attraktiveren, aufwendigeren, grösseren Sonderausstellungen kann sich unter diesen Umständen nicht beliebig weiter drehen.[386] Die Antwort der Zukunft könnte, nachdem für die Sonderausstellungen nicht dauernd noch mehr Aufwand betrieben werden kann und nachdem die Dauerausstellungen nicht mehr als so ‹dauerhaft› gelten können, ‹Sammlung› (statt Ausstellung) heissen, das heisst das Erleben der natürlichen Vielfalt und deren Werts durch eine Konfrontation des Besuchers mit der Vielfalt des Sammlungsgutes, wie auch immer dieses Ziel museologisch-ausstellungstechnisch zu erreichen wäre.

Arbeitsraum der Mineralogen im Museum zwischen der Aussenwand zur Martinsgasse und dem Ausstellungsraum der geologischen Sammlungen in den 1970er-Jahren.

4.3.7 Einblick in die Forschungen des Museums in den 1960er- und 1970er-Jahren: Geologie/Paläontologie

Bisher haben wir das Schicksal der Ausstellungen betrachtet, für deren grundsätzliche Erneuerung ja durch die Hofunterkellerung die Voraussetzungen geschaffen wurden. Wenden wir uns nun dem Betrieb *hinter* dem sichtbaren Ausstellungswesen zu. Die wissenschaftliche Sammlung und Forschung schien durch glückliche Umstände namentlich in der Geologie und der damit verbundenen Paläontologie begünstigt gewesen zu sein. Hans Gottfried Kugler (1893–1986)[387] hatte in der Karibik und im nördlichen Südamerika 1913–1959 (ab 1925 in Trinidad und Venezuela) Karriere gemacht und sich neben seiner Tätigkeit als Geologe im Solde von Erdölgesellschaften mit der Tierwelt beschäftigt. Dem Museum verbunden war er seit seiner Basler Schulzeit; einen Teil seines Studiums verdiente er sich als Assistent beim damaligen Geologen des Naturhistorischen

Museums, August Tobler. Er promovierte 1920 in Basel bei Schmidt und Preiswerk. Während seiner Tätigkeit als Erdölgeologe schickte er seit den 1930er-Jahren[388] kistenweise Material ins Basler Museum. Nach seiner Pensionierung kehrte er 1959 nach Basel zurück und widmete seine Arbeitskraft und sein Wissen ganz dem Museum. Diesem stellte er auch seine persönlichen Verbindungen nach Amerika zur Verfügung. 1968–1973 war Kugler (unbezahlter) Vorsteher der Geologischen Abteilung. Dank ihm und seinen Mitarbeitern (darunter befanden sich John Saunders, sein früherer Angestellter in Trinidad, der Konservator am Naturhistorischen Museum wurde,[389] sowie der seit 1961 am Museum tätige Privatassistent von Kugler, der spätere Museumsdirektor Peter Jung[390]) wurde das Museum ein Zentrum des geologischen und paläontologischen Wissens über die Karibik (und Mittelamerikas). Die Beziehungen nach Washington erlaubten es auch, Basel zu einem Zentrum der Aufbewahrung von Bohrkernen des ‹Deep Sea Drilling Projects›[391] zu machen. Die Smithsonian Institution in Washington brachte Jung 1967[392] dazu, Basel als Aufbewahrungsort der Bohrkerne zu akzeptieren, was dieser mit der Hoffnung verband, das Museum zu einem internationalen Forschungszentrum zu machen. Das gelang durchaus, nur waren in Basel die Ressourcen der Geologie fortan einseitig für diese Aufgabe gebunden. Der Zustrom von bis zu sechshundert wissenschaftlichen Besuchern pro Jahr und ein entsprechend intensiver Ausleihverkehr waren für das Haus an der Augustinergasse Freude und Belastung zugleich. Materielle Unterstützung für diese Aufgaben war vom Smithsonian nicht zu erlangen.

1972 feierte Kugler seinen 80. Geburtstag, und 1973 stand die Vorsteherschaft der von ihm geleiteten geologischen Abteilung zur Wiederbesetzung durch einen beamteten Leiter an. Von den beiden Kandidaten Luterbacher und Jung (beide Mikropaläontologen) wurde Kuglers früherer persönlicher Assistent Jung gewählt.[393]

Schaub, Kugler, Saunders und Jung bildeten für Basler Begriffe eine relativ breite personelle Basis für die Erforschung von Foraminiferen und fossilen Mollusken. Dabei waren die Erträge für die Erforschung der Geologie der Karibik und die Foraminiferen bedeutend, während die tertiären Mollusken und das ‹Deep Sea Drilling Project› für das Museum wie erwähnt auch negative Aspekte brachten.[394] Aber erst 1993 wurde auf Anregung der Kommission eine Serie von

Zeitungsartikeln zur wissenschaftlichen Bedeutung der Bohrkernsammlung aus den Meeresböden lanciert, nachdem sich die Kommission bei einer Besichtigung der Sammlung beeindruckt gezeigt hatte.[395] Dies war einer der seltenen Momente, in denen versucht wurde, die Forschungen des Museums in das Bewusstsein einer weiteren Öffentlichkeit zu heben. Sehr erfolgreich waren später, seit den ausgehenden 1980er-Jahren, die Arbeiten zur Paläontologie des Isthmus von Panama, die von Jeremy Jackson (Smithsonian Institution) initiiert worden waren und an denen das Museum durch Jung und den Präparator Antoine Heitz beteiligt war – das Basler Museum wurde zum Aufbewahrungsort und Kompetenzzentrum der Mollusken aus diesem Projekt.[396]

Wer von den Geologen und Paläontologen spricht, sollte Reinhart Gygi erwähnen, der jahrelang dem Museum diente und dessen Forschungen zur Biozonierung des Juras durch den Nationalfonds unterstützt wurden. Gygi war der Ammonitenspezialist, der die Kenntnisse der Geologie und Paläontologie des Juras massgeblich gefördert und durch seine präzisen Methoden erst eine modernen Ansprüchen genügende Zonierung hergestellt hat. Im Unterschied zu Jung und Saunders arbeitete er nicht in einem grösseren Projektverbund, sondern weitgehend allein.[397]

Anders als die Mikropaläontologie, die an der Basler Universität betrieben wurde, war die Säugetierpaläontologie in Basel eine rein museumsbasierte Wissenschaft. Hans Schaefer und der bereits genannte Osteologe Johannes Hürzeler vertraten dieses Fach am Museum. Diese Paläontologie der Säuger wurde in den Darstellungen der 1960er-Jahren in die Nähe zur Zoologie und damit zum Studium der rezenten Fauna gerückt, während die anderen Zweige des Faches deutlicher der Geologie zugeordnet waren. Offensichtlich sahen Rütimeyer, Stehlin und noch Hürzeler die Paläontologie der Säugetiere als eine Verlängerung des Studiums rezenter Arten in die (Erd-)Geschichte zurück. So konstruierte Schaefer eine Traditionsreihe aus Zoologen, die zu Säugetierpaläontologen wurden, beginnend mit Rütimeyer und Stehlin, und er sprach 1967 von einem «säugetierpaläontologischen Forschungszentrum am Naturhistorischen Museum in Basel» als einer «in dieser Form einzigartigen Einrichtung», die «seit jeher» mit der «zoologischen morphologischen und systematischen Forschung verbunden» gewesen sei.[398] Tatsache ist, dass das Basler Museum durch seine Spezialisierung

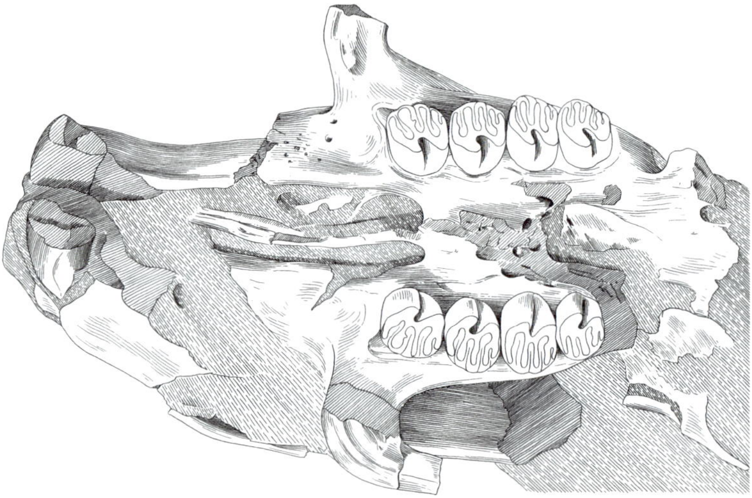

Zeichnung eines fossilen Otterschädels von Otto Garraux (1904–1989), freischaffendem Mitarbeiter der osteologischen Abteilung, aufgrund der Rekonstruktion des Paläontologen Johannes Hürzeler (1908–1995). Die Schraffuren bezeichnen Teile, die bei der Rekonstruktion ergänzt worden sind.

auf Säuger zum Ort einer der weltweit bedeutendsten Säugersammlungen wurde, auch wenn der wissenschaftliche Beitrag von Schaefer dazu nicht unbedingt gross war.[399] Schaefer widmete sich als führendes Mitglied der FDP der Politik im Grossen Rat, trug Schaubs Aktionen für die Verwirklichung der Unterkellerung und des Ausbaus dort loyal mit, publizierte aber wenig. Dabei konnte er sein Kommunikationstalent in Politik, aber auch bei Führungen und Berichtsredaktionen zur Geltung bringen.

4.3.8 Vorschlag einer Neuausrichtung um 1970

Die oben erwähnten Konflikte in der Osteologie hatten auch positive Effekte. Sie führten zu einer Debatte über die Ausrichtung der Forschung am Museum. Der unmittelbare Anlass für die Diskussion war die bevorstehende Pensionierung von Johannes Hürzeler 1971.[400] Vergleichbare Grundsatzdebatten waren 1818 geführt worden; damals trugen sie zum Konzept für das 1821 eingerichtete

Der technische Fortschritt erweitert auch die Möglichkeiten geologischer und biologischer Forschung: Ausstellung zur Landung der Amerikaner auf dem Mond 1970 (im Vordergrund rechts ist die Büste von Ludwig Rütimeyer sichtbar).

universitäre Museum bei. Die nächsten grundsätzlichen Erwägungen lieferten die Rechtfertigung für den Berri-Bau, der 1849 eröffnet wurde. Dann war der Tod von Peter Merian für Rütimeyer eine Gelegenheit, über Kontinuität und notwendige Erneuerung nachzudenken, wobei erstmals interessante Überlegungen, die einen Bruch mit der Vergangenheit denkbar, ja wünschbar werden liessen, formuliert wurden. Stehlin hatte um 1930 alle Ursache, die Verteuerung des Umbaus nach dem Auszug der Kunstsammlung zu rechtfertigen. In diesem Zusammenhang formulierte er einige Prinzipien, die eher die Vollendung einer Erbschaft von Initiativen als etwas grundsätzlich Neues darstellten. Schaub schliesslich propagierte vor allem die von ihm als neu präsentierte, wenn auch schon früher angedachte, grundsätzliche Trennung von Ausstellung und Sammlung sowie die Massnahmen für den Kulturgüterschutz. Spätere Standortbestimmungen werden wir in den 1980er- und 1990er-Jahren kennenlernen; diese waren eher reaktive Antworten auf externe Herausforderungen.

1971 wurde zunächst intern die Frage des Profils eines Nachfolgers für Johannes Hürzeler aufgeworfen. Der Input, der vom abtretenden Hürzeler erwartet und vor allem von Hottinger geleistet wurde, trug die Signatur von

Hottingers ausgesprochener Sensibilität für die damals neuen Erscheinungen im universitären und wissenschaftspolitischen Umfeld des Museums. Umbrüche an der Universität waren erkennbar an Symptomen wie dem Aufstieg des Biozentrums und dem Rücktritt Portmanns. Wir werden weiter unten zusätzlich die Versuche kennenlernen, auf das um 1970 sich neu durchsetzende Schlagwort ‹Umwelt› und ‹Umweltforschung› angemessene Reaktionen zu finden.

Der Status quo der Tätigkeiten im Museum, wie er unter anderem vom abtretenden Hürzeler repräsentiert wurde, zeigte einen Schwerpunkt auf Inventaraufnahmen und auf der Beschreibung fossiler Säuger vor dem Hintergrund von Fragen der vergleichenden Morphologie, gestützt namentlich auf Zähnchen. Für die Zukunft, so wünschte es sich ein Teil der Museumskommission, sollte nun eine Richtungsänderung vorgesehen werden; ferner sollte Hürzelers Nachfolger habilitiert oder habilitationsfähig sein und damit die Verbindung zwischen Museum und Universität, die Hürzelers Ehrendozentur ermöglicht hatte, aufrecht erhalten. Die Kommission einigte sich darauf, dass Hürzelers Nachfolger ein Paläontologe sein sollte, der sich (wie sein Vorgänger) mit höheren Wirbeltieren befassen, aber im Unterschied zu diesem funktionell-morphologisch arbeiten sollte, und der ein starkes wissenschaftliches Interesse sowie eine Verbindung zur Universität aufweisen solle. Dieses Profil sollte wohl auch eine Kandidatur des nach dem Weggang Hürzelers am Museum verbleibenden Osteologen *a limine* ausschliessen.

Hürzelers eigenes Exposé über seine Nachfolge, das er auf Ersuchen der Kommission und im Auftrag des Direktors Schaub am 27. September 1971 abgegeben hatte, setzte demgegenüber ausschliesslich auf Kontinuität zu seiner eigenen Arbeit und auf den Ausbau entlang dieser Linie (‹much more of the same›, würde man heute sagen): Drei Wissenschaftler sollten die bisherigen Arbeiten aufgreifen und weiterführen.

Hottinger forderte demgegenüber eine «neue Denkweise». In einem eigenen Diskussionspapier skizzierte er diese mit einem Hinweis auf den deutschen Sonderforschungsbereich Paläontologie am 12. Dezember 1971. Für Hottinger stand fest, dass Basel das einzige grössere und wissenschaftlich aktive naturhistorische Museum in der Schweiz habe. In dessen Existenz liege auch der Grund dafür, dass an der Basler Universität Morphologie eine Tradition habe. Ein neues

Element im Umfeld von Museum und Universität war das Biozentrum; die morphologische Forschung müsse nun danach trachten, aus der Forschung am Biozentrum Gewinn zu ziehen und sich dabei neu ausrichten (Portmann und einiger seiner Schüler hatten eine gegenteilige Position bezogen). Hottinger glaubte voraussehen zu können, dass die Umweltforschung, die Agrarforschung und die chemische Industrie künftig Bedürfnisse haben würden, die nur durch eine (erneuerte) Morphologie abgedeckt werden könnten. Basel sollte dabei einen Vorsprung gewinnen, indem es nicht etwa – wie in den USA oder Frankreich bereits geschehen – die Morphologie voreilig abbaue, sondern das vorhandene Potenzial nutze, um eine modernisierte Forschung zu betreiben und diese zu stärken.

Herkömmlicherweise erfülle der eine Teil der Morphologie (soweit diese innerhalb der Paläontologie betrieben werde) die Aufgaben einer Hilfswissenschaft für Erdwissenschaften. Systematik und Klassifikation definierten Formen als Messeinheiten; auf Basis dieser Definitionen würden statistisch erhärtete Aussagen über geologische Zeitalter und deren ökologische Räume möglich – mit andern Worten, Zeitalter und Räume würden durch die Zuordnung zu bestimmten Formen von Pflanzen und Tieren erkennbar. In ihrem anderen Teil sei Morphologie eine eigenständige Wissenschaft der Grundlagenforschung.

Hottinger lieferte 1971 einen ambitiösen Plan für die Neukonzeption der Morphologie als Grundlagenforschung unter Einbezug verschiedener Universitätsinstitute, die dafür kooperieren sollten. Aus forschungspraktischen (nicht aber aus grundsätzlichen) Überlegungen brauche es eine relative Arbeitsteilung zwischen Inventar und Systematik einerseits (diese sollten am Museum lokalisiert sein) und Grundlagenforschung andererseits (wäre an der Universität zu betreiben unter dem Einsatz teurer Apparaturen und mit Einbezug von Zellbiologie und Genetik).[401] Man erkennt die Einschränkung: Die schon von Stehlin explizit 1930 formulierte Komplementarität zwischen Museum und Universität sollte nur noch eine forschungspraktisch begründete Arbeitsteilung sein, die Hottinger nicht zu einem behaupteten Wesensunterschied zwischen Museumsforschung und Hochschulforschung hypostasieren wollte. Diese Arbeitsteilung müsste nach Hottinger vielmehr relativ bleiben; denn ein enger Kontakt zwischen beiden Seiten auf der Basis einer gemeinsamen Sprache und gemeinsamer Ziele sei unabdingbar.

Hottinger wandte sich strikte dagegen, dass die Museumsseite in dieser Kooperation bei der herkömmlichen Klassifikationsarbeit bleibe. Um dies zu verhindern, müssten an den Museen generell vergleichende Anatomie, funktionelle Morphologie (Zusammenhang von Form und Funktion) und die von ihm so genannte Konstruktionsmorphologie (Erklärung der Formen aus geometrischen und konstruktiven Notwendigkeiten) verstärkt werden, damit eine neue Denkweise verankert würde und nicht die Tradition «auf gewissen systematischen Spezialgebieten» einfach weitergehe.

Grundsätzlich akzeptierte die Kommission diese Stossrichtung am 15. Dezember 1971, und am 3. Mai 1972 wurde vor diesem Hintergrund nochmals bekräftigt, dass der verbleibende Osteologe nicht Hürzelers Nachfolge antreten könne. Wer aber wurde Nachfolger Hürzelers? Dieser Osteologe. Man gewinnt den Eindruck, dass Hottingers Vorstoss gar nicht zum Nennwert entgegengenommen wurde: Die Direktion rezipierte nur die schon seit Jahrzehnten etablierte Idee einer Komplementarität (Arbeitsteilung) zwischen Universität und Museum. Die vorgesetzten Behörden konnten sich keinen anderen Nachfolger für Hürzeler vorstellen, als den in politischen Kreisen bestens eingeführten und wortgewandten Mann, der bisher neben Hürzeler gearbeitet hatte und bereit stand, diese Stelle zu besetzen. Eine Neuausrichtung fand nicht statt.

Die grundsätzlichen Ideen sind aber für die Zeit um 1970 interessant. Sie zeigen, dass Alternativen zur Tradition denkbar waren und dass einzelne Persönlichkeiten radikale Veränderungen im Umfeld des Museums identifiziert hatten, welche nicht mehr in den Traditionen der Naturgeschichte standen. Man konnte also daraus schliessen, dass sich auch das Museum in eine neue Richtung bewegen müsste, um sich wissenschaftlich richtig zu positionieren. Wir werden aber weiter unten sehen, dass sich nicht das gesamte Umfeld schon um 1970 veränderte, sondern dass es bis zum Ende jenes Jahrzehnts an der Universität Basel noch ‹Brückenköpfe› gab, die eine Verbindung zwischen einem der naturgeschichtlichen Tradition weiterhin verpflichteten Museum und einer bestimmten Art universitärer Wissenschaft möglich machten. Der universitäre Stellenwert dieser Brückenköpfe war aber bereits schwächer, als er in den vorausgehenden Jahrzehnten gewesen war.

4.4 Rückkehr zur Sparpolitik und Beginn der externen und internen Evaluationen. Die 1980er-Jahre

Auf den Paläontologen und Geologen Hans Schaub folgte Urs Rahm als Museumsdirektor. Rahm war Zoologe, spezialisiert auf die Wildtiere Afrikas. Er war mit Rudolf Geigy und dem Tropeninstitut verbunden und arbeitete für internationale Organisationen in Afrika, zuletzt im Rang eines Direktors einer Forschungsstätte der UNO im damaligen Kongo.[402]

Rahm war 1925 geboren und in Riehen aufgewachsen, die Maturität hatte er 1946 am Realgymnasium Basel bestanden. Daraufhin studierte er in Basel Zoologie und schloss das Studium 1951 mit der Promotion ab. Unmittelbar anschliessend leitete er das Centre suisse de recherches scientifiques en Côte d'Ivoire.[403] 1955 kam er zurück und wurde vorübergehend Assistent am Tropeninstitut. 1958 übernahm er die Leitung der Abteilung Zoologie des IRSAC in Lwiro (Kongo). 1961–1962 hielt er sich in den USA auf, 1963 wurde er Generaldirektor des IRSAC und 1964 durch das UNESCO-PAS-Programm in dieser Eigenschaft finanziert. Bis 1965 lagen von ihm 52 Veröffentlichungen vor, in deutscher und französischer Sprache.

1968 war er einer von drei Bewerbern für die Nachfolge von Lothar Forcart als Vorsteher der Abteilung Zoologie am Basler Naturhistorischen Museum. Die beiden anderen Bewerber waren zwei Portmannschüler; der eine wirkte damals an der Universität Basel, der andere war Ernst Sutter, verdienter Ornithologe am Museum und interimistischer Abteilungsvorsteher Zoologie.[404] Rahm wurde den Mitbewerbern vorgezogen. Dies führte zu langwierigen Verhandlungen mit den Basler Behörden, da Rahm in Afrika ein viel höheres Einkommen erzielt hatte, als ihm die Basler staatlichen Stellen bieten wollten oder konnten.

So wurde eingedenk der Verbindungen zwischen Museum und Universität der Plan gefasst, Rahm zugleich mit der vorgesehenen Anstellung am Museum als besoldeten Extraordinarius an die Universität zu berufen. Dass er nicht habilitiert

Das Museumsteam zur Zeit des Direktors Urs Rahm (in der Mitte mit weissem Pullover).

war, galt offensichtlich nicht als Hindernis. Um die Basler Ausgaben zu entlasten, die mit dem Extraordinariat verbunden gewesen wären, sollte der Nationalfonds diese ausserordentliche Professur für Systematik finanzieren. Museumskommission und -direktion waren auf Rahm festgelegt; auch die Fakultät hatte am 2. Mai 1967 für Rahm ein Extraordinariat für ‹Systematische Zoologie› beantragt, allerdings unter der ausdrücklichen Bedingung, dass der Nationalfonds für die Kosten aufkommen solle. Inzwischen ernannte die Regierung Rahm zum Nachfolger von Lothar Forcart als Vorsteher der Zoologischen Abteilung des Museums (Beschluss vom 30. September 1968). Die Kuratel berichtete dem ED am 1. Oktober 1968, dass sie der Erteilung eines zweistündigen (nicht vierstündigen) Lehrauftrags und der Ernennung von Rahm zum Extraordinarius nicht abgeneigt sei. Sie hoffte immer noch auf ein Einlenken des Nationalfonds, riet aber, dessen Entscheid nicht abzuwarten, sondern gleich die zwei Stunden zu bewilligen. Der Nationalfonds lehnte die Finanzierung einer Professur für Urs Rahm zu Beginn des Jahres 1969 definitiv ab.[405]

Nun beantragte die Fakultät erneut einen vierstündigen (nicht zweistündigen) Lehrauftrag für Rahm (Fakultätsbeschluss vom 25. März 1969, der Kuratel am 31. März 1969 mitgeteilt). Jetzt meldete die Kuratel am 18. April 1969 beim kantonalen Erziehungsdepartement Widerstand an. Es gebe in der Zoologie gar keinen Bedarf nach einem Lehrauftrag von vier Stunden in dieser Art. Es sei auch keine besondere wissenschaftliche Qualifikation bei Rahm erkennbar, vielmehr sei der Antrag nur besoldungstechnisch begründet – zur Entlastung des Museumsbudgets. Da primär das Museum, nicht aber die Universität an Rahm interessiert sei, müssten Regierungsrat und Erziehungsdepartement eine andere Lösung suchen. Portmanns Nachfolger auf der zoologischen Professur, und als solcher auch Mitglied der Museumskommission, bestätigte in der Kommission, dass der Antrag für diesen Lehrauftrag bloss aus finanziellen Gründen auf vier Wochenstunden laute.[406]

Museumsdirektor Schaub intervenierte beim Kuratelspräsidenten (25. April 1969). Das Museum sei darauf angewiesen, eine internationale wissenschaftliche Reputation zu halten und sich zugleich als ‹Ausstellungsmuseum› zu profilieren. Dazu sein ein hervorragender Vorsteher der Abteilung Zoologie wie Rahm unentbehrlich. Zudem müsse die Verbindung zur Universität gewährleistet sein, wie dies für Schaub selbst, den Paläontologen Hottinger (damals Assistent am Museum und PD an der Universität), Graeser (Vorsteher Mineralogie am Museum und ebenfalls PD) und Hürzeler (Vorsteher Osteologie am Museum und Ehrendozent an der Universität) bereits der Fall sei. Ein Lehrauftrag in Systematik sei auch für die Universität wichtig. Da der Nationalfonds nicht zu einer Lösung Hand biete, müsse man die Freiwillige Akademische Gesellschaft um Hilfe bitten. Diese Intervention half zunächst nichts. Die Regierung lehnte am 1. September 1969 die Erteilung eines vierstündigen Lehrauftrags an Rahm ab und verlangte eine neue Stellungnahme der Fakultät.

Diese lag am 17. September 1969 vor. Die Zoologie-Professoren Nüesch und Stingelin (Nüesch war damals zugleich Dekan), unterstützt durch den Geologie-Extraordinarius und Museumsdirektor Schaub erklärten in der Fakultät, ein Lehrauftrag für Rahm bedeute eine wichtige Ergänzung für die Wissenschaft in Basel: Rahm würde die zoologischen Sammlungen des Museums für den Unterricht fruchtbar machen und zugleich dem Museum interessierte Studenten als künftige Mitarbeiter zuführen. Rahm habe ferner im Vertrauen auf eine positive Regelung in Basel seinen Vertrag mit der UNO, der am 30. November 1969 ablaufe, nicht verlängert. In diesem Sinne gelangte die Fakultät an die Kuratel (3. November 1969). Neu war dabei, dass sie jetzt nur noch einen *unbezahlten* zweistündigen Lehrauftrag für Rahm verlangte. Es hätte sich ein privater Gönner gefunden, der die Salärlücke aufzufüllen bereit war. Museumsdirektor Schaub eröffnete seinerseits der Kuratel am 5. November 1969, dieser Gönner sei Dr. h. c. Franz Werenfels. Man könnte notfalls auf die Erteilung eines Lehrauftrags verzichten, bräuchte aber die Ernennung zum Extraordinarius. Ausgeräumt werden mussten nur noch vorübergehende Missverständnisse und Unklarheiten darüber, wer die Besoldung nach einem eventuellen Ableben des Stifters sicherstellen würde.[407]

Die Frage der wissenschaftlichen Qualifikation von Urs Rahm hatte der Vorsteher des Erziehungsdepartements, Arnold Schneider, inzwischen selbstständig aufgegriffen. Er holte im Herbst 1969 Gutachten bei Biologen ein. Dabei hielt er sich an Persönlichkeiten, die er im Berufungsverfahren für die Nachfolge Portmann[408] kennengelernt hatte: Portmann selbst, Martin Lüscher in Bern, Ernst Hadorn in Zürich. Portmann äusserte sich sehr positiv und verlangte eine möglichst weite Umschreibung des Lehrgebiets für Rahm. Lüscher war kritischer: Rahm sei «wissenschaftlich einwandfrei, jedoch nicht ausgesprochen originell»; Rahm soll sich erst einmal als Privatdozent habilitieren, und die Fakultät soll ihn später zum Extraordinarius befördern. Auch Hadorn fiel die fehlende Habilitation auf, er hielt aber die Arbeiten von Rahm für gleichwertig mit einer Habilitation. Ihn «beeindruckt[e]» primär die Verwaltungsleistung von Rahm in Afrika, und ihm «imponiert[e], wie und in welchem Ausmass» er daneben noch wissenschaftlich arbeite. In Verhaltensforschung, Ökologie und Faunistik sei er «in jeder Hinsicht» für ein Extraordinariat qualifiziert.

Damit waren zwei Hindernisse ausgeräumt: Die Finanzierung war gesichert und die wissenschaftliche Qualität attestiert. Die Fakultät verlangte in einem neuen Anlauf nur noch, Rahm sei der Titel eines Extraordinarius zu verleihen (Antrag von Kuratel am 16. Dezember 1969 befürwortend an ED weitergeleitet); von einem bezahlten Lehrauftrag war nicht mehr die Rede. Ab 1970 war die Stellung von Rahm in Universität und Museum geregelt; Hans Schaub sorgte nun dafür, dass er rasch als stellvertretender Direktor des Museums eingesetzt wurde. Damit wurde offensichtlich auch die Weiche für Schaubs Nachfolge gestellt.

Trotz dieser Nebengeräusche etablierte sich Rahm als Vizedirektor des Museums und als universitärer Zoologe; er las an der Universität über afrikanische Wildtiere und afrikanische Ökologie. Er vertiefte als Extraordinarius die engen Beziehungen des Museums nicht nur zur von Portmanns Nachfolgern Stingelin und Nüesch geführten Zoologischen Anstalt, sondern auch zum Tropeninstitut von Rudolf Geigy. In Basel entwickelte Rahm ein lebhaftes Interesse für die regionalen Säuger und arbeitete mit einer Studentengruppe faunistisch. In diesem Zusammenhang zeigte das Museum auch Ausstellungen über Fledermäuse oder Wildschweine.

Der Zoologe Urs Rahm löste nun 1979/80 den Geologen, Paläontologen und Nummuliten-Spezialisten Hans Schaub in der Direktion des Museums ab. Im Unterschied zu seinen Vorgängern trat Rahm ein ausgebautes Museum an, das über grosse Magazinräume verfügte und die Trennung zwischen Dauerausstellung und Sammlung im Prinzip definitiv vollzogen hatte. Allerdings war die Neugestaltung der Dauerausstellungen noch nicht abgeschlossen, sodass ein Teil der personellen und materiellen Ressourcen weiterhin durch die Umgestaltung gebunden blieb. Die schon von Handschin und Schaub geförderten Verbindungen zur Universität blieben unter Rahm gewahrt oder wurden noch weiter entwickelt – universitäre Diplomarbeiten und Dissertationen wurden regelmässig am Museum geschrieben und betreut. Dafür sorgte ausser Urs Rahm der Mineraloge Stefan Graeser, der wie schon im vorausgehenden Jahrzehnt die Verbindungen zwischen dem Museum und der universitären Mineralogie aufrecht erhielt.[409] Mit Lukas Hottinger hatte das Museum nach kurzer Zeit einen Paläontologen an die Universität abtreten müssen, der seinerseits mit der Augustinergasse in Verbindung blieb.

Im Zusammenhang mit den Sparbestrebungen, auf die wir weiter unten eingehen werden, wurde dieses wie andere Museen einmal mehr aufgefordert, ‹näher› zur Einwohnerschaft zu gehen, sich weiter zu ‹öffnen›. In den 1980er-Jahren beanspruchten deshalb die Museumsdidaktik und das Ziel, Besucherzahlen durch Wechselausstellungen hochzutreiben, einen zunehmend grösseren Stellenwert. Das Museum blieb für die Regierung vor allem ein Kostenfaktor und als solcher ein Problem. Legitimation suchte die Politik in Besucherzahlen, während die Selbstdarstellung des Museums unter diesen Umständen nicht einfach war. Der Spardruck frustrierte die Hoffnungen, das Museum als wirklich florierenden und vor allem in seinen umfassenden und vielfältigen Leistungen politisch anerkannten Betrieb zu erleben.

Dennoch wurde auch unter diesen Umständen rege wissenschaftlich publiziert, und der Strom auswärtiger Sammlungsbenützer riss nicht ab. Hatte das Museum 1980 bei der ‹Grün 80› noch den Moment verpasst, statt des Fantasie-Sauriers der Migros eine nach wissenschaftlichen Erkenntnissen gestaltete Repräsentation solcher Tiere einzubringen,[410] so gelang es danach, publikumswirksame Sonderausstellungen zu diesem und anderen attraktiven Themen aufzubauen oder einzukaufen. Neben den wissenschaftlichen Veröffentlichungen produzierte das Museum seit den 1960er-Jahren halbpopuläre Führer und Kataloghefte zu den Ausstellungen.

Aufschlussreich ist die Akzentsetzung, die das Museum in solchen für die weitere Öffentlichkeit bestimmten Publikationen vornahm, ging es doch darin um die Selbstdarstellung und die Identität der Institution. Noch 1980 präsentierte sich das Museum in einem aufwendig gestalteten Buch in der Tradition der Kuriositätenkabinette; seinen Wert sah es in den aufbewahrten ‹Raritäten›, von denen allerdings das breite Publikum wenig in der Ausstellung zu sehen bekam. Umso wichtiger war es, Schätze aus dem ‹Archiv› wenigstens in farbigen Abbildungen ins rechte Licht zu rücken. Geplant war dieses Buch ursprünglich als Gesamtführer für das Museum. Daraus wurde der Band ‹Raritäten und Curiositäten der Natur›, der bis Ende 1981 bei einer Gesamtauflage von 3000 Stück 800 Mal verkauft und mit einem Buchpreis ausgezeichnet wurde.[411]

Zur Frage der Akzentsetzung gehören auch die Themen für die seit der Hofunterkellerung noch nicht fertig eingerichteten Dauerausstellungen. Für ein Naturhistorisches Museum interessant ist die Frage, ob man Evolution zum Gegenstand einer Dauerausstellung machen soll – in der Basler Tradition der Naturgeschichte war Evolution im Sinne des Darwinismus kein Thema, das vorbehaltlos auf Zustimmung stiess. Für die wissenschaftliche Positionierung des ‹Archivs› gegenüber der Öffentlichkeit nicht unwichtig war die Frage, ob man allenfalls auch die Sammlung und deren systematische Erschliessung mit einem in der Ausstellung explizit gemachten Bezug auf die Evolution legitimierte oder nicht.

1984 legte Direktor Rahm zusammen mit Mitarbeitern einen Plan für die Schaffung einer Dauerausstellung zum Thema Evolution vor. Leider haben wir keine Hinweise auf die konkrete Ausgestaltung des Themas. Bevor der Plan der Museumskommission unterbreitet wurde, war er bereits mit dem damaligen Vorsteher des Erziehungsdepartements Striebel, mit dem kurz vorher berufenen Zoologieordinarius Stearns und mit dem Vizedirektor des Museums, Jung, besprochen worden. Die Inhalte blieben lange unbestimmt. 1984/85 sollte eine Arbeitsgruppe Zielsetzungen und Inhalte präzisieren, war doch im Herbst 1984 noch unklar, was die «Botschaft» (zentrale Aussage) der Ausstellung sein soll. In der Kommission schlug Hottinger vor, man solle zuerst eine Publikation erarbeiten und daraus dann eine Art «Drehbuch» für die Ausstellung ableiten.

Grundsätzlich-inhaltliche Fragen wurden jedoch überschattet durch Geldfragen. Rahm erhoffte sich für die Ausstellung einen Kredit des Kantons. Dafür hätte man 1988 ein Ratschlag (Vorlage ans Parlament) fertig haben müssen, und 1989/90 hätten entsprechende Umbauten im Haus durchgeführt werden sollen.

Das Thema ‹Evolution› wandelte sich im Vorbereitungsprozess zum Thema ‹Leben auf der Erde›. 1987/88 wurde dieses Vorhaben aus dem Investitionsprogramm der Regierung für die Periode 1988–1992 ersatzlos gestrichen.[412]

Rahms Direktorenzeit war ähnlich wie die zweite Phase der Direktionszeit von Schaub durch Sparmassnahmen der Regierung geprägt. Neben eher kleinlichen Aspekten wie der Idee, man solle Jahresberichte nicht mehr drucken lassen oder diese nur noch alle zwei Jahre herausbringen (Rahms Nachfolger hat dann die Lösung gefunden, den Jahresbericht auf private Kosten drucken zu lassen), waren harte Massnahmen vorgesehen, die der Direktor nicht abwenden konnte. Im Unterschied zur früheren Sparpolitik hatten die Überlegungen der 1980er-Jahren eine neue, grundsätzliche Qualität. Sie standen in einem internationalen Kontext der Forderung nach ‹weniger Staat›, ‹Value for money› und waren mit neuen betriebswirtschaftlichen Ideen verbunden. ‹New Public Management› zeichnete sich als Diskussionsthema ab, und dies bedeutete zunächst einmal zusätzlich zu klassischen Kürzungsauflagen, dass die vom Staat getragenen Institutionen Gegenstände von Tätigkeitsanalysen wurden.

Die Sparauflagen herkömmlicher Art begannen beim Amtsantritt von Rahm als Direktor des Museums mit der Streichung der Stelle eines Vorstehers der Zoologischen Abteilung. Entgegen den begründeten Protesten von Schaub und der Kommission sollte Rahm zugleich als Direktor wirken und diejenige Abteilung weiter leiten, der er vorher vorgestanden hatte. 1983 beschloss das Erziehungsdepartement eine Kürzung der Mittel um 10%, zusätzlich zum seit 1974 vollzogenen 10%-Abbau. Diesmal sollte der Gegenwert von Fr. 260 000 eingespart werden, was sowohl die Sachmittel als auch die Personalmittel betraf. Das Museum entschied erneut, weder bei den Wissenschaftlern noch bei der Öffentlichkeitsarbeit abzubauen. Nach einem Bericht, den das ED hatte erstellen lassen, sollten vor allem Aufseherdienste abgebaut werden, und dies bei neuen, durchgehenden Öffnungszeiten von 10 bis 19 Uhr.[413] 1986 schliesslich erfasste ein ‹moderner› Stil der Sparpolitik das Haus an der Augustinergasse: Das Museum wurde im Rahmen einer erneuten Sparanstrengung zusammen mit anderen staatlichen Anstalten Gegenstand einer externen, von der Regierung angeordneten Tätigkeitsanalyse (ausgeführt durch das Betriebswirtschaftliche Institut der Universität).

Das Museum erhielt dabei Gelegenheit, bis Sommer 1987 eine Selbstdarstellung (‹Museumskonzept›, eine Art interner Selbstevaluation) zu verfassen. Zwanzig Jahre nach Schaubs Thesen zur Museumsarbeit wurde erstmals wieder eine Grundsatzdebatte über den künftigen Weg des Museums geführt, nun aber nicht im Zeichen des Ausbaus, sondern unter dem Zwang zum Abbau.

Ein erster Entwurf, den Peter Jung als Vizedirektor verfasst hatte, wurde in der Kommission zerzaust (11. Dezember 1986). Danach erstellte jede Abteilung ein separates Konzept, und diese Manuskripte wurden von einer Konzeptgruppe aus Museumsmitarbeitenden zusammenredigiert. Kritik an diesem Papier äusserten in der Kommission vor allem zwei Universitätsprofessoren. Der eine wollte eine Berücksichtigung ökologischer Fragen, eine klare Ausrichtung auf die Zukunft und einen Abbau der Wissenschaftlerstellen zugunsten der Techniker (das genaue Gegenteil zur Stossrichtung von Schaub und Rahm); ausserdem fehlte ihm eine deutliche Aussage zur Zukunft der Anthropologischen Abteilung und ein begründetes Plädoyer für Systematik (29. Januar 1987). Der andere griff das Argument für Ökologie am Museum auf; man denke in Basel zu traditionell und wolle zu sehr das Bestehende einfach weiterführen. Angesichts der Dringlichkeit der Umweltkrise müsste es relativ einfach sein, für ökologische Problemstellungen zu Krediten zu kommen. Zwei weitere Persönlichkeiten verlangten eine Berücksichtigung der Pflanzen am Museum: Zur Naturgeschichte gehöre auch Botanik.

Direktor Rahm lehnte das ab, da er fürchtete, man müsse eine botanische Abteilung schaffen auf Kosten der bisherigen Abteilungen, es wurde aber allgemein anerkannt, dass ein grosses Risiko bestand, dass die systematische Botanik in Basel an der Universität untergehe. Die Kritik an fehlenden Visionen beantwortete Rahm damit, dass der Personalabbau zu grossen Spannungen im Personalsektor führe, zusätzliche Aktionen seien deshalb kaum denkbar. Die Forderung nach einer neuen, klaren Schwerpunktsetzung wurde von der Kommissionsmehrheit verworfen mit dem Argument, dass der Entscheid über Schwerpunkte bereits Jahrzehnte zurückliege und dass es nicht klug wäre, jetzt umzusteuern (23. April 1987).

Im Mai 1987 wurde aufgrund dieser Diskussion ein neuer Entwurf der Selbstdarstellung geschrieben. Dieser umfasste folgende Punkte:[414]

- Seit 1849 bestehe die heute noch geltende Verbindung von Sammlung, Forschung und Ausstellung wie auch der selbstverständliche Zusammenhang mit der Universität.
- Sammeln, Forschen und Ausstellen seien die Grundpfeiler der Museumsaufgaben.
- Die Sammlungspolitik werde durch Schwerpunkte in der Forschung festgelegt: Systematik, Taxonomie, Morphologie, Ökologie. Zur Sammlung und zu den Schwerpunkten wurde bemerkt: Die bestehenden Schwerpunkte basierten auf jahrzehntelangen Investitionen. Ein Wechsel würde eine Abschreibung dieser Investitionen bedeuten. Konservatoren müssten so ausgewählt werden, dass sie *bestehende* Schwerpunkte weiterpflegen. «Naturkundliche Sammlungen können nie vollständig genug sein.» «Die wissenschaftliche Tätigkeit am Museum ist nicht beeinflusst von wirtschaftlich-technologischen Erfordernissen, wodurch Disziplinen gepflegt werden können, die andernorts, z.B. an Universitäten, vernachlässigt werden müssen.»
- Hinzu kämen Dienstleistungen für Publikum, Universität und die internationale Wissenschaftliche Gemeinschaft.
- Sammlung und Forschung bildeten zusammen die Grundlage für die Ausstellungen und die Öffentlichkeitsarbeit. Ausstellungen und Öffentlichkeitsarbeit prägten in erster Linie das Bild der Öffentlichkeit vom Museum.
- Künftig müsse Botanik einbezogen werden.
- Sammlungen seien Kulturgüter, deshalb sei der Werterhalt ein Ziel. Der Wert der Sammlungen wurde dabei für 1986 auf Fr. 102 587 000 geschätzt.
- Forschung am Museum sei «mehr denn je aufgerufen und in der Lage, Beiträge zur Bewältigung der gegenwärtigen ökologischen Krisensituation zu liefern».
- Neue Wege (welche wurde nicht gesagt) in Ausstellungswesen und Öffentlichkeitsarbeit seien nötig. Kinder und Jugendliche sollten als Zielpublikum besonders gepflegt werden. Das Museum «ist verpflichtet, der Bevölkerung die Augen für die Belange der Natur als Lebensgrundlage des Menschen und seiner Mitgeschöpfe zu öffnen.»

- In der Liste der Forschungsprojekte in den Abteilungen wurden als Schwerpunkte markiert:
  - Paläoanthropologie, Paläopathologie,
  - Coleopteren (Käfer), Ameisen (nicht [mehr] betreut, aber Sammlungsschwerpunkt), Fliegen (nicht betreut),
  - Ammoniten, fossile Mollusken, Foraminiferen,
  - systematische Mineralogie, alpine Mineralgenese,
  - tertiäre Kleinsäuger, tertiäre und plesitozäne Säuger,
  - Ornithologie, Herpetologie, Acarologie, Spinnen (nicht betreut), rezente Mollusken (nicht betreut).

Im Blick nach vorn wurden zusätzliche Stellen gefordert, die Frage der Zukunft der Anthropologie (eine «Belastung» für das Museum) und der Angliederung einer Abteilung Botanik weiter diskutiert, ferner die Entwicklung der Sammlungen sowie der zugehörigen Forschung behandelt, jeweils im Hinblick auf die Notwendigkeit zusätzlicher Stellen. Die Redaktoren hatten sich also darauf geeinigt, nicht einfach eine Sparpolitik umzusetzen, sondern im Wesentlichen die Bedeutung des Bestehenden zu unterstreichen und aufzuzeigen, dass das Museum zusätzliche Ressourcen erhalten, nicht Mittel abgeben müsste.

In der Zwischenzeit lag ausser der ‹Betriebsanalyse der staatlichen Museen› des Betriebswirtschaftlichen Instituts der Universität ein Bericht von R. Füeg vor, der im Auftrag des Erziehungsdepartements seinerseits ein ‹Konzept für die staatlichen Museen im Kanton Basel-Stadt› verfasst hatte. Auf dieser Grundlage legte das Departement schon am 18. August 1987 dem Gesamtregierungsrat einen Bericht vor, das heisst einen Monat vor Ende der Frist, innerhalb welcher die Museen zum Konzeptpapier Füeg hätten Stellung nehmen können. Auch wurde das Konzeptpapier des Naturhistorischen Museums im Bericht des Departements an den Regierungsrat nicht erkennbar berücksichtigt (meinte man jedenfalls am Naturhistorischen Museum). Dafür war jetzt klar, dass die Überlegungen der Regierung darauf abzielten, die Museen zusätzlich zu ihren bisherigen Aufgaben als Attraktivitätsfaktoren für das Stadtmarketing zu instrumentalisieren. Rahm fasste diese Stossrichtung so auf, dass künftig die Aussenwirkungen der Museen Priorität hätten, vor Sammlung, Konservierung und wissenschaftlicher Arbeit. Ohne eine Vermehrung des Personals war er nicht gewillt, diese Zusatzfunktion (Attraktivitätssteigerung für die Stadt) zu übernehmen.[415]

Die Regierung stellte den Ausbau der Zentralen Dienste für die Museen in den Mittelpunkt der Resultate, welche die Analysen und die Konzeptarbeiten gebracht hätten. Dieser Plan eines Ausbaus der Zentralen Dienste wurde 1988 auf eine zentrale Didaktikstelle redimensioniert, die vorübergehend in den Planungen die Gestalt einer Stelle einer oder eines Beauftragten für Information und Koordination annahm. 1990 wurde eine regierungsrätliche Delegation für Museumspolitik geschaffen, die strukturelle Überlegungen zur Verbesserung von Organisation und Leistungsfähigkeit der Museen anstellen sollte. Im folgenden Jahr proklamierte die Regierung die Museumspädagogik als Schwerpunkt. 1992 hob sie die Eintrittspreise an und reduzierte die Zahl eintrittsfreier Sonntage. 1993 mündeten dann diese Bestrebungen in das Programm einer Überprüfung und Redimensionierung der Staatsaufgaben (‹REKABAS›), und 1994 in die Arbeit am ‹Leitbild für die Basler Museen›. Darauf werden wir zurückkommen.

Rahm trat im Februar 1990 in den Ruhestand. Der Regierungsrat beschloss, den bisherigen Vizedirektor Peter Jung als Direktor einzusetzen. Gleichzeitig wurde die bei Rahms Ernennung zum Direktor aufgehobene Stelle eines Leiters der Zoologischen Abteilung zur Wiederbesetzung auf den 1. Mai 1990 freigegeben.[416] Mit Peter Jungs Ernennung wurde wie bei derjenigen Rahms eine ‹Hausberufung› vollzogen; zugleich bedeutete seine Ernennung einen Fachwechsel in der Direktion von der Zoologie zurück zu Geologie und Paläontologie. Zur Zeit der Direktion Jungs gelangte das Museum in ein noch schwierigeres Fahrwasser als zu Zeiten seines Vorgängers, bestimmt durch die weiteren Sparpläne der Regierung in der Krise der beginnenden 1990er-Jahre.

4.5 Das Museum um 1990. Eine Zwischenbilanz

Was als Modernisierungsphase begonnen hatte, in den 1960er-Jahren zur Schaffung räumlicher Voraussetzungen für die Trennung von Sammlung und Ausstellung und damit für eine Neukonzeption der Letzteren geführt hatte und nach den Plänen der 1960er-Jahre (wenn auch gebremst) noch immer als unabgeschlossener Modernisierungsprozess weiterlief, entwickelte sich gegen Ende des Jahrhunderts zu einer Krise. Die geplante Modernisierung hätte vorausgesetzt, dass die Ressourcen in ausreichendem Umfang und hinreichend kontinuierlich verfügbar gewesen wären, um den Prozess zügig, wenn möglich noch in den 1970er-Jahren, abzuschliessen und danach auf einem neuen, höheren Niveau das modernisierte Haus zu betreiben. Wer die wesentlichen Ressourcen dafür vom Staat erwartete, musste den Eindruck gewinnen, die Regierung und das Parlament hätten 1965 ein grosszügiges Versprechen gemacht, aber nur die vier Kelleretagen und noch die Zwischenböden finanziert und danach den Elan der Museumsleute gegen eine Wand von Sparmassnahmen laufen lassen. Gleichzeitig verlangte die Politik ‹Öffnung›, die auch nicht ohne Kostenfolgen zu realisieren war. Das Ergebnis war Improvisation und Frustration.

Die Umsetzung der Parole ‹Öffnung› führte dazu, dass sich das Museum der städtischen Öffentlichkeit mehr und mehr als pädagogische Anstalt präsentierte, die Schulklassen in die Naturkunde einführte und die Bürgerschaft durch Wechselausstellungen mit Themen des Naturschutzes konfrontierte. Ein Kinderprogramm stand faktisch so neben einem Programm der Erwachsenenbildung.[417] Das Wissen über die fachwissenschaftliche Bedeutung des Museums beschränkte sich zunehmend auf einen kleinen Kreis Eingeweihter, die als freiwillige Mitarbeiter in der Tradition ihrer Vorgänger im 19. Jahrhundert die Verantwortung für ganze Bestände trugen oder als angestellte Kuratoren neben der grossen Last ihrer musealen Amtspflichten, der Vermittlung an Laien und der Konzeption von Dauer- und Wechselausstellungen noch Forschungsarbeiten publizierten und teilweise als Dozenten zum Unterricht der Universität beitrugen. Diese Aktivitäten entfalteten sich weiterhin innerhalb von Abteilungen, die ihre eigenen Traditionen und Identitäten hatten.

Im Rückblick waren diese Tätigkeiten gemessen an den verfügbaren Ressourcen jedoch beachtlich. Die Publikationslisten zeigten eine interessante Mischung von Veröffentlichungen in lokalen Zeitschriften, internationalen Aufsätzen und Handbuchbeiträgen, eine Mischung aus Publikationen, die von Museumsmitarbeitern verfasst waren, und solchen, die externe Benützer der Bestände geschrieben hatten.[418] Internationale Kontakte waren nicht mehr wie früher primär Ferien- und Kongressreisen, sondern Teil des wissenschaftlichen Austausches innerhalb der Vertreter des jeweiligen Spezialgebietes. Kugler vermittelte Verbindungen nach Venezuela, Ecuador und Trinidad, die für Geologie und Paläontologie interessant waren (Auswirkungen der Bildung des Isthmus von Panama auf das Artenspektrum und andere Themen). Hürzeler suchte nicht nur erfolgreich in Italien nach fossilen Primaten, er nutzte auch Verbindungen nach Katalonien, um dort Grabungen zu organisieren oder sich an solchen von lokalen Forschern zu beteiligen. Aus dem Basler Museum stammte eine umfangreiche Darstellung der ‹Fauna of Saudi Arabia›.[419] Museumsmitarbeiter zeigten seit Ende der 1950er-Jahre das klassische Muster der Zeitverwendung in forschenden, aber nicht ausschliesslich der Forschung gewidmeten Museen:[420] Verwaltungsarbeit, Besucherbetreuung, Sammlungserschliessung, Ausleihverkehr und Kampagnen im Felde zur Mehrung der Sammlungen; hinzu kam das Einwerben von Spenden und die Pflege der Beziehungen zu Mäzenen, eigene Publikations- und Vortragstätigkeit, die Mitwirkung in lokalen naturforschenden Vereinigungen, oft die Redaktion von deren Zeitschriften, dazu die Redaktion populärwissenschaftlicher Texte, Führungen für Laien und Schulkinder. Der Ornithologe Ernst Sutter war als wissenschaftlicher Angestellter des Museums zeitweise die Schlüsselfigur der Vogelkunde in der Schweiz und der Ausbildung des wissenschaftlichen Nachwuchses in seinem Fach. Sehen wir uns als Beispiel seine Leistungen näher an.

Ernst Sutter wurde 1914 in Basel als Sohn eines Chemikers und einer Lehrerin geboren. Noch als Gymnasiast liess er sich vom Arzt und Schriftsteller Arnold Masarey (1882–1951)[421] für die Vogelkunde (insbesondere den Vogelzug über die Alpen) begeistern. Er studierte in Basel Zoologie und promovierte 1943 mit einer Arbeit über das Wachstum von Vogelhirnen bei Portmann. Portmanns Themenstellungen waren für viele seiner späteren Publikationen wegweisend: Vergleiche der Entwicklung verschiedener Vogelarten (Jugendentwicklung), Studien zur Vogelfeder und zur Mauser. Nach der Promotion arbeitete er für die landwirtschaftliche Versuchsanstalt Wädenswil und dann einige Zeit als Assistent an der Universität Zürich bei Ernst Hadorn (1902–1976). 1945 übernahm Sutter als Konservator die Betreuung der Vogelsammlung am Naturhistorischen Museum, zuerst halbtags, ab 1951 ganztags. Sutter wurde interimistischer Leiter der Abteilung Zoologie, nachdem Forcart 1967 pensioniert worden war und sich Rahms Ernennung verzögerte.[422] Ein wichtiges Ereignis in seinem Leben war die Sumba-Expedition 1949, die das Naturhistorische gemeinsam mit dem Völkerkundlichen Museum durchführte.[423] 1954 organisierte er, damals noch im Schatten Portmanns stehend, den 11. Internationalen Ornithologenkongress in Basel. Dank Sutter wurde das Basler Museum zusammen mit der Vogelwarte Sempach (Alfred Schifferli, später Bruno Bruderer[424]) zum Zentrum der Schweizer Vogelkunde. Ausser seiner Tätigkeit als Forscher (95 Veröffentlichungen, Ehrungen: Ehrenmitglied der Schweizerischen Gesellschaft für Vogelkunde und Vogelschutz Ala, Honorary Fellow der American Ornithologists' Union, korrespondierendes Mitglied der Deutschen Ornithologischen Gesellschaft und der Nederlandse Ornithologische Unie, Ehrenpräsident des 23. Internationalen Ornithologenkongresses) und Sammlungsbetreuer war Sutter ein Pionier der Verwendung von Radar für das Studium nächtlicher Vogelzüge, wofür er ab 1954 die Einrichtungen des Flughafens Kloten bei Zürich nutzen konnte. Mindestens so bedeutend wie seine eigenen Forschungen war seine Rolle als Betreuer von Abschlussarbeiten und Dissertationen in Ornithologie für Studierende bei Portmann und Stingelin. Zudem redigierte er den Ornithologischen Beobachter und veröffentlichte populärwissenschaftliche Darstellungen, die ein zahlreiches Publikum erreichten (darunter vier Silva-Bücher). Sutter war ein sorgfältiger und erfolgreicher Gestalter von Ausstellungen (‹Einheimische Vögel›), der viel Zeit darauf verwendete, seine Arbeiten zu perfektionieren. 1980 wurde der Kunst- und Musikliebhaber pensioniert und arbeitete danach bis kurz vor seinem Tod 1999 als ehrenamtlicher Mitarbeiter weiterhin für das Museum.[425]

1970 wurde die von Ernst Sutter (1914–1999), Leiter der Ornithologischen Sammlung, und dem Künstler Kurt Brägger (1918–1999) neu gestaltete Ausstellung einheimischer Vögel eröffnet. Lebensweise und Habitat von Vögeln dominierten zum ersten Mal das Ausstellungskonzept.

Die Entomologen begaben sich auf Exkursionen nach Madagaskar und bis in den Himalaya, sie studierten aber auch Milben im Nationalpark. Auch in der zweiten Hälfte des 20. Jahrhunderts war ehrenamtliche Arbeit ein wichtiger Faktor für den Erfolg der wissenschaftlichen Tätigkeiten. Nicht nur wirkten verschiedene Forscher ohne Bezahlung (andere waren vom Schuldienst freigestellt für die Museumsarbeit, was nach deren Pensionierung jeweils eine Lücke in den Museumsetat riss) und finanzierten zusätzlich zu ihrer Arbeit im Haus an der Augustinergasse ihre Forschungsreisen selbst. Auch angestellte Mitarbeiter verwendeten weiterhin ihre Freizeit auf Arbeiten für das Museum, forschten in den Ferien oder finanzierten die Forschungsarbeiten insgesamt aus eigenen Mitteln.

Während es eindeutig ist, dass diese Art des an Selbstausbeutung grenzenden Enthusiasmus für viele Jahrzehnte eine Erfolgsvoraussetzung gewesen war und man diesen Einsatz für die Wissenschaft vorbehaltlos bewundern muss, sollte doch auch gesehen werden, dass es sich hierbei um eine gewissermassen ‹vormoderne› Art der Forschungsorganisation und -finanzierung handelte. Das Museum hatte bis gegen Ende des 20. Jahrhunderts aus Mangel an öffentlichen Mitteln und Mangel an verstetigter und umfangreicher privater Förderung[426] den Schritt zur strukturellen Modernisierung nicht wirklich vollziehen können, der in der Reorganisation von 1956 angelegt gewesen war. Eine Nebenwirkung davon war die relativ enge Handhabung ihrer Aufsichtsfunktionen durch die Kommission.

Hingegen vertiefte sich die strenge Aufteilung des wissenschaftlichen Betriebs nach Abteilungen und Unterabteilungen noch, die der Spezialisierung im akademischen Bereich nachempfunden war. Im Ergebnis präsentierte sich das Museum trotz begrenzter Ressourcen in der Art einer universitären Fakultät mit mehreren Instituten und gegeneinander abgeschlossenen Lehrstühlen als kleinen Königreichen. Dies entsprach vermutlich der Vision von Rütimeyer und Stehlin, aus dem Museum ein wissenschaftliches Institut zu machen, den Universitätsinstituten vergleichbar, aber doch im Wesen verschieden und in der Funktion für die Wissenschaft komplementär zur Forschung an Hochschulen. Das Ziel der Öffnung, welches schon in den 1930er-Jahren Regierungsrat Fritz Hauser dem damaligen Museumsleiter Stehlin ins Stammbuch geschrieben hatte und welches unter Schaub durch die strikte Trennung von Schau und Sammlung hätte erreicht werden sollen, drohte spätestens seit den 1980er-Jahren in eine Ressourcenkonkurrenz mit dieser wissenschaftlichen Wesensbestimmung zu geraten.

Ausserdem führten die trotz Prekarität vorgenommenen Modernisierungsschritte teilweise zu ambivalenten Resultaten. So könnte man die Umgestaltung des Hauses, die primär dem Ziel der Gewinnung von Fläche – Ausstellungsfläche, Magazinfläche – diente, auch als Gefährdung des Kulturguts, des architektonischen Erbes ansehen, welches der Berri-Bau an der Augustinergasse insgesamt

Ausstellungssaal der Zoologischen Sammlung im ersten Stock des Hauptgebäudes an der Augustinergasse zwischen 1870 und 1890.

darstellt. Nur Fassade, Eingangsbereich und Treppenhaus wurden als Kulturdenkmal respektiert; der Rest war für die Museumsleute einfach optimal zu nutzender, aber teilweise für ihre Bedürfnisse unzureichend gestalteter Raum und Fläche. Diese Einstellung erinnert an die ältere Auffassung von Denkmalschutz: Man beschränkte sich auf den Schutz von Fassaden und einigen charismatischen Aspekten und liess der Umnutzung, sprich Zerstörung der Substanz in anderen Bereichen freien Lauf, statt das Ensemble in seiner Formen- und Raumsprache in den Blick zu nehmen. Die Fotografien, die Höflinger in den ‹pompejanisch› ausgemalten Ausstellungsräumen aufgenommen hat,[427] lassen erahnen, dass das Museum heute eine besondere Attraktion vorweisen könnte, wenn es wenigstens einen oder zwei Ausstellungsräume im Stil des 19. Jahrhunderts zeigen könnte – nicht als verstaubtes Relikt, sondern im vollen Glanz, der dem damaligen Stolz der Bürgerschaft auf ihr neues Museum entspräche.

Ein Kunstwissenschaftler bilanzierte die Veränderungen, die der Berri-Bau zwischen seiner Eröffnung 1849 und den Umbauten der 1970er-Jahre erfahren hatte, 1999 mit harten Worten:

Umbau des Ausstellungsraums mit Oberlicht im obersten Stock des Museums in den 1980er-Jahren, wo sich bis 1932 die Räume der Kunstsammlung befunden hatten.

> «Im Laufe der Jahre verstümmelte man Berris Architektur. Sie ist unklar und verwirrend geworden und hat ihre Wirkkraft verloren. Die unbeholfenen Einbauten lassen Berris Architektur als Flickwerk und verstaubt erscheinen. Man muss sich entschliessen, dieses bedeutende Bauwerk des schweizerischen Klassizismus wieder in den ursprünglichen Zustand zurückzuführen und ihm eine einzige Aufgabe zuteilen, nämlich darin das Museum der Kulturen einzurichten.»[428]

Solche Andeutungen von Auszugs- oder Umzugsplänen waren nicht aus der Luft gegriffen. 1999 wurde auch in der Museumskommission festgehalten, dass der Raum an der Augustinergasse für zwei Museen einfach zu eng sei. Schaubs Befreiungsschlag, der vier Kelleretagen gebracht hatte, war dreissig Jahre danach nur noch eine ferne Erinnerung in einer Situation erneuter qualvoller Enge – ähnlich wie Stehlins Raumgewinn von 1932 rasch mehr als nur kompensiert gewesen war durch das Wachstum der Sammlungen. Hinzu kam die Idee der ‹Werkstadt Basel›, Bauten auf den Münsterplatz und am Schlüsselberg für attraktive Wohn- und Geschäftsräume zu nutzen. Die Museumsleitung selbst äusserte sich bei dieser Gelegenheit positiv zur Perspektive eines Ortswechsels des Museums auf das Schorenareal der Novartis in einem Zeithorizont von sechs bis zehn Jahren. Dafür sollte sich angeblich auch schon ein Sponsor gefunden haben – woraus damals aber nichts wurde.[429]

Ob die Basler Museumspolitik stets von Prekarität geprägt war, kann hier nicht vergleichend untersucht werden. Was hingegen auffällt, ist – abgesehen von Schaubs Werbung für die Unterkellerung Mitte der 1960er-Jahre – der Mangel an Glanzlichtern, geschickter Rhetorik, Inszenierung eines Diskurses über den Wert des Naturhistorischen Museums, seiner Forschungen, seiner Schätze. Bezeichnend dafür sind die Einträge im jährlichen Verwaltungsbericht der Basler Regierung. Dort kann man sehen, dass mit wenigen Ausnahmen (Eröffnung der neuen Dauerausstellung ‹Die Erde› 1978 als Beispiel) dieses Museum der Regierung vor allem als ein ‹Problem› erschien, nicht als Basler Vorzug und Reichtum.

5 Neue Wege der Wissenschaften an der Universität

5.1 Einleitung

In einem früheren Kapitel haben wir die Entwicklung der Naturgeschichte an der Universität bis zu deren Höhepunkt in den 1960er-Jahren verfolgt. Danach haben wir die Geschichte des Naturhistorischen Museums rekonstruiert, in seiner inneren Entwicklung, in seinen Beziehungen zur universitären Naturgeschichte in Basel und in seinem Verhältnis zum Staat, wobei wir damit in zwei Kapiteln bis zum Ende der 1980er-Jahre vorgestossen sind.

Was das Museum betrifft, so haben wir gesehen, dass sich das Verhältnis zur Naturgeschichte an der Universität positiv entwickelte. Der Trend zur Isolierung, den die Zielsetzung, das Museum als autonome wissenschaftliche Institution neben der Universität hätte implizieren können, bestand zwar in der Zeit von Engelmann bis Stehlin, er war aber seit Handschin überwunden. Forscher am Museum waren im Unterricht in Erdwissenschaften und Zoologie sehr präsent, und Studenten wie Absolventen der entsprechenden Studienfächer an der Basler Universität arbeiteten teils vorübergehend am Museum, teils fanden sie dort eine Anstellung als wissenschaftliche Mitarbeiter wie Assistenten oder Abteilungsvorsteher. Die Direktoren dieser Epoche – Handschin, Schaub, Rahm – hatten an der Basler Zoologischen Anstalt studiert und gelehrt (Handschin), im Bernoullianum Geologie studiert und unterrichtet (Schaub) oder kamen aus dem Umkreis von Geigys Tropeninstitut, das der Zoologischen Anstalt der Universität zugeordnet war (Rahm). Aus der Perspektive des Museums betrachtet darf man also annehmen, dass nach einer Phase im ausgehenden 19. und frühen 20. Jahrhundert, während der eine Autonomie des Museums als wissenschaftliches Institut gegenüber der Universität errungen wurde, sich in der Modernisierungsphase nach 1950 nunmehr eine Art Symbiose mit den naturgeschichtlichen Fächern der Hochschule eingestellt hatte.

In diesem Zeitraum begann sich aber in den einschlägigen Fächern an den Universitäten allgemein eine eigene Art der Modernisierung abzuzeichnen, die tendenziell von der Naturgeschichte wegführte. Überspitzt gesagt ist der Umstand, dass das Museum als Ort der Naturgeschichte mit der Universität in der im letzten Kapitel untersuchten Periode in Symbiose leben konnte, der Ausdruck einer Basler ‹Verspätung› in der Durchsetzung vor allem der ‹Neuen Biologie›. Die 1970er-Jahre waren an der Universität der Beginn des Endes der Vorherrschaft der Naturgeschichte. Für das Museum bedeutete dies eine Schwächung seines naturgeschichtlichen Brückenkopfs in der Universität. Dies stellte das Museum vor die Herausforderung, sich (ähnlich wie im Autonomietrend in der ersten Hälfte des 20. Jahrhunderts) entweder erneut als komplementäre Institution eigener Art gegenüber der Universität zu profilieren, oder in sich selbst neue Funktionen zu entdecken, die wiederum ein symbiotisches Verhältnis zur inzwischen gewandelten universitären Wissenschaft erlaubten.

Angesichts der Grenzen, die unseren Forschungen gezogen sind, können wir den Umstand nur am Rande erwähnen, dass neue Herausforderungen nicht nur vonseiten der veränderten wissenschaftlichen Landschaft an der Universität her kamen, sondern auch aus dem umweltschützerisch engagierten Publikum und der Politik an das Museum herangetragen wurden. Letztere tendierten dazu, dem Museum eine Rolle zuzuschreiben oder es mit Erwartungen zu konfrontieren, gerade weil es ‹noch› eine Institution der Naturgeschichte war. Als solche hätte das Museum potentiell eine wissenschaftliche Alternative zur Universität werden können, falls sich die akademisch-universitäre Wissenschaft – aus welchen Gründen auch immer – nicht in die erwünschte Richtung einer nach den Kriterien der Laien ‹umweltschutzrelevanten› Forschung bewegen sollte. Das Museum als Institution hat diese Herausforderung nicht frontal aufgegriffen. Es hat diesen Erwartungen in Wechselausstellungen Plattformen geboten, es hat sich in der Wahrnehmung seines Bildungsauftrags in Umwelterziehung engagiert, und einzelne Museumsmitarbeiter haben sich im Naturschutz betätigt. Doch diese Betätigung stand in einer Basler Tradition, die auf die Wende vom 19. zum 20. Jahrhundert zurückreichte und teils auch in der Universität, teils in der ‹besseren Gesellschaft› verankert gewesen war. Diejenigen Kreise, die nach ihrem Verständnis ‹umweltrelevante› Forschung und Lehre in staatlichen Institutionen der höheren Bildung verlangten, dachten meistens gar nicht an das Museum, sondern richteten ihre Erwartungen an Institute der Universität wie Botanik und Zoologie. Diesen Erwartungen wurde schliesslich mit eigens dafür institutionalisierten Massnahmen wie den Studiengängen und Forschungen in NLU und MGU ein Stück weit Rechnung getragen – in der Universität, ohne massgebliche Beteiligung der Institution Museum, wenn auch unter Beizug einzelner Museumsmitarbeiter als Dozenten oder Forscher. Wir werden darauf zurückkommen. Wichtig scheint uns an dieser Stelle zu sein, dass die Universität in der Rezeption einer veränderten Auffassung von biologischen Wissenschaften vorausging. Ähnlich manifestierten sich neue Tendenzen in den Erdwissenschaften ebenfalls zuerst an der Universität. Mit dieser Feststellung verbinden wir keine Wertung, sondern die Frage, wie der Wandel wahrgenommen wurde und wie welche Institution ihn gestaltet oder darauf reagiert hat.

5.2 Zoologie. Das Ende der Ära Portmann – Schlussstrich und Neubeginn

Typischerweise war die Naturgeschichte in den 1960er-Jahren an der Universität in Portmanns Zoologischer Anstalt verkörpert. Adolf Portmann hatte zahlreiche Schüler, von denen zwei gegen Ende seiner Laufbahn dazu ausgewählt wurden, wenigstens einen Teil seiner Arbeit weiterzuführen: Werner Stingelin, ein direkter Schüler von ihm, und Hans Nüesch, der an der ETH studiert hatte und dann zu Portmanns Basler Team gestossen war. Beide waren für Portmanns Unterrichtsangebot so unentbehrlich, wie Portmann selbst für den Unterricht seines Lehrers Zschokke unentbehrlich gewesen war. Namentlich Nüesch opferte sich weitgehend für den Unterricht auf, sprang in der Vorlesung ein, hielt Praktika ab, betreute Studierende und vernachlässigte darüber tendenziell seine eigene Forschung. Belohnt wurde er zunächst mit der Ernennung zum Extraordinarius.[430]

Portmann erreichte 1967 das siebzigste Altersjahr und damit die damals geltende Altersgrenze für eine Professur an der Universität. Er wollte zwar den Lehrstuhl auf Beginn des Wintersemesters 1967/68 räumen. Die Nachfolgeregelung gestaltete sich aber schwierig, obschon sich die Fakultät frühzeitig damit zu befassen begonnen hatte. Insofern war es willkommen, dass Portmann auf Bitten der Kuratel bis zum 31. März 1968 weiterlas.[431] Fest stand, dass keine einzelne Persönlichkeit den grossen Mann ersetzen konnte; wollte man also im bisherigen Stil fortfahren, musste man den Lehrstuhl mindestens verdoppeln. Einige Fakultätsmitglieder schienen sich aber vorgenommen zu haben, nicht wie bisher weiterzumachen, sondern unter die Ära Portmann einen Strich zu ziehen und etwas Neues, Anderes zu wagen. Portmann selbst war bestrebt, seine eigene Konzeption der Biologie (mit vergleichender Morphologie als Angelpunkt und einer Ablehnung von Genetik und Molekularbiologie) als Grundlage für seine Nachfolge durchzusetzen.

An dieser Stelle muss auf eine Entwicklung im Fach eingegangen werden, die sich unter Portmanns Augen und von ihm mehrfach kommentiert vollzog: der Einzug der ‹Neuen Biologie› in Basel. Vorausschicken sollte man, dass Portmann an sich allem Neuen mit grosser Neugier begegnete, dass er versuchte, es wenigstens dem Prinzip nach zu durchdringen und ihm in seinem Weltbild einen Platz zuzuweisen. So gab es zum Beispiel an seinem Institut Lehraufträge für Genetik (den Lehrauftrag für experimentelle Embryologie und Genetik erhielt 1935 Rudolf Geigy)[432], und es wurde an Embryonen und Gehirnen von Tieren empirisch geforscht (Nüesch wurde zum Beispiel als geschickter Experimentator gelobt). Seine Schule ist ein weiterer Beleg dafür, dass sich Naturgeschichte und Experimentieren keineswegs ausschlossen, so wenig wie Feldstudien mit Laborforschung unvereinbar waren.[433] Portmann nahm die Aufklärung der Struktur der DNA als wissenschaftlichen Durchbruch wahr, und er berichtete in populären Vorträgen über die Grundlagen- oder ‹allgemeine Biologie›. Seine Studenten erinnern sich an eine begeisternde Vorlesung über Mutation und Evolution von Viren, die er am Beispiel der Tollwut erörterte.

Aber Portmann sah darin grosse Gefahren und stellte sich deshalb gegen Ansiedlung und Ausbau der allgemeinen Biologie internationalen Zuschnitts an seiner Universität. Morphologie und Entwicklungsbiologie unter Berücksichtigung ganzheitlicher Aspekte und mit letztlich ethisch-bildenden Zwecken hatten für ihn Primat. Seine Befürchtungen waren durch das Erlebnis der wilhelminischen und nachher nationalsozialistischen, politischen Biologie geprägt – Entgleisungen und Missbräuche, deren Wiederholung er überall bekämpfte, wo er sie sich abzeichnen sah. Das Ciba-Foundation-Symposium in London liess 1961 allgemein sichtbar werden, wie wenig ethisch sensibilisiert einige der weltweit führenden ‹neuen› Biologen wie Hermann J. Muller[434] waren, die sich eine auf technische Anwendungen, ja auf Verbesserung der Natur und des Menschen durch genetische Eingriffe abzielende Biologie wünschten. In einem gewissen Sinne wollten sie die eugenischen Ideen mit neuen Mitteln weiterführen.[435]

Dies weckte in Portmann böse Erinnerung an die Nazi-Biologie, durch deren anthropologisch fundierte Ablehnung er sich einen Namen gemacht hatte. Hier sah er eine verheerende Selbstüberschätzung der Wissenschaft und eine Reduktion der Natur und des Menschen auf das Nützliche, Funktionale, Machbare,

Mechanische am Werk. Genetik war für ihn eine ‹Naziwissenschaft›, und er erklärte den Niedergang der deutschen Biologie damit, dass Darwinismus und Genetik dem braunen Regime zu Diensten[436] gewesen waren. Die ‹Synthese›[437] aus Evolutionslehre, Molekularbiologie und Genetik, wie sie sich zwischen 1930 und 1950 vollzogen hatte, war für ihn mit einem negativen Beigeschmack verbunden, wenn sie als Biologie schlechthin daherkam und auf technische Machbarkeit am Lebendigen abzielte. Den Auftrag des Wissenschaftlers als Lehrer sah er darin, der übereilten, ungebremsten Anwendung von Wissen Grenzen zu setzen, Hybris anzuprangern und Masshalten zu predigen.[438] Und was sein eigenes Fach betraf, so hatte er seit dem Zweiten Weltkrieg eine klare Vorstellung dessen, was als Allgemeine Biologie zu gelten habe.[439]

In Basel konzentrierte sich die Etablierung der ‹Neuen Biologie› auf das Biozentrum. 1963 wurde deutlich, dass die Universität Mühe hatte, den Lehrstuhl für Biochemie angemessen zu besetzen; die Ausstattung für dieses inzwischen als zentral verstandene Fach war allzu wenig attraktiv, um den Anforderungen der qualifizierten Bewerber zu genügen.[440] Gegen einen Ausbau der Biochemie hatte Portmann an sich nichts einzuwenden. Nun benutzten aber interessierte Kreise diese Krise der Biochemie, um gleich einen grossen Schritt in eine neue Dimension zu planen und diesen durch die geschickte Nutzung eines Zeitfensters zu realisieren. Statt eines Ausbaus des Instituts für Biochemie wurde ein grosses Haus für die Neue Biologie mit einem damals originellen, für Spitzenforscher attraktiven Konzept gebaut: Die Forschung stand im Mittelpunkt, interdisziplinäre Zusammenarbeit war gefordert und möglich, die Ausbildung sollte die Forschung nicht konkurrenzieren und vor allem für Doktoranden eingerichtet werden, die Ausstattung war grosszügig, die akademische Selbstverwaltung sollte auf leichte Formen beschränkt bleiben, wobei das neue Haus anfangs gegenüber den Fakultäten der Universität teilweise autonom war,[441] und durch eine Vielzahl von Professuren sollte die für Spitzenforschung nötige ‹kritische Masse› erreicht werden.

Als dieses Projekt eines Biozentrums in Basel diskutiert wurde, rückte die biologistische Gefahr unmittelbar vor Portmanns Tür, und er setzte sein Prestige zur Ablehnung dieses Vorhabens ein – ein vergebliches Bemühen angesichts des ausgeprägten Wunsches der Industrie und des Engagements von Professoren in den Fakultäten der Medizin und der Naturwissenschaften, die gleichzeitig Funktionen in der und für die Industrie innehatten, wie Hubert Bloch (Ciba) und Alfred Pletscher (Roche).[442] Die anfängliche Entscheidungsunfähigkeit der Regierung, die Lähmung der betroffenen Fakultäten und der Basler hochschulpolitische Wunsch, rasch ein an die Universität nur locker angebundenes und damit der eben einsetzenden nationalen Koordination der Hochschulplanung, die ein solches Gebilde lieber in Zürich als in Basel sehen wollte, entzogenes Institut zu erhalten, schufen die Voraussetzung zur Entstehung des Biozentrums.[443]

Wie von den Vertretern der Neuen Biologie oft beklagt, öffnete sich damit ein Graben zwischen der in vielem die Tradition der Naturgeschichte weiterführenden, an Lebewesen, deren Gestalt und deren Vielfalt orientierten, vom Staat nur bescheiden ausgestatteten Biologie und der mit einer millionenschweren Investition geförderten Neuen Biologie. Diese Trennung wurde in die kurrikularen Bezeichnungen ‹Biologie I› und ‹Biologie II› gefasst,[444] während ein Protagonist des Biozentrums wie Kellenberger fand, die Portmannschule sei «phänomenologisch», «bloss beschreibend», scheue das echte Forschungsrisiko, und jeder Naturkundelehrer könnte sich darin mit seinen Schülern in einem Ferienlager hervortun. Nur die Neue Biologie stehe an der Front der Wissenschaft, finde Naturgesetze und sei auf dem besten Weg zur Erfassung des Lebendigen in wirklichen Theorien, wie es vorher nur die Physik geschafft habe.[445] Die Naturgeschichtler machten sich demgegenüber Portmanns Ruf nach einer Begrenzung der Forschung und seinen Hybris-Verdacht gegen technische Anwendungen biologischer Erkenntnisse zu eigen, ein Ruf, der sich im politischen Kampf gegen das industrielle Biotechnikum und später nochmals in der ‹Genschutz›-Initiative manifestierte. Zugleich fühlten sich die vom Staat vergleichsweise reich ausgestatteten Repräsentanten der Neuen Biologie als Angegriffene, ja Opfer einer mächtigen, feindlich gesinnten Gemeinschaft.[446]

Die Verdoppelung des Portmannschen Lehrstuhls wurde 1968 beschlossen[447] – ein Vorgang, der damals in vielen Fächern Parallelen hatte. Denn die Ausdifferenzierung der Lehrgebiete verunmöglichte die herkömmlichen Einmann-Fachvertretungen, weil namhafte Fachvertreter unter den hergebrachten Umständen nicht mehr für Basler Lehrstühle zu gewinnen waren. Ferner wuchsen die Studierendenzahlen, und aus der Hochkonjunktur der 1950er- und 1960er-Jahre waren Gelder verfügbar. Das vermehrte Engagement des Bundes in der Universitätspolitik (Hochschulförderungsgesetz vom 28. Juni 1968) und die geschärfte öffentliche Aufmerksamkeit für höhere Bildung als Voraussetzung der nationalen Prosperität liessen die zusätzlichen Ausgaben als lohnende Investition erscheinen.[448] Portmann verlangte je einen Lehrstuhl für Vergleichende Morphologie und für Verhaltensforschung (was vielleicht auf Rudolf Schenkel[449] gemünzt war). Der auf diese Forderungen hin neugeschaffene zweite Lehrstuhl ging aber durch Beschluss der Regierung ans Biozentrum.

Nach Abschluss des Verfahrens gab es dennoch zwei Zoologieprofessoren am Rheinsprung, von denen allerdings keiner Verhaltensforschung lehrte: Der erste Dozent erhielt den Lehrstuhl in der Nachfolge Portmanns, der zweite Dozent erhielt eine persönliche Professur. Portmanns Nachfolger auf dem gesetzlichen Lehrstuhl war nun Werner Stingelin[450], dessen Lehrgebiet als Spezielle Zoologie und Vergleichende Morphologie umschrieben wurde, und Hans Nüesch[451] erhielt ein persönliches Ordinariat für Allgemeine Zoologie und Entwicklungszoologie.

Diese Lösung entschied über die Ausrichtung der Zoologie in Basel in den 1970er-Jahren. Sehen wir uns den Weg dazu näher an. Am Anfang stand das, was heute als Strukturbericht bezeichnet würde, verfasst von Portmann und Geigy namens der Fakultät am 11. Januar 1966. Das Museum wurde darin explizit berücksichtigt; ein deutliches Zeichen für die Geltung der Symbiose zwischen Universität und Museum, die wir am Ende des vorausgehenden Kapitels erwähnt haben.

Zoologie werde in Basel an fünf Standorten betrieben, hiess es nämlich in den Darlegungen der Fakultät, welche dem Ist-Zustand beim Rücktritt Portmanns galten:

1. In der Zoologischen Anstalt (1 Lehrstuhl Zoologie, Ziel Grundausbildung),
2. am Tropeninstitut (1 Lehrstuhl Medizinische Zoologie),
3. am Naturhistorischen Museum (systematische Zoologie mit umfassenden Sammlungen; der Abteilungsvorsteher Lothar Forcart, der nicht in der Lehre aktiv war, sondern nur in der Forschung, wird kurz erwähnt),

4. am Zoologischen Garten (wissenschaftliche Arbeit und wertvolles Material, Leitung Privatdozent Lang),
5. in der chemischen Industrie (Förderung der wissenschaftlichen Arbeit in praktischer und medizinischer Zoologie, Zoophysiologie).

Die vier erstgenannten Orte müssten sich gegenseitig ergänzen, wobei die zwei erstgenannten, das Zoologische Institut von Portmann und das Tropeninstitut von Geigy, bereits ideal kooperierten. Für eine bessere Koordination mit Museum und Zoologischem Garten müssten die Behörden sorgen, dies stehe ausserhalb der Möglichkeiten der Universität; wobei die Zoologische Abteilung des Museums «zu einer eigentlichen systematischen Abteilung der Universitäts-Zoologie gestaltet» werden müsste. Dazu müsste ein neuer Vorsteher der Zoologischen Abteilung des Museums (gedacht war wohl bereits an Rahm als Nachfolger von Forcart, denn Letzterer unterhielt keine besonders engen Beziehungen zur Universität und stand kurz vor der Pensionierung) die Sammlungen vermehrt «in den Dienst des Unterrichts» am Zoologischen Institut stellen. Mikrobiologie und Biochemie gehörten ans Biozentrum (diese wären also aus der angestrebten Synthese herauszuhalten). Zoophysiologie sei Sache der Industrie (dort war E. Flückiger tätig, der mit der Universität kooperierte), während experimentelle medizinische Zoologie und Parasitologie bereits Geigy am Tropeninstitut betreibe. Deshalb müsse Portmanns Nachfolger allgemeine Zoologie für die Grundausbildung anbieten; dieser Nachfolger dürfe weder ein Genetiker noch ein Molekularbiologe oder Ökologe sein. Zentral sei die «vergleichend-morphologische Einführung»; in der Schweiz müsse diesen «Grundfragen [...] eine Stätte erhalten» bleiben, die in einer Traditionslinie von Rütimeyer über Zschokke zu Stehlin, Rudolf Burckhardt und Portmann stünde.[452]

Es ist sicher nützlich, die Beschreibung der Zoologischen Anstalt, die Werner Stingelin, der Hauptkandidat für die Nachfolge, 1967 selbst verfasste, zur Ergänzung hinzuzuziehen. Stingelin sah 1967 eine «wichtige Wendung» in der Zoologie, nach ihm bezog sich diese jedoch weniger auf Portmanns Rücktritt als auf die stark angewachsene Zahl von Studierenden und Doktorierenden seit 1960. 1960 hatte es nur drei an Forschung und Lehre beteiligte Akademiker gegeben, 1967 waren sieben vollamtliche Akademiker dort tätig. Angesichts der vierzig

Doktoranden (1960: 15) bestehe der Zwang zur Gliederung in Arbeitsgruppen. «Aber auch heute stehen einzelne Arbeitsbereiche im breiten Forschungsfeld, das Professor Portmann in 40jähriger Arbeit aufgebaut hat, immer noch im Zentrum der zoologischen Arbeit in Basel.» Fast zwanzig Doktorierende arbeiteten bei Portmann über entwicklungsgeschichtliche Probleme bei Säugern und Mollusken, Morphologie der Vogelfeder und Faunistik in Neapel und Banyuls. Stingelin selbst, unterstützt von Senn, befasste sich mit der Gehirnentwicklung bei Reptilien; er nannte seine eigene Gruppe, die sich mit der Strukturentwicklung auf embryologischer Basis befasse, «neuroanatomisch». Nüesch habe «in langjähriger Arbeit [...] die technisch-experimentellen und morphologischen Grundlagen erarbeitet, die heute einer grossen Doktorandengruppe ermöglichen, entwicklungsgeschichtliche und entwicklungsphysiologische Probleme bei Insekten zu bearbeiten».[453]

Das Berufungsverfahren für Portmanns Nachfolge verlief kontrovers. Die Fakultät, deren Kommission aus Geigy vom Tropeninstitut, Geiger-Huber vom Botanischen Institut, Reichel von der Paläontologie, Grob von der Chemie und dem abtretenden Ordinarius Portmann selbst bestand,[454] empfahl der Kuratel am 10. März 1966 als Nachfolger für Portmann 1° *loco* Stingelin, 2° *loco* stellte sie *ex aequo* Hans Adam, Rolf Siewing, Pierre Tardent und Rudolf Weber.[455]

Die Sachverständigenkommission der Kuratel wurde am 29. April 1966 bestellt, ihr Bericht datiert vom 18. August 1966. Sie bestand aus Dr. W. Keller (Felix Platter-Spital); Prof. W. Habicht (Dekan der Phil. II-Fakultät); Dr. Pierre A. Desaulles (Muttenz); Dr. Alcide Gerber (Fachdidaktik, Lehrerseminar Basel), Prof. E. Hadorn (Universität Zürich), Prof. Martin Lüscher (Universität Bern) und Prof. Tadeus Reichstein (Phil. II-Fakultät Basel, Chemie). Portmann legte in dieser Kommission seine Anschauungen ausführlich dar. Er bestätigte dabei, dass das Fakultätsgutachten auf seiner eigenen Anregung beruhe. Er sei überzeugt, dass sein Nachfolger ein Morphologe sein müsse. In Deutschland sei die Morphologie nicht mehr existent, weil die Nationalsozialisten das Fach zugunsten der Genetik heruntergefahren hätten. Ernst Hadorn, der Zürcher Vertreter einer experimentellen Biologie und Wegbereiter der Genetik in der deutschen Schweiz,[456] wollte in Basel neue Richtungen zum Zug kommen lassen, die sich mit den biologischen *Grundlagen* befassen sollten – und darunter verstand er im Gegensatz zu Portmann gerade nicht Morphologie, sondern Physiologie, Genetik, Molekularbiologie. Ein Morphologe könne nicht Allgemeine Zoologie vertreten. Lüscher doppelte nach mit dem Argument, dass die vergleichende Morphologie im 19. Jahrhundert einmal modern gewesen sei, weil sie zum besseren Verständnis der Evolution gedient habe; heute aber stünden Physiologie, Genetik, Mikrobiologie und experimentelle Erfahrung im Mittelpunkt. Lüscher wie Desaulles waren keineswegs der Ansicht, die experimentelle Biologie sei bereits mit den Arbeiten des Tropeninstituts hinreichend abgedeckt. Präsident Keller forderte, einen Schlussstrich unter die Ära Portmann zu ziehen, und Hadorn verlangte, weniger Rücksicht auf abtretende Lehrstuhlinhaber zu nehmen. Der Dekan der Naturwissenschaftlichen Fakultät, Habicht, riet zur Schaffung eines zweiten Lehrstuhls und der Neuaufnahme des Verfahrens unter dieser Voraussetzung.

Daraufhin teilte die Kuratel der Fakultät am 13. September 1966 mit, nach dem Urteil der Sachverständigen sei Morphologie schon lange nicht mehr der beherrschende Zweig der Biologie, und es bräuchte zwei Lehrstühle für Portmanns Nachfolge.

Die Fakultät beantragte danach beim Rektorat die Schaffung einer zweiten zoologischen Professur, wobei sie davon absehen wollte, diese Professur inhaltlich zu umschreiben; man bezeichnete die beiden Professuren nur als ‹Zoologie I› und ‹Zoologie II›. Die Regierung beschloss am 21. Februar 1967 tatsächlich, einen Lehrstuhl für ‹Zoologie II› zu schaffen.[457]

Inzwischen hatte die Fakultätskommission (ab 31.1.1967) ihre Arbeit wieder aufgenommen. Portmann lehnte die Forderung nach einem besonderen Lehrstuhl für Verhaltensforschung und Ökologie ab. Geigy wollte richtiggestellt haben, dass es bereits einen Lehrstuhl Zoologie II gäbe, nämlich seinen eigenen; es würde also in Wahrheit die Schaffung eines dritten Zoologie-Lehrstuhls betrieben. Rasch war man sich unter dem Einfluss von Portmann und Geigy wiederum einig, dass für Zoologie I nur Werner Stingelin in Frage komme; mit Vorschlägen für Zoologie II solle noch zugewartet werden.[458]

Die Fakultät stellte am 1. März 1967 fest, man müsse nun unverzüglich die Stelle für Morphologie besetzen, und dafür wären Stingelin, Adam und Siewing geeignet. Das betraf nun offensichtlich Zoologie I. Am 8. Juli 1967 (anderswo datiert auf den 5.7.1967) lag das Fakultätsgutachten zur ‹Allgemeinen Zoologie› (entsprechend Zoologie II) vor, wiederum von Portmann mitverfasst. Der Vorschlag für die zweite respektive nach Geigys Zählung dritte Professur basierte auf dem Studium der Schriften und auf Vorträgen von Ursprung, Tardent und Weber. Ursprung tauge nicht für den Anfängerunterricht, er gehöre eher ans Biozentrum und habe in Zürich konkrete Aussichten auf eine Anstellung. Den ersten Listenplatz wollte die Fakultät Weber zuweisen, einem Basler, geb. 1922, der das Studium der Zoologie bei Portmann 1941–1949 absolviert hatte (promoviert 1949), dann in Uppsala, Venezuela, Bern und Kopenhagen gewesen war, 1954 Assistent in Bern wurde, sich dort 1957 habilitierte, darauf an der Yale University weilte, 1960 in Bern Oberassistent war und nach einem 1961 abgelehnten Ruf an die Purdue University in Lafayette (Indiana) seit 1962 als vollamtlicher Extraordinarius für Zellbiologie in Bern wirkte. 2° *loco* stand Tardent, 3° *loco* Ursprung. Der abwesende Cyril Grob schickte am 28. Juni 1967 dem Dekan ein Separatvotum, in welchem er Ursprung oder Tardent empfahl.

Nun war wieder die Sachverständigenkommission der Kuratel an der Reihe. Diese bestand aus Hartmann Koechlin (Vorsitz), Dekan H. Huber, Pierre A. Desaulles, dem Fachdidaktiker Alcide Gerber, Ernst Hadorn, Martin Lüscher, Tadeus Reichstein und dem Erziehungsdirektor Arnold Schneider. In ihrer Sitzung vom 18. August 1967 nahm sie zuerst einen Tour d'horizon vor. Zoologische Systematik gehöre ans Naturhistorische Museum, die Verhaltensforschung an den Zoologischen Garten; beides sei im Unterricht (vermehrt) zu berücksichtigen. Experimentelle Zoologie werde fast nur am Tropeninstitut betrieben, diese müsse gestärkt werden. Die Allgemeine Zoologie sei so weit verzweigt, dass dazu ein einziger Lehrstuhl nicht ausreiche. Da der Regierungsrat schon am 21. Februar 1967 die Schaffung eines Lehrstuhls Zoologie II beschlossen hatte, diskutierte man diese beiden Lehrstühle gleichzeitig.

Für Vergleichende Morphologie (Zoologie I) wäre Stingelin geeignet. Auch sollte Morphologie nach Portmanns Weggang nicht einfach entfallen. Die Kandidatur Siewing überzeugte die Kommission nicht, weil dessen Arbeitsgebiete inzwischen am Biozentrum vertreten seien. So ergab sich die Liste wie folgt: 1° Werner Stingelin, 2° Hans Adam (Wien), 3° Rolf Siewing (Kiel).

Für die Allgemeine Zoologie (Zoologie II) seien alle drei von der Fakultät bereits genannten (Weber, Tardent, Ursprung) gute Fachleute und zudem Schweizer, meinte die Sachverständigenkommission der Kuratel. Alle drei könnten problemlos mit dem Biozentrum zusammenarbeiten. Weber sei hervorragend und zudem für die Industrie interessant, doch wünschte sich Lüscher unbedingt, ihn in Bern zu halten. Daraus ergab sich die Liste wie folgt: 1° Rudolf Weber (Bern), 2° Pierre Tardent (Zürich), 3° Heinrich Ursprung (Zürich). In diesem Sinne berichtete die Kommission der Kuratel am 23. August 1967.

Daraufhin verhandelte das Erziehungsdepartement ab Herbst 1967 für Zoologie I mit Stingelin, der im März 1968 schliesslich berufen wurde. Die Verhandlungen mit den erstplatzierten Bewerbern für Zoologie II scheiterten aber alle bis zum 23. Januar 1969.[459]

Unterdessen liess Departementsvorsteher Arnold Schneider am 30. April 1968 an Hadorn einen Ruf auf den Lehrstuhl Zoologie II ergehen, den dieser am 12. September 1968 ablehnte mit der Begründung, Zürich biete ihm Verbesserungen, während er in Basel alles erst «schaffen» müsste.

Eine neue Ausschreibung der zweiten Zoologenstelle, nun als «Experimentelle Zoologie physiologischer Richtung», erfolgte per Inserat im März 1969. Die Bewerbungsunterlagen gingen an Hubert Bloch, der bis zum 27. Juni 1969 vierundvierzig Kandidaturen durchsah und darüber an die Kuratel berichtete. Nach Bloch brauchte die Basler Zoologie eine Ergänzung zu Stingelins «relativ enger Forschungsrichtung, die eine direkte Fortsetzung der schon recht lange und exklusiv in Basel vertretenen Richtung darstellt». Auch seien die übrigen am Institut vertretenen Forschungsrichtungen «personell nicht hervorragend besetzt», was in der Schweiz und im Ausland allgemein bekannt sei. Der Ruf der Universität leide unter dem, was die «kritische Lage der Basler Zoologie» genannt werde. Da «moderne Forschungsrichtungen kaum berücksichtigt» würden, entstehe ein Rückstand, der durch den neuen Lehrstuhl aufgeholt werden müsse. Bloch meinte, dieser Lehrstuhl solle «Ausgangspunkt eines Biologiedepartements» werden, das später zusammen mit der Pflanzenphysiologie ein «Korrelat» zu den Gruppen Mikrobiologie und Biochemie des Biozentrums würde.

Die Phil. II-Fakultät bekam am 27. September, also erst nach Bloch, die Bewerbungsunterlagen zu sehen. Während eine Kommission, zusammengesetzt aus Geigy, Stingelin, Flückiger und Nüesch noch die Dossiers durchsah, erhielt Nüesch vom Kuratelsmitglied Koechlin die Mitteilung, dieser Lehrstuhl werde nun definitiv in das Biozentrum «verlegt». Daraufhin sah diese Kommission die Akten erneut durch unter dem Gesichtspunkt, es brauche einen Zellbiologen. Das weitere Schicksal der Stelle lag in den Händen einer ‹Gemischten Kommission für Wahlvorschläge in das Biozentrum›, präsidiert vom Chemiker Christoph Tamm. Wir verfolgen diese hier nicht weiter.[460]

Das Verfahren zur Besetzung der Nachfolge Portmanns eröffnet verschiedene Einsichten. Zunächst sieht man, dass immer noch, wie 1931 bei Portmanns eigener Berufung, der abtretende Ordinarius einen grossen Einfluss auszuüben trachtete. Dieser Einfluss erhöhte die Chancen der Schüler (hier Stingelin und Nüesch) und erleichterte eine Fortführung der Tradition. Im vorliegenden Fall wurde die Geltung der Basler biologischen Tradition um ein Jahrzehnt verlängert. Von dieser Tradition wurden allerdings eher die thematischen Festlegungen und Fragerichtungen weitergeführt, und weniger der Bezug zur Ethik und die Sinnstiftung vom Lehrstuhl aus, die Portmanns Lehre charakterisiert hatten. Ferner erkennt man, dass sich einen Moment lang die Möglichkeit abzeichnete, einen Kompromiss zu finden zwischen der Weiterführung der Tradition im Sinne des abtretenden Ordinarius und dem Zulassen des Neuen – man könnte auch vom Potenzial für einen gleitenden Übergang sprechen. Ob dies nun praktikabel gewesen wäre oder nicht, man hätte sich denken können, dass Zoologie I (im Geiste Portmanns) im gleichen Institut neben der Zoologie II (im Sinne der Positionen von Hadorn, Lüscher, Bloch) gelehrt würde. Das Scheitern der Berufungsverhandlungen für den zweiten Lehrstuhl zeigte, dass die Basler Zoologische Anstalt am Ende der 1960er-Jahre kein attraktiver Forschungsort für moderne Biologie war. Die Verschiebung des neugeschaffenen Lehrstuhls ins Biozentrum verunmöglichte den Versuch, einen Übergang durch ein Nebeneinander zweier Richtungen innerhalb der Zoologischen Anstalt herbeizuführen. Zudem wird ersichtlich, dass die Regierung, in diesem Fall repräsentiert durch den Vorsteher des Erziehungsdepartements Arnold Schneider, ihre Anstrengungen zur Erneuerung biologischer Fächer auf das Biozentrum konzentrierte. ‹Biologie I› wurde dadurch zu einem Fach mit zweiter Priorität, das von wichtigen Persönlichkeiten als zweitrangig besetzt dargestellt wurde. Schliesslich haben wir gesehen, dass die Vertreter der Biologie I eine für sie selbstverständliche Konzeption von der Komplementarität der wissenschaftlichen Arbeit des Naturhistorischen Museums und der Zoologie an der Universität mit der Vertretung dieser Arbeit am Museum durch Lehraufträge in der Universität verfochten. Ob die Fürsprecher der Neuen Biologie ebenfalls eine Verwendung für die Forschung am Museum und die entsprechenden Forscher an der Universität hatten, wird aus den Unterlagen der ausgehenden 1960er-Jahre nicht deutlich. Diese Frage stellte sich für weitere zehn Jahre insofern nicht dringend, als die alten Beziehungen weitergeführt werden konnten und das Neue gewissermassen im Biozentrum ‹isoliert› blieb.

Werner Stingelin schied viel früher als erwartet, nämlich 1977, aus (wegen Gesundheitsproblemen).[461] Nüesch ging 1979 in Pension, weil er die Altersgrenze erreicht hatte. Die späten 1970er-Jahre wurden damit zu einer Zeit des Übergangs, wenn nicht der Krise. Das Auslaufen der für die Basler Zoologie massgeblichen Tradition, die man auf die 1850er-Jahre (Berufung Rütimeyers) wenn nicht auf ein früheres Datum (Übernahme des naturgeschichtlichen Unterrichts an der Universität durch Peter Merian) zurückführen kann, war absehbar. Vakanzen markierten die Krise des Übergangs auch institutionell. In die Lücke trat bis 1982 Schenkel, der schon in den 1960er-Jahren vergeblich für einen Lehrstuhl für seine Verhaltensforschung geworben hatte. Im Unterricht sprangen ferner David Gaudenz Senn (habilitiert 1969 für Zoologie),[462] der Abteilungsleiter Zoologie am Naturhistorischen Museum Urs Rahm und andere ein. Das Zoologische Institut verfügte in einem kritischen Moment 1979–1981 über kein Ordinariat,[463] währenddem das Biozentrum einen grossen Aufschwung erlebte (Nobelpreis für Werner Arber 1978)[464] und für die Zoologie ein neues Konzept diskutiert wurde.

1981/1983 erfolgte in der Zoologie am Rheinsprung ein Neuanfang mit international qualifizierten Lehrstuhlinhabern, die nicht Basler Traditionen entsprangen. Der Brite Hugh Rowell lehrte ab 1981 als Entomologe über Neurobiologie und Physiologie, während der Amerikaner Stephen C. Stearns ab 1983 an Fischen Ökologie, Ethologie und Evolutionsbiologie betrieb.[465] Stearns wurde zum aktiven Sprecher und Organisator nicht nur des Zoologischen Instituts, sondern auch einer bestimmten Konzeption von Biologie, die nach ihm der Massstab sein sollte für die Personalpolitik am Institut.

Die von den beiden neuen Professoren und dem Extraordinarius Volker Schmid verfasste Selbstdarstellung von 1985 legte den Akzent auf den Wandel in Zoologie (und Botanik) vom «Klassifizieren der Artenfülle», der «vergleichenden Beschreibung anatomischer Strukturen» und der «Erfassung der Lebensbereiche der Organismenvielfalt» (die nur noch für tropische Gebiete legitim seien) zur experimentellen Biologie, die «Brücken zu Biochemie und Molekularbiologie» schlage. Die Basler Neuorientierung in Richtung experimentelle Biologie ergab sich aus dem erwähnten Konzept und dem zugehörigen Fakultätsbeschluss aus den späten 1970er-Jahren. Darin sei festgehalten worden, dass die beiden Zoologie-Ordinariate Schwerpunkte in Physiologie und Ökologie/Ethologie, das Extraordinariat in experimenteller Morphologie habe sollen.[466] Die Zusammenarbeit mit dem Biozentrum wurde unterstrichen, während die fortdauernde Kooperation mit dem Tropeninstitut und dem Naturhistorischen Museum sowie der Industrie (in dieser Reihenfolge) nur Erwähnung fand. Der Bruch mit den Paradigmen von Klassifikation und Taxonomie und die Ablehnung einer ‹Vielfaltswissenschaft› als künftiger Hauptaufgabe der Biologie bedeutete eine Distanzierung von zwei Tendenzen: Einerseits wurde der Abstand zur Wissenschaft am Museum unter Umständen grösser als bisher. Andererseits positionierte sich das Universitätsinstitut für den Moment auf einem anderen Terrain, als die wissenschaftspolitischen Bestrebungen, die seit den frühen 1970er-Jahren eine Umweltforschung gefordert hatten, erwarteten. Das Universitätsinstitut war zunächst kein Ort für ‹diversity freaks›, für Anhänger der ‹Biodiversität› im umweltpolitischen Laienverständnis.

Die Ausbildung am Zoologischen Institut in Basel sollte breit angelegt sein und berücksichtigen, dass ‹Biologie I› inzwischen immer seltener ins Lehramt führte. Damit verwiesen die Autoren einerseits auf einen wichtigen Trend, und sie wehrten andererseits offensichtlich den Einfluss der Fachdidaktik, die noch stark von der Portmannschule geprägt war, auf die Biologieausbildung an der Universität ab.

Die Gruppe ‹Neurobiologie› (Rowell und Mitarbeiter) betrieb Forschung am Nervensystem von Gliederfüsslern, die wegen ihrer Einfachheit als Modellorganismen dienten. Die Gruppe ‹Ökologie› (Stearns und Mitarbeiter) befasste sich mit Evolutionsökologie, für die quantitative Methoden zum Einsatz kamen. Die Bedeutung des Einsatzes mathematischer Modelle und der Verwendung von Computern wurde in der Selbstdarstellung von 1985 stark betont. Die Gruppe ‹experimentelle Morphologie/Entwicklungsbiologie› von Schmid und Mitarbeitern suchte nach den Mechanismen, die in der Ontogenese zur Ausbildung von funktionell stabilen Zelltypen führten. Dafür arbeitete man mit den Muskelzellen mariner Medusen.

Für die Bedürfnisse der neuen Mannschaft wurde 1982 die Zoologische Anstalt umgebaut und neu ausgestattet, sie blieb aber im alten Haus der Universität am Rheinsprung. Leise wurde (nur drei Jahre nach dem Umbau) in der Selbstdarstellung beklagt, dass man eigentlich auch ein entsprechend umgestaltetes Botanisches Institut bräuchte und dass man räumlich lieber näher bei den anderen naturwissenschaftlichen Instituten wäre.

In der Lehre wirkte insbesondere Stearns polarisierend: Einige wandten sich von ihm ab, viele andere folgten begeistert seinem Programm der Evolutionsbiologie, die als der wirkliche Ausbruch aus der Welt der Portmannschüler und aus der relativen Enge der Basler biologischen Tradition galt. Während dieses Neue stark theoriegeleitet und quantitativ daher kam, zeigte Stearns Verständnis dafür, dass einige Biologen angesichts der Umweltkrise auch anwendungsorientiert arbeiten wollten. Wie wir unten anlässlich der Geschichte von NLU sehen werden, engagierte er sich für eine empirische, anwendungsbezogene Umweltwissenschaft, die für ihn und seine Anhänger allerdings nichts zu tun hatte mit Portmannschem Naturverständnis oder mit einer politisch aufgeladenen Verehrung von ‹Diversität›.[467]

Die Situation der Zoologie am Rheinsprung blieb unbefriedigend, da die Kredite für die dortige Biologie klein blieben und deren Ausstattung den Vergleich mit den Grundlagen-Biologen im Biozentrum an der Klingelbergstrasse in keiner Weise aushielt.[468] 2000 ging Stearns zurück nach Yale. Rowell, der unter den drei Professoren am Rheinsprung noch am ehesten Verständnis für die Museumsarbeit aufbringen konnte (wir werden dies im folgenden Kapitel sehen), hatte für die Zoologen in der Museumskommission Einsitz genommen. Er wirkte in Basel bis zur Emeritierung. Daneben und noch danach führte David Senn mit dem Wirbeltierlaboratorium und der Marinebiologie Portmannsche Traditionen weiter, allerdings ohne wesentlichen Einfluss auf die Entwicklungen am Zoologischen Instituts zu nehmen. Rahm hatte noch eine Studentengruppe, die über Wildtierbiologie forschte. Die Möglichkeiten des Museums, bei den universitären Zoologie-Ordinariaten anzudocken, waren damit sehr viel schlechter geworden.

Nach Stearns' Weggang und Rowells Pensionierung hielt im 21. Jahrhundert erneut aktuelle Biologie auf beiden Zoologielehrstühlen Einzug. Das eine Ordinariat wurde mit einem Neurophysiologen besetzt (was nunmehr dem Basler Neuro-Schwerpunkt entsprach, längst nicht mehr der Portmannschen Tradition der Erforschung von embryonaler Gehirnentwicklung), das andere ging an einen Spezialisten für Grundlagenprobleme der Interaktion zwischen Wirtsorganismen und Parasiten, der als Tiermodell an den Parasiten der Daphnis arbeitet. Mit Ausnahme von Senns ‹Vertebrate Lab› arbeiteten die Zoologen nun am Vesalianum oder im Biozentrum, der Standort Rheinsprung war Geschichte. Der Gegensatz zwischen Naturgeschichte und Neuer Biologie war damit überwunden oder in Überwindung begriffen: Die Neue Biologie war längst etablierte ‹normal science› geworden, Vertreter molekularer (und intermolekular-systemischer) Ansätze anerkannten die Notwendigkeit taxonomisch-systematischen Wissens für ihre Arbeit, während universitäre Forscher mit Schwerpunkt Biodiversität und Naturschutz die Notwendigkeit molekularer Grundlagen auch für die ‹organismische› Biologie als eine Selbstverständlichkeit bejahten.

5.3 Ausflug in die Botanik

Ein Seitenblick auf die Geschichte der Botanik in Basel, die für das Museum bekanntlich nicht ein relevanter Partner war, aber interessante Parallelen und Unterschiede zur Zoologie erkennen lässt, zeigt Konstanz und Wandel zugleich. Botanik bildete in Basel eine Pflanzenphysiologie-Tradition[469] heraus, während die Systematik ausserhalb des gesetzlichen Lehrstuhls gepflegt wurde. Durch seinen Schwerpunkt war das Basler Ordinariat den härteren Naturwissenschaften, aber auch der Neuen Biologie gegenüber aufgeschlossen.

Die Geschichte der Basler Botanik, verstanden als Geschichte des Faches am gesetzlichen Lehrstuhl[470] (Botaniker in anderen Positionen vertraten von der physiologischen Tradition durchaus abweichende Tendenzen), verlief in anderen thematischen Bahnen als diejenige der Zoologie. Während die Zoologen eine grosse personelle Konstanz an den Tag legten, war Botanik im 19. Jahrhundert wie viele andere Basler Lehrstühle vorübergehend ein Fach, das als Durchgangsstation für Karrieren deutscher Gelehrter genutzt wurde.

Auf die botanischen Arbeiten ausserhalb der Physiologie werden wir erst weiter unten bei der Erwähnung Zollers eingehen. Dennoch sei schon hier auf diejenigen Forscher hingewiesen, welche die Basler Botanik mit geprägt haben, ohne prominente Lehrstuhlinhaber gewesen zu sein, etwa auf den Traditionalisten G. Binz (Jahrhundertwende, bekannt durch sein Bestimmungsbuch), der für die Herbarien verantwortlich war und dessen man sich erinnert, weil er das Bauhin-Herbar ‹modernisiert› hat. Max Moor war ein Pionier der Pflanzensoziologie, und Hans Kunz, Psychologe und Florist, verdient Aufmerksamkeit, weil er sich für das Sammeln und die Motive der Naturforscher interessierte. Wichtige Beiträge zur Botanik stammten von Chemikern wie Tadeus Reichstein, Jany Renz oder Charles Simon.[471]

Die Botanik stand mit dem Basler Museum in keiner Beziehung. Dies hat historische Gründe: In den Überlegungen, die 1818 für ein naturwissenschaftliches Museum der Universität angestellt wurden, hielt man fest, dass für die Botanik schon «gesorgt» sei, also wurde sie von den sparsamen Museumsgründern ausgeklammert, wie wir oben gesehen haben. Wir gehen hier dennoch kurz darauf ein, weil es theoretisch denkbar gewesen wäre, dass es in Botanik Entwicklungen gegeben hätte, die die in den am Museum vertretenen Disziplinen hätten befruchten können und umgekehrt, und weil gewisse Bereiche der Botanik ebenfalls auf ‹Archive› (Herbarien) angewiesen sind. In den Profildiskussionen der 1980er-Jahre, haben wir oben festgestellt, wurde immerhin vorübergehend in Erwägung gezogen, dass ein Naturhistorisches Museum sich auch mit Botanik befassen könnte. Ohne Botanik wäre jedenfalls eine Geschichte der Basler ‹Naturgeschichte› unvollständig.

Der grosse Basler universitäre Botaniker des 19. Jahrhunderts war Karl Friedrich Meissner gewesen. Meissner war Schüler von Candolle; er trat 1867 nach dreissigjähriger, vor allem der Systematik gewidmeter Wirksamkeit zurück und hinterliess ein grosses Herbar.[472] Die Pflanzenphysiologie und -anatomie begann in Basel 1867 mit Simon Schwendener aus Bern,[473] einem Schüler von Carl Wilhelm von Naegeli.[474] Schwendener wurde abgelöst von Wilhelm Pfeffer[475] (vorher Extraordinarius in Bonn), der nur ein Jahr in Basel blieb. Der Bonner Hermann Vöchting[476] blieb neun Jahre in Basel und führte ein Labor für experimentelle Botanik vor dem Aeschentor. Dessen Nachfolger wurde Georg Klebs,[477] Privatdozent aus Tübingen, ebenfalls ein Physiologe, der 1898 nach Halle weiterzog. Wilhelm Schimper, ein Strassburger, der in Bonn promoviert hatte, hatte vor seiner Berufung nach Basel[478] weite Forschungsreisen in die Tropen unternommen und dabei seine Gesundheit ruiniert. So starb er nach nur drei Jahren Wirksamkeit 1901 in Basel. Sein Nachfolger wurde Alfred Fischer, vorher Extraordinarius in Leipzig, ein Systematiker, Physiologe, Entwicklungsgeschichtler und Mikroskopierer mit Interesse an Bakterien. Er gab 1912 die Professur in Basel auf und ging als Privatgelehrter nach Leipzig. Fast alle dieser Professoren waren bedeutende Repräsentanten ihres Faches,[479] welche die kleine Universität Basel als Durchgangsstation in ihrer deutschen Hochschulkarriere benutzten.

Von Schwendener an ist die Ausrichtung auf Physiologie für den gesetzlichen Lehrstuhl dauernd bestimmend gewesen.

Nun wurde der Extraordinarius Gustav Senn als erster Schweizer nach der langen Reihe von Ausländern zum Nachfolger von Fischer befördert. Senn hatte anlässlich der Schenkung des ‹Herbarium Bernoullianum› einen Lehrauftrag für Systematik bekommen. Als Ordinarius wandte sich jedoch auch Senn der Physiologie zu und wirkte während vierzig Jahren, bis er 1945 verstarb.[480] Sein Nachfolger wurde Max Geiger-Huber, der seit 1939 neben Senn Extraordinarius gewesen war; er wirkte bis 1971. Als abtretender Inhaber des gesetzlichen Botanik-Lehrstuhls setzte sich Geiger lebhaft dafür ein, dass die Botanik in Basel noch näher an die Naturwissenschaften heranzurücken hätte. Auch hier stellte sich bei der Diskussion über die Nachfolge die Frage nach dem Verhältnis zum Biozentrum. Für seine Nachfolge konzipierte er selbst ein grosses Institut, das die bauliche Fortsetzung des Bibliotheks-Neubaus der 1960er-Jahre hätte darstellen sollen; im Lehrplan sollte Chemie einen zentralen Platz einnehmen.[481]

Neben Geiger-Huber lehrte seit den 1960er-Jahren Heinrich Zoller, der auf das Wintersemester 1967/68 zum persönlichen Ordinarius für Systematik und Vergleichende Morphologie befördert wurde.[482] Dieser beschäftigte sich mit Morphologie und Systematik und verstand Botanik als Wissenschaft der Pflanzendecke des Globus in einer ökologischen Perspektive. Offensichtlich als Antwort auf die Schwerpunktsetzung der Regierung zugunsten des Biozentrums strebten ökologisch ausgerichtete Naturwissenschaftler an der Universität, darunter Zoller, in den 1970er-Jahren eine Stärkung der Umweltforschung an der Universität an. Dazu dienten unter anderem das von Zoller zusammen mit dem Zoologen (Verhaltensforscher) Rudolf Schenkel im Winter 1971/72 veranstaltete Kolloquium über Umweltprobleme, die Eingabe der Botanischen Gesellschaft an die Regierung 1972 (auf die wir im Zusammenhang mit der Vorgeschichte von NLU zurückkommen werden) und Zollers Visionen für die Botanik nach der Pensionierung von Geiger-Huber.[483] Die Tendenzen, die Zoller verkörperte, liessen sich noch am ehesten mit Portmanns Zoologie vergleichen.

Zwischen 1968 und 1971 entwickelten Geiger-Huber und Zoller gegensätzliche Entwürfe für die Zukunft der Botanik in Basel. Max Geiger-Huber, der kurz vor der Pensionierung stehende Vorsteher der Botanischen Anstalt, legte der

Kuratel im Direktverfahren (mit Kopie nur an seine Fakultät; auch Zoller bekam den Bericht nicht zu sehen) am 3. Januar 1969 seinen ‹Vorschlag für die Ausgestaltung der Botanik an der Universität Basel› vor. Für ihn, der seit 1945 lehre, seien die Grundlagen die Physiologie, insbesondere die Wirkstoffe wie Hormone, sowie die Zellphysiologie. Mikrobiologie und Genetik hörten die Studierenden der Botanik damals bei Portmann in der Zoologie. Heute (1969) brauche es einen modernen Cytogenetiker. Was die Systematik angehe, so sei die Taxonomie Europas abgeschlossen. Einen solchen Schwerpunkt könnte man noch in Genf pflegen, wo das Conservatoire Botanique eine bedeutende Typensammlung führe. Für die Zukunft interessant wäre das Studium niederer Organismen. Zoller könne Systematik lehren, aber sicher nicht Cytotaxonomie. Man dürfe zwar nicht die Allgemeine Botanik an die Peripherie der Stadt verlegen (ein Hinweis auf damalige Pläne für einen Botanischen Garten mit zugehörigem Institut in Brüglingen), aber das bestehende Haus von 1897/98 sei unzulänglich; es brauche einen zentral gelegenen Neubau für die Botanik, der an den Neubau der Universitätsbibliothek anschlösse.

Zoller, dessen Ideen uns nur aus Bezügen im unten referierten Dokument der Planungskommission bekannt geworden sind, wollte demgegenüber ein Institut für Umweltforschung in Brüglingen errichtet wissen und sah dort die Zukunft der Basler Botanik.

Schliesslich richtete die Phil. II-Fakultät eine Planungskommission Botanik ein, deren Bericht am 1. März 1971 an Regierungsrat Schneider ging. Die Kommission bestand aus Silvio Fallab (Präsident, Chemiker), Stingelin (Zoologe), Tamm (Chemiker), Zoller (Botaniker), Erismann (externer Berater aus Bern), Philippe Matile (externer Berater, ETH Zürich), Gast (Ciba-Geigy), Ettlinger (Zürich), Burri (Basler Schul-Rektor) und den beiden Basler Assistenten der Botanik, Gisi und Ritterbusch. Für Zollers Ideen erwärmte sich in der Kommission eine Minderheit, deren Position Fallab in seinem Begleitschreiben an Schneider als eine ‹Ganzheitsbiologie› ohne naturwissenschaftliche (chemische) Grundlagen abtat. Zoller repräsentiere bereits eine solche ‹ganzheitliche Betrachtungsweise›, meinte Fallab. Die Mehrheit wollte ein Institut für Pflanzenphysiologie mit Zellbiologie, aber auch mit Systematik und Morphologie. Eine breite Ausbildung in Chemie sei auch deshalb erforderlich, weil viele Botaniker nach dem

Studium in die Industrie gingen. Basel habe Lücken in Biochemie, Stoffwechselforschung und Mikrobiologie; es brauche nun zwei Ordinariate. Physiologie sei unverzichtbar, und sie müsse von einer namhaften Persönlichkeit vertreten werden, die aber nicht Molekularbiologie betreibe, sondern ökologisch orientiert sei – dies auch in Anbetracht der geringen Hoffnungen, ein Umweltforschungsinstitut (wie es Zoller forderte) zu realisieren. Die zweite Professur sollte Stoffwechselphysiologie betreiben. Platz müsste im bestehenden Institutsbau geschaffen werden; die Vorsteherwohnung könnte dabei Forschungsräumen Platz machen, und das Dachgeschoss sei auszubauen für die Herbarien.[484]

Nach der Emeritierung von Geiger-Huber blieb das gesetzliche Ordinariat drei Jahre lang vakant. Dann wurde 1974 Jakob J. Oertli aus Kalifornien berufen,[485] der Basel nach fünf Jahren unter Klagen über die schlechte Ausstattung wieder verliess. Zoller führte die Botanik nach Oertlis Weggang 1979 allein, bis 1984 Andres Martin Wiemken den gesetzlichen Lehrstuhl (Pflanzenphysiologie) als Nachfolger Oertlis erhielt.[486] 1989 wurde Christian Körner Nachfolger von Zoller (Pflanzenökologie).

Ein Vergleich mit der Zoologie an der Universität zeigt Verschiedenheiten und Ähnlichkeiten. Verschieden war der Umstand, dass das Botanische Institut durch einen physiologischen Lehrstuhl dominiert war, dessen Inhaber seit dem Zweiten Weltkrieg für neue Entwicklungen in der Biologie aufgeschlossen war und seine Wissenschaft in der Nähe der Grundlagen-Naturwissenschaften wie Chemie sah. Insofern ergab sich vom gesetzlichen Lehrstuhl her keine Entgegensetzung zwischen organismischer, morphologischer oder systematischer Ausrichtung und ‹neuer Biologie›. Vergleichbar sind die bescheidene Ausstattung und die räumliche Enge, die eine Entfaltung der Botanik behinderten. Vergleichbar ist vollends die Ausrichtung des Extraordinariats und späteren persönlichen Ordinariats, das bis zu Beginn der 1980er-Jahre auf den Grundlagen von Morphologie und Systematik eine Öffnung zu den Umweltwissenschaften betrieb. Das Ethos der Verantwortung des Menschen gegenüber der Natur, der Respekt vor der Schöpfung und das Denken in grösseren Zusammenhängen, wie es die in den ausgehenden 1960er-Jahren populär werdende Ökologie als neues Umweltschutzparadigma lehrte, war in diesem Bereich der Botanik, zusammen mit den ausseruniversitären Spezialisten der Botanik, die hier wie in der Zoologie immer mitzudenken sind, sehr gut repräsentiert. Die 1980er-Jahre brachten in die Botanik wie in die Zoologie mit einem Generationenwechsel einen neuen Wissenschaftsstil, der die Entgegensetzung von Biologie I und Biologie II langfristig obsolet machte, indem ökologische Themenstellungen so konzipiert wurden, dass die molekulare, zelluläre und genetische Grundlagenbiologie darin integriert war.

5.4 Umweltwissenschaften. NLU und MGU

5.4.1 NLU. Brückenkopf für die Museumsbiologie

Im letzten Kapitel haben wir gesehen, wie sich die universitäre Biologie nach den 1970er-Jahren zunehmend von Grundauffassungen entfernte, die in den vorausgehenden Jahrzehnten die Basis für eine Kooperation oder doch eine gewisse geistige Einheit der Ideen zwischen Museum und Naturwissenschaften an der Universität gebildet hatten. Was wir dargestellt haben, ist die Abkehr der universitären Zoologie und Botanik von der (Basler) Tradition der Naturgeschichte. Man hätte nun erwarten können, dass die in den 1990er-Jahren an der Universität neu entstandenen Institutionen MGU (Mensch-Gesellschaft-Umwelt) und insbesondere das in der Philosophisch-Naturwissenschaftlichen Fakultät fest verankerte NLU (Natur-, Landschafts-, Umweltschutz) für das Museum die Funktion des Brückenkopfs zur universitären Biologie hätten ersatzweise übernehmen können.

Befassen wir uns zuerst mit NLU. Die Vorgeschichte von NLU beginnt gewissermassen mit den oben bereits angesprochenen Vorstössen der Botanischen Gesellschaft beim damaligen Chef des Erziehungsdepartements, Arnold Schneider, vom 26. März und 7. Juni 1971. Persönlichkeiten wie der Chemiker und Nobelpreisträger Tadeus Reichstein oder der Botaniker Zoller hatten diese Petition unterzeichnet. Darin wurde eine stärkere Gewichtung des Umweltschutzes in Basel gefordert. Schneider antwortete am 12. Juli 1971, der Regierungsrat werde ein Amt für Umweltschutz schaffen und Portmann habe bereits die Grossratskommission für das Biozentrum auf die Notwendigkeit hingewiesen, Umweltforschung zu betreiben. Was die Zukunft der Botanik in Basel betreffe, sei noch alles unbestimmt. Der Rücktritt des Pflanzenphysiologen Geiger-Huber war definitiv, aber der Entscheid über die Nachfolge liess noch Jahre auf sich warten, wie unsere Ausführungen zur Geschichte der Botanik gezeigt haben. Mit dieser Antwort sichtlich unzufrieden, gelangte die Gesellschaft am 28. September 1971 erneut an Schneider mit der Forderung, die Universität müsse den Umweltschutz ihrerseits in Lehre und Forschung angemessen berücksichtigen. Das Erziehungsdepartement zeigte sich jedoch fest entschlossen, keine interdisziplinäre Weiterentwicklung von Teilen der Botanik, Zoologie und Erdwissenschaften vorzusehen; auch überging Schneider die Frage der Erhaltung der botanischen Sammlungen (Herbare), die den Verfassern der Eingabe am Herzen lag.[487] Wie die Geschichte des Botanischen Instituts in den 1970er-Jahren zeigte, wurde zunächst nichts aus der Idee einer interdisziplinären Umweltforschung an der Universität. Zugleich scheiterte der Plan eines entsprechenden wissenschaftlichen Instituts in Brüglingen auf dem Areal der für 1980 geplanten Ausstellung ‹Grün 80›. Das Erziehungsdepartement wollte offensichtlich keine Erneuerung der Biologie im Zeichen der interdisziplinären Umweltwissenschaft(en), sondern setzte auf die Karte des Biozentrums und strebte einen weitgehenden Paradigmenwechsel in Zoologie und Botanik an.

Zehn Jahre nach dem Vorstoss der Botanischen Gesellschaft war das Desiderat von 1971 noch lebendig. Die mit dem Umweltschutzgesetz eingeleitete Gesetzgebung auf Bundes- und Kantonsebene liess einen Bedarf nach Natur- und Umweltschutzfachleuten entstehen, die den Gesetzesvollzug begleiten konnten. Wenn wir die Bemerkung der nach 1980 neu berufenen Zoologieordinarien aufgreifen, dann verschob sich das Tätigkeitsfeld organismischer Biologen, welche vorher nach Studienabschluss vor allem Lehrer geworden waren, in diese Richtung der biologischen Anwendungen im Natur- und Umweltschutz, den Gesetzesvollzug und die Erarbeitung von Gutachten und Massnahmekonzepten. Die ETH Zürich hatte schon früh mit einem entsprechenden Nachdiplomstudium den Weg gewiesen.

Die eigentliche Geschichte von NLU in Basel begann 1981.[488] 1981/82 lief eine auf prekärer Grundlage finanzierte, zweistündige Ringvorlesung zu Natur- und Umweltschutzthemen an der Philosophisch-Naturwissenschaftlichen Fakultät an, nachdem 1980 Studierende bei den Dozenten der ‹Biologie I› (Botanik und Zoologie) einen solchen Unterricht eingefordert hatten. Das erste Konzept stammte von Klaus Ewald, W. Flückiger und Ueli Halder; das Geld stammte teils aus Lehrauftragsmitteln, teils aus der Vakanz Pflanzenphysiologie am Botanischen Institut. 1982 schrumpfte die Veranstaltung auf eine Wochenstunde, die bis Sommer 1983 durch Halder erteilt wurde. Nach einer durch Geldmangel bedingten Pause konnte Halder, diesmal zu Lasten des Zoologischen Instituts (Stearns war inzwischen eine treibende Kraft hinter der Vorlesung), 1984/85 nochmals über Artenschutz lesen.

Inzwischen hatte V. Schulthess im Grossen Rat einen Anzug eingereicht, mit dem sie die definitive Einführung eines Unterrichts in Naturschutz im Rahmen des Biologie I-Lehrangebots der Universität verlangte. Was als inneruniversitärer, auf studentische Initiative zurückgehender erster Schritt begonnen hatte, wurde somit von der Politik aufgegriffen. Als die Regierung die Philosophisch-Naturwissenschaftliche Fakultät im Wintersemester 1984/85 zu einer Stellungnahme zu diesem Anzug aufforderte, war Anlass gegeben, eine Arbeitsgruppe aus Botanikern, Zoologen und Geografen unter Vorsitz des Zoologen Stearns ins Leben zu rufen. Diese Gruppe verfasste einen kompletten Studienplan für ein Nachdiplom ‹Natur- und Umweltschutz›. Die Realisierung hätte einen Lehrauftrag zu acht Wochenstunden für einen Basler Dozenten, zwei weitere Lehraufträge zu je vier Stunden für auswärtige Dozenten und eine 50%-Sekretariatsstelle erfordert. Das Studienprogramm sollte inhaltlich über die Naturwissenschaften hinausweisen und Informatik, Recht, Wirtschaft und Medizin mit berücksichtigen.

Die Begründung lautete wie folgt: «Die Umweltsituation ist alarmierend. Wir haben uns gewissenhaft überlegt, was die Universität zur Verbesserung der Situation unternehmen könnte. Die Fakultät ist bereit, einen substanziellen und innovativen Beitrag zu leisten, indem sie die Ausbildung von Natur- und Umweltfachleuten fördern möchte». Basel solle und könne eine Vorreiterrolle übernehmen «in Anwendungen wissenschaftlicher Methoden zur Lösung von Sozial- und Umweltproblemen», wie die Stadt dies früher mit der Gründung des Nationalparks, des SBN und der IUCN[489] getan habe. Als traditionelle Universität mit breitem Lehrangebot sei Basel dazu besser geeignet als die ETH. Das Angebot solle keine Konkurrenz zum von der SNG damals geplanten Natur- und Umweltschutzkurs werden.[490]

Der Fakultät erschien das Programm etwas zu ambitiös, aber der Dekan, Nobelpreisträger Werner Arber, erreichte eine grundsätzlich positive Stellungnahme der Fakultät sowie eine Besprechung mit dem Vorsteher des Erziehungsdepartements, Striebel, welche am 25. März 1985 im Beisein von Stearns stattfand. Dort wurde entschieden, dass ein Nachdiplomstudiengang zu teuer sei, dass der Staat aber für ein studienbegleitendes Unterrichtsprogramm die Mittel für einen halben Lehrauftrag (vier Wochenstunden) aufwerfen könnte. Stearns arbeitete dafür ein neues Konzept aus, das noch vier Stunden Lehrauftrag für einen Basler Dozenten, einen einstündigen Lehrauftrag für einen auswärtigen Gast und eine halbe Hilfsassistenz verlangte. Striebel begann nun darauf zu insistieren, dass die Universität durch innere Mittelumwidmungen daran selbst einen Beitrag leiste, während die Fakultätsvertreter ihn auf die Zusage des halben Lehrauftrags (vier Wochenstunden) festzulegen versuchten. Schliesslich wurden ab Sommer 1986 vier Stunden Lehrauftrag und eine halbe Hilfsassistenz bewilligt, allerdings zu Lasten befristet verfügbarer Ressourcen.[491] Durch das ‹Ereignis› in Schweizerhalle im November 1986 erhielt das Programm eine zusätzliche umweltpolitische Aufladung.

Doch mit dem Jahr 1988 war absehbar, dass die befristeten Mittel bald nicht mehr verfügbar sein würden, und die Universität sah keine Möglichkeit, durch interne Umverteilung von Ressourcen das Programm selbst voll zu finanzieren. Die Fachgruppe der Studierenden der Geografie verlangte am 11. Juni 1988 in einer Petition von der Regierung die Schaffung von zwei Extraordinariaten. Dahinter stand sichtlich die Überlegung, dass sich das Programm eher stabilisieren und verstetigen liesse, wenn es mit eigenen Professuren ausgestattet wäre. Die Zweizahl rührte daher, dass die eine Stelle biologisch, die andere geografisch ausgerichtet sein sollte. Regierungsrat Striebel antwortete, ein dreistündiges Lektorat sei unbestritten...[492] Auf Wintersemester 1989/90 drohte wieder das Aus für den Natur- und Umweltschutzkurs. Die Fachgruppen Biologie I und Geografie protestierten darauf gemeinsam am 6. März 1989 bei Regierungsrat Striebel mit Unterstützung des grünen Basellandschäftler Politikers Lukas Ott. Die Antwort der Basler Regierung fiel erneut unbefriedigend aus: An der Universität gäbe es bereits 19 Lehrveranstaltungen in Umweltwissenschaften; der Botanik-Professor Körner (Nachfolger für Zoller) sei verpflichtet, auch über Umweltschutz zu lesen, und eine neue Dozentur für Meteorologie und Klimatologie werde geschaffen werden.

Daraufhin schuf die Fakultät eine Umweltkommission.[493] Über deren Arbeit haben wir nichts überliefert gefunden, doch erreichte diese Kommission offenbar am 28. November 1990 die Schaffung eines neuen Extraordinariats (Umwelt-Biologie) und eine Option für die Schaffung eines zweiten Extraordinariats (Umwelt-Geografie). Damit war das Ziel der Petition von 1988 erreicht. Die beiden Stellen sollten Ankerpunkte für eine Zusatzausbildung (ein Wahlfach in Biologie und weiteren naturwissenschaftlichen Disziplinen, ein Nebenfach in Geografie) für Studierende sein, die bereits in der einen oder der anderen Wissenschaft einen festen disziplinären Standort hätten. Für dieses Ausbildungsprogramm wählte man den beschreibenden Namen ‹Natur-, Landschafts-, Umweltschutz› (NLU).

Dieser Schritt erwies sich erst als der Beginn weiterer Mühen. Der Botaniker Bernhard Schmid wurde am 29. September 1992 auf das NLU-Biologie-Extraordinariat berufen. Danach wurde um die Freigabe des zweiten Extraordinariats gerungen, das die Regierung ja 1990 nur in Form einer Option konzediert hatte. Nun schaltete sich erneut die Politik ein mit Interpellationen von Markus Ritter und J. Hoffmann. 1993 erhielt Schmid bereits einen Ruf an die Universität Zürich. Er äusserte in Basel seine Enttäuschung darüber, dass NLU noch immer nicht vollständig realisiert worden sei. Diese Lage alarmierte das Erziehungsdepartement, das nun wirklich beim Gesamtregierungsrat die Freigabe der zweiten Dozentur beantragte. Am 20. April 1993 beschloss der Regierungsrat endlich die Schaffung des zweiten Extraordinariats (NLU-Geografie), doch müsse diese neue Stelle durch anderweitige Einsparungen an der Universität kompensiert werden.[494] Schmid sagte darauf an der Universität Zürich zu und verliess Basel.

Die Stellvertretung für das durch Schmids Weggang nach Zürich vakante Extraordinariat übernahm ein Assistent von Stearns, Bruno Baur. Inzwischen fand NLU Räumlichkeiten im ehemaligen Institut für Farbenchemie an der St. Johanns-Vorstadt. Nach Abschluss des Berufungsverfahrens erhielt Baur im Juni 1995 das Extraordinariat zugesprochen. Das Berufungsverfahren für die Geografiestelle zog sich in die Länge, bis im Dezember 1995 der Biogeograf und Entomologe Peter Nagel berufen wurde, der sich im selben Haus wie Baur einrichtete.[495]

Damit war NLU Ende 1995, fünfzehn Jahre nach den ersten Forderungen, operativ.[496] Und tatsächlich wurde nun über NLU die Verbindung zwischen Museum und universitärer Zoologie aktiviert. Die Biogeografie-Professur von NLU ging eine enge Beziehung zur Entomologie am Museum ein. Der Inhaber der Professur nahm im Stiftungsrat von Pro Entomologia Einsitz. Er kannte die bedeutende Sammlung Frey, die für das Basler Naturhistorische Museum erworben wurde, persönlich aus der Zeit, da sie sich noch bei München befunden hatte, sehr genau. Nun benützte er sie in Basel, zusammen mit den anderen entomologischen Beständen des Museums, die für ihn wichtige Insekten enthalten, für seine eigene Forschung weiter. Er hat die zugehörige Bibliothek Frey in jenem Teil des NLU-Gebäudes, über das er verfügen konnte, als Leihgabe aufgestellt und so der Forschung wieder zugänglich gemacht, nachdem diese jahrelang in Kisten eingelagert gewesen war. Die Leihgabe beruht auf einer Vereinbarung zwischen der Universität und der Stiftung Georg Frey – Käfer für Basel sowie dem Naturhistorischen Museum; Letzeres finanzierte den Transport. Mit einem Entomologen des Museums verband ihn eine alte Bekanntschaft; dieser Entomologe hat auch einen Lehrauftrag bei NLU erhalten. Ein bedeutender Entomologe, früher Mitarbeiter des Naturhistorischen Museums, der im Zoologischen Institut unter Stearns mehr geduldet als geschätzt war, wurde 1999 administrativ an die NLU-Professur angebunden und im Jahre 2000 zum Titularprofessor befördert. Die gemeinsame Betreuung etwa von Dissertationen verband NLU-Biogeografie mit den Entomologen am Museum. Die entomologischen Sammlungen des Museums wurden auch in die Lehre einbezogen: Sie lieferten Demonstrationsobjekte; und zum Unterricht gehörte der regelmässige Besuch des Museums (zweimal jährlich) mit Studierenden.

Eine enge Beziehung besteht auch zwischen Museum und NLU-Naturschutzbiologie. Der Inhaber der naturschutzbiologischen Professur hatte bei Burla in Zürich studiert. Danach wurde er in Schweden als Postdoc mit ‹Conservation Biology› vertraut. Nach der Habilitation in Schweden kam er als Privatdozent 1988 zu Stearns nach Basel. Wir haben oben schon gesehen, dass er aus dieser Position heraus zuerst Stellvertreter und dann Nachfolger von Bernhard Schmid wurde. Eine unmittelbare, persönliche Bindung an das Basler Museum war hier nicht erkennbar, sehr wohl aber ein Verständnis für die Bedeutung von naturhistorischen Sammlungen für die Forschung überhaupt. Ein Entomologe vom Museum unterrichtete mit einem Lehrauftrag in NLU-Naturschutzbiologie. Zudem gab es wiederholt Master-Arbeiten, die im Naturhistorischen Museum unter Betreuung durch Museumsleute und zur Beantwortung von Fragestellungen, die vom Museum ausgingen, geschrieben wurden und zu einem Master-Abschluss in NLU-Naturschutzbiologie führten. Deren Verfasser wurden während ihrer Arbeit im Museum in Kolloquien und Seminare von NLU eingebunden. In der Museumskommission hat der Vertreter von NLU-Naturschutzbiologie Sitz und Stimme, zusammen mit Vertretern der Geologie und der Ur- und Frühgeschichte. NLU hat gemeinsam mit dem Museum eine Leistungsvereinbarung entworfen, die festlegen sollte, was das Naturhistorische Museum an Dienstleistungen der Uni einbringt – aus bestimmten Gründen wurde diese noch nicht abgeschlossen (Stand Sommer 2008).

In der Perspektive von NLU-Naturschutzbiologie gibt es eine Komplementarität zwischen Universität und Museum, die für unsere Geschichte des Verhältnisses zwischen Universität und Museum von Interesse ist: Letzteres gilt als der Ort für systematisch-taxonomische Forschung, insbesondere weil in der Schweiz praktisch keine Lehrstühle mehr für Systematik und Taxonomie an Universitäten existieren. Kompensatorisch ist auch die Beschäftigung mit Faunistik im klassischen Sinne: Auch dafür steht das Museum, auch wenn es damit ‹beschreibende› Biologie betreibt und im Verdacht der Theoriefeindlichkeit steht. Forscher an Museen unterstanden bisher nicht demselben Zwang, in grossem Ausmass Drittmittel einzuwerben, wie Universitätslehrer. Sie können deshalb Forschungen auch abseits von denjenigen Forschungsfronten betreiben, die universitäre Forscher nicht aus den Augen verlieren dürfen, wenn ihre Gesuche um Forschungsförderung Erfolg haben sollen. In den Augen der Universitätsforscher brauchen nicht alle Museumsleute Spitzenforscher zu sein, da sie ja nicht nur forschen, sondern auch Sammlungen betreuen und Ausstellungen gestalten müssen. Schliesslich enthalten die Sammlungen im Museum aus der Sicht der Naturschutzbiologie Vergleichsmaterial, das die Veränderungen in der Umwelt zu bestimmen gestattet, einerseits durch genetische Vergleiche, andererseits durch morphologische Beobachtungen und drittens (dank der Faunistik) durch eine Analyse der Veränderungen in der Verbreitung. Somit bilden die Sammlungen des Museums eine wichtige Voraussetzung für Global Change-Forschung.

Man erkennt, dass sich seit Stehlins Zeiten die Idee der Komplementarität in Systematik, Taxonomie und Faunistik gefestigt hat, dass weiterhin Sammlungen und die Nutzung derselben als Teile des Wesens der Museumsaufgaben gelten (nicht nur in der Selbstdarstellung, sondern auch im Heterostereotyp), dass aber durch das Thema ‹Global Change› neue Aufgabenzuschreibungen von aussen auf das Museum zugekommen sind.

Die Erwartung, NLU sei ein wichtiger universitärer Brückenkopf im Verhältnis Museum/Universität geworden, konnte also bestätigt werden. Die Vielfalt der Ansätze innerhalb von NLU gestattet auch eine Vielfalt der Beziehungen und der Perspektiven, in denen einzelne Persönlichkeiten solche Beziehungen eingehen und die Tätigkeiten am Museum wahrnehmen und beurteilen. Die Komplementarität beruht aufseiten der Universität auf realen Forschungs- und Lehrbedürfnissen und nicht auf einem institutionell verordneten Zwang zur Zusammenarbeit.

5.4.2 MGU. Wissenschaft und Politik

Nachdem wir uns näher mit NLU befasst und gesehen haben, dass die Professuren und Dozenturen in diesem Programm (oder Institut, was es mittlerweile *de facto* ist) wichtige Brückenkopffunktionen im Verhältnis Museum/Universität übernommen haben, welche die frühere Rolle der Zoologischen Anstalt wenigstens teilweise ersetzen, prüfen wir in den folgenden Abschnitten, ob auch MGU eine solche Funktion erfüllt hat.

Die Geschichte von MGU beginnt mit dem Brand im Sandoz-Lager in Schweizerhalle vom November 1986, während die NLU-Idee schon vorher entstanden war. Die Universität Basel setzte im Dezember 1986 eine Arbeitsgruppe unter Werner Arber ein, welche die Möglichkeiten interdisziplinärer Forschung in der Universität studieren sollte; diese Gruppe hiess ‹Mensch Gesellschaft Umwelt›. Vorausgegangen waren aktuelle politische Forderungen an die Universität, mehr für Umweltfragen zu tun. Im Oktober 1987 bildete die Universität die ‹Regenzkommission MGU›, die von Jürgen von Ungern-Sternberg präsidiert wurde.

Nach diesen Vorarbeiten gelangte die Universität an das Erziehungsdepartement, das damals von Hans-Rudolf Striebel geleitet wurde, wie wir bereits im NLU-Abschnitt gesehen haben. Die Universität forderte eine Koordinationsstelle für interdisziplinäre Lehre und Forschung. Das vom Physiker Striebel geleitete Departement beauftragte 1988 den Physiker Willy Bierter (damals Syntropie-stiftung für Zukunftsgestaltung, die 2005 liquidiert wurde)[497] mit der Ausarbeitung eines Konzeptes. Bierters Konzept lag im März 1989 vor.

Der basellandschaftliche Regierungsrat Peter Schmid erkannte in diesem Konzept eine Chance für den Landkanton, nachdem der Stadtkanton anscheinend nicht wusste, wie er die Realisierung dieses Vorhabens finanzieren sollte. Auf Peter Schmids und Hans Fünfschillings Initiative hin bewilligte der Baselbieter Landrat im Dezember 1990 16 Mio. Franken. Dieser Betrag sollte für einen zehnjährigen Betrieb der Koordinationsstelle reichen; danach sollte MGU in die Universität überführt werden. 1991 wurde nach als hart bezeichneten Verhandlungen über die Entscheidstrukturen innerhalb von MGU in Übereinkunft zwischen Regenz und Kanton Baselland die Stiftung MGU mit Sitz in Liestal gegründet. Die politische Bedeutung des Unternehmens wurde durch die Mitgliedschaft zweier Regierungsräte im Stiftungsrat unterstrichen. Grundidee war, dass Fachwissen nötig, aber nicht ausreichend sei, um «die Probleme unserer Zeit zu lösen». MGU sollte in der Lehre Zusatzstudien zum Fachstudium anbieten, deren Abschluss mit einem Zertifikat zu bescheinigen wären. Einzelne Fächer entschlossen sich, darüber hinaus MGU als Nebenfach in ihren Studienordnungen zuzulassen. Der Betrieb begann im Frühjahr 1992 mit der Anstellung von Leo Jenni vom Tropeninstitut als Koordinationsstellenleiter. Im August 1992 war die Expertenkommission eingesetzt, der auch Alfred Pletscher, früherer Forschungsleiter bei Roche und einer der ‹Architekten› des Biozentrums, angehörte – während sich Peter Schmid gerne auf Portmann berief. Ein Lehrkonzept entstand 1993, und im Herbst 1993 begann der Unterricht. Gleichzeitig wurden die Forschungsprojekte bestimmt, die 1994 anliefen; diese Forschungen sollten auf ‹Lösungen und Produkte› hin orientiert und interdisziplinär sein.

MGU grenzte sich damit von NLU ab, das als ‹rein fakultäres› Nebenfach in den Naturwissenschaften galt. Umgekehrt hielt der Präsident des Stiftungsrates von MGU 1997 in einem Interview fest: «Wir bilden keine Ökologen aus». Dies mochte für die Lehre gelten, in der Forschung waren gemäss Selbstdarstellung von MGU anwendungsbezogene Arbeiten zur Renaturierung von Flächen, zu Umwelteffekten von Freizeitverhalten und zur Umweltökonomie die Vorzeigeprojekte. Kultur- und gesellschaftswissenschaftliche Grundlagen waren präsent, wurden aber entsprechend der Lösungs- und Produkteorientierung des Programms nicht ins Schaufenster gestellt.

MGU steht für einen Versuch, sowohl Interdisziplinarität als auch Ökologie in die Universität hinein zu tragen.[498] Zugleich war MGU auch ein Beispiel für die Begegnung von Wissenschaft mit Politik, in der die Gefahr nicht völlig gebannt war, dem raschen, kommunizierbaren Erfolg mit leicht verständlichen Inhalten ohne kritischen Tiefgang unter der Parole ‹raus aus dem Elfenbeinturm› zu dienen. Irgendwelche Bezüge zum Museum sind in der Konzeption von MGU nicht festzustellen, was aber nicht heisst, dass nicht doch einzelne Forscher vom Museum im einen oder anderen MGU-Projekt mitgewirkt haben.[499]

MGU erwies sich somit als eine Reaktion auf die politischen Forderungen, interfakultäre, interdisziplinäre (oder transdisziplinäre, wie Werner Arber gefordert hatte) Lehre und entsprechende, anwendungsbezogene Forschung an der Universität zu ermöglichen. Als Brückenkopf in einem dem Stellenwert von NLU verwandten Sinne diente MGU für das Museum weder in der Forschung noch in der Lehre. Dies mag damit zusammenhängen, dass NLU als eindeutig der naturwissenschaftlichen Fakultät zugeordnetes, in den Disziplinen der Biogeografie und der Naturschutzbiologie (Zoologie und Botanik) klar lokalisiertes Ausbildungsprogramm mit zugehörigen Qualifikationsarbeiten der Studierenden dem Museum und seinen Mitarbeitern näher stand als die umweltpolitisch motivierte, transdisziplinär aufgezogene und im universitären Unterricht als Ergänzung positionierte Stiftung MGU. Auch verfügte NLU über wissenschaftlich qualifiziertes eigenes Personal bis zur Stufe Ordinariat, was für MGU nicht der Fall war. MGU blieb ein Programm, das Forschung nur in der Art von Kampagnen anstiess und finanzierte, während NLU Institutscharakter annahm mit einer stetigen, durch eigenes Personal betriebenen Forschung, die den inzwischen üblichen akademischen Gepflogenheiten gehorchte.

5.5 Erdwissenschaften. Geologie als angewandte Physik und Kontinuität in der Paläontologie

In den Erdwissenschaften waren die Umbrüche in den letzten Jahrzehnten weniger von der Art, dass ein Pfeiler für die Brücke zwischen Museum und Universität direkt weggebrochen wäre. Zwar galten die Erdwissenschaften der Wissenschaftspolitik schon in den 1990er-Jahren als kriselnde Fächergruppe, die neu zu konzipieren sei. Es scheint aber, dass die das Museum interessierenden Fächer wie Paläontologie oder Mineralogie vor der Wende vom 20. zum 21. Jahrhundert davon nicht frontal betroffen waren.

Hingegen vollzog sich bereits in den 1960er-Jahren in der Geologie (Tektonik, Sedimentologie) ein Stilwandel. H. P. Laubscher strebte nach quantifizierten Modellen der Tektonik von Jura und Alpen und nach einer Verbindung von Feldarbeit mit Laborforschung. In seiner Darstellung des Faches Geologie in Basel von 1967 wurde das Museum mit seinen reichen geologischen Sammlungen nicht einmal erwähnt.[500] Ein Geologe am Museum bekam diesen Wandel direkt zu spüren, indem ihm die Habilitation an der Universität verwehrt wurde; dies ist einer der Gründe, weshalb der Museumsdirektor in der Zeit zwischen 1990 und 2000 im Unterschied zu seinen drei Vorgängern nicht an der Universität lehrte.

Kontinuität und enge (personelle) Verbindung zur Universität herrschten in der Mineralogie (auf die wir hier nicht näher eingehen können) und in der Osteologie,[501] die durch den Ehrendozenten Hürzeler, der entgegen dem, was sein Titel ‹Ehrendozent› suggerieren mag, sich im Unterricht energisch engagierte und über fossile Primaten lehrte,[502] vertreten war. Kontinuität herrschte aber vor allem in der Paläontologie dank dem Nachfolger Reichels, Lukas Hottinger (bis 1998). Hottinger hatte, wie wir oben gesehen haben, nach seiner Rückkehr aus Marokko 1964 am Museum eine Anstellung als Assistent gefunden,[503] wechselte dann als Reichels Nachfolger schon 1966 an die Universität.[504] Er blieb aber dem Museum vorübergehend mit einer Teilzeitanstellung verbunden, dann wirkte er als ehrenamtlicher Mitarbeiter[505] und als Kommissionsmitglied.

5.6 Die Präsenz der Museumswissenschaftler an der Universität

Wir stellen also fest, dass sich das universitäre Umfeld des Museums in einem Prozess wandelte, der sich von den späten 1960er- bis in die frühen 1980er-Jahre erstreckte. Während einzelne Universitätsangehörige die Komplementarität zwischen Museum und Universität akzeptierten, wollten andere (wie Hottinger) verhindern, dass unter dieser Voraussetzung das Museum zu einem Ort einer Wissenschaft würde, die in Tradition erstarre. Wieder andere waren an der Universität damit beschäftigt, ihr eigenes Fach radikal zu modernisieren, und dazu zogen sie meist eine Grenze zwischen ‹beschreibender› Wissenschaft (die dann als etwas Überwundenes oder zu Überwindendes oder als notwendiger Atavismus dem Museum überlassen blieb) und einer modernen Auffassung ihrer Fächer, die sich wesentlich an den Paradigmen der klassischen Physik orientierte: Theorien, Mathematisierung, Funktionalismus, Modellbildung und Exemplarität des Zugriffs auf Lebewesen und oft Verweigerung gegenüber der Rollenzuschreibung, die das gebildete Publikum gegenüber Lehrstuhlinhabern vornahm, nämlich überfachlichen Sinn zu stiften und normierende Aussagen über Mensch und Natur im Allgemeinen zu machen.

In der universitären Zoologie konnte das Museum noch bis zum Beginn der 1980er-Jahre glauben, mit Direktor Rahm, der als Extraordinarius an der Universität lehrte und forschte, eine aktive, solide Verbindung zu haben; ausserdem eigneten sich Anschauungen der Schule Portmann, die an der Universität bis ca. 1980 noch Geltung hatten, gut, um das Museum als Archiv von Gestalten der Natur positiv zu sehen. Nach dem Rücktritt Rahms und mit der Etablierung von Stearns als entscheidender Persönlichkeit in der universitären Zoologie war es damit vorbei. Erst das in der Mitte der 1990er-Jahre konsolidierte Programm NLU konnte wiederum als Brückenkopf des Museums in der Zoologie genutzt werden. Für die Osteologie verschwand die Beziehung zur Universität mit dem

Der Mineraloge Stefan Graeser in seinem Feldlaboratorium
in der Mineraliengrube Lengenbach im Binntal im Wallis.

Aufhören des Unterrichts von Hürzeler. Die Mineralogie hatte demgegenüber eine sehr gut ausgebaute, lange bestehende Brücke zur Universität mit dem Privatdozenten und späteren Extraordinarius Stefan Graeser, der auf der Grundlage der Funde im Binntal sowohl eifrig und erfolgreich die Entdeckung und Identifikation neuer Mineralien betrieb als auch an der Klärung der Entstehungsumstände dieser Mineralien interessiert war. Für die Geologie hörten die engen Beziehungen wohl schon Ende der 1970er-Jahre mit dem Rücktritt von Schaub auf; die Geologie/Paläontologie von Kugler, Saunders und Jung stellte keine ausgebaute Brücke zwischen Museum und Universität dar. Hingegen waren die Entomologen des Museums in den 1980er-Jahren zunehmend an der Universität präsent. Aber die Ernennung eines Direktors 1990, der keine universitären Funktionen hatte (im Unterschied zu seinen Vorgängern Rahm, Schaub und Handschin), bedeutete zusätzlich zu den Veränderungen in der Universität selbst eine Schwächung des institutionell-symbolisch darstellbaren Universitätsbezugs.[506]

Darin lag das Risiko einer Isolierung. Nachdem sich das Museum der Privatgelehrten seit Ende des 19. Jahrhunderts bewusst eine Distanz zur Universität geschaffen hatte, um Raum zu gewinnen für seine Entfaltung als wissenschaftliche Institution *sui generis*, neben der Universität, drohte nun die Universität gegen Ende des 20. Jahrhunderts, das Museum als eine Art ‹gallisches Dorf›, als eine Nische beiseite zu schieben, in der die wissenschaftlichen Rituale von gestern weiter praktiziert würden, während die grosse, wirkliche Wissenschaft an der Universität neue empirische Grundlagen eines Wissens erarbeite, zu welchem die Idee des Museums und dessen besonderer wissenschaftlicher Auftrag eine historische Fussnote werden könnte.

Beiträge des Museums zur Lehre an der Universität in den Direktionszeiten von Schaub und Rahm
Quelle: Jahresberichte

Jahr	Name	Fach	Bemerkungen
1963	Hürzeler, Ehrendozent Schaub, Extraordinarius	Osteologie der Primaten Stratigrafische Geologie	Jahresberichte erwähnen universitäre Tätigkeiten vor 1963 nicht
1964	n. a.		
1965	n. a.		
1966	n. a.		
1967	n. a.		Nur Volkshochschulkurse erwähnt
1968	n. a.		
1969–71	Bay, Prof. Hürzeler, Ehrendozent Rahm, Prof. Schaub, Prof.	Anthropologie Paläontologie der Primaten Systematik und Ökologie der Säuger Historische Geologie	Auch am Tropeninstitut tätig
1972–75	Graeser, PD Bay, Prof. Rahm, Prof.	Mineralogie Somatische Anthropologie Ökologie der Säuger u. a.	

Jahr	Name	Fach	Bemerkungen
1976–78	n.a.		Keine Jahresberichte
1979	Bader	Faunistisch-feldbiologischer Kurs des Zoologischen Instituts	
	Rahm, Prof.	Tiergeografie u.a.	Auch am Tropeninstitut tätig
	Graeser, PD	Mineralogie	
	Kaufmann, Lehrauftrag, dann PD	Historische Anthropologie	
1980	Rahm	Wie oben	
	Graeser	Wie oben	
	Kaufmann	Wie oben	
1981	Rahm	Wie oben	
	Graeser	Wie oben	
	Baroni Urbani	Soziale Insekten	
	Kaufmann	Wie oben	
1982	Rahm	Wie oben	
	Graeser	Wie oben	
	Baroni Urbani	Wie oben	
1983	Rahm	Wie oben	
	Graeser	Wie oben	
	Kaufmann	Wie oben	
1984	Rahm	Wie oben	
	Graeser	Wie oben	
1985–86	Baroni Urbani	Wie oben	
	Brancucci	Entomologie	
	Kaufmann	Wie oben	
	Graeser	Wie oben	
1987–88	Kaufmann	Wie oben	
	Brancucci	Wie oben	
	Graeser	Wie oben	
	Rahm	Wie oben	
1989–90	Brancucci	Wie oben	Engesser betreut universitäre Qualifizierungsarbeiten
	Graeser	Wie oben	
	Rahm	Wie oben	
1991	n.a.		Neu gestaltete Jahresberichte, keine Angaben mehr zu Lehrtätigkeiten an der Universität

6 Das Museum in einem gewandelten Umfeld – Staatliche Museumspolitik der 1990er-Jahre als Wendepunkt

6.1 Einleitung

Das ausgehende 20. Jahrhundert hat dem Museum grundsätzliche Klärungen beschert, aber es auch vor neue Fragen gestellt. Die Klärungen betrafen das materiell-institutionelle Verhältnis zum Staat, das in der technischen Sprache der Juristen zunächst mit dem Begriff des Universitätsguts verbunden ist. Im Zug der Autonomisierung der Universität wurde das Universitätsgut paradoxerweise zu jenem staatlichen Besitz, der *nicht* der Universität gehört. Mit dem neuen Museumsgesetz ist die Grundlage für eine Konsolidierung geschaffen und das Naturhistorische Museum als eines von fünf Häusern, für die der Staat der eigentliche Träger ist und damit auch in der Verantwortung steht, festgeschrieben worden.

Weniger klar ist die ‹Mission› geblieben. Sie enthält Widersprüche, einmal weil eine materiell nicht übermässig dotierte Institution nicht allen Herren dienen kann, zum andern weil mit dem Museumsgesetz eine Sprechweise verbunden war, die dahin tendierte, das Naturhistorische Museum über den ‹Kulturkamm› zu scheren. Argumentatorisch geriet es in eine schwierige Position, wenn es sich als forschende, wissenschaftliche Institution darstellen will, die neues Wissen auf der Grundlage von Sammlungen generiert, die nicht auf einen kulturell-historischen Wert reduziert werden können. Kultur schien in den 1990er-Jahren auch primär die Mission der Vermittlung, sprich den Bildungsauftrag zu begründen. Mit diesem Auftrag war der Zwang zur Rechtfertigung der Existenz und der Staatskredite durch Eintrittszahlen als ‹Messgrösse› für den Vermittlungserfolg verbunden.

Ungelöst war im Rückblick auf die 1990er-Jahre damals nicht nur der Widerspruch zwischen New Public Management-Rhetorik und Staatsbetrieb, zwischen wissenschaftlichen und volksbildenden Aspekten des Auftrags, sondern auch die eigentliche wissenschaftliche Positionierung gegenüber den Bewegungen in der universitären Wissenschaftswelt, die wir im vorausgehenden Kapitel angedeutet haben. Hinzu kamen die Erwartungen, die in einem Publikum, das von der Basler Tradition der naturgeschichtlichen Biologie (einschliesslich Naturschutzgedanke) stark geprägt war, durch Schlagworte wie Umweltkrise und Biodiversität geweckt wurden.

In diesem Kapitel behandeln wir die Geschichte des Naturhistorischen Museums in der letzten Dekade des 20. Jahrhunderts im Zusammenhang mit der staatlichen Politik gegenüber den Museen, aber auch vor dem Hintergrund des Wandels in den universitären Wissenschaften. Das Jahrzehnt, das wir hier untersuchen, fällt mit der Museumsleitung durch Peter Jung zusammen. Dieser von Kugler geförderte Erdwissenschaftler löste 1990 den Säugetierbiologen Urs Rahm ab. Jung war der erste Direktor seit dem Systemwechsel von 1956, der nicht Mitglied des Lehrkörpers der Universität war.

Peter Jung wurde im Kanton Glarus geboren; er durchlief die Schulen in Biel und studierte danach in Basel Geologie. Als Student arbeitete er im Museum an fossilen Mollusken und schrieb seine Dissertation über Venezuela mit Förderung durch Kugler. Wie wir früher gesehen haben, vermittelte er die Bohrkerne aus dem amerikanischen Tiefseebohrprojekt nach Basel. 1987 begann er sich am erfolgreichen ‹Panama Paleontology Project› von Jeremy Jackson (Smithsonian Institution) zu beteiligen. In seiner Direktionszeit wurde der Jahresbericht des Museums neu gestaltet als Instrument der Kommunikation des Hauses mit seinen Freunden, die als Laien die Geschicke der Institution verfolgten. Jung legte das Hauptgewicht auf Forschung, Dokumentation und Sammlung. Er litt unter den von der Regierung verordneten Sparmassnahmen, die wir unten näher betrachten werden, und sah eines der Hauptprobleme des Museums im dauernd sich verschärfenden Platzmangel. Sein Ziel war deshalb der Zugewinn von Fläche durch bauliche Massnahmen, auf die wir gleichfalls noch zurückkommen werden. Gegen Ende seiner Amtszeit war konkret, aber verfrüht die Rede vom Auszug des Naturhistorischen Museums aus dem Berri-Bau, einem Schritt, den er grundsätzlich begrüsste.[507]

Das Jahr 2000 bot eine Chance für einen Generationenwechsel im Museum. In diesem Jahr wurde der Direktor pensioniert, ebenso die langjährige rechte Hand der Direktion. Ferner erreichten beide Mineralogen die Altersgrenze.[508] Der

Direktor Peter Jung zeigt Kindern im Rahmen der Veranstaltungen des Kinderclubs, wie man aufgesammeltes Fundmaterial sichtet.

bisher letzte Akt in der Geschichte der Direktion war die Einsetzung eines Paläontologen als Museumsleiter,[509] der den Bezug zur Universität durch Lehre in seinem Fach an der Hochschule realisiert, die internen Strukturen vereinfacht hat (faktisch gibt es noch – ausser Verwaltung etc. – die Abteilungen Bio- und Geowissenschaften, während es vorher sieben Abteilungen gegeben hatte) und auf hohe Publikationsqualität als wissenschaftlichen Leistungsausweis achtet.

6.2 Erwerbung der Käfersammlung Frey

In Jungs Direktionszeit fiel für die Zoologen am Museum ein wichtiges Ereignis: Die Käfersammlung des Münchner Lodenfabrikanten Georg Frey konnte mit Unterstützung eines eigens gegründeten Vereins erworben und nach Überwindung mancher Schwierigkeiten in die Räume des Museums überführt werden. Damit verdoppelte sich der Insektenbestand des Museums beinahe.

Im Sommer 1987 wurde die Käfersammlung des verstorbenen Dr. h.c. Georg Frey (1902–1976) dem Museum angeboten. Die Bayerische Staatssammlung betrachtete diese Sammlung aber als deutsches Kulturgut, welches das Land nicht verlassen dürfe. Damit waren die Käfer juristisch blockiert. 1989 liefen die Rekurse gegen die Verfügungen der unteren Instanzen. Das für Dezember 1994 erwartete Urteil des deutschen Bundesgerichtshofs wurde erst im Sommer 1995 gefällt. Es sprach die Käfersammlung dem Basler Verein ‹Käfer für Basel› als Eigentum zu, bewirkte aber noch nicht, dass der neue Eigentümer die Sammlung aus Deutschland ausführen konnte. 1997 konnten die Käfer dann wirklich nach Basel transportiert und im Museum eingelagert werden. Mit der Sammlung untrennbar verbunden war Freys Bibliothek; diese lagerte nach ihrer Ankunft in Kisten, bis in Zusammenarbeit mit der einen NLU-Professur eine Lösung für die Aufstellung ausserhalb des Museums gefunden wurde.[510] Die treibende Kraft hinter dieser zehnjährigen Leidensgeschichte mit gutem Ausgang war der Entomologe Michel Brancucci.[511] Das Museum festigte durch den Erwerb dieser Sammlung seine Stellung als wichtiger Ort für entomologische Sammlungen; ein noch stärker gewordener Besuchs- und Leihverkehr unterstreicht die Rolle der Institution.

6.3 Das Ende der Schaub-Konzeption für die Raumnutzung

In den 1990er-Jahren war die Einrichtung der Ausstellungen, die 1970/71 durch die Hofunterkellerung möglich geworden waren, noch nicht wirklich abgeschlossen. In diesem Zusammenhang interessant sind die Diskussionen, die in der Museumskommission über die Neugestaltung des dritten Stockwerks in der Mitte der 1990er-Jahre geführt wurden. Dieses Stockwerk war vorübergehend für die Ausstellung über die chinesischen Saurier (1990) genutzt worden, nachdem der Plan für die Dauerausstellung, die zuerst der Evolution, dann dem ‹Leben auf der Erde› gewidmet sein sollte, an Finanzierungsproblemen in den 1980er-Jahren gescheitert war. Nun sollte dort nach einem Plan, dessen Grundidee noch auf Schaubs Zeiten zurückreichte, von der Abteilung Zoologie eine neue Dauerausstellung eingerichtet werden. Zwei Professoren wollten wenn irgend möglich eine systematische Ausstellung sehen.[512] Nur systematische Ausstellungen würden immer wieder besucht, während thematische nach einmaligem Besuch ihren Reiz verlören. Man erkennt hier das Interesse der Universitätsprofessoren, für die Lehre im Museum eine systematische Darstellung einzelner Fachgebiete nutzen zu können. Dieses Interesse kollidierte mit dem Zwang, Kinder und Jugendliche ins Museum zu bringen, um die Frequenzen in die Höhe zu treiben und den Steuerzahler zur weiteren Unterstützung des ‹offenen› Museums zu motivieren. Aufschlussreich sind auch die thematischen Inhalte, die in den 1990er-Jahren für die künftige Ausstellung erwogen wurden. Genannt wurden Entstehen und Vergehen, Raubbau an der Natur, Darstellung der natürlichen Vielfalt und das Ziel der Weckung der Naturbewunderung. Andere wollten Organismen als Resultate von Umweltbedingungen und geschichtlicher Entwicklung aufzeigen. Energieprobleme sollten thematisiert werden, und dabei wäre zu zeigen gewesen, dass auch angeblich saubere Energie Landschaften zerstöre (gemeint war sehr wahrscheinlich der Ausbau der Nutzung von

Die Ausstellung ‹Saurier aus China›.

Wasserkraft). Schon damals wünschte jemand die Thematisierung der durch Menschen verursachten Klimaveränderung. Man solle künftig Objekte ins Zentrum rücken, nicht moderne Medien in der Ausstellung die Botschaften verkünden lassen – hier deutete sich eine Kritik an Ausstellungen, die stark auf Präsentationstechnik abstellten, und die Rezeption neuerer Tendenzen der Museologie an.[513]

Der Wirbellosensaal vor der sanften Renovation in den 1990er-Jahren.

Aufschlussreich ist die gut dokumentierte Arbeit am Wirbellosensaal. Dieser war der letzte Raum des Museums, der noch weitgehend die unter Stehlin getroffene Einrichtung bewahrt hatte: eine systematische Aufstellung in Vitrinen, die im unteren Teil weitere Objekte enthielten, ergänzt durch handgeschriebene Tafeln, die in einer dem Laien nicht immer wirklich zugänglichen Sprache Erläuterungen in Wort und Bild enthielten. Durch die sanfte Renovierung wurden 1999 die letzten Relikte der Stehlin-Epoche getilgt, auch wenn die 1930–1932 angefertigten Ausstellungsmöbel mit Retouchen vorerst weiter verwendet wurden. Nicht zuletzt wegen der nur begrenzt verfügbaren Mittel war eine radikale Neugestaltung im hier betrachteten Jahrzehnt undenkbar. Das Konzept war offensichtlich ein Kompromiss zwischen der in der Kommission verlangten Weiterführung eines systematischen Ansatzes und dem Eingehen auf die Bedürfnisse des Laienpublikums. Im Endergebnis wurde nur der Wirbellosensaal provisorisch umgestaltet (Eröffnung 1999; die durchgehende Neugestaltung erfolgte ausserhalb unserer Beobachtungsperiode), während der übrige dritte Stock 2001 zum permanenten Ort der grösseren Wechselausstellungen erklärt wurde.[514]

Damit war der Faden abgeschnitten, der das Museum als ‹Schaustellungsort› noch mit Stehlins Ideen verbunden hatte, und man hatte sich auch von Schaubs Idee gelöst, dass der Berri-Bau nach der Hofunterkellerung und der Verlagerung der Magazine unter den Boden weitgehend mit neuen Dauerausstellungen genutzt werden sollte. Zugleich war Jungs Vorstellung gescheitert, oberirdisch im Hof zusätzliche Fläche zu gewinnen, die für Wechselausstellungen dienen sollte (wir kommen darauf zurück). Auch waren die Ende der 1990er-Jahre gewälzten Ideen eines Auszugs aus dem Berri-Haus bald wieder obsolet geworden. So blieb keine Alternative, als ein Stockwerk, das (mit Ausnahme der Wirbellosen) schon geräumt war, als die gesuchte Fläche für Wechselausstellungen zu behandeln.

6.4 Das Naturhistorische Museum in der Phase der Redimensionierung der Staatsaufgaben

Energische Sparanstrengungen der Regierung stellten den Museumsbetrieb in den frühen 1990er-Jahren erneut vor Herausforderungen, die diesmal sehr grundsätzlich vorgetragen wurden und auf die zu antworten entsprechend schwierig war. Andere Sparwellen waren vorausgegangen: Rahm musste sich in den 1980er-Jahren mit Fragen herumschlagen von der Art, ob man nicht durch Verzicht auf einen gedruckten Jahresbericht die Kosten noch weiter senken könnte, und Schaub hatte zwar die Hofunterkellerung erhalten, nicht aber das zusätzliche Personal, das eigentlich für den damit zusammenhängenden Betrieb des Hauses erforderlich gewesen wäre. Kurz vor den Sparanstrengungen der 1990er-Jahre war noch die Rede von einem Konzept des Erziehungsdepartements für die Museen an der Augustinergasse gewesen, das dem Naturhistorischen Museum zusätzlich 0,5 Stellen für Öffentlichkeitsarbeit und 1,5 Stellen für Osteologie gebracht hätte (der neu ernannte Abteilungsvorsteher sollte einen Konservator und eine halbe Sekretariatsstelle erhalten).[515] Doch dann forderten die Sparbeschlüsse der Regierung aus dem Jahr 1993 14,3% Abbau für 1994 und 17% Abbau für 1995.[516] Es macht ganz den Anschein, dass die Regierung nun glaubte, dass das Museum (wie der gesamte Museumsbereich) als zu über 80% staatlich finanzierter,[517] mit professionalisiertem Fachpersonal funktionierender Betrieb an der Grenze dessen angekommen wäre, was in Basel überhaupt als finanziell tragbar galt.

Der Staatsbeitrag hatte sich im 19. Jahrhundert auf Fr. 1000 betragen. So waren zum Beispiel 1874 die Gesamteinnahmen (Fr. 5713) zusammengesetzt aus dem Staatsbeitrag von Fr. 1000 und einem Beitrag der FAG von Fr. 1737, hinzu kamen Geschenke von Privaten für Fr. 976 und Beiträge aus akademischen Stiftungen von Fr. 2000.[518] Zu einem späteren Zeitpunkt erreichte der Staatsbeitrag die Summe von Fr. 2800, und durch die Revision des Universitätsgutsgesetzes von 1919 wurde er auf Fr. 3500 festgesetzt.[519] Bei der Reduktion der Staatsausgaben in der Krise der 1930er-Jahre sank er ab 1934 von Fr. 3150 wieder auf Fr. 2800,[520] bis er in den frühen 1950er-Jahren erneut auf Fr. 3500 festgelegt wurde. Danach begann ein Anstieg in den 1960er-Jahren.

Entwicklung der Staatskredite, Quelle Jahresberichte
(regulärer Staatsbeitrag, gelegentlich inklusive Sonderkredite des Grossen Rates, ab 1962 inkl. Personalkredite – mit inkonsistenter Berichterstattung ist zu rechnen)

Jahr	Betrag	Bemerkung
1951	2 835	Gekürzter Beitrag ‹wie seit Jahren›; ohne Personalausgaben
1952	3 500	Erstmals wieder reguläre Summe wie im Universitätsgutsgesetz vorgesehen
1953	3 500	
1954	n. a.	
1955	n. a.	Sonderkredit für Umbau Fälkli und Venedig
1956	n. a.	
1957	n. a.	
1958	n. a.	
1959	3 500	Kredit für ‹Propaganda› wird direkt vom ED verwaltet
1960	Unklare Zusammenstellung	
1961	55 685	
1962	355 585	Ab hier inklusive Personalkredite
1963	350 521	
1964	474 592	
1965	564 970	
1966	611 285	
1967	697 050	
1968	775 010	
1969	749 121	
1970	834 773	
1971	853 136	
1972	1 501 877	
1973	1 549 509	

Jahr	Betrag	Bemerkung
1974	1 663 278	
1975	1 833 605	
1976–78	n.a.	Jahresberichte existieren nicht
1979	2 049 345	
1980	2 075 841	
1981	2 081 379	
1982	2 603 808	
1983	2 790 497	
1984	2 896 121	
1985	2 922 702	
1986	3 033 734	
1987	3 170 000	
1988	3 325 526	
1989	3 296 879	
1990	3 565 478	
1991	n.a.	Ab hier neugestalteter Jahresbericht, in welchem zwar Kürzungen beklagt, aber keine Zahlen genannt werden
2005	5 243 601	Globalbudget, nicht vergleichbar mit vorhergehenden Zahlen

Daraus entwickelte sich das grosse Projekt zur Redimensionierung der Staatsauf- und -ausgaben REKABAS. Dieses Vorhaben enthielt ein eigenes Kapitel über die Museen. Die Überprüfung in diesem Bereich wurde von einem Parlamentarier, welcher vor seiner Pensionierung am Naturhistorischen Museum tätig gewesen war, beratend begleitet; das Berichtsdokument erstellte ein Mitarbeiter der Schweizerischen Treuhandgesellschaft. Die Vorgaben für das Naturhistorische Museum lauteten schliesslich auf 15 % Einsparung, entsprechend Fr. 600 000.

Nach Meinung des Naturhistorischen Museums konnten höchstens Fr. 40 000 durch Einsparungen an Sachmitteln erzielt werden; also müssten Stellen, eventuell eine ganze Abteilung, eingespart werden, so lautete die erste Reaktion.[521] Die Museumskommission akzeptierte schliesslich am 20. Januar 1994 den Sparplan, wie er im Bericht der Treuhandgesellschaft niedergelegt war, und die Abteilungen blieben vorerst bestehen.

Die Regierung war entschlossen, den Kulturbereich (dem sie alle Museen zurechnete) nicht nur zu redimensionieren, sondern auch dessen Effizienz mittels New Public Management (das entsprechende Projekt für die Museen hiess ATLAS) zu steigern. Die Museumskommission war zuerst wenig erfreut über die Ideen in ATLAS: Das Erziehungsdepartement gehe zu rasch vor, Baselland werde nicht einbezogen, und die Museumskommissionen würden durch die Verwaltung des Erziehungsdepartementes entmachtet. Im letzten Punkt machte das Departement dann Zugeständnisse, aber einzelne Kommissionsmitglieder sprachen weiterhin von ‹ED-Zentralismus›.[522]

Im Ergebnis überlebte das Naturhistorische Museum diese Bestrebungen. Dem Gewerbemuseum wurde jedoch das Lebenslicht ausgeblasen, und das Klingentalmuseum wurde ins Historische Museum integriert.

Die Presseerklärung, mit welcher Regierungsrat Striebel und die Ressortleiterin Kultur, Susanne Imbach, am 27. Juni 1995 eröffneten, dass das Museum für Gestaltung geschlossen und das Stadt- und Münstermuseum in das Historische Museum integriert würden, erwähnte konzeptionelle Gründe mit keinem Wort. Hingegen wurde darauf insistiert, dass REKABAS, wie am 12. April 1994 beschlossen, zusammen mit dem Leitbild für die Basler Museen vom 25. April 1995 (darauf kommen wir unten zurück) «angemessene Führungs- und Organisationsstrukturen» bringen sollte. Das ab 1996 ‹Museum der Kulturen› genannte Nachbarhaus des Naturhistorischen Museums war das Erste, das – wie bereits in dieser Mitteilung angekündigt worden war – solche Strukturen erhielt. In diesem Zusammenhang wurden dort der Direktor und eine Konservatorin frühpensioniert, und mit der Pensionierung des Vizedirektors war der Weg zur Umsetzung frei. «Die Direktorin oder der Direktor wird sich in Zukunft ausschliesslich der inhaltlichen, personellen und finanziellen Führung des Museums und den entsprechenden Planungen widmen und keinen Fachbereich mehr betreuen», wurde ferner für das ehemalige Völkerkundemuseum vorgesehen.[523] Die Vorreiterrolle dieses Museums wird uns noch weiter beschäftigen.

6.5 ‹Porträt› 1997

Die Museen erhielten 1995 von der Regierung das erwähnte Leitbild verordnet. Dieses Leitbild für die Basler Museen war ab 1994 von einer Kommission unter Leitung von Cyril Häring erarbeitet worden. Häring besuchte dafür jedes Museum einen halben Tag lang. Die Museumsdirektoren konnten sich an der Vernehmlassung beteiligen. Als die Kommission für das Naturhistorische Museum darüber beriet, wie ihr Vernehmlassungsbeitrag zum Leitbildentwurf von 1994 ausfallen sollte, beauftragte sie den Direktor Peter Jung, ein Konzept für die Entwicklung des Naturhistorischen Museums zu verfassen.[524]

Daraus entstand bis 1997 ein im Druck publiziertes ‹Porträt›,[525] das faktisch ein Versuch der Standortbestimmung, Profilierung und Legitimation war.

Die «Identität» des Naturhistorischen Museums wurde darin zunächst als *öffentliche* Institution vorgestellt mit der Betonung, dass sie historisch (in 200 Jahren Geschichte) «gewachsen» sei. Geschichte und öffentliche Trägerschaft gehörten somit zu ihrem eigentlichen Wesen. Der *primäre* Auftrag sei ein *Bildungs*auftrag, der sich in die Aktivitäten des Sammelns, Bewahrens, Erforschens, Dokumentierens und Vermittelns *«gliedern»* lasse – eine Logik, der man bei genauem Zusehen schwer folgen kann, wird doch üblicherweise nur das Vermitteln als Bildungstätigkeit betrachtet und Forschung als eine wissenschaftliche Aktivität auf gleicher Ebene wie Bildung verstanden. Die Fortsetzung zeigte dann, dass das Anliegen dahinter offensichtlich war, auch die Erschliessung der Sammlungen sowie Lehre und Forschung dadurch zu legitimieren, dass der Bildungsauftrag als Rahmen verstanden wurde, innerhalb dessen solche weniger von aussen sichtbare Aufgaben untergebracht und damit eingeschlossen seien. Danach folgte ein Hinweis auf die internationale Bedeutung der Referenzsammlungen und der internationalen Kooperation. Immer noch wurde 1997 die Abteilungsstruktur als «traditionsbedingtes» Kernelement der Identität verstanden –

Auf Kartonstreifen montierte Ameisen aus der Sammlung Felix Santschi. Die rot umrandete Etikette neben den Ameisen weist darauf hin, dass es sich um Typenmaterial handelt. Die Zettelchen unter den Ameisen stammen teilweise vom berühmten Genfer Arzt und Ameisenforscher August Forel, der Santschi diese Präparate geschenkt hat.

sollte «traditionsbedingt» als eine Einschränkung (nur wegen der Tradition sei es so) oder sollte der Hinweis auf Tradition als eine starke Legitimation gelesen werden? Tatsächlich war eher eine Infragestellung dieser Tradition autonomer Abteilungen gemeint: Direktor Jung schlug in der Kommissionssitzung vom 13. Februar 1997 vor, zur Einsparung von mehreren Vorstehergehältern solle das Museum nach 2000 nur noch zwei Abteilungen führen, Erdwissenschaften und Zoologie. Später (22. April 1997) ergänzte er, mit den erzielten Einsparungen liesse sich die PR-Stelle aufstocken.[526] Eine enge Kooperation mit der Universität wurde in der öffentlichen Selbstdarstellung als Notwendigkeit unterstrichen. So steht im Abschnitt über Forschung (und Dokumentation), die Kooperation mit der Universität würde es möglich machen, in ausgewählten Bereichen eine internationale Spitzenstellung einzunehmen, was wiederum positive Rückwirkungen auf das Museum habe.

Die Sammlungen wurden durch die nachfolgende Argumentation in den Mittelpunkt[527] gestellt: Sie seien die «raison d'être» des Museums und Grundlage für Forschung und Ausstellung. Die Sammlungen sollten als Kulturgut verstanden werden. Gesammelt werde nicht beliebig, sondern nur noch nach Massgabe expliziter Schwerpunkte und im Zusammenhang mit konkreten Forschungsprojekten – früher sei «weitgehend ungezielt» gesammelt worden. Für die Forschung gälten die Schwerpunkte Systematik, Taxonomie und – Biodiversität.

Die genannten Schwerpunkte waren offensichtlich nicht ‹Soll›-, sondern ‹Ist›-Zustand. Der Sinn des Leitbilds verschwand hier hinter dem Ziel, ein bestehendes Profil zu beschreiben:

- Entomologie ziele auf Taxonomie zur «Ergründung» der Phylogenie. Schwimmkäfer, Weichkäfer und Blattkäfer seien die Schwerpunkte hier. Die Sammlungen gelten primär Asien und würden auf den Erträgen von Expeditionen basieren. (Aktuelle Highlights aus der Forschung werden hier nicht erwähnt.)
- Geologie habe drei Schwerpunkte: Ammoniten des Jura (Jura verstanden als erdgeschichtliche Epoche); Mikropaläontologie; tertiäre marine Mollusken. Seit 1968 seien die mikroskopischen Forschungen an den Bohrkernen aus dem ‹Ocean Drilling Project› ein Highlight, meinten die Verfasser des ‹Porträts›; ferner erwähnt wird das ‹Panama Paleontology Project› für welches die Basler die Mollusken bearbeiten.
- Mineralogie befasse sich in Basel mit der Systematik der Mineralien. Schwerpunkt seien die Frage nach der Entstehung von Kluftmineralien sowie Chemie und Struktur von Sulfosalz-Mineralien. Ausserdem laufe ein EU-Teilprojekt zur Photovoltaik, was beweise, dass das Museum keineswegs «verstaubt» sei.
- Osteologie umfasse rezente und fossile Zeugnisse von Säugern, Vögeln, Reptilien, Amphibien und Fischen. Die Sammlung fossiler Säuger sei die grösste und bedeutendste Europas; deren Schwerpunkte sind europäisches Tertiär und Pleistozän, wobei eine besondere Aufmerksamkeit den fossilen Kleinsäugern gelte, die nach ihren Zähnchen bestimmt werden. Diese gestatten wiederum die Datierung geologischer Schichten. Forschungen werden erwähnt zur Biozonierung der Schweizer Molasse und im Übergang vom Oligozän zum Miozän.
- Zoologie am Basler Museum widme sich primär den Vögeln und Spinnen sowie den Wassermilben. Man betreibe Faunistik, Taxonomie und Biogeografie. Spinnen und Fledermäuse seien Ausgangspunkte für Beiträge zu Ökologie

und Naturschutz, wobei man hierfür unter anderem mit NLU kooperiere. Erwähnt werden Forschungen zur Mauser an Zugvögeln.

Diese Passagen stellten einen historisch gewachsenen Zustand in der Art der Universitätsinstitute und Lehrstühle dar, die weitgehend nebeneinander arbeiteten und deren nächste Bezüge weit ausserhalb der Institution und ihrer unmittelbaren Nachbarn liegen konnten. Es war kein normatives Leitbild für einen kohärenten oder wenigstens koordinierten Betrieb.

Das Leitbild von 1997 klang mit dem Wunsch nach einem überdachten Hof aus, der Wechselausstellungen (gedacht wurde explizit an ‹fremde› Ausstellungen) aufnehmen sollte.

Vermittlung, sagte das Leitbild, geschehe unter anderem durch die Dauerausstellungen, hier schlicht «unsere Ausstellungen» genannt. Die damals bestehenden Ausstellungen wurden als weitgehend veraltet bezeichnet. Für den Aufbau neuer Ausstellungen seien die Leitlinien von 1992 verbindlich, nach denen diese «themenbezogen» (das heisst wohl: abteilungsübergreifend) gestaltet werden sollen. «Verknüpfungen» sollen sichtbar werden, und die «Mannigfaltigkeit der Erscheinungsformen der Natur» in den Blick kommen. Die Ausstellungen sollen «bei den Besuchern Interesse und Begeisterung für die Natur» hervorrufen.

Dieses Dokument bekräftigte somit die gewachsenen Strukturen und die darauf aufbauenden Aufgaben, wobei es besonders den wissenschaftlichen Wert der Sammlungen betonte. Eine Konzession an damals aktuelle Sprechweisen fand sich noch am ehesten in der Erwähnung der Biodiversität. Ingesamt muss man diesem wenig zeitgemässen Versuch, in einem Umfeld, das Wandel und Dynamik, Öffnung und gleichzeitig Redimensionierung forderte, die Sammlungen und die darauf basierenden wissenschaftlichen Tätigkeiten zu verteidigen und den Bildungsauftrag so darzustellen, dass auch dieser wiederum darauf zurückverwies, Respekt zollen. Ob es auch taktisch klug war, und ob es dazu taugte, die Position des Museums auch im gewandelten wissenschaftlichen und kulturellen Umfeld zu klären, sei dahingestellt.

6.6 Erstmals ein Basler Museumsgesetz

Ein eigentliches Museumsgesetz, das nicht identisch sein sollte mit dem Universitätsgutsgesetz, war parallel zum neuen Universitätsgesetz schon zu Beginn der 1970er-Jahre geplant gewesen, wie der Regierungsrat in seinem Verwaltungsbericht 1971 andeutete. Ein Bericht als Vorarbeit für eine ‹Basler Museumskonzeption› sollte 1974 erscheinen.[528]

Verschiedene Anstösse wirkten zusammen. Wer der Universität eine neue gesetzliche Basis geben wollte, musste allein schon aus Gründen der Gesetzesredaktion darüber nachdenken, ob die Museen nicht besser in einem eigenen Museumsgesetz geregelt werden sollten. Dann kamen seit den frühen 1970er-Jahren starke Tendenzen hinzu, die staatlichen Aufgaben zu reduzieren, um die Kosten des Staatsapparates in den Griff zu bekommen. Diese Tendenzen reichten in die 1980er-Jahre hinein und erhielten damals mit der Parole ‹New Public Management› eine neue Rechtfertigung. Die schlechte Konjunkturlage in der Schweiz nach 1990 erneuerte diese Bestrebungen, wobei nun seit den 1980er-Jahren als Idee, wie Einsparungen mit Effizienz- und Effektivitätssteigerung kombiniert werden könnten, nun die Philosophie der ‹wirkungsorientierten Verwaltung› bereitstand. Schliesslich drängte sich der Eindruck auf, dass es Grenzen dessen gäbe, was sich ein kleiner Stadtstaat überhaupt leisten könne – war vorher eine möglichst hohe Zahl von Museen als positiv zu wertende Vielfalt und Vitalität des städtischen Kulturlebens (‹Stadt der Museen›) gepriesen worden, so glaubte man jetzt, dass es besser wäre, wenn der Staat sich auf die Trägerschaft einiger weniger Museen beschränkte, für deren Existenz er dann aber auch zu sorgen verpflichtet wäre.

Das Ergebnis war das Museumsgesetz von 1999,[529] das für die Museen nützliche Neuerungen brachte. Denn dieses Gesetz machte das Naturhistorische Museum zusammen mit den anderen vier staatlichen Museen, für welche es gilt

(Antikenmuseum, Historisches Museum, Museum der Kulturen, Naturhistorisches Museum, Öffentliche Kunstsammlung – § 1 ‹Geltungsbereich›), zum Paradebeispiel eines öffentlich-rechtlichen Museums. Nach § 6 sind die staatlichen Museen «Dienststellen des zuständigen Departements» (Erziehung), die aber «im Rahmen der gesetzlichen Vorschriften [...] inhaltliche, organisatorische, personelle und finanzielle Selbständigkeit» geniessen.[530]

Treibende Kräfte hinter dem Museumsgesetz waren Parlamentarier aus verschiedenen Parteien, die eine informelle grossrätliche Museumskommission bildeten. Die Idee eines Globalbudgets für die Museen, eine Voraussetzung für die ‹Selbstständigkeit› nach § 6, wurde (auch) dort energisch gefördert, während die Leitung des Naturhistorischen Museums darin zunächst eine Gefahr durch ‹Bürokratisierung› zu erkennen glaubte.[531] Diese Idee einer Autonomisierung der Museen überlebte den Abbruch des New Public Management-Experiments durch das Basler Parlament im Jahre 2004; und die Museen bilden seither einen der wenigen staatlichen Verwaltungsbereiche in Basel-Stadt, die über Globalbudgets in relativer Autonomie geführt werden.

Sehen wir uns die Vorgeschichte näher an. Spätestens seit 1971 bestand die politische Absicht, die Museen unmittelbar dem Erziehungsdepartement zu unterstellen. Aus politisch-administrativen Gründen wollte damals das Departement die Museen von der Universität loslösen und sie bereits mit einer primär kulturellen und erzieherischen Zwecksetzung versehen. Forschung (im Zusammenhang mit Universitätsinstituten) wurde im Gesetzesentwurf in den Hintergrund gestellt. Das Gesetz von 1999 bezeichnete demgegenüber die Forschung als eine Museumsaufgabe, die gleichberechtigt neben den übrigen Aufgaben stehen sollte.

Die Kommission des Naturhistorischen Museums hatte 1971 Gelegenheit, an der Vernehmlassung zum damaligen Gesetzesprojekt mitzuwirken. Sie kritisierte den geringen Stellenwert der Forschung im Entwurfstext, aber auch die Übernahme der Museen (als Teil des Universitätsgutes) durch den Staat selbst und das Recht, das sich das Departement zusprach, Kommissionsmitglieder zu ernennen.[532] Darin kam einerseits das Eigeninteresse der Kommissionsmitglieder zum Ausdruck, andererseits deren Selbstverständnis, eine besondere Aufgabe in der akademischen Aufsicht über die Erfüllung der wissenschaftlichen Aufgaben des Museums wahrzunehmen. Schliesslich spielte das Argument hinein, dass ein Museum, welches als staatliche Dienststelle definiert sei, weniger auf freiwillige Beiträge der Bürgerschaft zählen könne, da diese ja ihre Pflicht, das Funktionieren des Staatsbetriebs zu finanzieren, bereits als Steuerzahler erfüllten. Der Entwurf von 1971 gehörte in den Zusammenhang mit den gleichzeitigen Plänen für ein neues Universitätsgesetz. Als Letzteres scheiterte, war auch der Entwurf für ein Museumsgesetz vom Tisch.

Einen neuen Anstoss gab der Anzug Markus Ritter und Konsorten, den der Grosse Rat am 8. Dezember 1993 an die Regierung überwies. Die Anzugsteller verglichen explizit die Zeit des Universitätsgutsgesetzes von 1919 mit den frühen 1990er-Jahren. Sie stellten fest, dass die Sammlungen für die Lehre und Forschung an der Universität Basel gegenüber dem Anfang des 20. Jahrhunderts an Bedeutung verloren hätten, weil vieles inzwischen aufgearbeitet sei und weil Forschungsbereiche, denen gewisse Sammlungen zugeordnet sind, «zurzeit nicht mehr gepflegt» würden. Hingegen sei die Bedeutung der Museen und ihrer Objekte in anderen Hinsichten auch gewachsen: Das Publikum suche die Konfrontation mit den Originalen, und die Museen seien die «wichtigsten Institutionen für eine anschauliche Vermittlung und Problematisierung von Weltbildern der modernen Gesellschaft» geworden. Verlangt wurde deshalb ein neues Gesetz, das den Museen Autonomie im *Ausstellungswesen* gewähre. Autonomie sollte freieres Wirtschaften mit Ausstellungen zulassen und insofern eine ökonomischere Mittelverwendung gestatten. Ferner sollten die Kommissionen neu geregelt werden, um die gesetzlichen Rechte und Pflichten des Regierungsrates gegenüber den Museen mit dem Organisationsgesetz von 1976[533] in Einklang zu bringen. Schliesslich sollte die Garantie des Verbleibs der Sammlungsgüter in der Stadt explizit festgehalten werden.

Am 12. Dezember 1995, nach der Schliessung des Gewerbemuseums und der Integration des Stadt- und Münstermuseums ins Historische Museum, teilte der Regierungsrat dem Parlament mit, er wolle diesen Anzug weiterhin stehen lassen. In der Zwischenzeit sei die Redimensionierung der Staatsaufgaben prioritär gewesen, doch tröste er sich damit, dass auf private Initiativen hin zwei neue Museen entstanden seien (Fondation Beyeler aus den Mitteln des gleichnamigen Galeristen und Museum Tinguely aus Mitteln der Roche-Hauptaktionärsfamilie

Sacher). Er plane eine Autonomie mit Leistungsauftrag für die Museen, doch müsse er zuvor die Struktur der Verwaltung im Erziehungsdepartement reformieren. 1996 war die Universität in die Autonomie entlassen worden; damit wurde es auch Zeit, das Universitätsgut gesetzlich neu zu regeln. Das Parlament erhielt am 29. April 1998 einen weiteren Zwischenbericht, nachdem das Parlament am 10. Januar 1996 nochmals entschieden hatte, den Anzug stehen zu lassen. Ein Ratschlag wurde nun unmittelbar in Aussicht gestellt und die weitere Verzögerung mit Abklärungen zur Einführung der wirkungsorientierten Verwaltung (in Basel ‹PuMa› genannt) begründet.

Am 7. Juli 1998 lag dann der Ratschlag mit den Entwürfen für Museumsgesetz und Universitätsgutsgesetz vor (dem Grossen Rat zugestellt am 10. Juli 1998). Entsprechend der damals aktuellen Idee von ‹Rahmengesetzen› wollte der Staat sich darauf beschränken, «gute Rahmenbedingungen» «für eine zukunftsorientierte Entwicklung der Basler Museen» zu schaffen. Die Regierung sehe in Autonomie die Voraussetzung für die Erfüllung des «vielseitigen kultur- und bildungspolitischen Auftrags» der Museen. Es ging nicht um den wissenschaftlichen Auftrag – wie schon im Anzug Ritter und Konsorten wurde der Ausstellungsbetrieb zur Begründung der Autonomie herangezogen.

Die Argumentation im Ratschlag bildet zusammen mit dem Bericht der Kulturkommission des Grossen Rates eine wichtige Hilfe zum Verständnis der Intentionen, die hinter den Paragrafen standen. Das Universitätsgut sei nicht zur 1996 autonom gewordenen Universität übergegangen, sondern verbleibe als «gebundenes und unveräusserliches Zweckvermögen» beim Staat, hiess es in der Mitteilung ans Parlament. Die fünf nach 1995 verbliebenen Museen sollten durch ihre explizite Aufzählung im Gesetz eine Bestandesgewährleistung bekommen. Im Gesetzesentwurf waren sie nach der von der Regierung perzipierten Bedeutung in einer bestimmten Reihenfolge aufgelistet: Kunstmuseum, Antikenmuseum, Historisches Museum, Museum der Kulturen und ganz zuletzt das Naturhistorische Museum. Die Kulturkommission des Grossen Rates korrigierte dieses implizite ‹Ranking›, in dem sie die alphabetische Reihenfolge einführte.

Die Kulturkommission des Grossen Rates fasste die Intention der Regierung so auf, dass diese durch das neue Gesetz das Recht erhalte, Teile bestehender Museen zu verselbstständigen, aber auch Museen «sinnvoll zusammenzulegen und Standortveränderungen auf dem Kantonsgebiet vorzunehmen». Darauf kommen wir weiter unten zurück.

Die Museen sollten Verwaltungseinheiten des Erziehungsdepartements werden, was schon 1971 die Absicht gewesen war. Die Museumsdirektoren bildeten unter sich eine Direktorenkonferenz. Die einzelnen Direktoren sollten mit Leistungsauftrag und Pauschalbudget geführt werden (entsprechend dem am 19. November 1997 auf Zeit erlassenen ‹PuMa›-Gesetz), sie erhielten aber nicht ein vierjähriges Budget, wie sie wiederholt gewünscht hatten, sondern nur ein einjähriges. Trotz Abschaffung von ‹PuMa› 2004 gelten diese Grundsätze für die Museumsdirektionen weiterhin.[534]

Die wissenschaftliche Arbeit der Museen wurde im Entwurf wie im definitiven Gesetz mit Berufung auf das Leitbild von 1995 als Sammeln, Bewahren, Erforschen, Dokumentieren und Vermitteln umschrieben.

Dazu gehörte auch die Kooperation mit der Universität, die der Gesetzgeber als Verpflichtung verstand. Die gegenseitigen Leistungen sollen Museen und Universität transparent machen (was im Falle des Naturhistorischen Museums während Jahren nicht geschah), aber nicht gegenseitig in Rechnung stellen (was eine offene Lücke in der Implementierung der Grundsätze der wirkungsorientierten Verwaltung war). Die Universität wollte den Museen die Lehrleistungen der Museumsmitarbeitenden nicht direkt vergüten.[535] Die Autonomisierung der Universität und die neuen Formen der Verrechnung aller möglichen Leistungen in der analytischen Buchhaltung machten eine Institutionalisierung der Beziehungen zwischen Universität und Museum in modernisierten Formen zum Problem. Inzwischen haben sich dafür Lösungen gefunden, teils durch reguläre bezahlte Lehraufträge, welche die Universität Mitarbeitern des Museums erteilte, teils dadurch, dass im alten Stil die Universität Privatdozenten gratis Unterrichtsleistungen erbringen lässt. Die systematische Offenlegung der Leistungen hätte eine Leistungsvereinbarung zwischen beiden Seiten erfordert – diese aber verzögerte sich durch mancherlei Umstände immer wieder.

Die Loslösung der Museen von der Universität sollte also nicht absolut durchgeführt werden. Dies galt nicht nur für die wissenschaftliche Kooperation, sondern auch für die Betreuung der Sammlungen. Die Universität hatte sich bei der Vernehmlassung zum Entwurf von 1995 zur Museumsverordnung bereit erklärt, eine Mitverantwortung für die Erhaltung und wissenschaftliche Erschliessung des Universitätsgutes in engagierter und konstruktiver Zusammenarbeit wahrzunehmen, auch wenn dieses Gut künftig vollständig unter der Obhut des Staates sei. Die Universität wünschte damals, dass wissenschaftliche Mitarbeitende der Museen weiterhin in Forschung und Lehre der Universität mitwirken sollten (gewisse Fächer waren darauf angewiesen), und Fachvertreter der Universität müssten in der Museumskommission präsent sein, um das fachliche Niveau der Museumsarbeit, aber auch die wissenschaftliche Unabhängigkeit der forschenden Museen zu gewährleisten.[536]

Auch die Aufgaben der Museumskommissionen wurden revidiert im Sinne der Stärkung der Autonomie der Museumsdirektionen. Die Kommissionen sollten fortan begleiten, beraten und unterstützen, aber nicht in die operativen Geschäfte eingreifen. Sie wurden damit tendenziell zu ‹Begleitgruppen› und verloren den Charakter eigentlicher Aufsichtsorgane. Die Kulturkommission des Grossen Rates hat den Kommissionen bei der Beratung des Gesetzesentwurfs immerhin zusätzlich das Recht zugestanden, Vorschläge für die Wahl der Museumsdirektoren einzubringen.[537]

Die 1990er-Jahre brachten somit in einem Prozess, der anfangs die Basler Museumslandschaft schwer zu beeinträchtigen drohte, eine klar umrissene Autonomie, die in erster Linie den Museumsdirektoren zugute kam. Mit der direkten, durch Autonomie abgefederten Abhängigkeit der Museen vom Staat bestand nun für den Letzteren eine eindeutige Verpflichtung, den Aufgaben dieser Institutionen angemessene Ressourcen zu verschaffen. Zudem erhielten die fünf grossen staatlichen Museen eine explizite gesetzliche Absicherung ihrer Existenz. Auch das Verhältnis zur Universität wurde, so weit wie angesichts der neuen und in ihren Konsequenzen noch unerprobten Universitätsautonomie möglich, geregelt.

6.7 Das Konzept ‹Universitätsgut›

Jahrzehntelang galt das Naturhistorische Museum zusammen mit seinen Schwesterinstitutionen als Bestandteil der Universität, und noch in der aktuellen Gesetzgebung wird das Museum unter ‹Universitätsgut› aufgeführt. Wir versuchen in den folgenden Zeilen, verständlich zu machen, was diese Zugehörigkeit bedeutete und warum sie bis heute wichtig genug ist, um das Museum weiterhin als Teil des Universitätsguts zu bezeichnen, obschon es durch das derzeit geltende Museumsgesetz von der Universität getrennt und dem Staat Basel als Verwaltungseinheit der Erziehungsdirektion unterstellt ist.

Die Universität selbst war in ihrer Geschichte grob vereinfachend gesprochen zunächst ein Teil des Staates Basel, was einmal bei der faktischen Neugründung in der Reformationszeit[538], das nächste Mal im Gesetz von 1818[539] explizit festgestellt wurde. Letzteres machte die Universität zu einem Element des Erziehungswesens und somit zu einem Bestandteil der Staatsverwaltung. Immerhin gab es einen Senat (die Versammlung der Ordinarien), der zusammen mit der Kuratel auch das Universitätsvermögen verwaltete. Diese Sonderverwaltung bot eine wichtige Argumentationshilfe, als bei der Kantonstrennung der eidgenössische Schiedsspruch am 9. November 1833 die Universität als staatliche Lehranstalt auffasste und daraus schloss, dass deren Vermögen Staatsgut sei; demzufolge falle das Universitätsvermögen zusammen mit dem gesamten Staatsvermögen in die Teilung. Der Spruch war insofern gemässigt, als nur eine finanzielle, keine reale Teilung der Universität vorgesehen war; die Universität sollte in der Stadt verbleiben.[540] Die Regenz der Universität vertrat den Standpunkt, die Universität sei eine selbstständige Korporation, Fonds und Sammlungen seien Korporationsgut und unterlägen der Teilung nicht. Am 14. April 1834 erging ein neuer Schiedsspruch, der der Stadt Abzüge am zu teilenden Gesamtwert erlaubte mit der Begründung, das Universitätsgut sei mit besonderen «Beschwerden und Eigentumsbeschränkungen» behaftet. Die korporative Idee wurde also nicht akzeptiert. Sie lebte zwar als Tradition in den Köpfen der Akademiker, war aber durch die Gesetzestexte so gut wie nicht fundiert. Hingegen anerkannte das eidgenössische Schiedsgericht den Umstand, dass das Universitätsvermögen oder wenigstens Elemente davon eigentumsrechtliche Besonderheiten aufwiesen.

Damit verbanden sich im weiteren Verlauf der Geschichte zwei verschiedene Interessen: Im Kampf um die Trennung des Basler Staatsvermögens war für diejenigen, die speziell die Universität zu verteidigen und möglichst viel von ihrer Substanz in der Stadt zusammenzuhalten suchten, wichtiges Terrain gewonnen worden. Es gab aber auch das Interesse der Selbstbestimmung der Universitätsangehörigen gegenüber dem Staat.

Insbesondere in den Diskussionen über ein neues Universitätsgesetz im ersten Drittel des 20. Jahrhunderts wurden die Vorgänge, Argumente und Urteile der Zeit um 1833 von Universitätsangehörigen erneut herangezogen, um die Kompetenzen des Staates gegenüber der Universität möglichst eng zu umschreiben, die Tätigkeit der universitären Gremien als relativ unabhängig darzustellen und damit der Universität nach dem deutschem Vorbild aus dem 19. Jahrhundert eine ‹Freiheit› gegenüber ihrer öffentlichen Trägerschaft zu verschaffen. Das Gutachten von Prof. Dr. F. Beyerle vom Februar 1919 betonte, dass die Verfügung über das Universitätsgut kontinuierlich bei der Regenz gelegen habe, nicht beim Staat, das heisst nicht bei der Erziehungsdirektion und deren Vorläuferinstanzen. Das Gutachten über die rechtliche Stellung und Verwaltung des Universitätsgutes von Prof. Dr. E. Ruck vom April 1926 verfolgte eine ähnliche Tendenz, das Erziehungsdepartement aus der Verwaltung des Universitätsgutes herauszuhalten. Dem Departement stehe die Kompetenz zu, Ordnungen zu erlassen, während der Regierungsrat die Oberaufsicht über die Verwaltung besorgt – die Verwaltung selbst sei Sache der Universität, repräsentiert durch die Regenz.[541] Die weitergehenden Autonomieansprüche der Universität konnten in Basel aber nur gewohnheitsrechtlich (überspitzt gesagt; durch eine erfundene Tradition) argumentiert werden. Höhepunkt der Kampagne im Vorfeld des Universitätsgesetzes, das 1937 erlassen wurde, war der 1934 von Paul Speiser geäusserte Vorwurf, die Basler Regierung versuche die Universität nach damaligem deutschem

Vorbild ‹gleichzuschalten›. Das positive Vorbild des deutschen (humboldtianischen) Universitätsmodells wurde überschattet von den realen universitätspolitischen Vorgängen in Deutschland seit 1933.[542]

Gehen wir zurück zu den dreissiger Jahren des 19. Jahrhunderts. Selbstverständlich waren die Sammlungen Teile des Universitätsgutes. Im Endurteil des eidgenössischen Schiedsgerichts vom 6. August 1834 wurde festgehalten, dass das Universitätsgut keiner Realteilung ausgesetzt würde, sondern dass es bei Basel-Stadt verbleiben könne unter der Voraussetzung, dass die Stadt die Landschaft in Geld entschädige, was dann auch geschah.

Danach war Andreas Heusler am Zug: Er setzte alles daran, dass künftig das Universitätsgut eine eindeutige Zweckbestimmung erhielt und damit ein Bollwerk gegen die eventuelle Wiederholung der Gefahren von 1833 und 1834 errichtet würde. Die Korporationsidee liess sich nicht durchsetzen, hingegen wurde unterstrichen, dass das Vermögen, das heisst immer auch die Sammlungen, «unabänderlich und unveräusserlich»[543] in der Stadt verbleiben und möglichst zum «gemeinen Nutzen» (respektive zu Unterrichtszwecken) verwendet werden müssten.

Das Gesetz von 1835 rekonstruierte die Universität mit gewissen Abstrichen.[544] Das Wesen und die Verwaltung des Universitätsgutes wurden separat im Gesetz vom 6. April 1836 geregelt.[545] Hier wurden die Unauflöslichkeit der Verbindung mit Basel und die Zweckbestimmung verankert. Die Verwaltung lag wiederum bei der Regenz respektive bei deren Kommission für die Fondsverwaltung. Dieses Gesetz schuf auch (oder offizialisierte) die Kommissionen für die einzelnen Sammlungen. Damit war für die Zukunft festgelegt, wie über das Universitätsgut zu sprechen sei, stets geleitet von der Intention, jede Wiederholung der Gefahren von 1833/34 auszuschliessen. Verfassungsrechtlich stand aber ausser Frage (auch wenn nicht alle Professoren dies so sahen), dass dieses Sondergut der Universität faktisch ein Teil des Staatsvermögens war[546] – wie denn auch die Universität selbst Teil des staatlichen Erziehungswesens blieb, trotz der Errichtung einer akademischen Zunft, die eine blosse Wahlzunft war und ausser dem Namen nichts mit einer echten Korporation zu tun hatte. Man konnte allerdings mehr betonen, dass das Gut *zum Staatsvermögen gehörte*, oder eher unterstreichen, dass es ein *besonderer* Teil des Staatsvermögens sei.

Die Zugehörigkeit des Universitätsgutes zum Staatsvermögen wurde im Universitätsgesetz von 1903 nochmals bekräftigt, allerdings unter Berücksichtigung der Formel von 1836, was sich in der Formulierung niederschlug: «ein an die Örtlichkeit der Stadt Basel unauflöslich geknüpftes, unteilbares Eigentum des Kantons Basel-Stadt, welches den Bestimmungen der Stiftungen und dem Zwecke der höheren Lehranstalten nie entfremdet werden darf». Da das Gesetz die Elemente, aus denen das Universitätsgut bestand, und damit auch die Universitätsinstitute und Sammlungen detailliert aufzählte, musste es bald revidiert werden.

1920 trat deshalb ein neues Gesetz (beschlossen 16. Oktober 1919) in Kraft. Grundsätzlich änderte sich bezüglich der Natur des Gutes und der Verfügung über dasselbe kaum etwas[547]: Es blieb Kantonseigentum, das jedoch als stiftungsmässig gebundenes Zweckvermögen separat, nämlich von der Regenz, zu verwalten sei, wobei die Kuratel über die Handhabung des Gesetzes und die Organisation der Institutionen zu wachen habe. Dies gab nun der Kuratel eine entscheidende Mittelposition zwischen den Institutionen des Universitätsgutes (darunter den Museen) und dem Erziehungsdepartement. Das Universitätsgutsgesetz war auch der Ort, wo die personelle und finanzielle Ausstattung der Sammlungen sowie deren Verhältnis zu den übergeordneten Instanzen geregelt wurden.

Die Kommissionen für die Sammlungen blieben in ihren Aufgaben und mehrheitlich auch in ihrem Bestand erhalten. Eine massive Reduktion ihrer Zahl war nicht wie gewünscht realisierbar (9 statt 12 Kommissionen). Die Kommissionen sollten die jeweiligen Museen «leiten [sic] und beaufsichtigen» (§ 15). Die Kommissionen hatten die Befugnis, über Assistenteneinstellungen zu entscheiden, wobei deren Lohn durch die Kuratel festzusetzen war. Die Beamten wurden vom Staat direkt fest besoldet; die Assistenten wurden nach Entscheid der Kuratel innerhalb eines durch den Voranschlag (staatliches Budget) gegebenen Rahmens eingestellt und bezahlt. Wie schon seit den 1830er-Jahren[548] Usus, wurden gesetzliche Beiträge des Staates an den Betrieb der Institutionen des Universitätsgutes, damit auch an die Sammlungen, festgelegt. Für das Naturhistorische Museen wurde dieser Beitrag auf Fr. 3500 gesetzlich fixiert (vorher waren es Fr. 2300).[549] Auch dieses Gesetz veraltete rasch, weil immer noch die Institute einzeln aufgelistet waren. Eine Teilrevision von 1927 brachte eine gewisse Vereinfachung.[550]

Das Ereignis von 1833/34 blieb weiterhin im politischen kollektiven Gedächtnis haften. Oft wurde formuliert, die Universität sei damals der Hälfte ihres Gutes beraubt worden, was anderen Kantonen erst ermöglicht habe, eigene Universitäten zu gründen. Der Bund habe darum, so wurde in der Diskussion um die Ausgestaltung der Subventionierung der kantonalen Hochschulen durch den Bund noch in den späten 1960er-Jahren gefordert, kompensatorisch zu berücksichtigen, dass Basel Jahrhunderte lang die Last allein getragen habe, die Schweizer Eliten auszubilden, und dafür 1834 alles andere als belohnt worden sei.[551]

Das Universitätsgutsgesetz von 1999,[552] das durch das neue Universitätsgesetz, welches 1996 in Kraft trat, notwendig geworden war, orientierte sich an der durch die vorausgehende Gesetzgebung geschaffenen Tradition. Es wurde deshalb in § 5 als Nachfolgegesetz für das Universitätsgutsgesetz von 1919 dargestellt. Explizit schloss es in § 2 an die Dotationsurkunde der Universität von 1803 sowie an die Entscheide des Eidgenössischen Schiedsgerichts nach der Kantonstrennung und an den Grossratsbeschluss vom 21. März 1834 an: So wurde die unauflösliche territoriale Verbindung mit dem Kanton, die Unteilbarkeit, aber auch die Eigenschaft als Kantonseigentum festgehalten. Die Zweckbestimmung galt als durch die Stiftungsurkunden für die einzelnen Sammlungsteile sowie durch den Zweck der «höheren Lehranstalten» definiert. Die Unveräusserlichkeit wurde in § 4 festgehalten.[553] Wie früher folgte eine Aufzählung des Bestandes; ferner wurden die Öffentliche Bibliothek (*vulgo* Universitätsbibliothek) und die «Sammlungen der staatlichen Museen gemäss Museumsgesetz» (§ 3) separat genannt. Die Autonomisierung der Universität ab 1996 machte das Universitätsgut, was die Museumsbestände und die Altbestbände der Bibliothek(en) angeht, im Grunde zum ‹Ex-Universitätsgut›: Nach neuem Gesetz gehörten nur noch diejenigen Objekte zum durch dieses Gesetz definierten Universitätsgut, die bis und mit 31. Dezember 1995 erworben worden waren. Spätere Erwerbungen waren Eigentum der neuen, autonomen Universität (das nach Gesetz nicht ‹Universitätsgut› heisst), soweit sie durch Institute oder durch die Universitätsbibliothek angeschafft worden waren respektive noch angeschafft werden. Wir haben damit die mindestens auf der sprachlichen Ebene paradoxe Situation, dass unter der gesetzlichen Bezeichnung ‹Universitätsgut› gerade die Museumsbestände verstanden werden, die der aktuellen Universität *nicht* gehören. Die Universität hat bei ihrer Autonomisierung die Museumsinventare wie Ballast abgeworfen und diese dem Kulturressort des Staates überlassen.

6.8 Ergebnisse der Gesetzgebung von 1999

Das Museumsgesetz von 1999 griff nicht nur mit seinem § 2 die alte Standortgebundenheit des Sammlungsgutes wieder auf: «Der Bestand und die Betreuung der Sammlungen sowie deren öffentliche Zugänglichkeit an einem Standort im Kanton Basel-Stadt sind dabei zu gewährleisten». Dadurch, dass sich der Satz jetzt auf die im Gesetz abschliessend aufgezählten fünf staatlichen Museen bezog, bedeutete er die gesetzliche Gewährleistung von Bestand, Betreuung und Zugänglichkeit der Sammlungen in diesen fünf Institutionen. Dies ist ein Fortschritt gegenüber der Lage vor dem Erlass dieses Gesetzes. Im ersten Satz des § 2 wurde eine Gesetzeslücke geschlossen, die bei der Aufhebung des Museums für Gestaltung[554] und der Einverleibung des Stadt- und Münstermuseums ins Historische Museum 1995 eine gewisse Rolle spielte.

Damals berief sich die Regierung auf das Organisationsgesetz, das ihr das Recht gebe, Museen zu schliessen oder umzustrukturieren. Das alte Universitätsgutsgesetz enthielt dazu keine Bestimmungen, was die Gegner der damaligen Schliessung so auslegten, dass Organisation und institutioneller Bestand der Museen nicht ohne Mitwirkung des Parlaments verändert werden dürften. Die Basler Museumsinitiative, die im Herbst 1995 aus dem Protest gegen die Schliessung des Museums für Gestaltung heraus entstand, hatte unter anderem den Zweck, der Regierung «die auch von der grossrätlichen Geschäftsprüfungskommission kritisierte Befugnis, über Museumsschliessungen allein zu entscheiden», zu entziehen. Verlangt wurde eine Gesetzesvorlage, «welche die Grundlagen für die Strukturen, die Besitz- und Beziehungsverhältnisse der Museen auf gesetzlicher Ebene regelt».[555]

Das Museumsgesetz von 1999 erfüllte schliesslich dieses Anliegen, indem es den Bestand von fünf in § 1 namentlich genannten staatlichen Museen gesetzlich garantierte. § 2 stellte 1999 klar: «Organisatorische und strukturelle Veränderungen der in § 1 genannten Museen sind möglich im Rahmen der Organisationskompetenz des Regierungsrates gemäss den Vorschriften des Organisationsgesetzes.» Die Verwendung des Sammlungsgutes ist an einen ebenfalls gesetzlich festgeschriebenen Zweck gebunden (§ 3): «Die Museen haben die Aufgabe, kulturelle Werte zu sammeln, zu bewahren, zu dokumentieren, zu erforschen und zu vermitteln.» Naturwissenschaftliche Sammlungen müssen somit als ‹kulturelle Werte› interpretiert werden, wie dies schon in den 1960er-Jahren geschah, als die Hofunterkellerung des Museums als Kulturgüterschutz dargestellt wurde. Immerhin sagte das Gesetz auch, dass die Museen unter anderem Institutionen der Erforschung dieser ‹kulturellen Werte› sein müssen und dürfen – die wissenschaftliche Zielsetzung war gesetzlich abgedeckt, auch wenn man hätte wünschen mögen, dass der (natur-)wissenschaftliche Wert der Sammlungen nicht einfach unter ‹Kultur› subsumiert würde.

Das Gesetz von 1999 bringt somit am Ende unserer Untersuchungsperiode eine Art verbindliches ‹Commitment› des Staates gegenüber fünf ausgewählten Museen und deren Sammlungen, deren Bestand garantiert wird, deren Aufgaben (darunter die Forschungsaufgabe) explizit festgeschrieben werden und die – weil ‹Kultur› – in das Kulturressort der staatlichen Verwaltung eingegliedert werden. Die Zugehörigkeit zur Verwaltung wurde, wie im Unterabschnitt über die New Public Management-Elemente gezeigt, dadurch teilweise entschärft, dass die Museen durch Leistungsvereinbarungen geführt werden, die den Museumsleitungen eine gewisse Autonomie einräumen.

Das Museumsgesetz stand somit zusammen mit dem es ergänzenden Universitätsgutsgesetz einerseits in der Kontinuität der Reglementierung eines staatlichen Sondergutes, andererseits schuf es eine neue, für die fünf Museen, darunter das Naturhistorische Museum, relativ starke Absicherung der Existenz wenn nicht der einzelnen Museen, so doch der Sammlungsbestände und ihres Betriebes einschliesslich deren Erforschung. Man kann die Abtrennung von der Universität (gemildert durch eine Kooperationspflicht) ebenfalls positiv würdigen, insofern sie die Museen und deren Sammlungen gegen die möglichen Effekte kurzfristiger wissenschaftlicher Moden schützte. Auch wenn der universitäre Wissenschaftsbetrieb vorübergehend keine Verwendung mehr für Sammlungen hätte, könnte der Staat deren Erhaltung sichern.

6.9 Museumsökonomie, NPM, Governance

Die Forschungen, die im Museum und dank dem Museum betrieben wurden, waren für die städtische Gesellschaft nicht ohne weiteres sichtbar. Ihr erschien das Museum deshalb als eine primär pädagogische Einrichtung, soweit sie nicht unter ‹Museum› ein (‹rückwärtsgewandtes›) Kulturinstitut verstand. Eine Verbindung von Museum mit wissenschaftlicher Forschung muss stets neu ins öffentliche Bewusstsein gerufen werden.

Das Naturhistorische Museum, für das die wissenschaftliche Arbeit von sehr grosser Bedeutung war, bemühte sich seit 1991, mit der Öffentlichkeit besser zu kommunizieren und verwendete zum Beispiel auch ein früher eher trockenes Medium wie den Jahresbericht für die Zwecke der ‹Public Relations›. Erstmals erschienen richtige Organigramme darin, und die Redaktion bemühte sich, das Museum als dynamisches Team kreativer Individuen mit grosser Verantwortung für wertvolle Schätze und Ort bedeutender Forschungsleistungen fassbar werden zu lassen. Es ist wohl kein Zufall, dass in der Museumskommission ein Werbefachmann Einzug gehalten hatte.

Besucherzahlen nach Jahresberichten (und Verwaltungsberichten des Regierungsrates), soweit darin erwähnt

Jahr	Besucher	Bemerkungen
1950	30 030	Beide Museen (Völkerkunde und Naturhistorisches Museum) zusammen, soweit nicht anders vermerkt
1951	30 229	
1952	34 223	
1953	33 843	
1954	45 304	Ornithologenkongress
1955	45 883	

Jahr	Besucher	Bemerkungen
1956	49 530	Sonderschau zur internationalen Museumswoche
1957	52 382	
1958	46 650	
1959	54 886	
1960	70 445	ICOM-Tagung. Neue Präsentation Osteologie
1961	n.a.	Oreopithecus-Ausstellung
1962	53 331	
1963	51 625	
1964	64 564	Ausstellung Tierwelt in Gefahr
1965	n.a.	
1966	n.a.	
1967	n.a.	
1968	n.a.	
1969	68 025	Jahresbericht zusammengefasst 1969–1971
1970	71 270	
1971	86 647	
1972	75 629	Jahresbericht zusammengefasst 1972–1975
1973	82 585	8 von 13 Ausstellungen wegen Umbau geschlossen. Sonderausstellungen Vogelzug und Insektenstaaten
1974	97 239	
1975	102 303	Eröffnung Dauerausstellung Mineralien der Schweiz
1976	104 733	Eröffnung Dauerausstellung Säugetiere der Schweiz. Provisorische Ausstellung Vögel der Erde. Jahresberichte 1967–1978 wurden nicht publiziert
1977	99 434	Dauerausstellung Mineralien der Welt eröffnet. Provisorische Dauerausstellung Vögel der Erde eröffnet
1978	73 429	Dauerausstellung Die Erde eröffnet. Völkerkundemuseum geschlossen. Jahresbericht nennt Zahl 73 329; Angabe links Verwaltungsbericht
1979	86 078	Völkerkundemuseum geschlossen Dauerausstellung Einheimische Vögel eröffnet
1980	83 165	
1981	87 208	Dauerausstellung Geschichte der Säuger Teil I eröffnet

Jahr	Besucher	Bemerkungen
1982	89 335	Völkerkundemuseum vorübergehend geschlossen
1983	115 136	Dauerausstellung Saurier eröffnet. Sonderausstellung Rheinwasser 83. Eintrittspreise angehoben
1984	103 292	
1985	90 915	Jahresberichte zusammengefasst 1985–1986; 82 517 gemäss Jahresbericht des Museums, Angabe links Verwaltungsbericht
1986	104 808	
1987	125 856	Jahresberichte zusammengefasst 1987–1988
1988	127 425	
1989	129 990	Jahresberichte zusammengefasst 1989–1990
1990	230 894	Dinosaurier aus China
1991	180 442	
1992	182 352	Reduktion der Sonntage mit Gratiseintritt auf einen Sonntag pro Monat
1993	103 198	Erhöhung des Eintrittspreises ab Oktober 1992
1994	104 570	1994 schlägt das Museum Alarm: Wegen Reduktion der Tage mit freiem Eintritt brechen die Frequenzen ein, Protokoll Kommission 15.2.1994
1995	106 431	
1996	103 970	
1997	117 831	
1998	170 352	Tagebücher Bruno Manser. Pentapharm zahlt die Gratiseintritte an Sonntagen
1999	121 146	Reduktion der Tage mit Gratiseintritt (Ende der Unterstützung durch Pentapharm). Dauerausstellung Wirbellose neu gestaltet
2000	147 283	Conserving Aminals
2001	202 366	Umstellung der Besucherstatistik auf volle Kalenderjahre
2002	165 191	Erde bebt
2003	172 098	Haie, Dinosaurier
2004	115 709	Dinosaurier, Muschelseide
2005	76 783	Ab hier separater Eingang für Museum der Kulturen
2006	62 755	25 000 für Energie aus der Tiefe

Zum Verständnis der Lage eines Museums müssen die materiellen Gegebenheiten bedacht werden (vor dem neuen Museumsgesetz): ein hoher, unkomprimierbarer Personalkostenanteil, eine relativ geringe Attraktivität von Sammlung und Forschung für potentielle Spender, die einen anderen Habitus zeigten als die traditionellen Eliten, Eintrittszahlen als Leistungsausweis,[556] eine dichte Aufsicht durch das Parlament mit seiner Kulturkommission zusätzlich zur Aufsicht der Museumskommission und der vorgesetzten Behörden.

In den 1980er- und 1990er-Jahren kumulierten sich überall die Herausforderungen für Museen mit historisch gewachsenen Strukturen. Claudio Beccarelli konstatierte in seiner Untersuchung zur Museumsökonomie in der Schweiz von 2005 gleich einleitend ein «Defizit in Führungs-, Organisations- und Finanzierungsfragen», das dazu führe, dass die Museen insgesamt «denkbar schlecht gerüstet» seien, um die Herausforderungen anzunehmen, die damit verbunden seien, dass die Museen nun «Teil der Freizeit- und Unterhaltungsindustrie» geworden seien. Museen seien eben keine industriellen Unternehmungen. Insofern ist auch nicht verwunderlich, dass Beccarelli feststellt, dass die Betriebswirtschaftslehre die Museen vernachlässige, auch weil sie Not-for-Profit-Institutionen seien. Immerhin kritisiert dieser Autor selbst, dass die betriebswirtschaftlichen Analysen gerade diesen Not-for-Profit-Charakter zu wenig berücksichtigten. Aus Beccarellis Definitionsversuch möchten wir folgende Merkmale der Museen in betriebswirtschaftlicher Sichtweise hervorheben: Sachzieldominanz, bloss sekundäre Marktsteuerung, Produktion hauptsächlich von Kollektivgütern, hoher Anteil ehrenamtlicher Arbeit.

Die seit den 1980er-Jahren modernen Grundsätze der Führung staatlicher Anstalten,[557] die das Basler Projekt ATLAS am Ende der 1990er-Jahre implementieren sollte, hielten sich innerhalb bestimmter Grenzen. Durchgeführt wurde eine analytische Buchhaltung mit Kostenstellenrechnung. Die Basler Museen erhielten – mit Einschränkungen, weil sie weder die Liegenschaft noch die Sammlungswerte[558] in ihrer Rechnung auswiesen – ein Globalbudget, und dieses nur für jeweils ein Jahr.[559] Erst nach der Jahrhundertwende realisiert, aber durch ATLAS beschlossen, war eine Umstrukturierung, die mit der Budgetverantwortung logisch verbunden war. Es brauchte eine Leitung, die in Anlehnung an die Privatwirtschaft wirklich ‹führte›, und innerhalb dieser Leitung erhielten administrative neben den wissenschaftlichen Funktionen tendenziell ein grösseres Gewicht.

Die New Public Management-induzierte Idee einer wirklichen Führung des Museums durch einen Direktor, der sich nicht als *primus inter pares* darauf beschränkte, die Interessen der Institution nach aussen zu artikulieren und die nötigsten administrativen Arbeiten zu beaufsichtigen, war grundsätzlich nicht einfach zu implementieren, gerade in einer Not-for-Profit-Organisation, wie sie die Museen darstellen. Gegen aussen war der Direktor mit der Aufgabe der Ressourcenbeschaffung durch intensives Networking betraut; zugleich musste er geschickt zwischen Staat, Publikum und Personal vermitteln. «Im Weiteren ist der Direktor intern einem starken Rechtfertigungszwang unterworfen. Vergleichbar einem Politiker muss er seine Strategien und Entscheide auch gegenüber seinen internen Anspruchsgruppen – insbesondere gegenüber dem Aufsichtsorgan und den wichtigsten Ressourcegebern – vertreten und um deren Akzeptanz werben». Er muss auf der starken intrinsischen Motivation der Mitarbeitenden aufbauen und diese weiter stärken, weil sie angesichts des typischen Fehlens monetärer Anreize durch nichts anderes zu ersetzen ist. Zugleich aber muss er die Institution zusammenhalten und nach aussen auf klare Ziele ausrichten, die ein Profil erkennbar werden lassen, stellte Beccarelli 2005 allgemein für die Museumsleitungen fest.[560]

Die Aufgaben der Kommission wurden im Museumsgesetz 1999 sehr vage bestimmt: «Sie begleitet, berät und unterstützt die Museumsdirektion», steht in §7. Nach dem Managementmodell des NPM sollte eigentlich die Museumsdirektion die Initiative haben und die Kommission dort, wo die Direktion es für sinnvoll hält, heranziehen und ihr bedeuten, in welcher Hinsicht Begleitung, Beratung und Unterstützung erwünscht seien. Die Kommission hatte nach dem Wortlaut des Gesetzes von 1999 jedenfalls keine Aufsichtsfunktion mehr.[561]

Die Tragweite dieses neuerlichen ‹Modernisierungsschubs› ist am ehesten mit derjenigen der Systemänderung von 1956 vergleichbar. Das Verhalten der Institution Museum zu diesem Schub erscheint in den 1990er-Jahren eher reaktiv gewesen zu sein. Während die Jahresberichte gar keine Zahlen mehr über Einnahmen und Ausgaben auswiesen, beklagte die Direktion während Jahren das viel zu geringe finanzielle Engagement der Regierung und wetterte gegen die in ihren Augen kurzsichtige Idee, das Museum müsse höhere Einnahmen aus Eintrittsgeldern erwirtschaften.[562] Das museumseigene Leitbild von 1997 entstand im Auftrag der Kommission und nicht aus eigener Initiative der Museumsleitung; so steht es wenigstens im Kommissionsprotokoll.

Führung durch die Ornithologische Sammlung während der Museumswochen von 1968. Führungen und Volkshochschulkurse galten als wichtige Instrumente zur Erfüllung des Bildungsauftrages, den der Staat seit den 1930er-Jahren an das Museum herantrug.

6.10 Kulturalisierung und wem sie nützt

Die schon alte Tendenz, die bereits unter Regierungsrat Fritz Hauser in den 1930er-Jahren spürbar gewesen war, das Naturhistorische Museum primär auf seinen Bildungsauftrag zu verpflichten, wandelte sich gegen Ende des 20. Jahrhunderts zur Vorherrschaft eines kulturellen Auftrags, der unter Beizug von Kulturgütern wahrgenommen werden sollte. Diese Veränderungen waren Teil einer allgemeinen ‹Kulturalisierung›, die sich auch in den Universitäten in Gestalt des Vordringens der ‹Kulturwissenschaften› bemerkbar machte. Die Dimension des Kulturellen überwucherte die Dimension des unmittelbaren oder durch klassisches Sachwissen vermittelten Bezugs zum Dinglichen. Gefragt war inszenierter und kommunizierter Sinn, und von dieser Nachfrage profitierten eher Angebote, welche ‹Artefakte› vorzeigen konnten, die selbst schon von Menschen als ‹kulturelle Objekte› geschaffen worden waren. Einen schwereren Stand hatten demgegenüber Angebote, die um ‹Naturprodukte› herum konzipiert sein mussten.

Zwar beeinflusste diese Tendenz eher die politischen ‹Diskurse› über die Institution Museum als die tägliche Arbeit am Museum. Sie schränkte aber die Möglichkeiten ein, wissenschaftliche Aufgaben und die Pflege der Sammlungen als aktuelle Voraussetzungen für die Erfüllung eines kulturellen Auftrags gebührend zur Geltung zu bringen. So kann es kein Zufall sein, dass auf den wissenschaftlichen Stellenwert der Sammlungen im Museumsgesetz von 1999 kaum eingegangen wurde. Zunächst einmal sollte wohl die Kulturalisierung als Diskurselement des Gesetzestexts nur pragmatisch begründen, warum alle fünf staatlichen Museen der *Kultur*abteilung des Erziehungsdepartements unterstellt wurden. Es scheint, dass der Gesetzgeber eine Trennlinie zwischen dem Politikfeld ‹Wissenschaft gleich Hochschulen› einerseits und dem Politikbereich ‹Kultur gleich Museen› andererseits für wichtiger erachtete als eine eingehende gesetzliche Abstützung der wissenschaftlichen Zweckbestimmung der Sammlungen. Es bleibt jedenfalls problematisch, ein Museum wie das Naturhistorische in einem Kontext gesetzlich zu verankern, der primär kulturell, allenfalls kulturwissenschaftlich, aber nicht explizit naturwissenschaftlich definiert ist. Dies könnte zu sachfremden Prioritätensetzungen Anlass geben.

Während das Naturhistorische Museum offensichtlich keine andere Wahl hatte, als diese Kulturalisierung der Diskurse hinzunehmen und seine Sammlungen selbst als ‹Kulturgüter› zu deklarieren, konzentrierte es sich gemäss dem Zwang zur ‹Öffnung› auf das Ziel, mehr Fläche zu gewinnen, um Wechselausstellungen mit grossem Publikumsverkehr einrichten zu können. Dazu sollte eine Überdachung des zwanzig Jahre zuvor unterkellerten Hofes dienen. Dieses Projekt erwies sich als Fehlschlag.[563] Der erste Preis im Architekturwettbewerb, den die Christoph Merian Stiftung mitfinanziert hatte, ging an einen Vorschlag mit dem Titel ‹Lichtbrunnen›, der nicht zusätzliche Fläche geschaffen, sondern (nach dem Vorbild der Pyramiden im Louvre-Hof in Paris?) die oberste Etage des Kellers

Schaufenster am Schlüsselberg zur Ausstellung ‹E Dach über em Hof› von 1993.

von 1970 der Sammlung entzogen und diese für den Ausstellungsbetrieb umgewidmet hätte. ‹Lichtbrunnen› stammte von Miller & Maranta. Der Verzicht auf eine eigentliche Hofüberdachung in diesem Projekt folgte aus dem Willen, die Hauptelemente des Berri-Baus zu erhalten und den Innenhof aufzuwerten, statt ihn einfach umzunutzen. Die Pläne des Museums von 1849 zeigen klar, dass Berri einen bewusst gestalteten Hof anstrebte, der auch die Hinterfassaden des Baus wertvoll erscheinen liess. Deshalb sollte der Hof offensichtlich ein mehr oder minder repräsentativer Garten mit Grünfläche sein. Keineswegs war beabsichtigt gewesen, den Hof als ‹Hinterhof› einzurichten, der Abstellfläche und Platzreserve sein sollte, während nur die Strassenfassade gegen die Augustinergasse die Schauseite hätte abgeben sollen. Das Museum hielt aber seit Rütimeyers Zeiten nur die Augustinergass-Fassade, den Eingangsbereich und die Aula für erhaltenswert; für den Rest galt die Devise ‹(Raum-)Not kennt kein (ästhetisches) Gebot›. Man darf dem Projekt ‹Lichtbrunnen› zugute halten, dass es einen Sinn für das räumlich-ästhetische Potenzial des Hofes zeigte, der den Museumsleuten, die ihn als Betriebsfläche für Schlämmungen,[564] Raumreserve für Baracken und als Parkplatz nutzten, abging.

Das Projekt der Hofüberdachung gilt als persönliche Idee des damaligen Direktors. 1992 begannen Abklärungen durch einen Architekten. Kantonsbaumeister Fingerhuth lancierte 1993 eine Semesterarbeit an der Ingenieurschule Muttenz für die Dachkonstruktion. Deren Ergebnisse stellte das Museum unter dem Motto ‹E Dach über em Hof› 1993 aus. Bis 1995 war nicht viel Bewegung in dieser Sache zu registrieren. Erst im Februar 1996 wurde offensichtlich, dass die Denkmalpflege nicht richtig einbezogen worden war und jetzt zu opponieren begann. Auch die Museumsmitarbeiter waren nicht konsequent dazu motiviert worden, das Projekt mitzutragen; einige meldeten nun ihrerseits Kritik an. Im Juni 1996 war die Direktion allerdings wieder optimistisch und rechnete mit einer Fertigstellung bis 2001. Aber nur zwei Monate später trennte man sich vom Architekten wegen der anhaltenden Schwierigkeiten mit der Denkmalpflege. Das neu beigezogene Architekturbüro legte seine Ideen im Frühjahr 1997 vor, musste sich aber sogleich vorhalten lassen, dass die statischen Aspekte nicht hinreichend abgeklärt worden seien.

Modell eines der in der Ausstellung ‹E Dach über em Hof› 1993 ausgestellten Projekte für eine Hofüberdachung.

Im Mai 1999 wurde schliesslich der eingangs erwähnte Architekturwettbewerb durchgeführt, aus dem ‹Lichtbrunnen› siegreich hervorging. Die Christoph Merian Stiftung erklärte sich grundsätzlich bereit, die Überdachung zu finanzieren. Am 17. November 1999 führte die Architekturhistorikerin Ulrike Jehle-Schulte Strathaus ein Podiumsgespräch über die Hofüberdachung durch, an welchem die beiden Museen an der Augustinergasse nicht repräsentiert waren, sehr wohl aber die Denkmalpflege, die den Berri-Bau in seiner Integrität verteidigte und Eingriffe dieser Art ablehnte. Bis zum Mai 2000 war ein Konsens darüber hergestellt, dass das erstprämierte Wettbewerbsprojekt ‹Lichtbrunnen› nicht realisierbar sei und dem Naturhistorischen Museum keinerlei Vorteile brächte.

Die Basler Zeitung zitierte interessanterweise Clara Wilpert, die Direktorin des Museums der Kulturen, und Walter Brack von der Christoph Merian Stiftung, aber ausser dem Kommissionspräsidenten niemanden vom Naturhistorischen Museum. Diese Zeitung beklagte nicht etwa das Schicksal des Naturhistorischen Museums, sondern dasjenige des Museums der Kulturen, das nun ohne Raum für Sonderausstellungen dastehen würde. Die Idee einer Überdachung wurde vom Nachbarn, dem Museum der Kulturen, nachher allein aufgegriffen und unter Beizug von Stararchitekten mit Unterstützung durch einen Mäzen zum Erfolg geführt.[565] Die Konzeption der Überdachung des Berri-Hofes, die einseitig unter dem Primat der Beschaffung zusätzlicher Ausstellungsfläche ohne Reflexion auf das Kulturgut Berri-Bau stand, und das Scheitern dieses Vorhabens wirkt symptomatisch für eine unzulängliche Art von Projektführung beim Naturhistorischen Museum in den 1990er-Jahren.

Offensichtlich wurde dabei auch, dass unter dem durch die Konjunkturwende nach 1992 wieder einsetzenden Spardruck kaum eine Chance bestand, das für den Betrieb grösserer zusätzlicher Ausstellungsflächen erforderliche Personal zu finanzieren. Mit zusätzlicher Ausstellungsfläche allein war es auch nicht getan, hätte man doch zusätzlichen Platz gebraucht für Kasse, Garderobe etc.

So verschwand die Überdachungsidee von der Agenda des Naturhistorischen Museums, während das Nachbarmuseum unter neuer Leitung mit neuem Namen als ‹Museum der Kulturen› eine Dynamik entfaltete, die in der Trennung der seit dessen Gründung 1913 vereinten Eingangsbereiche der beiden Museen an der Augustinergasse gipfelte.[566] Während sich das Naturhistorische Museum auf seine Traditionen von 1849, ja der Kuriositätenkabinette des 17. Jahrhunderts berief, von Bildung und Kulturgütern schrieb und gleichzeitig gegen das Negativimage der Verstaubtheit ankämpfte, inszenierte sich das Völker- und Volkskundemuseum neu und politisch korrekt als ‹Museum der Kulturen›, deklarierte den Bruch mit dem elitären, kolonialistischen und rassistischen Beigeschmack imperialer Ethnologie und betonte die Partnerschaft mit den Völkern, deren Kulturschätze das Museum aufbewahrte.[567]

6.11 Neu-altes Profil. ‹Archive der Biodiversität› oder ‹Bibliothek der Naturgeschichte›?

Naturhistorische Sammlungen sind mit der neueren Entwicklung der Biologie potentiell aufgewertet worden als eine der wenigen Stätten systematischen Wissens und der Naturgeschichte, die sowohl für die Naturschutzbiologie als auch für die als ‹Neue Biologie› in die Geschichte eingegangene Grundlagenbiologie wichtig sind oder sein können. Wie Kellenberger 1971 in einem Gutachten für den Schweizerischen Wissenschaftsrat prophezeit hatte, wurden ‹Naturalists› zu ‹Hilfswissenschaftlern› der Neuen Biologen. ‹Hilfswissenschaften› sind in anderer Beleuchtung aber stets auch ‹Grundwissenschaften›.
Im Leitbild, welches das Naturhistorische Museum 1997 veröffentlichte, bezeichnete sich das Museum als Forschungs- und Dokumentationsstätte (auch) für die Biodiversität. Hier lag offensichtlich eine erste Rezeption der Artikulation der Biodiversität als Grund(lagen)problem der Biologie vor, die mit E. O. Wilson[568] 1986 begonnen und einen Höhepunkt der Publizität am Umweltgipfel von Rio 1992 erreicht hatte, wie wir in der Einleitung ausgeführt haben. Gerade die von Wilson ausgelöste publizistische Aktivität erschien vielen Biologen eher als Jahrmarkt denn als seriöse Wissenschaft. Biodiversität galt manchen als politisches Schlagwort oder bestenfalls als ‹Umbrella Concept›. Man durfte deshalb nicht erwarten, dass dieser ‹Turn› in den Biowissenschaften überall Begeisterung auslöste. In Basel wurde erst das grosse Diversitätsprojekt der 1990er-Jahre als methodisch korrekte Umsetzung des Vielfaltkonzepts in wirklich wissenschaftliche Forschung akzeptiert.

Der Gedanke, das Museum als Archiv oder Bibliothek anzusprechen, war schon von Rütimeyer vorbereitet und von Stehlin und Handschin aufgegriffen worden. Der Aktualität der 1990er-Jahre entsprach es, diesen Grundgedanken eines ‹Archivs› mit dem Thema ‹Artenvielfalt› zu verbinden. Gleich auf der ersten

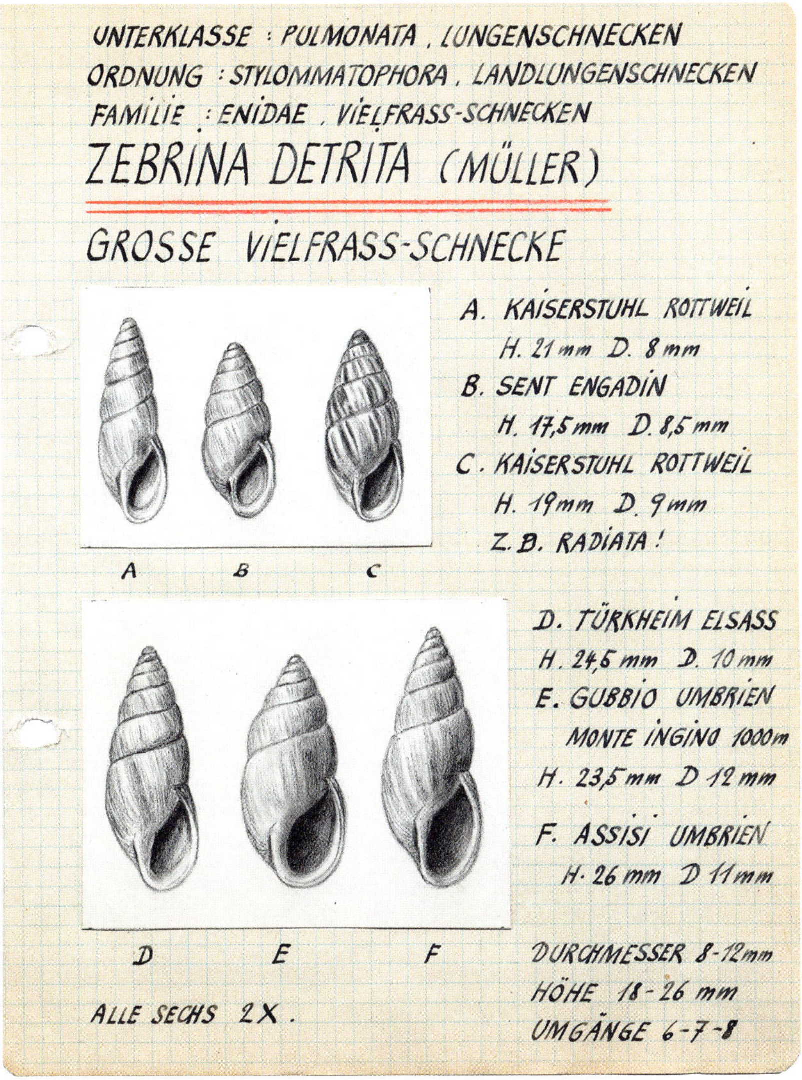

Mehr als zwanzig Jahre sammelte und zeichnete Otto Garraux (1904–1989) Gehäuse von Schnecken, heute eine wichtige Referenzsammlung für die regionale Biodiversitätsforschung.

Links: Alkoholpräparat der Grossen Vielfrassschnecke (Zebrina detrita). Weichteile von Tieren und Wirbellose lassen sich nur in Alkohol konservieren. Alkoholpräparate machen deshalb einen grossen und wichtigen Teil der biologischen Sammlungen aus, auch wenn sie in den Ausstellungen kaum präsent sind.

Unten: Eine eindeutige Bestimmung eines Tieres ist nur durch den Vergleich mit bereits bestimmten Exemplaren in wissenschaftlichen Sammlungen möglich. Das Exemplar, das der Erstbestimmung einer Art zugrunde liegt, heisst Holotypus und gilt als Urtypus für diese Art. Die Spinnenart Nephila sarasinorum, benannt nach Fritz und Paul Sarasin, die den abgebildeten Holotypus aus Celebes nach Basel gebracht hatten, galt 1911 als eigene Art, bis 2007 der Vergleich mit der seit 1842 bekannten australischen Spinne Nephila antipodana die Identität beider Arten ergab. Das Röhrchen mit dem Präparat wird zu dessen Schutz im Glas rechts aufbewahrt.

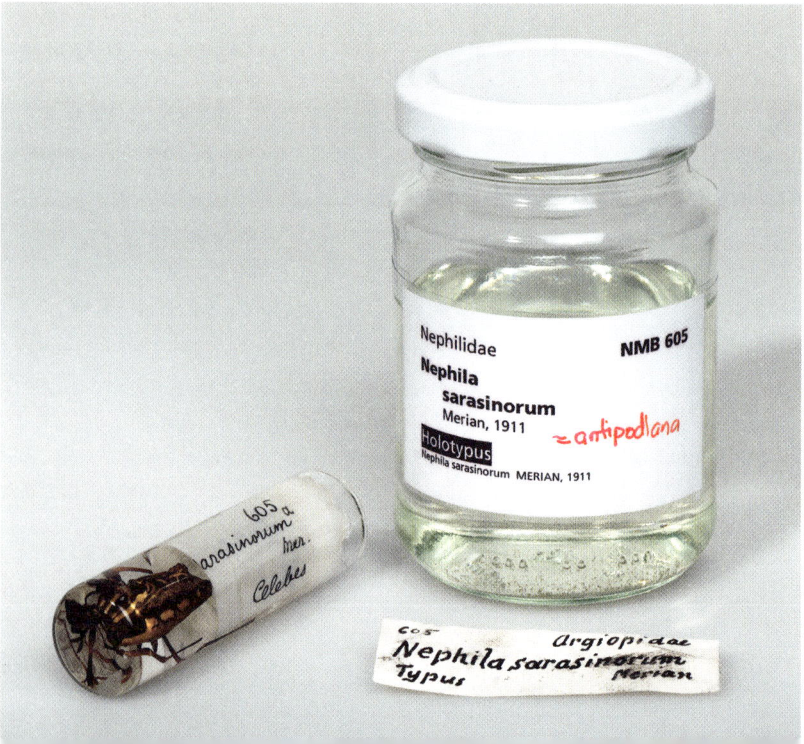

Textseite des ‹Porträts› von 1997 (das gedruckte Dokument ist leider nicht erkennbar paginiert) erscheint in der mittleren Spalte der Satz:

> «Auf dem Hintergrund der weltweiten Umweltbelastung, die unter anderem eine krasse Reduktion der Artenvielfalt mit sich bringt, gewinnt das Naturhistorische Museum als Stätte der Dokumentation von Biodiversität zunehmend an Bedeutung.»

Weiter unten lesen wir: «Die Sammlungen sind einer riesigen Bibliothek vergleichbar». Die Metapher ‹Bibliothek› ist der Metapher ‹Archiv› verwandt; beide standen für ältere Museumsleute in der Art, wie von Rütimeyer bis Handschin das Wort verwendet worden war, synonym für ‹Sammlungen›.[569] Das Stichwort ‹Biodiversität› fällt später erneut bei der Umschreibung der Schwerpunkte der wissenschaftlichen Grundlagenforschung am Museum, mit Ökologie und Paläoökologie als Fluchtpunkten.

Sammlungen und Diversität wurden als Thema anlässlich der Ausstellung der Fotos von Daniel und Geo Fuchs im Naturhistorischen Museum ‹Conserving Animals› von 2000 berührt.[570] Damals hat das Museum zur Ergänzung der Fotopräsentation eine ‹Ausstellung über die Arbeit des Hauses› gezeigt und einen Einblick in seine eigenen Sammlungen mit 1000 oder 2000 Objekten – die Zahl kennt der Autor des Berichts, auf den wir uns stützten, Aurel Schmidt, nicht – gewährt. In Aurel Schmidts Darstellung war das Museum ein «zeitloser und weltabgewandter Ort», es «archiviert die Welt [...], während die Natur dynamisch ist». Die Objekte seien «Träger einer Fülle von Daten und Informationen», das Haus selbst sei deshalb eine «wissenschaftliche Datenbank» und ein «Wissensort». Der Direktor Christian Meyer wurde von Schmidt mit der Aussage zitiert, naturhistorische Museen seien «Archive der Biodiversität, und zwar in der Vergangenheit wie in der Gegenwart»; unterstrichen wurde der Bezug auf den Naturschutz.[571]

Hier wurde im Kern die 2006 plakatierte Selbstbezeichnung als ‹Archive des Lebens› vorweggenommen. Für Leser dieser Bezeichnung, die durch die Biodiversitätsbegeisterung, welche Wilson ausgelöst hatte, hindurchgegangen waren, weckte dies die Erwartung, dass das Naturhistorische Museum sich nun wieder einer ‹grossen Mission› verschreiben wollte, die seit dem späten 20. Jahrhundert ähnlich umfassend und hoch legitimiert war, wie dies früher, vom 19. Jahrhundert bis in die 1960er-Jahre, die Verbindung zwischen dem Museum und der ‹Tradition der Naturgeschichte› gewesen war.

Der 2006 eingeführte ‹Claim› wurde vom Museum selbst auf der Website zuhanden einer weiteren Öffentlichkeit wie folgt erläutert:

> «Die Erforschung und Dokumentation der Vielfalt in der Natur ist eine der Hauptaufgaben des Naturhistorischen Museums Basel (NMB). Während die Biodiversität das *Ergebnis* einer langen Evolution ist, entstand die Vielfalt der Gesteine und Mineralien durch ebenso vielfältige geologische Vorgänge. Die Forschungsprojekte am Naturhistorischen Museum decken ein breites Feld dieser biologischen und geologischen Diversität ab und sind grösstenteils sammlungsbezogen.»[572]

Im Juni 2006 wurde dem Publikum auf einem Flyer einfach und kurz erklärt:

> «Vielleicht fragen Sie sich, was es mit dem integrierten Begriff ‹Archive des Lebens› im Logo auf sich hat? Die Grundpfeiler eines Museums sind die Sammlungen. Das Naturhistorische Museum Basel zählt in seinen Sammlungen über 7.7 Millionen Objekte. Diese Objekte aus den Bio- und Geowissenschaften werden sorgfältig aufbewahrt und dienen der Wissenschaft als wichtige und oftmals einzigartige Belege. Die Sammlungen sind ‹Archive des Lebens› und in ihrer Vielfalt und Einzigartigkeit äusserst wertvoll.»[573]

Die Auseinandersetzung mit diesen Formulierungen und die Darlegung der dahinter stehenden Intentionen der Forschenden am Museum gehört nicht in unsere Darstellung, da deren Themenkreis nicht über die Jahrhundertwende hinausreicht.

6.12 Forschung am Museum. Versuch eines Rückblicks

Da nun zu Recht und in einem gewissen Gegenzug zur Kulturalisierung betont werden sollte, dass ein Naturhistorisches Museum im Kern eine Sammlung (oder eine Sammlung von Sammlungen) sei, aber diese Sammlung nur dann ‹wertvoll› sei, wenn sie auch durch aktuelle Forschung genutzt werde, müsste sich unsere Darstellung eingehend mit der Forschung befassen können. Dies wird leider dadurch erschwert, dass es in der untersuchten Zeit keine eigentlichen Forschungsberichte für das Museum gab.

Wir möchten hier das Museum als einen Ort der Wissenschaft verstehen, an dem das Personal selbst forscht. Natürlich ist es genauso wichtig, zu sehen, was andere dank den Sammlungen forschen konnten, und die Jahresberichte zählten sehr zu Recht immer auch diejenigen Publikationen von externen Wissenschaftlern auf, die Sammlungsgegenstände des Museums behandelten. Wichtig wäre schliesslich eine Klärung dessen, was für diesen Ort der Forschung spezifisch ist – im Vergleich zu anderen Forschungsorten wie Universitätsinstituten. Dazu bedürfte es jedoch umfangreicher Abklärungen, die, wie bereits gesagt, durch die bestehende Aufbereitung der Information nicht erleichtert werden. Im vorliegenden Rahmen kann diese Klärung deshalb nicht improvisiert werden. Auch sollte man sich dessen bewusst sein, dass die Bandbreite wissenschaftlicher Forschungen an Hochschulinstituten sehr gross ist, während das wissenschaftliche Museumspersonal sich ebenfalls einer Vielzahl von Forschungsfragen widmen und eine grosse Breite von Forschungsstilen praktizieren kann. Zuweisungen von bestimmten Merkmalen zu bestimmten Institutionen sind immer Konstruktionen, die ebenso viel Erkenntnis ermöglichen wie verstellen können.

Aurel Schmidt hat als Letzter vor fünfzehn Jahren versucht, einen Überblick über die Forschungen am Museum zu geben.[574] Fassen wir zunächst seine Ergebnisse zusammen. Er betonte stark die «Uniqueness» und den Reichtum der Sammlungen. Dabei wählte er einen Ansatz, der Forschung gemäss dem, was 1997 dann im Leitbild stand, in einem engen Zusammenhang mit diesen Sammlungen darstellte.

Die Entomologie in Basel hatte nach Schmidt die bedeutendste Ameisensammlung der Welt. Der Hauptteil wurde 1947 erworben und stammte vom Arzt Dr. Felix Santschi, der in Tunesien (Kairouan) praktiziert hatte.[575] Ferner besass das Museum die weltweit grössten entomologischen Sammlungen zum Himalaja und zu Saudi-Arabien. Die Fauna Saudi-Arabiens war das Lebenswerk von Willy Büttiker. Der Geologe Reinhart Gygi erweiterte durch Ammonitenstudien die Kenntnisse über die Paläogeografie des Jura. Hans Schaub war der Kenner der Nummuliten aus den Flyschformationen um Sörenberg, er studierte die Evolution dieser Einzeller. Peter Jung, der damalige Direktor, nahm in dieser Dar-

Der Ameisenforscher Felix Santschi (1872–1940) vermachte seine Sammlung dem Naturhistorischen Museum. Sie ist besonders wertvoll, weil sie für die Systematik wichtiges Typenmaterial enthält.

stellung einen wichtigen Platz ein: Er arbeitete in der Dominikanischen Republik über Sedimente in Flusstälern; ein Standardprofil des Tertiärs war das Ergebnis. Danach begann das Panama-Projekt. Hier wie an vielen anderen Stellen wurde auf die Bedeutung des DSDP, später ‹Ocean Drilling Project› genannt, hingewiesen. Johannes Hürzeler verschaffte dem Museum Ansehen durch seine Arbeiten zu den fossilen Primaten: die Entdeckungen von 1958 (Oreopithecus) galten nach dieser Darstellung damals als Beweise für das Vorkommen von Hominiden schon im Tertiär. Die Mineralogie verfolgte das Ziel einer möglichst vollständigen Inventarisierung der Mineralien; Stefan Graeser nutzte dafür die Arbeitsgemeinschaft Lengenbach im Binntal, bei der das Basler Museum Mitglied war.[576] Die Milbenforschung (Bader) wurde als Basler Schwerpunkt kurz erwähnt.[577] Dann streifte Schmidt ebenso kurz die Forschung über Mauser der Vögel, die früher als grosse Basler Leistung herausgestellt worden war (Sutter). Dabei hätte man Sutters Forschungen zum Vogelzug ohne Weiteres gross herausstreichen können. Schliesslich erwähnte der Autor den Präparator Jürgen Gebhard, der über Fledermäuse forschte.

Dieses Kapitel von Aurel Schmidt reflektierte offensichtlich die Bemühungen der Museumsleitung und -kommission in den frühen 1990er-Jahren, die Forschung ins rechte Licht zu rücken,[578] was aber in Form einer Aufzählung nicht recht gelingen wollte. Bemerkenswert ist, wie Schmidt die ‹Vielfalt› der Forschungsrichtungen und der Sammlungstätigkeit unterstrich, die sich damals auch in der Zahl von zehn festangestellten und dreissig ehrenamtlichen Mitarbeitern ausgedrückt habe. Angesichts dieser Vielfalt wurde dem Laien als Leser kaum deutlich, für welche Art Forschung das Museum stand und was deren gemeinsamer Nenner sein könnte.

Dieses Bild lässt sich anhand der Jahresberichte ab 1950 verifizieren. Sie bestätigen den Eindruck der Vielfalt. Grosse Themen der Forschung am Museum waren gemäss diesen Jahresberichten (wir geben jeweils als Beispiel den Jahrgang eines Jahresberichtes an, in welchem das entsprechende Thema angesprochen wird):

- Geologie von Trinidad (Kugler) 1950, (Saunders, Müller) 1982
- Panama Paleontology Project (Jung) seit 1986

- Foraminiferen aus Trinidad (Kugler) 1956, allgemein (Hottinger) 1967
- Spinnen (Ehrenfried Schenkel-Haas, gest. 1953) 1953, auch Spinnen in Magerwiesen (Hänggi in SPP-U) 1990er-Jahre
- Vögel im Nationalpark (Markl) 1953; 1956ff. Vogelzug mit Radar erforscht (Suter), Mauser, Vogelfedern (Sutter, teils Reichelt), Mauser auch in den 1980er-Jahren (Winkler); Avifauna Schweiz 1980er-Jahre (Winkler)
- Vögel und Insekten aus Peru (Markl) 1957
- Fossile Säuger aus Baccinello (Hürzeler) 1953, aus Sabadell (Hürzeler) 1967
- Insekten aus Sri Lanka (Keiser) 1954
- Insekten aus Madagaskar (Keiser) 1957
- Insekten aus Iran, Anatolien (Wittmer) 1970
- Insekten aus dem Himalaya (Wittmer) 1981
- Insekten aus Oman, Saudiarabien etc. (Büttiker) 1986
- Insekten aus Nepal (1990)
- Ameisen, Bernsteineinschlüsse (Baroni Urbani) 1980
- Milben (Bader)
- Mollusken (Forcart)
- Marine Nacktschnecken (Haefelfinger) 1980
- Tertiäre Mollusken der Karibik (Kugler, Jung) 1962
- Nummuliten (Schaub) 1967
- Mineralien des Binntals (Grütter, später Graeser) 1963
- Osteologische Grabungen in Israel (Schaefer) 1965
- Kalkalgen (Gasche) 1968
- Ammoniten (Lieb, Bodmer, Gygi) 1968
- Säuger Zentralafrikas (Rahm) 1970
- Gräberfelder der Region, Spitalfriedhof St.Johann (Bay, Kaufmann) 1972, 1990er
- Bohrkerne des DSDP (Saunders) 1975
- Biostratigrafie (Engesser) 1980er
- Säugerzonierung 1989ff.
- Fledermäuse, Nachtsegler

Auffällig ist die grosse Zahl von Themen für ein Haus, das sich wiederholt über zu knappe Ressourcen beklagt hat. An sich sollte aber klar sein, dass dies nicht fehlende ‹kritische Masse› bedeuten musste, da die Forscher am Museum fast alle stark mit einer internationalen Spezialistengemeinschaft vernetzt waren. Die Berichte fokussieren auf Themen und geben kaum Auskunft über Fragestellungen und Zielsetzungen, die der Aufzählung von Themen einen Sinn hätten verleihen können. Wo Ziele genannt werden, handelt es sich zum Beispiel um die Revision älterer Bestimmungen oder ganzer Sammlungen, oder um Gesamtdarstellungen, kommentierte Inventare, umfassende Faunistik. Viele Themen waren international, andere deutlich lokal.

Es liegt somit in der Rückschau eine interessante Mischung vor, die man nicht einfach als Vielfalt bezeichnen sollte. Wichtig wäre zu zeigen, wie Basler Forschungen in internationale Zusammenhänge gehörten, welche davon in Basel ihren Schwerpunkt hatten, was daran wirklich von regionaler oder lokaler Bedeutung war. An den Themen wäre zu zeigen, welche wichtigen Fragen daran bearbeitet werden konnten und was diese wichtig machte. Bei den Revisionen müsste herausgearbeitet werden, was sie zur Systematik beitrugen respektive inwiefern sie durch Veränderungen in systematischen Auffassungen veranlasst wurden. Sollten die Forschungen tatsächlich einen Schwerpunkt in Faunistik und Gesamtdarstellungen gehabt haben, wäre zu zeigen, wie diese im Verlauf der Zeit als Vorarbeiten für die Analysen anderer Autoren fruchtbar gemacht wurden.

Spätere wissenschaftsgeschichtliche Forschungen werden in der Lage sein, nicht nur Strukturen und ‹Rationale› in der wissenschaftlichen Museumsarbeit zu erkennen, sondern diese auch zu gewichten und zu werten. Ohne andere damit abwerten zu wollen, scheinen doch die mikropaläontologischen Arbeiten, die ornithologischen Beiträge, die Osteologie und Biostratigrafie der Säuger, die entomologischen Forschungen und die Bearbeitung der Mineralien des Binntals unter die grossen Leistungen gerechnet werden zu können, die auch internationale Anerkennung fanden. Einzelne Forscher, die dauernd oder nur vorübergehend im Museum arbeiteten, gehörten zu den weltweit besten Kennern ihres Faches. Dass man nicht die Praxis einer Teamforschung innerhalb einer Institution als Qualitätsmassstab anlegen darf, haben wir weiter oben schon angedeutet.

Es entspricht der damaligen Wissenschaftskultur, dass Forschung individuell, das heisst auch lokal vereinzelt, betrieben wurde, wobei die ‹nächsten› Fachkollegen in einer anderen Sammlung oder einem anderen Institut auf einem anderen Kontinent wirken konnten. Durch Korrespondenz, Tagungsbesuch, Mitwirkung in internationalen gelehrten Gesellschaften und Austausch von Objekten, aber auch durch das Publizieren in hochspezialisierten Zeitschriften konstituierte sich eine lebendige Scientific Community, welche in dieser Form näher bei den Akademie-Netzwerken der frühen Neuzeit war als bei der organisierten Gross- und Zweckforschung, für die in der Wissenschaftsforschung das ‹Manhattan Project› paradigmatischen Stellenwert erlangte. Dieser Zustand war normal, nicht ein Zeichen lokaler Schwäche. Auch konnte, was aus Basler Perspektive lokal erschien, einen wichtigen Beitrag zu einem internationalen Vorhaben bedeuten.

Von der naturwissenschaftlichen Arbeit an der Universität unterschied sich die Museumsforschung zunächst dadurch, dass sie keine oder im Vergleich nur wenige Doktoranden ausbildete. Die ‹Doktorfabriken›, in denen Professoren mit Unterstützung von Lehrbeauftragten, Assistenten und Technikern eine Vielzahl gleichzeitig laufender und thematisch in Gruppen gebündelter Promotionsarbeiten entstehen liessen, waren den Universitätsinstituten vorbehalten, einschliesslich einer mehr oder weniger gezielten ‹Schulebildung›. Wie wir gesehen haben, bildeten einzelne Stellen im Museum Aussenposten solcher Strukturen, und in gewissen Fällen (von uns dargestellt am Beispiel von Sutter) waren Museumsforscher auch eingespannt in die Betreuung der Dissertationen, die zum ‹Betrieb› eines Universitätsprofessors gehörten. Hinzu kamen Fälle von ‹Personalunionen›, in denen kaum entschieden werden konnte, ob gewisse Forschungen nun mit dem Museum oder dem Universitätsinstitut als Entstehungsort in Verbindung standen; diese Lage war in der Mineralogie am ausgeprägtesten. Die Themen- und Publikationslisten bestätigen das Bild einer verbindenden Klammer, welche die Tradition der Naturgeschichte zwischen Universität und Museum, aber auch zwischen lokaler und internationaler Forschung bildete.

Museumsbiologen publizierten gern in wissenschaftlichen Zeitschriften einer lokalen oder nationalen Organisation. Dies hing teilweise damit zusammen, dass die Struktur der fachinternen ‹Öffentlichkeit› entsprechend angelegt war: Berichte über die Entdeckung neuer Arten, über das Vorkommen bestimmter Arten in bestimmten Gebieten hatten eine Chance, international rezipiert zu werden, auch wenn sie in einem Lokalblatt erschienen. Durch die erwähnten Korrespondenznetze, aber auch durch einzelne herausragende Bibliotheken (wie diejenige von Frey exemplarisch für die Entomologie eine ist) und die Praxis des exhaustiven Bibliografierens in der Epoche vor Google und vor den elektronischen Katalogen und Datenbanken hatte auch eine sogenannt lokale Publikationspraxis die Chance, zu internationalem ‹Impact› zu führen. Hinzu kommt, dass auch solche Blätter teilweise einen internationalen Ruf genossen – innerhalb einer kleinen, hoch spezialisierten Community. Es scheint auch, dass noch lange die Verwendung des Deutschen oder Französischen kein Hindernis für internationale Rezeption darstellte – in unserem Untersuchungszeitraum gab es auch in den Naturwissenschaften noch Spezialisten, die bestimmte Sprachen lernten und brauchten, weil es für sie interessante Publikationen in diesen Sprachen gab.

Wir treffen in der Rückschau somit auf eine Praxis des Forschens und wissenschaftlichen Kommunizierens, die der Wissenschaftsforschung seit den 1970er-Jahren als altmodisch oder überholt galt. Sie schien eher den ‹Humanities› als den ‹Sciences› anzugehören. Solche Urteile durften noch weggesteckt werden, solange Produkte der Wissenschaftsinformation wie Eugene Garfields (geb. 1925)[579] bekannter Science Citation Index in Philadelphia nichts mehr war als eine nützliche Hilfe durch die Masse der Veröffentlichungen, die vor allem das Bibliografieren und die Literaturversorgung für die Forschung in Fächern wie Pharma, Medizin und Chemie zu einem eigenen dokumentalistischen Spezialgebiet werden liessen (Garfield war ursprünglich Chemiker). Damit liess sich auch Geld verdienen, und diese Produkte wurden deshalb auf die wichtigsten Kunden wie die Industrieforschung in den USA ausgerichtet. So machte es auch wenig aus, wenn aus dem beschränkten Horizont des Institute for Scientific Information in 3501 Market Street in Philadelphia ‹lokale› europäische Zeitschriften einschlägiger Art unzulänglich erfasst wurden, während amerikanische Provinzblätter Beachtung fanden, weil deren Bedeutung dort geläufig war. Bücher wurden sowieso nicht erfasst, und da Garfield herausgefunden hatte, dass die meistzitierten Aufsätze eines Faches stets in wenigen Zeitschriften erschienen waren, war ein statistisches Argument vorhanden, das jeweils hervorgeholt wurde, wenn von einem Fach oder einem Land die flächendeckende Erfassung der ‹Journals› eines ‹Fields› gefordert wurde.

Was ein beschränktes Ärgernis gewesen war, wurde zu einem grossen Problem, als auf der Suche nach ‹objektiven› Massstäben für wissenschaftlichen Erfolg diese Datenbanken darauf hin ausgewertet wurden, welche Institutionen und welche Forscher den vergleichsweise grössten ‹Impact› mit ihren Veröffentlichungen erzielten. Wie in vielen anderen Fachbereichen wurden die Leistungen von Wissenschaften, die aus Traditionen der Bestimmung, Inventarisierung, Ordnung hervorgegangen waren und in langwierigen Abklärungen Grundlagenwissen schufen, unzulänglich oder verzerrt abgebildet. Man könnte es bei dieser Feststellung bewenden lassen, wenn nicht die Standards der Rechenschaftsablegung und deren politische Verwendung mehr und mehr imperativ verlangt hätten, naturwissenschaftliche Fächer insgesamt mit ihrer Publikationskultur so umzugestalten, dass sie allesamt mit diesen Verfahren ‹richtig› zu erfassen wären. Messen heisst stören, und dies bedeutet in diesem Fall, dass die Messmethode dazu tendierte, den zu messenden Gegenstand der Messmethode anzupassen und nicht umgekehrt. Wo dies nicht geschah, fehlte ein Forum, das eine Sichtbarkeit der wissenschaftlichen Produktion herstellte und das Gewicht einer bestimmten Gruppe darin auch über die Grenzen der innerfachlichen Gemeinschaften hinaus erkennen liess. So öffnete sich eine Legitimationslücke und es entstand die Gefahr der Marginalisierung von Fachbereichen, die nicht nach den Normen der Leitwissenschaften arbeiteten.

In manchen Fächern, in denen das Museum stark war, wurden nicht nur Artikel publiziert, sondern auch ganze Bücher verfasst, die so konzipiert waren, dass man diese noch in hundert Jahren konsultieren könnte oder müsste – so wie gewisse Disziplinen heute noch auf Literatur angewiesen sind, die viele Jahrzehnte alt ist. Die Bedeutung der Bibliothek Frey für die Entomologie, deren Stärke die alten Jahrgänge von Zeitschriften ausmachen, ist dafür ein gutes Beispiel. Die Wissenschaftskultur muss damit nicht ‹gestrig› sein: Der Forscher kann mit neuen Methoden umgehen, die aktuellen Instrumente molekularen Zuschnitts verwenden und Beiträge liefern, die in anderen Forschungswelten als Grundlagen oder als ‹hilfswissenschaftlich› geschätzt sind.

Problematisch ist einmal, inwieweit solche Schnittstellen zu als modern geltender Biologie rechtzeitig und richtig ausgebaut wurden, und ferner inwiefern deren Existenz genügend klar kommuniziert wurde. Das Fehlen von Forschungsberichten, die sich entweder an die angrenzenden Disziplinen richteten und so selbst die Ausbildung und Nutzung von Schnittstellen nicht nur dokumentierten, sondern auch anstiessen, führte leicht zu einem negativen Urteil über Museumsforschung innerhalb der akademischen Wissenschaft. Forschungsberichte hingegen, die sich an interessierte Laien richteten, stellten andere, wohl ebenso hohe Anforderungen an die Kommunikationsleistung; sie beschränkten sich aber nicht darauf, Staunen über die durch die Museumsforschung sichtbar gemachten Wunder der Natur zu wecken, sondern die besten Beispiele zeigten Forschung in Aktion und Kooperation mit Bereichen, die dem Leser von Wissenschaftsseiten im Feuilleton von grösseren Zeitungen als modern bekannt geworden waren.

Etwas anders präsentierte sich die Situation in den Erdwissenschaften. Hier boten sich verschiedene Vorteile an, die diese Wissenschaften insgesamt ‹moderner› erscheinen liessen als die Biowissenschaften. Schon früh in der Geschichte der Geologie wurde erkannt, dass sich verwandte Schichtfolgen an weit voneinander entfernten Orten identifizieren lassen. Das Fach wurde dadurch schon von Beginn an durch die Natur seiner Gegenstände, aber auch die Interessenrichtung der Forschenden, die zunächst weniger lokale Unterschiede (Diversitäten) als die globalen Zusammenhänge suchten, stark internationalisiert. Erdwissenschaften bewegten sich auch schon früh im direkten Kontakt mit ‹harten› Wissenschaften; der Rückgriff auf physikalische Modelle und die zugehörige Mathematisierung war ein logischer Schritt. Dazu trugen Analysentechniken und die zugehörigen Apparate aus Physik und Chemie und mit der Zeit das computergestützte Arbeiten bei. Das Englische gewann unter diesen Umständen rasch eine bedeutende Position im wissenschaftlichen Austausch. Hinzu kam, dass die Basler Geologenschule, wie wir oben gesehen haben, eng mit der Prospektion von Bodenschätzen verbunden war, und diese bewegte sich auf dem ganzen Globus. Dementsprechend eignen sich hier Instrumente wie der Science Citation Index besser, um Forschungen nicht nur sichtbar werden zu lassen, sondern sie auch zu bewerten. Man wird aber wenigstens für Jahrzehnte vor etwa 1990 nicht einfach mit diesem Instrument einen Vergleich zwischen Biowissenschaften und Geowissenschaften durchführen können – dieser würde vor allen die typischen ‹kulturellen› Unterschiede und viel weniger die relevanten Leistungsunterschiede abbilden.

Trotzdem darf man die Produktivitätsfrage stellen. Wissen, das nicht veröffentlicht wird, geht mit seinem Träger unter und kann nur selten Wirkung entfalten. Die Öffentlichkeit bezahlt Museen auch als Forschungsinstitutionen, sie darf somit erwarten, dass dieser Zweckbestimmung nachgekommen wird. Man soll dabei nicht allzu sehr darauf insistieren, dass das wissenschaftliche Personal auch noch Ausstellungen konzipieren, Kinderführungen veranstalten und Anfragen bearbeiten müsse. Das Personal von Hochschulinstituten ist durch Lehre und Verwaltung durchaus auch beansprucht. Der Unterschied liegt aber darin, dass die Personalstruktur wesentlich verschieden ist. Hochschulinstitute erreichen ihren wissenschaftlichen ‹Output› nicht nur mit fest Angestellten, sondern zu einem bedeutenden Teil mit wechselnden Generationen von jungen Menschen, die sich in einer Qualifikationsphase befinden. Es kann sein, dass die Professoren mehr Aufsätze pro Zeiteinheit veröffentlichen als der Nachwuchs, denn sie haben Routine, oft einen einfacheren Zugang zu Publikationsmöglichkeiten und andere Vorteile mehr. Der Nachwuchs aber steht unter einem hohen Leistungsdruck, und von ihm wird auch eine relative Innovativität verlangt. An einem Museum ist Nachwuchs in diesem Sinne viel weniger präsent. Hinzu kommt die Art des Einsatzes des wissenschaftlichen Personals. Es gibt Situationen, in denen die Betreuung akademischer Sammlungsbesucher und die Abwicklung der Ausleihe von Objekten derart aufwendig sind, dass an eigene Forschung kaum zu denken ist. Diese Arbeiten können nicht vernachlässigt werden, während in der universitären Praxis eine gewisse Freiheit der Prioritätensetzung (meist zwischen Forschung oder Studierendenbetreuung) ausgeprägter sein könnte. Man wird also – aber dies gilt in einem gewissen Sinne für wissenschaftliche Anstalten jeden Typs – vor allem nicht primär die individuelle Publikationsleistung ansehen, sondern diejenige der Institutionen.

Ausser Veröffentlichungen muss man gerechterweise auch Einladungen zu Tagungen berücksichtigen; dazu liegen jedoch keine Angaben vor. Aufgrund der obigen Ausführungen zur ‹Kultur› der Fächer und aufgrund des biografischen

Materials, das uns vorliegt, darf man jedoch annehmen, dass das Naturhistorische Museum in dieser Hinsicht im Beobachtungszeitraum gut dastand.

Schliesslich muss in den letzten Jahrzehnten der Erfolg beim Einwerben von Stiftungsgeldern in Betracht gezogen werden. Hier gibt es zunächst den markanten Unterschied der Museen zu naturwissenschaftlichen Hochschulinstituten, deren Forschung seit vielen Jahren zu einem grossen Teil insbesondere auf Nationalfondsmitteln basiert (dieser Unterschied ist insbesondere spürbar, seit der Nationalfonds Personenförderung fast nur noch für den Nachwuchs anbietet, während diese 1952 gegründete Institution zu Beginn ihres Bestehens über längere Zeiträume den Lebensunterhalt auch bestandener Forscher mitfinanzierte). Dieser Unterschied hängt wiederum mit der Personalstruktur zusammen, in welcher junge Menschen in der Qualifikationsphase vor allem an den Hochschulen stark präsent sind. So wie Museen traditionellerweise personell aufgebaut sind, sind die potentiell oder wirklich forschenden akademischen Mitarbeitenden ‹Postgrads› oder ‹Postdocs› mit temporärer oder fester Anstellung. Nachwuchs wird zwar auch betreut; die Zahl dieser Fälle lässt sich aber nicht über ein bescheidenes Mass hinaus steigern, weil die ganze interne Hierarchie eines naturwissenschaftlichen Hochschullabors fehlt, die erst den Aufbau von Forschungsgruppen gestattet, welche sich mit externen Geldern finanzieren. Ferner sollte bedacht werden, dass zum Beispiel beim Nationalfonds schon kurz nach seiner Gründung im Rahmen einer unausgesprochenen forschungspolitischen Schwerpunktsetzung ‹moderne› (experimentelle, genetische, zelluläre, molekulare) Forschung favorisiert worden ist. Faunistik und Systematik überliess man, abgesehen von in den 1950er- und 1960er-Jahren noch recht beträchtlichen Restbeiträgen für die ‹traditionelle› Forschung, den Privatgelehrten und Freizeitforschern, die in den lokalen naturforschenden Gesellschaften und in der SNG (später SANW) organisiert waren oder eben in Museen durch kantonale und kommunale Mittel bezahlt forschten.[580] Die Favorisierung ‹moderner› Forschung geht weiter: Es ist schwieriger, für ein ‹traditionell› argumentiertes Projekt Gelder zu erhalten, und Voraussetzung ist, dass ein Antrag mit dem nötigen Aufwand ausgearbeitet und stilisiert worden ist, den sich etwa ein Einzelforscher in einem Museum kaum leisten kann. Zudem wird die wissenschaftliche Legitimation der Gesuchsteller am Kriterium ihres bisherigen Publikationsimpacts geprüft – ein Einstieg in das Fördersystem ist sehr schwierig für Gesuchsteller, die nicht vom Diplom an eine Publikationsstrategie verfolgt haben, die sowohl auf eine grosse Zahl von Veröffentlichungen als auch auf deren ‹strategische› Platzierung in fachlich hochrangigen Zeitschriften abzielt.

In den Verwaltungsberichten des Regierungsrates und in den Jahresberichten des Museums sind in den letzten Jahren regelmässig Publikationszahlen ausgewiesen worden. Unterschieden wurde zwischen ‹internen› Publikationen, das heisst Veröffentlichungen von Museumsmitarbeitern, und ‹externen› Publikationen, das heisst Veröffentlichungen anderer über Gegenstände in Sammlungen des Museums. Die Zahlen sagen nichts aus über die ‹Qualität› der Publikationen im Sinne der Bibliometrie, da nicht, wie dies heute üblich wäre, unterschieden wurde zwischen Aufsätzen in Zeitschriften, die ‹Peer Review› praktizierten, und anderen, auch nicht zwischen Büchern und Buchbeiträgen einerseits und Aufsätzen andererseits. Wir erinnern daran, dass Aurel Schmidt 1992 zehn beamtete Vollstellen und dreissig ehrenamtliche Mitarbeitende zählte. Je nach Gewichtung der Letzteren kann die Produktivität als gut (bezogen auf die zehn bezahlten Stellen) oder schlecht (bezogen auf vierzig Wissenschaftler und Wissenschaftlerinnen) bezeichnet werden. Die Schwankungen besagen ebenfalls wenig, da es sich um eine relativ kleine Gruppe von potentiellen Autoren handelt. Unklar ist ebenfalls die Gewichtung der ‹externen› Publikationen. In diesen wird im Prinzip ebenfalls ein Beitrag des Museums zur Wissenschaft erkennbar, da einerseits die Objekte nur dank der konservatorischen Tätigkeit des Museums überhaupt vorhanden waren, und da andererseits nur dank des Betreuungsaufwands, den das Museumspersonal betrieb, mit diesen Objekten eine wissenschaftliche Untersuchung durchgeführt werden konnte. Wie dieser Beitrag zu gewichten wäre, ist eine offene Frage. Wir verzichten deshalb auf eine Berechnung der Leistung, nennen aber die öffentlich zugänglichen Zahlen.

Jahr	Anzahl interne Publikationen	Anzahl externe Publikationen	Bemerkungen
1971	42	35	4 SNF-Beiträge
1972	51	47	Bhutan-Expedition Wittmer
1973	53	50	
1974	66	52	3 SNF-Beiträge, 1 DFG-Beitrag
1975	36	82	
1976	41	42	3 SNF-Beiträge
1977	60	76	6 SNF-Beiträge
1978	55	64	8 SNF-Beiträge
1979	55	99	10 SNF-Beiträge
1980	58	71	7 SNF-Beiträge
1981	54	98	
1982	60	72	
1983	54	60	
1984	45	46	
1985	62	79	4 SNF-Beiträge, 5 andere Projekte
1986	40	55	
1987	58	100	
1988	47	43	
1989	53	71	
1990	35	57	6 SNF-Beiträge, 8 andere Projekte
1991	50	69	7 SNF-Projekte, 12 andere Projekte
1992	36	42	7 SNF-Projekte, 6 andere
1993	47	72	9 SNF-Projekte, 6 andere
1994	53	103	7 SNF-Projekte, 9 andere
1995	39	49	11 SNF-Projekte, 16 andere
1996	53	71	8 SNF-Projekte
1997	40	66	9 SNF-Projekte
1998	45	54	5 SNF-Projekte, 17 andere
1999	56	55	5 SNF-Projekte, 10 andere
2000	65	44	3 SNF-Projekte, 4 andere

Jahr	Anzahl interne Publikationen	Anzahl externe Publikationen	Bemerkungen
2001	60	58	4 SNF-Projekte, 5 andere
2002	58	33	2 SNF-Projekte, 3 andere
2003	77	49	2 SNF-Projekte, 3 andere
2004	71	61	5 SNF-Projekte, 2 andere 3 Diplomanden, 3 Doktoranden, 1 Postdoc
2005	60	59	3 SNF-Projekte, 10 andere 4 Diplomanden, 3 Doktoranden, 1 Postdoc
2006	69	47	3 SNF-Projekte, 7 andere 2 Diplomkandidaten, 3 Doktoranden, 2 Postdocs

Die Jahresberichte, auf die wir hier abstellen, spiegelten nicht nur Fakten, sondern auch die Aufmerksamkeit der Direktion für eine bestimmte Form der Selbstdarstellung der Leistungen. So wurden Nationalfondsprojekte vor 1990 kaum systematisch ausgewiesen; der regelmässige Hinweis auf die Nachwuchsbetreuung setzte noch später ein. Es scheint, dass man sich in früheren Jahren nicht bewusst war, dass das Einwerben von Forschungsmitteln überhaupt in einen positiven Leistungsausweis gehörte. Wie wir gesehen haben, sprach die Museumskommission noch recht spät in diesem Zusammenhang von ‹Bettelei›. Eine Institution, die in einer Gentlemen-Tradition stand, sprach über ihre Leistungen ganz anders, als eine solche, die ‹Value for money› hervorbringen sollte.

Nach der Erwägung aller dieser Vorbehalte lohnt sich dennoch ein Blick in den Science Citation Index auf der Suche nach Veröffentlichungen, die dort dem Naturhistorischen Museum in Basel zugeschrieben werden (diese Zuschreibungen sind ein Problem für sich). Im Science Citation Index finden sich Veröffentlichungen (Artikel, Herausgeber-Einleitungen, Forschungsberichte, Briefe an die Herausgeber, Nekrologe in wissenschaftlichen Zeitschriften, von denen die Betreiber der Datenbank annehmen, dass sie den von ihnen gesetzten Standards entsprechen) für den Zeitraum von 1972 bis heute (Abfrage vom 9. November 2007), die mit der Adresse des Naturhistorischen Museums in Verbindung gebracht werden (Adress-Deklaration der Verfasser in der Veröffentlichung). Für diesen Zeitraum lassen sich 177 Nachweise identifizieren; vorherrschend ist der Dokumententypus des Artikels (158). Auf das Jahrzehnt von 1981 bis 1990 entfallen 56, auf das folgende Jahrzehnt von 1991 bis 2000 49 Einträge, das heisst etwas mehr als 5 Artikel im Jahresdurchschnitt (anders gesagt, nur $^1/_{10}$ der in den Jahresberichten ausgewiesenen Menge an Veröffentlichungen). Wenn die Publikationsorte aller Artikel (Verlagsorte der entsprechenden Zeitschriften) aufgeteilt werden in national und international, dann erschienen 109 Beiträge in internationalen und 68 Beiträge in nationalen Zeitschriften. Mit dieser Unterscheidung lässt sich allerdings wenig anfangen, wie wir oben argumentiert haben. Die Verteilung auf die Sprachen zeigt folgendes Bild: 32 deutsch, 133 englisch, 12 französisch. Dieser Befund spiegelt voraussichtlich eher den Bias der Datenbank zugunsten englischsprachiger Zeitschriften als die generellen Sprachpräferenzen der Autoren am Museum. Die meisten Beiträge, die die Datenbank verzeichnet, sind in Co-Autorschaft entstanden und repräsentieren Kooperationen über die institutionellen Grenzen hinweg. Nur 70 Beiträge stammen von Autoren, die sämtliche die Basler Museumsadresse angeben, davon haben 30 nur einen Verfasser; die übrigen sind Kooperationen mit Externen. Andere Museen oder museumsnahe Institutionen sind naturgemäss beliebte Kooperationspartner, aber noch häufigere Partner unter den hier verzeichneten Publikationen sind Hochschulinstitute (wobei gewisse Museen wie zum Beispiel Paläontologie in Zürich zu einer Hochschule gehören; wir rechnen auch diese den Museen zu). Nur 28 Kooperationen verbinden das Naturhistorische Museum mit einer anderen Basler Adresse; den Rest bilden überlokale Kooperationen. Die Zuweisung zu Disziplinen ist wenig aussagekräftig, da diese der Zeitschrift, in welcher die Veröffentlichung erschien, und nicht dem Artikel selbst gilt. Wir verzichten deshalb auf die Auswertung dieser fachlichen Zuordnung.

Man kann diesen Befund auf zwei Arten deuten. (a) Es kann darin der Bias der Datenbank zugunsten internationaler Zeitschriften mit englischen Beiträgen, die in der typischen Manier der modernen Naturwissenschaften von mehreren Autoren gezeichnet werden, gesehen werden. (b) Man kann aber auch den Umstand, dass es ein Artikel jeweils ‹in die Datenbank schafft›, als Erfolg einer Publikationsstrategie des Autors werten. Diese Strategie bezieht sich auf die Zeitschrift, die man wählt, auf die Partner, mit denen man kooperiert, und auf die Sprache, in welcher man publiziert. Über die Häufigkeit des Erfolgs kann keine Aussage gemacht werden, weil die Ehrenamtlichen teils hauptsächlich mit Ordnen beschäftigt sind, teils fleissig publizieren. Darf man aber unterstellen, dass die Autoren in früheren Jahrzehnten eine solche Strategie überhaupt gekannt, geschweige denn angewendet hätten?

Betrachten wir nun den eigentlichen Zitationserfolg, so lassen sich teils die Effekte der genannten Merkmale der Datenbank wiedererkennen. Teils handelt es sich um Grundlagenbeiträge, die quasi-obligatorisch oder routinemässig von anderen Verfassern in deren Anmerkungsapparate übernommen werden und die in einer Zeitschrift erschienen sind, welche die Datenbank berücksichtigt. Beiträge etwa zu den ‹Verhandlungen der naturforschenden Gesellschaft in Basel› sind in diesem Sinne für eine Erfolgsuntersuchung *a fortiori* ‹verloren›, da die Datenbank diese Zeitschrift nicht berücksichtigt. Das Gesamtbild, das sich aus der Auswertung der Datenbank ergibt, ist aber nicht völlig unsinnig, da man Spuren von Projekten wiederfindet, deren Bedeutung aus anderen Quellen bekannt ist (Beispiel ‹Panama Paleontology Project›), oder Autoren, von denen auch sonst schon bekannt ist, dass sie zur Spitzengruppe der Forschenden innerhalb des jeweiligen Spezialgebietes zählten.

Die am häufigsten zitierten Artikel waren im Zeitraum von 1972 bis 2000 (Datum der Veröffentlichung der Beiträge, nur Beiträge mit über 50 Zitierungen):

167× Coates, Jackson, Collins, Cronin, Dowsett, Bybell, Jung, Obando: ‹Closure of the Isthmus of Panama: The near-shore marine record of Costa-Rica and Western Panama›, in: *Geological Society of America Bulletin* 104, 1992, 814–828

84× Jackson, Jung, Coates, Collins: ‹Diversity and extinction of tropical American molluscs and emergence of the Isthmus of Panama›, in: *Science* 260, 11. Juni 1993, Nr. 5114, 1624–1626

70× Baroni Urbani, Buser: ‹Similarity of binary data›, in: *Systematic Zoology* 25, 1976, 251–259

51× Schlunegger, Burbank, Matter, Engesser, Modden: ‹Magnetostratigraphic calibration of the Oligocene to Middle Miocene (30–15 Ma) mammal biozones and deposital sequences of the Swiss Molasse basin›, in: *Eclogae Geologicae Helvetiae* 89, 1996, 753–788.

Die besonders beliebten und begehrten Artikel in ‹Science› oder ‹Nature› finden sich für Autoren vom Naturhistorischen Museum in der Untersuchungsperiode drei Mal:

- Storch, Engesser, Wuttke: 1996 in *Nature*, eine Kooperation mit Deutschen Forschern
- Jackson, Jung, Coates, Collins: 1993 in *Science* (wie oben), eine Kooperation mit dem US-Panama-Team
- Rieppel: 1980 in *Nature*, im Alleingang.

Man sieht also immerhin, dass es trotz aller Vorbehalte möglich war, auch in diesem Zerrspiegel zu erscheinen, sogar für Entomologen und Systematiker. Man darf aber sicher nicht aus der Abwesenheit gewisser Namen schliessen, dass diese wissenschaftlich erfolglos gewesen seien. Insgesamt bleibt die wissenschaftsgeschichtliche Aufarbeitung und Bewertung der Forschungsleistung am Museum ein Desiderat. Auf die Wichtigkeit dieses Desiderats möchten wir hier nur hingewiesen haben, ebenso auf die Schwierigkeit, den jeweiligen Epochen und den fachspezifischen Kulturen angemessene Bewertungsmassstäbe zu finden. Hypothetisch darf man vorerst immerhin feststellen, dass die seit dem ausgehenden 19. Jahrhundert betriebene Verwissenschaftlichung des Museums offensichtlich gelang, dass aber daran gezweifelt werden kann, ob das Museum stets genügend Anstrengungen unternahm, seine Forschungsleistungen mit ihrem Wert auch der Öffentlichkeit gebührend zu vermitteln.

7 Ergebnisse

Biowissenschaften wie Geowissenschaften waren in ihrer im 19. Jahrhundert dominanten Erscheinungsform ‹Naturgeschichte›. Mit ‹naturalis historia› meinte man vor dem 19. Jahrhundert einfach Nachforschungen und daraus folgendes Wissen über Naturdinge. Im 19. Jahrhundert aber erfolgte für die meisten Wissenschaften eine eigentliche Historisierung. Geschichte war die Leitwissenschaft, nach der sich andere, auch Naturwissenschaften, ausrichteten, da die ‹grossen Fragen› und entsprechend die wichtigen Antworten geschichtlich gestellt wurden: Geschichte der Erde dominierte die Geologie, und diese war stark abhängig von einer Biowissenschaft, der Paläontologie, denn Leitfossilien halfen, Gesteinsschichten zu datieren, und ermöglichten es so, die Geschichte der Erde zu erzählen. Umgekehrt wurde klar, dass diese versteinerten Lebewesen selbst eine lange Geschichte haben müssten. Geologische Zeiträume wurden die Zeitachse dieser Geschichte.

Der von uns studierte und für das Naturhistorische Museum relevante Zweig der Biowissenschaften des 19. Jahrhunderts handelte von der Geschichte der Formen des Lebendigen. Da diese Formen untereinander Ähnlichkeiten aufweisen, war die Frage unumgänglich, ob es Verwandtschaften zwischen ihnen gibt und ob diese etwas mit der geschichtlichen Entwicklung zu tun haben. Darwin veröffentlichte 1859 ein Modell, das diese Entwicklungsgeschichte erklären sollte, und zwar aus Mechanismen, deren Elemente Vererbung, Vielfalt, Selektion, Isolierung waren. Wer am Ende des 19. Jahrhunderts nicht mehr an die Schöpfungsgeschichte nach dem ersten Buch der Bibel (Genesis) glauben wollte, hatte in der Regel akzeptiert, dass es Arten gibt, die eine Geschichte haben, und dass Arten miteinander mehr oder weniger verwandt sein können, dass man also eine Art Stammbaum der Arten zeichnen könne. Allerdings akzeptierten bei Weitem nicht alle Darwins Idee einer Selektion, die ohne vorgegebene Richtung ‹ziellos› als Mechanismus wirken sollte: Biologie nach Darwin setzte und setzt an sich keinen tieferen Sinn der Naturgeschichte voraus. Viele suchten in ihrer Forschung bis weit ins 20. Jahrhundert dennoch fortwährend einen Plan der Naturgeschichte, einen verborgenen Sinn, und viele glaubten ihn wenigstens zu ahnen. Auch ohne religiöse Hintergründe, in rein säkularisierten Formen, wurden ‹Entwicklungsgesetze› konstruiert, die man in der Geschichte der Arten zu erkennen meinte.

Arten erkannte man durch Vergleich und Beschreibung, und um vergleichen zu können, brauchte es Sammlungen konservierter Lebewesen. Solche Sammlungen benötigten sowohl diejenigen, die an sich lieber in der Natur draussen das Lebendige jagten, als auch solche, die lieber am Schreibtisch mit toten Organismen und Teilen davon, Knochen, Versteinerungen, Schneckenhäuschen und Muschelschalen, umgingen.

Wir haben es somit mit einem vorherrschenden wissenschaftlichen Zweig des 19. Jahrhunderts zu tun, der im Rahmen einer Idee von Naturgeschichte auf eine Reihe von charakteristischen Praktiken im Feld und am Schreibtisch, in der Sammlung oder in der Bibliothek hinauslief. Diese Praktiken setzten primär eine Gestaltlehre, Morphologie, eine Idee von Entwicklung und Sammlungen voraus. Es ist angesichts der Leitwissenschaft Geschichte nicht weiter verwunderlich, dass die Naturgeschichtler Sammlungen metaphorisch mit Bibliotheken oder Archiven gleichsetzten. Darin haben wir eine Wurzel des modernen ‹Claims› erkannt, der das Naturhistorische Museum als ‹Archive des Lebens› bezeichnet.

Der erhoffte Hauptertrag dieser wissenschaftlichen Praktiken wurde in Bildung gesehen, und zwar in der Klärung von Weltanschauungen und in der Lösung von ‹Welträtseln›, wie ein berühmtes Buch des ausgehenden 19. Jahrhunderts hiess (Ernst Heinrich Philipp August Haeckel [1834–1919]: ‹Die Welträthsel› 1899). Dadurch eröffnete Naturerkenntnis einen direkten Bezug auf die Grundfragen der Kultur des 19. Jahrhunderts, und diese waren unmittelbar oder indirekt (in säkularisierter Form) religiös bestimmt. Es ging um die Schöpfung, und was konnte es Wichtigeres geben, da der Mensch selbst dazugehört, ja vielleicht deren ‹Krone› ist. Naturerkenntnis und die damit verbundene Bildung hatten auch einen Bezug auf den sozialen Status des Erkennenden – der wahre

Gentleman musste geradezu naturhistorisch interessiert sein und eine eigene Sammlung besitzen.

Ertragreich ist in diesem Zusammenhang die Frage nach den Orten, an denen bestimmte Formen von Wissenschaft praktiziert worden sind. Die Gentlemen-Forscher und -Sammler praktizierten ihre Wissenschaft privat, eben als Privatgelehrte, und der Ort ihrer Forschung war ihre eigene Sammlung, ihre eigene Bibliothek, ergänzt durch die Zusammenkunft mit gleichgesinnten ‹Peers› etwa in der Naturforschenden Gesellschaft. Aber auch besoldete, abhängige Wissenschaftler haben wir angetroffen, nämlich die Professoren der Universität, und ausserhalb von Basel spielten auch besoldete Museumskustoden und -direktoren eine nicht geringe Rolle, während am Basler Naturhistorischen Museum die Privatgelehrten auch im Museum bis zur Mitte des 20. Jahrhunderts vorherrschten. In mancher Hinsicht war dieses Museum der Ort, an welchem die Sammlungen der Gentlemen-Forscher früher oder später zusammenkamen. Die Wissenschaftsorte der besoldeten Forscher waren logischerweise die Universität und das Museum, um es etwas verkürzt darzustellen.

Das Ganze dieser Orte, Museum, Universität, private Kabinette, bildete im 19. Jahrhundert einen Verbund. In Basel war in jenem Jahrhundert die Universität ein kleiner Betrieb, der wesentlich von privaten Geldern abhing, von Stiftungen; aber auch die Professoren bedurften oft, wenn sie nicht selbst vermögend waren, der Unterstützung durch Vermögende, direkt oder vermittelt etwa durch die Freiwillige Akademische Gesellschaft. Das Museum belegte zwar seit 1848/49 einen prächtigen Palast, aber auch darin steckte privates Geld, und der Betrieb wurde durch eine kleine Gruppe vermögender Privatgelehrter unentgeltlich besorgt. Persönlichkeiten aus den wohlhabenden Familien der städtischen Eliten betrieben als Forscher selbst Wissenschaft, förderten als Staatsmänner die Forschung und Bildung und finanzierten privat, als Bürger, den Wissenschaftsbetrieb in Universität und Museum mit. Wir haben im 19. Jahrhundert eine hybride Vernetzung des Wissenschaftssystems an all seinen Orten mit Gesellschaft (Eliten) und Politik vor uns.

Dieses System wurde im 20. Jahrhundert erschüttert, wobei jedoch ältere Elemente überlebten und ausserhalb des hybriden Systemzusammenhangs (wie er im vorausgehenden Jahrhundert gegeben gewesen war) weiterwirkten. Schon die neue, demokratische Verfassung des Stadtkantons vom 10. Mai 1875 erlaubte keine quasi-automatische, hybride Verflechtung von Staat und Gesellschaft mehr. Politische und ökonomische Eliten waren nicht mehr selbstverständlich deckungsgleich. Staatliches Handeln, das heisst auch Geld verfügbar machen für Universität und Museum, musste seither im Sinne einer modernen Staatsauffassung durch Beschlüsse demokratischer Gremien legitimiert werden, in denen diejenigen Menschen bestimmten, welche die nach modernen Gleichheitsgrundsätzen durchgeführten Wahlen gewonnen hatten. Dies hinderte aber die wissenschaftlich interessierten Angehörigen der alten Eliten nicht daran, im Wissenschaftsbereich weiterhin als freiwillige Geldgeber, als Mäzene oder Philanthropen zu wirken und auch zu bestimmen. Bis weit ins 20. Jahrhundert war die Figur des Privatgelehrten verbreitet, der selbst über ein Vermögen verfügte, aus dem er nicht nur die eigene Forschung, Sammlung und Bibliothek finanzierte, sondern auch die nun in jedem Wortsinn ‹öffentlich› gewordenen Institutionen der Wissenschaft materiell unterstützte.

Diesen Elementen der Kontinuität stand ein ausgeprägter Wandel der Institutionen gegenüber: Die Universität wuchs, sie verlangte und erhielt mehr öffentliche Ressourcen, mehr Professuren, und das Geld für die Forschung kam seit 1952 nun auch vom Nationalfonds. An den Betrieb der Basler Universität trug seit Ende der 1960er-Jahre auch der Bund bei in Form einer Subvention für die kantonalen Hochschulen. Die Politik betrachtete in der zweiten Hälfte des 20. Jahrhunderts (nach ersten Ansätzen in der Krise der 1930er-Jahre) Wissenschaftsförderung als Beitrag zur Förderung von ökonomischer Prosperität. Im Kalten Krieg kam der Wille hinzu, im Wettbewerb zwischen den politischen Systemen als Teil der ‹freien Welt› die Nase vorn zu haben.

Legten diese Argumentationen im Zusammenwirken mit der Hochkonjunktur der 1950er- und 1960er-Jahre ein scheinbar unbegrenztes Wachstum der öffentlichen Ausgaben für die Wissenschaft und damit auch für die Modernisierung des Museums nahe, die Direktor Hans Schaub zur rechten Zeit auf die Agenda setzte, so verursachten die Konjunkturwende der 1970er-Jahre und die Rezeption einer neuen Philosophie von ‹Value for money› in den 1980er-Jahren eine Rückkehr zur Politik des ‹Steady State›. Schliesslich wurde eine explizite Redimensionierung der Staatausgaben und Staatsaufgaben versucht. Für das

Basler Museum bedeutete dies, dass die mit der Hofunterkellerung 1970/71 erfolgreich begonnene Modernisierung im 20. Jahrhundert nie wirklich zu Ende geführt werden konnte.

International gesehen begann Wissenschaft im 19. Jahrhundert dem Anspruch nach als gegenüber Politik und Gesellschaft relativ autonomes System zu funktionieren. Die Basler Universität erlangte mit einer ziemlichen Verspätung dank dem Universitätsgesetz von 1937 eine gewisse akademische Autonomie (die Stimme der Fakultäten etwa war vorher vom Staat bei Berufungen kaum ernsthaft gehört worden). Konnte im 19. Jahrhundert ein einflussreicher Mann die Lehrstuhlinhaber weitgehend selbst aussuchen, so waren im 20. Jahrhundert mehrstufige Auswahlverfahren die Regel, und mit wenigen (aber nicht unwichtigen) Ausnahmen wählte die Regierung denjenigen Kandidaten, der in diesem Auswahlverfahren, in dem innerwissenschaftliche Kriterien jedenfalls theoretisch ein grosses Gewicht hatten, zur Spitzengruppe gehört hatte.

Das Museum konnte dank der Führung durch Privatgelehrte und seinem grossen Anteil privater Finanzierung im ausgehenden 19. Jahrhundert ein wirkliches Autonomiebewusstsein ausbilden, das sich nicht nur gegen den Staat, sondern auch gegen die Universität richtete, der man nicht, wie im Konzept von 1818 vorgesehen, einfach zudienen wollte. Allerdings war das Museum rechtlich eine universitäre Dienststelle neben anderen Instituten, die im Universitätsgutsgesetz aufgelistet waren. Die weitreichenden Aufgaben und Kompetenzen der Kommission für das Naturhistorische Museum halfen mit, eine relative Autonomie gegenüber dem Staat abzusichern. Das Museum sollte eine Institution eigenen Wertes und eigenen Wesens sein, die mit langem Atem diejenigen grundlegenden Forschungen durchführte, Sammlungen anlegte und pflegte, für welche die Universität als Unterrichtsanstalt mit zum Teil rasch wechselndem Unterrichtspersonal kaum geeignet zu sein schien. Von 1895 bis 1956 lagen Führung und Betrieb des Museums zudem in den Händen von Privatgelehrten, was die Unabhängigkeit gegenüber der Universität stärkte. Viele Universitätsprofessoren beteiligten sich allerdings an der freiwilligen Arbeit des Bestimmens und Ordnens der Sammlungen, aber die Museumsleiter waren in dieser Zeit stets unbezahlte Privatgelehrte. Mit der Überführung der Museumsleitung in die Hände von Beamten wurde diese Autonomie durch das Angestelltenverhältns zur

Regierung nur leicht eingeschränkt, doch geriet das Museum durch den stark gestiegenen Bedarf an öffentlichen Ressourcen, der mit seiner Modernisierung einherging, in eine weitergehende Abhängigkeit von finanziellen Entscheiden des Parlaments und der Regierung. Auch nach 1956 war das Museum auf Privatgelehrte angewiesen; diese leiteten das Museum aber nicht mehr selbst, wie wir gesehen haben, und damit stellte sich die Frage nach ihrer Stellung im Organigramm eines von Beamten verantworteten Betriebs. Denn der Museumsbetrieb hing nun von bezahlten Beamten des Kantons Basel-Stadt ab und richtete sich weitgehend nach den Krediten, die der Grosse Rat von Jahr zu Jahr zuteilte.

Dieser Betrieb war und blieb ein wissenschaftlicher Forschungsbetrieb, wie er es schon zur Zeit der Führung durch Privatgelehrte gewesen war. Diese hatten nach dem Ende der Dominanz durch Peter Merian, einer Phase, welche retrospektiv und vielleicht zu Unrecht als eine Zeit des ‹Sammeln um des Sammelns willen› galt, bereits den Anschluss an den internationalen wissenschaftlichen Museumsbetrieb hergestellt. Das war weitgehend Stehlins Verdienst. Die leitenden Museumsangestellten hatten ein Doktorat in Zoologie oder Erdwissenschaften, einige waren zugleich Privatdozenten oder Extraordinarien an der Universität. Jeder Angestellte war gehalten, weitgehend selbstständig Forschung zu betreiben im Zusammenhang mit den Sammlungen, die er zu betreuen hatte. Für gewisse Forscher machte diese Forschungsmöglichkeit die Attraktivität der Arbeit am Museum aus, und sie vermochte ein Stück weit den Nachteil des bescheidenen Einkommens auszugleichen. Voraussetzung war ein Habitus des Gelehrten, der in entsagungsvoller Arbeit, aus Verantwortlichkeit gegenüber Sammlung und Wissenschaft, langfristig angelegte und von aussen als unspektakulär geltende Vorhaben in weitgehender ‹Einsamkeit und Freiheit› realisierte. Diese interne Selbstständigkeit trug dazu bei, dass in einer Art Föderalismus das Museum eigentlich aus einer Vielzahl von Abteilungen bestand, die eher locker durch die Kommission, der sie mit eigenen Jahresberichten rapportierten, überwacht wurden. Dabei war der einzelne Forscher im Museum nicht so isoliert, wie er vielleicht in lokaler Perspektive wahrgenommen wurde; er war Teil einer internationalen Gemeinschaft von Spezialisten, die das Wissen ihrer Zeit über eine oder wenige Arten verwaltete und mehrte. In den Augen der Sammlungsleiter war der Direktor oft ein Konkurrent bei der Verteilung von Ressourcen, insbesondere wenn er versuchte, zentrale Dienstleistungen hochzufahren, die zunächst nur durch Abstriche an den Abteilungsbudgets finanziert werden konnten.

Das Museum blieb jedoch bis 1996 rechtlich ein Teil des Basler Universitätssystems, denn es unterstand formal der Kontrolle durch universitäre und intermediäre staatlich-universitäre Organe wie der Kuratel. Mit den gesetzlichen Neuerungen der 1990er-Jahre wurden die staatlichen Museen zu Dienststellen des Erziehungsdepartements, die nun insofern in einem neuen Wortsinn autonom geworden waren, als deren Leiter vom Regierungsrat durch Leistungsvereinbarungen lockerer ‹geführt› wurden, als dies für andere Dienstellen des Departements praktiziert wurde. Die Beziehungen zur Universität waren fortan in einer gesetzlichen Kooperationspflicht zwischen der ebenfalls autonom gewordenen Universität und den Museen grundsätzlich festgelegt.

Somit entwickelte sich im 20. Jahrhundert ein System, das sich von demjenigen des 19. Jahrhunderts schrittweise entfernte. Auf der einen Seite gab es eine Universität, die auf ihre Selbstständigkeit in akademischen Fragen pochte und an welcher Gelehrte wirkten, die durch eine ‹Ochsentour› mit den Etappen Doktorat, Privatdozentur und Berufung zu einer Professur gelangt waren. Davon getrennt, und die Trennung wurde durch das eigene Selbstbewusstsein noch vertieft, existierte ein naturwissenschaftliches Museum, das zwar ebenfalls forschte, aber nicht unterrichtete – seinen Bildungsauftrag erfüllte das Museum durch die Ausstellungen, die bis in die 1960er-Jahre im Wesentlichen auf Dauer eingerichtete, systematische Sammlungspräsentationen waren. Faktisch funktionierte das Museum ausserhalb der Universität (was nicht hinderte, dass es Grenzgänger und Brücken gab) und bildete einen Ort für die Tätigkeit von Gelehrten, die durch eine Anstellung als staatliche Beamte oder als unbezahlte ‹freiwillige› Mitarbeiter primär als Sammlungsverantwortliche wahrgenommen wurden. Dabei blieb über Jahrzehnte ungeklärt, wie das Verhältnis zwischen Sammlungsverantwortlichkeit und eigener Forschung mit Feldarbeit und Kooperationen mit externen Gelehrten beschaffen sein sollte und wie viel von letzteren Aktivitäten Privatsache der Museumsleute wäre. Über Universität und Museum stand der Staat (der Kanton), der zunehmend als wichtigster ständiger Geldgeber, als institutionelle ‹Trägerschaft› auftrat und das letzte Wort in

Personalentscheiden hatte. Vom Staat getrennt wirkte weiterhin eine gesellschaftliche Elite, deren Mitglieder fallweise (aber im Unterschied zum Staat fast nie stetig) zum Teil grosse finanzielle Beiträge, aber auch Objekte und ganze Sammlungen spendeten. Es gab weiterhin Privatgelehrte, die auch für den Gang der Wissenschaft wichtig blieben. Dieses gesellschaftliche Rollenmodell wurde zum Teil aus der Welt der Elitenfamilien des 19. Jahrhunderts übertragen in die neue Welt der (chemie-)industriellen Eliten des 20. Jahrhunderts. Was nun nicht mehr existierte, war das weitgehend geschlossene Verbundsystem aus Wissenschaft, Gesellschaft und Politik, in dem Geld, Geist und Institutionen oft buchstäblich von einer Hand geführt und integriert worden waren. An die Stelle dieses integrierten Systems trat im 20. Jahrhundert ein Differenzierungsprozess nach wenigstens vier Bereichen: Gesellschaft, Staat, Universität und Museum. Diese Differenzierung überrascht den Sozialwissenschaftler nicht, der darin einen typischen Ausdruck des ‹Modernisierungsprozesses› sieht. Die neue Gesetzgebung der 1990er-Jahre kann als vorläufiger Abschluss dieses Prozesses verstanden werden, der in den zwei vorausgehenden Jahrzehnten in einer Krisenperiode vorbereitet worden war.

Denn gleichzeitig war das politisch-kulturelle Terrain schwieriger geworden, in dem sich das Museum zu bewegen hatte. Das Nachbarhaus, die Völkerkunde und Volkskunde, konnte den neuen ‹Kulturdiskurs›, den wir mit dem Begriff der Kulturalisierung bezeichnet haben, zum eigenen Vorteil nutzen und sich mit der Umbenennung in ‹Museum der Kulturen› bei der Politik und dem sich als lokale kulturelle Elite identifizierenden Publikum in ein sehr vorteilhaftes Licht rücken, was auch mit positiven Beziehungen zu privaten Geldgebern einher ging. Die Konsolidierung der staatlichen Museumspolitik in den ausgehenden 1990er-Jahren wies die fünf grossen Museen, für die der Staat fortan zu sorgen versprach, insgesamt dem kulturpolitischen Bereich zu. Ein erfolgreiches Manövrieren in diesem veränderten Terrain setzte nun eine ausgeprägte Kompetenz in kultureller Kommunikation voraus, die am Naturhistorischen Museum in den 1990er-Jahren noch nicht erkennbar vorhanden war.

Nachdem wir den Wandel in den Rahmenbedingungen skizziert haben, müssen wir uns dem inhaltlichen Wandel zuwenden, der sich innerhalb dieser institutionellen Gegebenheiten vollzog.

Es gehörte zu den Basler Besonderheiten der Geschichte namentlich der Zoologie, dass eine bestimmte Tradition bis etwa 1980 an der Universität vorherrschend blieb, die in Kontinuität bis zu den 1850er-Jahren zurückverfolgt werden kann. Die Bedeutung dieser Tradition, die schon Markus Ritter postuliert hatte, liess sich bestätigen. Der mächtige Mann des Basler Verbundsystems des 19. Jahrhunderts, Peter Merian, übergab die zoologische Professur der Universität 1855 dem Berner Ludwig Rütimeyer. Dies war eine gute Wahl, entwickelte sich doch Rütimeyer zu einem international anerkannten Spezialisten für die Geschichte der Säugetiere, und er verband als früherer Theologiestudent in weltanschaulichen Grundfragen als modern geltende mit ‹konservativ› konnotierte Positionen; eine in Basel im 19. Jahrhundert beliebte Haltung. Naturhistorische Entwicklungsgeschichte war, kurz gesagt, der moderne Zug; die Ablehnung dessen, was er bei Darwin als ‹blinde Selektionsmechanik› verstand, war der konservative und durchaus auch zeitgemässe Zug. Rütimeyer prägte bis 1895 die jungen Basler Naturforscher sehr stark. Sein Nachfolger Fritz Zschokke forschte zwar an anderen Organismen, er fügte sich weltanschaulich aber durchaus in die von Rütimeyer geschaffene Tradition ein und teilte die Sensibilisierung für den Naturschutz mit den tonangebenden Basler Privatgelehrten seiner Zeit. Zschokke sorgte vermutlich zusammen mit Regierungsrat Fritz Hauser 1931 dafür, dass sein Schüler Adolf Portmann seine Nachfolge antreten konnte. Dieser lehrte und forschte im gleichen Geist, aber mit moderneren Ansätzen und unter Verwendung moderner Medien (Volkshochschule, Radio) weiter. Portmann wirkte bis Ende der 1960er-Jahre an der Universität und darüber hinaus noch aktiv in der Öffentlichkeit bis zu seinem Tod. Er sorgte nach dem Vorbild seines Lehrers selbst dafür, dass zwei seiner eigenen Schüler und Mitarbeiter Professuren am Zoologischen Institut erhielten. Werner Stingelin wirkte bis 1977, Hans Nüesch bis 1979 respektive 1980. Erst danach wurde die universitäre Traditionslinie von der Naturwissenschaftlichen Fakultät und der Regierung bewusst abgebrochen durch die Berufung von Professoren aus dem Ausland, die mit dieser Tradition durch nichts verbunden und mindestens in einem Fall entschlossen waren, etwas grundsätzlich Anderes am Zoologischen Institut zu etablieren.

Diese Basler biologische Tradition war einerseits durch weltanschauliche Elemente, andererseits durch eine wissenschaftliche Praxis gekennzeichnet. Die

Weltanschauung kann man vereinfachend als ‹Ehrfurcht vor der Natur als Schöpfung› bezeichnen. Sie war mit einem ethischen Naturverständnis verbunden, das ihre Anhänger schon um 1900 zu Naturschützern prädestinierte und deren Enkel, als der Umweltbegriff um 1970 Einzug hielt, zu Umweltschützern werden liess.

Die wissenschaftliche Praxis zielte darauf ab, Organismen und deren Zusammenhang als Fauna (oder Flora, aber weil es am Museum keine Botanik gibt, lassen wir diese hier weg) ‹ganzheitlich› zu erfassen. Dazu eignete sich die Morphologie, die zum Angelpunkt der Zoologie wurde und während der Zeit der Geltung dieser Tradition auch blieb. Ganzheitliche, auf Gestalt hin orientierte Erfassung rief nicht zwingend nach experimentellen Methoden, schloss diese aber auch keineswegs aus. Sie verhinderte auch nicht eine Aufmerksamkeit für neue Richtungen in der Biologie; diese wurden vielmehr gründlich mitverfolgt und kommentiert. Explizit abgelehnt wurden Tendenzen, denen zufolge Naturforschung der Naturbeherrschung und damit einer technischen Verwendung von entsprechenden Einsichten diente. Negative Paradigmata für solche Tendenzen waren die Missbräuche des Darwinismus als Sozialdarwinismus im wilhelminischen und nationalsozialistischen Deutschland; wer Biologie statt auf eine morphologische auf eine genetische Grundlage stellte, wurde entsprechend eingeordnet und verurteilt.

Obschon durch den erwähnten Differenzierungsprozess Museum und Universität zu zwei verschiedenen Welten geworden waren, erlaubten Weltanschauung und wissenschaftliche Praxis der universitären Zoologie im Rahmen dieser Tradition einen Dialog zwischen den Institutionen, der in einer gemeinsamen Sprache geführt werden konnte. Eine ergänzende, soziale Verbindung zwischen den Institutionen ergab sich daraus, dass die Studierenden der Zoologie oft im Museum arbeiteten, um dort Forschungserfahrung zu sammeln und etwas Geld zu verdienen. So kam es auch, dass viele Museumsangestellte Absolventen der Basler Universität waren. Zudem gab es immer wieder Museumsangestellte, die als Privatdozenten die universitäre Lehrbefugnis erwarben, an der Hochschule unterrichteten und dort unter der Kontrolle der Häupter der Tradition den universitären Lehrbetrieb ergänzten. Die Verklammerung wurde vervollständigt durch den Einsitz von Portmann in der Kommission für das Naturhistorische Museum.

Was wir hier für die Zoologie ausführten, liesse sich auch bis in die 1960er-Jahre für die Erdwissenschaften sagen. Die Paläontologie und damit ein naturhistorischer Zugang blieb auch für die Geologie zentral. Im Unterschied zur Zoologie war dies jedoch in Geologie keine Basler Besonderheit, weil man für die Suche nach ölführenden Gesteinsschichten lange auf die Paläontologie angewiesen war. Hier gab es auch keine Trennung zwischen Naturerkenntnis und lukrativen Zwecken wie in der Zoologie. Wie wir Hinweisen in der Nekrologliteratur entnommen haben, herrschte in der Basler Paläontologie von den 1930er- bis in die 1990er-Jahre eine der Zoologie verwandte geistige Orientierung vor, während in der Geologie, die von den ordentlichen Professuren des Instituts gelehrt wurde, in den 1960er-Jahren eine Wendung zur physikalisch-chemisch-mathematischen Grundlegung des Faches eintrat.

Wir haben somit am einen Ort, den universitären Erdwissenschaften, in den Ordinariaten bis in die 1960er, in den Extraordinariaten bis in die 1990er-Jahre, am anderen Ort, dem Zoologischen Institut, bis etwa 1980 eine wissenschaftlich-weltanschauliche Symbiose von Universitätsinstituten und Museum, die trotz der institutionellen Differenzierung eine starke Klammer bildete und damit einen Teil der alten Integration aus dem 19. Jahrhundert in moderneren Formen ins 20. Jahrhundert hinüberrettete.

Der Faktor, der das Ende dieser Symbiose herbeiführte, zeigte sich in Basel lange Zeit nicht, sondern manifestierte sich zunächst im fernen Amerika und in England. Man nannte ihn die ‹Neue Biologie›. Die Grundidee hatte sich in den 1920er- und 1930er-Jahren formiert. Physiker und Chemiker hatten den Eindruck, dass die Biologie nicht vorwärts komme, solange sie in der Naturgeschichte, das heisst im Beschreiben und Vergleichen komplexer Organismen stecken bleibe. Sie glaubten zu wissen, dass der Ausweg in einer Abkehr von der Naturbetrachtung im Feld und im Museum, einer Abkehr von der Beschreibung, und einer Hinwendung zu Modellen, Funktionshypothesen, zum Laborexperiment, das möglichst eindeutig darüber Aufschluss geben sollte, welche Hypothesen weiterführten und welche nicht, zu suchen sei. Gefragt war, was Leben eigentlich sei und wie es sich reproduziere, und die Antwort erhoffte man sich vom Studium der einfachsten Organismen, die es überhaupt gab, Bakterien und noch besser Viren (Bakteriophagen). So entsprach diesen Ideen eine wissenschaftliche Praxis der Laborforschung an Mikroorganismen, die Experimenten unterworfen wurden unter Einsatz komplexer statistischer Methoden und aufwendiger Geräte wie des Elektronenmikroskops. Verschiedene Geldgeber waren vom neuen Ansatz begeistert, so die Rockefeller-Stiftung, aber auch Regierungen.

Die neue Richtung feierte ihren ersten von der breiteren Öffentlichkeit zur Kenntnis genommenen Triumph als Molekularbiologie mit der Strukturaufklärung der DNA (1952). Im nachhinein ist es kaum bestreitbar, dass Ideen und Praxis zum Ziel führten; es gelang auch seit den späten 1930er-Jahren, mit Genetikern und Evolutionsbiologen ein Bündnis herzustellen, das man in der Wissenschaftsgeschichte die ‹Moderne Synthese› nennt.

In Basel wurde diese Entwicklung allenfalls von der chemischen Industrie mit einem gewissen Interesse verfolgt, wenn auch für diese noch lange die Naturstoffchemie und die klassische Biochemie im Mittelpunkt der Aufmerksamkeit standen. An der Universität geschah zunächst wenig in dieser Richtung, und Angehörige der Basler zoologischen Tradition lehnten diese Entwicklung vehement ab, wenn sie mit dem Anspruch auftrat, ‹allgemeine› Biologie zu sein, wie wir gesehen haben. Damit war eine Grenze gezogen, um nicht zu sagen eine Front errichtet worden.

Nun machten sich aber in der medizinischen und der naturwissenschaftlichen Fakultät, in der forschenden Industrie und schliesslich auch in der Regierung im Verlauf der 1960er-Jahre Stimmen bemerkbar, die ein Institut für die Neue Biologie errichten wollten. Dies gelang gegen 1970 mit dem Biozentrum. Damit gab es in Basel zwei Biologien, die folgerichtig als Biologie I und Biologie II bezeichnet wurden. Demzufolge hatte man an der Universität nebeneinander zwei Forschungsorte, die verschiedene Wissenschaften praktizierten. Jede fühlte sich von der anderen in den 1970er- und 1980er-Jahren verfolgt und unterdrückt, während die Ausstattung der Neuen Biologen deutlich besser war.

Das Biozentrum war in Robert Kohlers Begriff reiner ‹Labscape›; diese Biologie sollte langfristig eine Naturwissenschaft werden, auf der wiederum

Techniken aufgebaut werden könnten, die auch industriell von Interesse sein würden, nach dem Muster der organischen Chemie in der vorausgehenden Phase der Wissenschaftsgeschichte. Das Zoologische Institut arbeitete bis 1980 in der Tradition der Morphologie, und sein Ziel war Naturerkenntnis im Kontext der Ehrfurcht vor der Schöpfung, der Bewahrung der Natur.

Unter Auslassung weiterer Forschungsorte (etwa der biomedizinischen Institute und der Labors der Industrie) fragten wir zum Schluss, was denn in dieser Situation mit dem Forschungsort Museum geschah. Die universitären Brückenköpfe vor allem in Biologie schienen wegzubrechen, da die traditionelle Klammer aufseiten der Hochschule nun nicht mehr existierte. Die Verbindung zur Paläontologie blieb im Untersuchungszeitraum erhalten. Die Mineralogie berücksichtigten wir bekanntlich nicht. Für die biologischen Fächer traten die Naturschutzbiologie und die Biogeografie im Verlauf der 1990er-Jahre in die Lücke, welche die Abschaffung der zoologischen Tradition um 1980 hinterlassen hatte. Innerhalb unserer Untersuchungsperiode erfolgte am Forschungsort ‹Museum› selbst kein entsprechender Traditionsbruch. Es hat vielmehr den Anschein, dass der Ort Museum im Untersuchungszeitraum zu einer letzten Bastion der Naturgeschichte wurde. Dies soll nicht als Wertung missverstanden werden. Die funktionale und institutionelle Differenzierung der Institutionen gestattete es dem einen Ort, einer Bewegung nicht zu folgen, die an den anderen Orten vollzogen wurde. Das Museum hatte die Besonderheit, gewissermassen als sein Rückgrat die naturhistorischen Sammlungen in Obhut zu haben. Es war ‹Collectionscape› und nicht ‹Labscape›. Ausmass und Bedeutung dieser Sammlungen enthielten jedenfalls ein Trägheitsmoment, das dem Schiff Museum einen raschen Kurswechsel erschwerte oder ersparte. Das heisst nun aber nicht, dass diese wissenschaftliche Institution nicht mehr seetüchtig gewesen wäre.

Die Forschung am Museum verzeichnete Erfolge, einerseits in der fortgesetzten Beziehung zur lokalen Forschung der Privatgelehrten, andererseits mit internationaler Beachtung in hoch spezialisierten Feldern wie der Insektenforschung oder der Paläontologie des Jura und namentlich im fernen Mittelamerika. Während Publikationen aus dem Museum den Weg in die weltweit angesehensten naturwissenschaftlichen Zeitschriften wie ‹Nature› und ‹Science› fanden, zeigte etwa der Erfolg des Kinderclubs, dass am anderen Ende des Aktivitätsspektrums, bei der Vermittlung von elementarem Wissen über die Natur, der Kurs offensichtlich nicht falsch war. In der Vermittlung präsentierte sich das Museum auch wiederholt als Lernort für Natur- und Umweltschutz, als Instrument der Sensibilisierung für die Gefährdung der Biosphäre.

Offensichtlich aber verdankte der Ort ‹Museum› seine wissenschaftlichen Erfolge – abgesehen von mehreren international sehr renommierten Sammlungen – den kaum koordinierten Initiativen einzelner und kleiner Gruppen, die in ‹vormodernen›, den traditionellen Gepflogenheiten der universitären Fakultäten und grösseren Instituten entsprechenden Verhältnissen arbeiteten und weit davon entfernt waren, Elemente eines eigentlichen Forschungsmanagements, einer institutionsspezifischen Forschungspolitik zu sein. Die beamteten Forscher, deren Handlungsmöglichkeiten kaum an messbare Forschungserfolge geknüpft waren, rezipierten innerhalb unseres Beobachtungszeitraums offensichtlich auch das Kriterium des internationalen ‹Impact› der eigenen Publikationen (noch) nicht als strategische Richtschnur. Dennoch wurden internationale Publikationserfolge erzielt. Das Museum als Forschungsort privilegierte die Grundlagenarbeit und bewegte sich so in den Bahnen, die Rütimeyer in Abgrenzung zur Universität, an der er die Möglichkeiten zu verstetigter Forschung nur unzureichend gegeben sah, vorgezeichnet hatte. Es bewegte sich auch entlang der Linie, die Stehlin mit seiner Politik der Verwissenschaftlichung definiert hatte: Das Museum war ein Ort der Kontinuität, des Austausches mit Forschern aus allen Weltgegenden, die für ihre Arbeit naturgeschichtliche Sammlungen benötigten, der grundlegenden Studien zu Systematik und Taxonomie, der Erstellung von Artenkatalogen, der Revision, der Vergleichenden Anatomie und Osteologie, der biogeologischen Untersuchungen zur Zonierung. Das Museum war ferner ein Depot für Referenzmaterialien, die den Veröffentlichungen zugrunde lagen. Insgesamt war es ebenso sehr Forschungsort wie Informationslagerstätte. Als Ort der Kontinuität hielt es sich aus als modisch und politiknah eingeschätzten Tendenzen der Wissenschaft heraus, was möglicherweise eine Voraussetzung dafür war, relativ ungestört denjenigen Arbeiten nachgehen zu können, die einen langen Atem brauchten.

Präparator Daniel Oppliger rekonstruiert in seinem Atelier eine Dronte (Dodo), eine ausgestorbene Vogelart.

8 Anmerkungen

1 Simon, 1995. Stettler, 2002. Seminar ‹Wahrnehmungen von Natur und Artenvielfalt in den Naturwissenschaften›, Stiftung MGU Basel, Sommer 1993 in Zusammenarbeit mit Jürg Stöcklin; Seminar ‹Die Geschichte der Biowissenschaften›, Universität Basel, Sommer 1999 in Zusammenarbeit mit Niklaus Stettler und Jürg Stöcklin.

2 Naturhistorisches Museum Basel unter Mitarbeit von Otto Wittmann, Raritäten und Curiositäten der Natur, 1980. Aurel Schmidt, 1992.

3 Puschnig et al., 2006.

4 Vgl. Jardine et al., 1996; Zitat S. 3 aus dem Beitrag von Nicholas Jardine und Emma Spary, ‹The natures of cultural history›, 3–13.

5 Jardine/Spary in: Jardine et al., 1996, 5. Zur Bedeutung der Fossilienkunde im frühen 19. Jahrhundert s. Carroll, 2007. Zur Rolle der Erdwissenschaften in der Naturgeschichte vgl. Martin Guntau, ‹The natural history of the earth›, in: Jardine et al., 1996, 211–229; sowie Martin Rudwick, ‹Minerals, strata and fossils›, im selben Band, 266–286.

6 Ritter, 1992, 211f. für die Geschichte der Geologie, namentlich an der Geschichte der Erkenntnisse über den Rheintalgraben; und 214 zur Forschungsgeschichte über die Terrassen im Rheinschotter, mit Hinweis auf Lepenies, 1976.

7 Kohler, 2006.

8 Vgl. Anm. 1.

9 JB 1963.

10 In der gut informierten Darstellung der Basler Umweltinteressen und -politik durch Niederer-Schmidli, 1992, kommt zwar die Rolle der Universität zur Sprache, nicht aber diejenige des Naturhistorischen Museums. Wenn das nicht eine einfache Auslassung ist, dann liegt der Grund vermutlich darin, dass das Museum sich dieser Aufgabe primär in seiner Rolle als Vermittler und Ausstellungsort und weniger als Forschungsort zuwandte. – Nach dem Erscheinen des Aufsatzes von Niederer-Schmidli beteiligte sich ein akademischer Mitarbeiter des Museums an Forschungen, die im Rahmen des SPP-U durchgeführt wurden.

11 Kohler, 2006, 2.

12 Baur et al., 2004.

13 Baur et al., 2004, 125. Koordinationsstelle Biodiversitätsmonitoring, 2006.

14 Baur et al., 2004, 14, 28f. In der Zusammenfassung dominieren Konservationsziele und Wertargumente; die wissenschaftlichen Grundlagen des Konzepts werden nicht erwähnt, sodass der Eindruck entsteht, es handle sich beim Diversitätsbegriff – überspitzt gesagt – nur um ein anderes Wort für ‹Naturschutz›.

15 Dazu die Veröffentlichung Wilson/Peter, 1988.

16 Wilson, 1985.

17 Baur et al., 2004, 22. Interessant ist die Dominanz von Verben wie erfassen, beschreiben – eine Konnotation mit Forschung liegt offensichtlich rein sprachlich eher fern. Unter den Lösungsansätzen erscheint Forschung nicht an erster Stelle (153), sie ist in der Gestalt einer Klage über die fehlende Förderung nach Abschluss des Nationalen Schwerpunktprogramms Umwelt präsent. – Für eine Diskussion der verschiedenen politisch aufgeladenen Biodiversitätsbegriffe und deren Konstruktion an der Grenze zwischen Wissenschaft und Gesellschaft siehe Takacs, 1996.

18 Convention on Biological Diversity Art. 2, www.cdb.int/convention/articles.shtml?a=abd-02.

19 E. O. Wilson selbst hielt die Vererbung für einen zentralen Aspekt des Diversitätskonzepts, vgl. die ihm zugeschriebene Definition: «Biodiversity is defined as all hereditarily based variation at all levels of organization [...]», cf. William Beebe, ‹What is biodiversity›, in www.bio.utk.edu/guffey/Biodiversitysite/whatisbiodiversity/whatis.html.

20 Baur et al., 2004, 114–127, 151f., 155f.

21 Baur et al., 158; dort auch ein Hinweis auf das ‹Centre Suisse de cartographie de la faune› CSCF. Statt an die Museen zu appellieren, solche Bemühungen in ihren Tätigkeiten zu priorisieren, wird zuerst nach zusätzlichen Geldern gerufen. Unseres Wissens bezeichnete sich 2004, im Augenblick des Erscheinens von Baur et al., noch kein grösseres schweizerisches Naturmuseum als ‹Archiv› – dies blieb dem Basler Naturhistorischen Museum vorbehalten, das 2006 ‹Archive des Lebens› auf seine Fahne schrieb.

22 Stettler, 2002, 10. Ders., 11, verwendet die Metapher einer Polarität innerhalb der Biologie; die beiden Pole nennt er ‹Funktionsbiologie› und ‹historische Biologie›.

23 Die Separation zwischen Laborpraxis und ‹Sonntagsdiskurs› ist eine durchgehende ‹Errungenschaft› der modernen Wissenschaft und erfasste, beginnend im 19. Jahrhundert, nach und nach alle Wissenszweige im Universitätsbereich – und wohl auch ausserhalb, d. h. im Museumsbereich. Sie ist ein Aspekt der Professionalisierung. Eine Verquickung von ‹Sonntag› und ‹Werktag› ist eine Ausnahme, die allerdings in der öffentlichen Wahrnehmung einen sehr prominenten Stellenwert gewinnt, wie am Beispiel Portmann gezeigt werden kann. Zum Auseinandertreten von Diskurs und Praxis Stettler, 2002, 110.

24 Stettler, 2002, 114f.

25 Janet Browne, ‹Biogeography and empire›, in: Jardine et al., 1996, 305–321; zur Rolle der Museen in diesem Kontext Sheets-Pyenson, 1988. – Wir werden sehen, dass das von uns näher betrachtete Basler Museum 1818/1821 einen anderen Ursprung hatte, aber im Zeichen weltumspannender Handelsbeziehungen und Mission in einem gewissen Sinne ‹quasi-imperialistische› Züge annahm.

26 Sammlungen wirken als ‹Insignien der Überlegenheit› ihrer Besitzer, Aurel Schmidt, 1992, 32, nach Pomian.

27 Pomian, 1987. Atran, 1990. Te Heesen/Spary, 2001.

28 Beccarelli, 2005, 41 nennt dies «die Leidenschaft der materiellen Welt zur Klassifizierung», die nach Sande, 1992, eine der vier Voraussetzungen für das moderne Museum sei.

29 Wissenschaftliche Interessen der Handwerker untersucht für das 19. Jahrhundert am Beispiel der Botanik Anne Secord, ‹Artisan botany›, in: Jardine et al., 1996, 378–393. Im selben Band findet sich ein wichtiger Hinweis auf die Dialektik zwischen der Popularität der Naturgeschichte im 19. Jahrhundert und der Ausdifferenzierung des Bildes vom Naturwissenschaftler; Jean-Marie Drouin/Bernadette Bensaude-Vincent, ‹Nature for the people›, ebenda 408–425, Schlussbemerkung S. 424.

30 Auch Männer, deren Vermögen nicht sehr gross war, strebten nach einer Bestätigung oder Erhöhung ihres sozialen Rangs durch die Beschäftigung mit Naturgeschichte, vgl. für den 1810 geborenen Thomas Hawkins Carroll, 2007, 235: «Hawkins saw fossil collecting as a means of advancing his social position: by soliciting recognition for his endeavors, he hoped to mingle with the elite of gentlemanly geology.» Ähnlich 249. – In unserem Zusammenhang geht es vornehmlich um Männerrollen in der bürgerlichen Gesellschaft. Wir verwenden deshalb durch das ganze Buch soweit sinnvoll männliche Formen.

31 Jardine/Spary in: Jardine et al., 1996, 8f. Zitat Nicholas Jardine, ‹Sammlung, Wissenschaft, Kulturgeschichte›, in: Te Heesen/Spary, 2001, 199–220, insbes. ‹Aussichten›, S. 214ff. Bevor man Sammeln als Manifestation von als positiv wahrgenommenen Tugenden auffasst (Funktionserfüllung im Sinne von Grundlage der Wissenschaft, imperiale Naturaneignung, Demonstration gesellschaftlichen Machtanspruchs und dergleichen), sollte man mit Ritter, 1992, 261 bedenken, dass am Beispiel der Entomologie der Sammlungstrieb im 19. Jahrhundert oft verspottet wurde und somit keineswegs universell als nützlich galt. Eine Argumentation, die den wissenschaftlichen Wert von Sammlungen an und für sich unterstrich, hatte nur innerhalb der von der Sammelwut gepackten Gemeinschaft Geltung und führte wegen des Autonomie-Anspruchs zu einer scheinbaren Abkoppelung des Fachs, die gleichzeitig die Voraussetzung für dessen Vereinnahmung durch die Agroindustrie als ‹angewandte Entomologie› schuf. Zu letzterer Problematik vgl. Jansen, 2003; Palladino, 1996; Perkins, 1982. – Zur Basler Sammlungsgeschichte der Überblick bei Ritter, 1992, 263–266.

32 Da wir tendenziell das 20. Jahrhundert in den Mittelpunkt stellen möchten, behandeln wir die Geschichte der Kabinette und Sammlungen des 19. Jahrhunderts nicht ausführlich. Vgl. dazu Ritter, 1992, 263–266, mit weiterführender Literatur.

33 Star/Griesemer, 1989.

34 Zur Vor- und Frühgeschichte des Museums siehe zuletzt Aurel Schmidt, 1992, 22ff. und Rütsche, 1997, 221ff., 261ff.

35 Die These von der Besonderheit einer Basler Biologietradition und dem Schwerpunkt in der Zoologie entwickelt Ritter, 1992, 266 und öfters, wobei der Schwerpunkt Zoologie von ihm selbst durch den Hinweis auf die ‹Leitwissenschaft› Geologie relativiert wird. – Zu Rütimeyer siehe unten, S. 45.

36 Zu Reichsteins Liebe zu den Farnen vgl. Rasbach, 1996.

37 Zu Hürzeler vgl. unten, S. 164 ff.

38 Peter Merian als ‹Basler Buffon›, Aurel Schmidt, 1992, 26. Rütimeyer, 1883. Merians Bedeutung für das Museum schildert kurz Schaub, 1967, 92–94. Chiavi, 2007.

39 Gemäss Universitätsgesetz von 1818 hatte die Universität Basel drei gesetzlich festgelegte naturwissenschaftliche Lehrstühle: Physik-Chemie (Peter Merian), Naturgeschichte (ursprünglich Christoph Bernoulli) und Botanik; Stehlin, 1917, 12. Dieselben drei Lehrstühle bilden noch 1835 die einzigen naturwissenschaftlichen Lehrstühle der Basler Universität (hinzu kam Mathematik), wobei die ersten zwei der Philosophischen Fakultät, die Botanik jedoch der Medizinischen Fakultät zugehörte; Gesetz über Einrichtung des Paedagogiums und der Universität vom 9.4.1835, StABS Erziehung A 3. Das Universitätsgesetz vom 30.1.1866 versetzte die Botanik aus der Medizinischen in die Philosophische Fakultät; StABS Erziehung A 13 Universitätsgesetz 1905–1913. – Im Bericht der Regenz an die Kuratel über die Revision des Universitätsgesetzes, 30.12.1905, wird gefordert, den Begriff ‹Naturgeschichte› als Lehrstuhlbezeichnung endlich aufzugeben und dafür drei Lehrstühle gesetzlich zu verankern: Mineralogie/Geologie, Botanik, Zoologie/Vergleichende Anatomie (Letztere nicht in der Medizinischen, sondern in der Philosophischen Fakultät), StABS Erziehung A 25 Universitätsgesetz 1906–1931.

40 Germann et al., 1978. Huber, 1993. Zur Deutung des Museumsbaus Meier, 2000, 124 ff., mit weiterführender Literatur; Huber/Huggel, 2001 (vgl. Besprechung in BaZ 19.9.2001 Nr. 218, 47, von Rahel Hartmann), und Nagel et al., 2006. Das Museumsprojekt diskutieren wir weiter unten, S. 93 ff.

41 Zur Geschichte der Naturforschenden Gesellschaft in Basel Stehlin, 1917. Wir können diese hier nur streifen.

42 Aurel Schmidt, 1992, 28. Cuvier hat unter ‹Schöpfung› nicht notwendigerweise an einen Akt Gottes gedacht; er dachte weitgehend aufklärerisch-säkularisiert.

43 Die Naturforschende Gesellschaft in Basel war dezidiert nicht an Naturphilosophie interessiert: Sie suchte positives Wissen und die Abstützung des Naturwissens auf Sammlungen von Naturobjekten. Stehlin, 1917, 23. Ritter, 1992, 266 zitiert dazu Art. 2 der Statuten der Basler Naturforschenden Gesellschaft.

44 Blum, 1977. Maurer, 1985.

45 Zur allgemeinen Ideengeschichte Basels im 19. Jahrhundert Gossman, 2002. Berchtold, 1990. Zu Rütimeyer siehe weiter unten.

46 Aurel Schmidt, 1992, 29 f. Ritter, 1992, 266–267.

47 In Basel markiert die Berufung Rütimeyers den Moment, in welchem die alte Naturgeschichte durch eine (Entwicklungs-) Geschichte der Natur abgelöst wurde; Ritter, 1992, 266.

48 Crania Helvetica. Sammlung Schweizerischer Schädelformen, in Gemeinschaft mit Ludwig Rütimeyer bearbeitet von Wilhelm His, Basel und Genf 1864. Stehlin, 1917, 38. His interessierte sich auch für die Statistik der Augen- und Haarfarben bei Schweizer Kindern, Stehlin, 1917, 45.

49 Zahlen nach Aurel Schmidt, 1992, 28.

50 Aurel Schmidt, 1992, 29. Hinweise zur Rezeptionsgeschichte der darwinschen Thesen im ausgehenden 19. Jahrhundert bei Thomas Junker, ‹Charles Darwin und die Evolutionstheorien des 19. Jahrhunderts› in: Jahn, 2004, 356–385, insbes. 367.

51 Hölder, 1989, 191.

52 Der 1810 geborene Paläontologe Thomas Hawkins bekannte sich demgegenüber in seinen Schriften offen dazu, dass die «antecedent history of the planet as written by Moses, demonstrable by the soundest physics, unshrouds but the gaunt skeleton of the per-Adamite epoch, to the clearer comprehension of which nothing can so well serve as the accumulation of fossil organic remains», zit. nach Carroll, 2007, 257.

53 Worrall, 1982. McMullin, 1990.

54 Portmann, Frühzeit des Darwinismus, 178–186.

55 Näheres dazu unten in der Darstellung der Geschichte des Museums. – Zu Zschokkes Vorliebe für die Arbeit in der Natur sagte Portmann bei der Gedenkfeier für Zschokke: «Als Forscher wie als Lehrer war er eine in sich gefestigte, geradezu künstlerische Persönlichkeit, die stets der Natur nahe blieb und sich ihr nicht durch die Arbeit im Laboratorium entfremden liess», Basler Nachrichten 14.1.1936.

56 StABS Erziehung CC 25a Professur Zoologie. Ausführungen über Zschokke bei Ritter, 1992, 267.

57 Ort, 2003.

58 Vgl. Ritter, 1992, 267f. Zschokke entwickelte ein eigenes ‹Lehrgebäude›, das er in seinen Büchern ‹Die Tierwelt der Schweiz in ihren Beziehungen zur Eiszeit›, 1901, und ‹Die postglaziale Einwanderung der Tierwelt in der Schweiz›, 1907, entfaltete. Zschokke stand damit durchaus in einem internationalen Kontext, den Ritter, 1992, 268, kurz skizziert.

59 Zum Begriff der ‹Biologie› im ausgehenden 19. Jahrhundert Nyhart, 1996, 432: «The study of the organism in relation to its physical environment, rather than the science of life as a whole».

60 Vgl. als frühes Beispiel die Untersuchungen über Fischschädigungen durch Industrieabwässer durch den Apotheker Nienhaus-Meinau, 1883.

61 Zur Forschungsgeschichte an Oligoneuria rhenana Imhoff siehe Ritter, 1992, 226–230. Ritter bezeichnet «Basel in der zweiten Hälfte des 19. Jahrhunderts» als eine «eigentliche Wallfahrtstätte des Oligoneuronenflugs» (228); nach seinen Feststellungen ist die Population in den 1920er- und 1930er-Jahren vielleicht im Zusammenhang mit dem Kembser Stau (1932) und oder der zunehmenden Belastung mit Abwässern zusammengebrochen. «Heute ist diese Art im Rhein ausgestorben» (229).

62 Walter, 1990. Dieter Burckhardt, 1992, insbes. 17f., zum Nationalpark 20ff., Paul Sarasins Konflikte 26ff. Ritter, 1992, 269. Bachmann, 1999.

63 Zschokke, 1930.

64 Akten zur Beurlaubung für diesen Zweck StABS Erziehung CC 25a Professur Zoologie.

65 Die Zoologie gehörte wie die anderen Naturwissenschaften bis zum Universitätsgesetz vom 14.1.1937 zur Philosophischen Fakultät. Die Naturwissenschaften bildeten darin aber eine eigene mathematisch-naturwissenschaftliche Abteilung.

66 Diese Erwartung scheint weit verbreitet gewesen zu sein; sie führte bei der Diskussion um Zschokkes Nachfolge auf dem Lehrstuhl neben anderen Ursachen zur Hochschätzung des Zürcher Professors Jean Strohl, der sich mit der Geschichte der Zoologie, namentlich auf der Grundlage klassisch-antiker Texte, befasste. Siehe unten zur Berufung von Portmann auf den Basler Zoologie-Lehrstuhl.

67 Zschokke, 1930. Ritter erwähnt den Zschokke-Schüler Hans-Edi Riggenbach, der begeistert von diesen Exkursionen erzählte; E-Mail Ritter vom 22.8.2007.

68 Zu Fritz (Carl Friedrich) Sarasin (1859–1942) Jahn, 2004, 943. Vgl. auch unten, S.109ff.

69 Rudolf Burckhardt, 1907. Ders., 1921. Smit, 1985. Basler Stadtbuch 1909, Eintrag in Chronik zum 15.1.1908. Imhof, 1909.

70 Steinmann, 1936. Nachruf in Aquatic Sciences – Research Across Boundaries, Volume 14, Number 1/April 1952, 304–307. Steinmann war einer der Bewerber für die Nachfolge Zschokke gewesen; Regierungsrat Hauser hatte ihn aber in der Sachverständigenkommission der Kuratel wegen angeblicher Charakterfehler von der Liste ‹ausgeschlossen›, Protokoll Sitzung Expertenkommission 7.2.1931, StABS ED-REG 1a, 2 Phil. Fak. II Prof. Dr. Adolf Portmannn Zoologie.

71 Zur Biografie Portmanns dessen eigene Darstellung in: ‹Alles fliesst›. Illies, 1976. Jahn, 2004, 928. Portmann, Odonaten, 1920 (Diss. Basel 1921).

72 Freundliche Auskunft von Markus Ritter, E-Mail an den Verfasser vom 22.8.2007.

73 Dazu gehörte auch ein Besuch der Forschungsstation auf Helgoland; vgl. Abbildung und Plan dieser Station in: Nyhart, 1996, 439–440.

74 Grundlegend zur Herausbildung der Tradition der Embryologie als Entwicklungsforschung war der mehrfach erwähnte Basler Wilhelm His (1831–1904), der seit 1872 in Leipzig Anatomie lehrte, Jahn, 2004, 856.

75 Überblick über Portmanns wissenschaftliche Arbeiten sowie Schriftenverzeichnis und Lebenslauf bei Stamm/Fioroni, 1984. Einführung in Portmanns Ansätze in: Uni nova, 1997.

76 Weikart, 2004. Koch, 1973.

77 Jean-Baptiste de Lamarck, 1744–1829, Jahn, 2004, 882.

78 Zu den lebensphilosophischen Einflüssen: Illies, 1976.

79 Ritter, 2000, 212, nach Illies, 1976, 98.

80 Müller, 1988.

81 Grimoult, 2000, 13–148.

82 Grimoult, 2000, 139f.

83 Ritter, 2000, 216 (auch 222) mit Hinweis auf den Neo-Lamarckismus auch in Deutschland.

84 Portmann hielt anlässlich des Naturschutzjahres am 4.9.1970 ein vielbeachtetes Referat über die Rolle der Wissenschaft im Naturschutz in der Aula der Universität, Niederer-Schmidli, 1992, 191.

85 Ritter, 2000, 212f.

86 Im Fall der Nachfolge Zschokke gibt es kein Fakultätsgutachten, das die möglichen Kandidaten diskutiert und in eine Rangfolge gebracht hätte. Die ganze Diskussion über die Personen fand

in der Sachverständigenkommission der Kuratel statt, der allerdings auch der abtretende Ordinarius Zschokke angehörte. Dies entsprach der alten, schwachen Stellung der Basler Fakultäten im Berufungsverfahren. Um ein gesetzlich verankertes Vorschlagsrecht der Fakultäten wurde wiederholt gerungen, vgl. z. B. die Grossratsdebatte vom 7.2.1876 über die Interpretation von §13 des Universitätsgesetzes von 1866 aus Anlass der Berufung von Prof. Paul Schmidt in StABS Erziehung A 13 Universitätsgesetz 1865–1904; Bericht der Regenz an die Kuratel über die Revision des Universitätsgesetzes vom 30.12.1905, in StABS Erziehung A 25 Universitätsgesetz 1906–1931, und insbesondere im Kontext der 1918 mit dem Regenzgutachten über ein neues Universitätsgesetz angelaufenen Diskussionen. Einen weiteren, wesentlichen Schritt zum Gesetz von 1937, das die Fakultäten in Berufungsverfahren stärkte, bedeutete die Stellungnahme der Regenz vom Februar 1931, vgl. StABS Erziehung A 13 Universitätsgesetz und Universitätsgesetzgebung.

87 Geschichte der Berufung Portmanns s. Flubacher, 2007.

88 Jean (Johannes) Strohl (1886–1942): Peyer/Nabholz, 1942. Strohl scheint entwicklungsbiologisch interessiert gewesen zu sein und hat zur Biologiegeschichte publiziert (u. a. über Buffon).

89 Protokolle der drei Sitzungen der Expertenkommission der Kuratel vom 7.1., 7.2. und 10.3.1931, Bericht derselben an die Kuratel vom 18.4.1931, StABS ED-REG 1a, 2 Phil. Fak. II, Prof. Dr. Adolf Portmann Zoologie.

90 Zu Seiler siehe Ursprung, Nachruf auf Jakob Seiler, 1970.

91 National-Zeitung 4.9.1931 und Basler Nachrichten 5.9.1931 lobten Portmanns Beziehungen zu Frankreich, stellten ihn als einheimische Kraft heraus, betonten seine didaktisch und methodisch hervorragende Lehre, sein Engagement für die Volkshochschule und die Tatsache, dass er sich bereits einen eigenen Schülerkreis aufgebaut habe.

92 11.4.1933 Regierungsratsbeschluss zur Beförderung zum Ordinarius auf Bericht des Erziehungsdepartementes vom 5.4.1933; Akten in StABS ED-REG 1a, 2, Phil. Fak. II, Prof. Dr. Adolf Portmann Zoologie. Wir benützen ausserdem die Seminararbeit von Flubacher, 2007.

93 Ritter, 2000, 212: Grossvater, Vater und Neffe Portmanns waren Sozialisten; mit Bezug auf Illies, 1976, 33 ff., 115 f.

94 Ernst Thalmann, Advokat, Mitglied der FDP, Grossrat 1911–1937, Ständerat 1928–1935, verstorben mit 57 ½ Jahren am 23.9.1938; Basler Stadtbuch 1939 (Totentafel).

95 Zwicker, 1991. Stirnimann, 1988, 176.

96 Carl Troll, Fritz Jaeger. Ein Forscherleben. Mit einem Verzeichnis der wissenschaftlichen Veröffentlichungen von Fritz Jaeger, zusammengestellt von Friedrich Linnenberg. Erlanger Geographische Arbeiten 24, 1969. Ders., ‹Fritz Jaeger 1881–1966›, in: Neue Deutsche Biographie 10, Berlin 1974, 276. Vgl. auch Walther Killy, Rudolf Vierhaus (Hg.), Deutsche Biographische Enzyklopädie 5, München 1997, 283. Nachlass Friedrich Vöchting, in: Archiv für Zeitgeschichte, ETH Zürich.

97 Portmann, Natur und Kultur im Sozialleben, 1946. – Ritter, 2000, 212 nach Illies, 1976, 116: Portmann gehörte zu einer Gruppe Hochschulangehöriger, die den Auftritt eines deutschen Kollegen, der ohne Namensnennung als «bekannter deutscher Nobelpreisträger» vorgestellt wird, während des Krieges verhindern wollten. Möglicherweise handelt es sich um den Vortrag Adolf Butenandts vor der ‹Basler Pfalz›, vgl. unsere Studie ‹Alfred Butenandt für Basel? Geschichte einer gescheiterten Berufung, 1946–1949› (Veröffentlichung geplant in Basler Zeitschrift 2009).

98 Ritter, 2000, 208 ff. – Der von Ritter erwähnte Nachlass war dem Autor nicht zugänglich, da der Nachlassverwalter erklärte, es gäbe keine für die vorliegende Studie interessanten Dokumente darin, ausserdem befand sich die Bibliothek im Umbau.

99 Unklar ist, ob bei Portmann der Faktor eines demokratischen Gedankenfundaments oder derjenige einer säkularisierten Religiosität stärker zu gewichten wäre; jedenfalls wirkten beide in dieselbe Richtung. – Zu prüfen wäre, ob Stettlers Bemerkung berechtigt ist, dass die geringe Vertrautheit mit westeuropäischen, demokratischen Interpretationen der Evolutionstheorie eine Erklärung dafür sein könnte, dass Darwinismus aus politischen Gründen abgelehnt wurde: Stettler, 2002, 85 meint, durch die (negative) Fixierung der Schweizer Biologen auf Deutschland sei diesen verborgen geblieben, dass sich im englischen Sprachraum eine «demokratische Interpretation der Evolution» herausgebildet hatte, auf die sie sich hätten beziehen können. Jedenfalls ist eine negative Fixierung dieser Art aus den Umständen heraus sehr wohl verständlich.

100 Kugler, 1967. Müller, 1988. Illies, 1976.

101 Zur Völkerkunde in ‹viktorianischer› Zeit Micheal T. Bravo, ‹Ethnological encounters›, in: Jardine et al., 1996, 338–357. Ritter betont in einem E-Mail an den Verfasser vom 22.8.2007, dass Fritz und Paul Sarasin die beiden Museen (Völkerkunde und Naturhistorisches) immer als Einheit verstanden; ihre Forschungsreisen galten entsprechend Natur- und Völkerkunde. Vgl. auch Pisani, 2005.

102 ‹Ansprache von Herrn Dr. Fritz Sarasin›, in: Ansprachen beim öffentlichen Festakt in der Martinskirche zum 100jährigen Jubiläum der Naturforschenden Gesellschaft, Verhandlungen der Naturforschenden Gesellschaft in Basel 28, 1917, 193–206; auch diskutiert in Aurel Schmidt, 1992, 31: Ununterbrochene Kette «vom Nestbau des Orang Utan und der Primitivhütte des Menschen bis zum griechischen Tempel und gotischen Dom, von der frühesten Felsenzeichnung des Wilden zu Leonardo da Vinci». Für Fritz Sarasin bestand ein enger Zusammenhang zwischen der Völkerkunde und der Menschheitsgeschichte, weil die ‹primitiven› Kulturen den ‹Urzustand der Menschheit› erkennen liessen. Völkerkunde sei auch wichtig im Zusammenhang mit der Bedrohung des ‹ursprünglichen Völkerlebens› durch die Moderne. Siehe auch Hinderling, 1959, 5 ff.; Stehlin, 1930.

103 Portmann, Frühzeit des Darwinismus, 1965. Müller, 1988, kritisiert Portmanns Unfähigkeit, das Problem eines Aufgehobenseins des Menschen, einer Versöhnung zwischen nach-aufklärerischer Unmöglichkeit des Glaubens mit unmittelbarer Wahrnehmung und archaischer Geborgen-

heit im Mythos explizit zu lösen. Portmanns Ziel in Rede und Schrift war aber nach unserer Auffassung nur, auf die Grenzen des Wissens hinzuweisen, falsche Biologismen abzuwehren und Zurückhaltung, Masshalten und Ehrfurcht vor der Natur zu fordern; zum Letzteren deutlich die Spätschriften wie Portmann, Naturschutz wird Menschenschutz, 1971.

104 Morphologie im Kontext von Entwicklungsfragen stand besonders in der letzten Hälfte des 19. Jahrhunderts in grosser Blüte, Thomas Junker, ‹Charles Darwin und die Evolutionstheorien des 19. Jahrhunderts›, in: Jahn, 2004, 370. Die Position Portmanns war in seiner Jugend Mainstream, in den 1960er-Jahren musste sie jedoch als veraltet erscheinen, was Ernst Hadorn in der Sachverständigenkommission für Portmanns Nachfolge (siehe unten) nicht zu monieren unterliess.

105 Portmanns Interventionen zur Frage der Ausrichtung seiner Nachfolge siehe unten.

106 Walter, 1990. Zur Verbindung zwischen universitärer organismischer Biologie einerseits, Naturschutz andererseits, Stettler, 2002, 64ff. Zum frühen Naturschutz in der Schweiz siehe die Arbeiten von Stefan Bachmann. Lear, 1999.

107 Portmann, Handschin. Auf Handschins Leistungen am Museum kommen wir unten (Kapitel 4.2) zurück.

108 Handschin befasste sich schon 1920 eingehend mit der ‹Veränderung des lokalen Individuenbestandes im Tierreich› und den Folgen von Eingriffen wie der Zuschüttung des Lehmweihers bei Liestal oder dem Bau des Kleinhüninger Rheinhafens, siehe Ritter, 1992, 250.

109 Kreis, 1986, 110. Rudolf Geigy war Mitglied des Verwaltungsrats des Chemieunternehmens J. R. Geigy AG, das seine Vorfahren begründet hatten, während die effektive Unternehmensleitung in den Händen der beiden Brüder Carl und Hartmann Koechlin lag. Letzterer war übrigens Mitglied und vorübergehend (1982–1984) auch Präsident der Kuratel der Universität. Zu Geigy auch StABS Privatarchive PA 1095 (Erläuterungen im Repertorium). Janner, 2008, 62ff.

110 Protokoll mathemat.-naturwiss. Abteilung der Philosophischen Fakultät, 1931. Portmann war der Hauptgutachter für die Habilitation von Geigy, die kurz nach Portmanns Ernennung zum Extraordinarius vorgenommen wurde; zweiter Gutachter war Senn (Botanik-Ordinarius). Siehe auch folgende Anmerkung.

111 Weber, 2002. Schweizerisches Tropeninstitut, 1993.

112 Bürgin, 1958, 170ff. Geigy-Schlumberger sorgte 1926 für die Errichtung der Basler Stiftung für experimentelle Zoologie zu dem Zeitpunkt, da sein Sohn in Genf das Studium abschloss und sich auf eine akademische Laufbahn vorzubereiten begann, Janner, 2008, 62.

113 Per 1.10.1964 wurde ein gesetzlicher Lehrstuhl für Medizinische Zoologie geschaffen. Geigy wurde mit Empfehlung der Sachverständigenkommission der Kuratel vom 27.1.1965 und der Kuratel selbst vom 5.3.1965 durch den Regierungsrat am 14.8.1965 auf diesen Lehrstuhl berufen. Vorher hiess Geigys Lehrauftrag ‹Vergleichende Histologie und Embryologie sowie Probleme der tropischen pathogenen Organismen›. In diesem Zusammenhang wurde festgestellt, dass das Tropeninstitut wissenschaftlich der Zoologischen Anstalt, d. h. Portmann, unterstellt sei und dass dies harmonisch funktioniere, solange Portmann noch Ordinarius sei.

StABS ED-REG 20, 2–17, 2 Akten Phil. II, Kuratelspräsident Max Staehelin, Portmann an Kuratel 16.12.1964, Protokoll der Sachverständigenkommission Sitzung vom 27.1.1965, Kuratel an Erziehungsdepartement 5.3.1965. Geigy trat auf Wintersemester 1972/73 vom Ordinariat zurück. Das ED beschloss, wegen der damals noch ungeklärten Zukunft des Tropeninstituts die Nachfolgeregelung hinauszuschieben, ED an Fakultät 1.7.1970, StABS ED-REG 20, 2–17 2, Akten Phil. II, Kuratelspräsident Max Staehelin.

114 Janner, 2008, 64 mit einer Einordnung Geigys in die physiologische Traditionslinie von Wilhelm His und Rudolf Burckhardt.

115 http://www.ihrdc.or.tz/history.htm.

116 Der Schwerpunkt lag in den 1960er-Jahren auf «aktuellen praktischen Problemen»: Hygiene, Ernährung und Gesundheit der Völker des Südens als «Voraussetzung der Entwicklungshilfe», Freyvogel, 1967, 13. Ifakara wurde damals als Feldlabor des Tropeninstituts bezeichnet, ders., 14.

117 Protokoll Kommission 22.8.1995.

118 Janner, 2008, 66.

119 Grimoult, 2000, 21ff.

120 Grimoult, 2000, 34f.

121 Grimoult, 2000, 42.

122 Grimoult, 2000, 28ff.

123 Es ist berechtigt, dass Aurel Schmidt, 1992, immer wieder nach Frankreich verweist.

124 Rütimeyer gehörte international zu den Pionieren der Erforschung der Geschichte der tertiären Huftiere, Hölder, 1989, 190.

125 Grimoult, 2000, 51f.

126 Grimoult, 2000, 58ff., wobei seine Bezeichnung «finalisme extrascientifique» ein Anachronismus ist – Wissenschaft ist im 19. Jahrhundert noch eher ein Weg zur Ahnung der Transzendenz denn eine ‹entzauberte› Welt ohne höhere Mächte.

127 Grimoult, 2000, 61.

128 Grimoult, 2000, 76.

129 Grimoult, 2000, 85.

130 Grimoult, 2000, 91ff.

131 Grimoult, 2000, 94ff. Die Tendenz, nach Gesetzmässigkeiten zu suchen, läasst sich noch spät im 20. Jahrhundert feststellen; Grimoult, 2000, 163f. Zur Suche nach ‹Gesetzen› und zum ‹Neolamarckismus› in der Paläontologie auch Hölder, 1989, 193.

132 Grimoult, 2000, 115.

133 Hölder, 1989, V, spricht noch vom ‹Doppelfach› Geologie-Paläontologie.

134 Grimoult, 2000, 129.

135 Grimoult, 2000, 132. – Teissier hatte einen Einfluss als Chef des Laboratoire de Biométrie Animale de l'Ecole pratique des Hautes Etudes ab 1938, dann ab 1945 als Professor für Zoologie an der Sorbonne und ab 1946 zusätzlich als Leiter des CNRS. Zudem war er Mitherausgeber der

kommunistischen Intellektuellenzeitschrift ‹La Pensée›, in welcher er sich zum Materialismus bekannte. Givernaud s.a.

136 Thomas Junker, ‹Charles Darwin und die Evolutionstheorien des 19. Jahrhunderts›, in: Jahn, 2004, 356–385, insbes. 367–370, 384. Reif, 1986. Melchior Neumayr und C.M. Paul, ‹Die Congerien- und Paludinenschichten Slavoniens›, in: Abhandlungen der Geolog. Reichsanstalt 7, 1875. Melchior Neumayr, Erdgeschichte, 2 Bände, 1886/87.

137 Grimoult, 2000, 152 ff.

138 Grimoult, 2000, 158.

139 Wittmann, 1977, 32–40, 60–63.

140 Wittman, 1977, Literaturverzeichnis; ferner der erfolgreiche Bildband: Naturhistorisches Museum Basel unter Mitarbeit von Otto Wittmann, Raritäten und Curiositäten der Natur, Basel 1980. Eine neuere, umfassende Darstellung der Geschichte der Sammlungen im Museum scheint zu fehlen – die jeweiligen Konservatoren wissen darüber viel, aber publiziert ist dieses Wissen selten greifbar, und schon gar nicht in der Form einer Synthese über die Geschichte aller wichtigen Sammlungen. Eine solche historische Aufarbeitung wäre aber ein wichtiger Beitrag zur Aufwertung des Gedankens, dass die Sammlungen für das Museum von zentraler Bedeutung sind.

141 Stettler, 2002, 61 stellt fest, dass einzig in Zürich (ETH/Universität) die Paläontologie institutionell «nahe an die Biowissenschaften gebunden war».

142 Stehlin, 1917, 31.

143 Bonjour, 1960, 757 f. Nachruf von Rütimeyer in: Verhandlungen der Naturforschenden Gesellschaft 9, 1893, 409–417.

144 Bonjour, 1960, 758. Nachruf von Preiswerk in: Verhandlungen 35, 2, 1924, 1–17.

145 C. Schmidt an Rektor, 21.2.1919, StABS UA XII 1 Akademische Anstalten 1915–1925. – Im deutschen Sprachraum waren, wie in Basel auch, Paläontologie und Geologie fast stets institutionell (und karrieremässig) eng verbunden. Bestrebungen, den Eigenwert der Paläontologie als biologische Wissenschaft zu betonen, sammelten sich seit 1912 in der damals gegründeten deutschen Paläontologischen Gesellschaft. Diese umfasste ursprünglich den ganzen deutschen Sprachraum, doch wurde in der Schweiz und in Österreich eine eigene, nationale Gesellschaft geschaffen. Hölder/von Koenigswald, www.palaeontologische-gesellschaft.de/palges/gesellschaft/geschichte.html.

146 Auf eines der markantesten Beispiele, nämlich Hans Gottfried Kugler, gehen wir weiter unten, im Rahmen der Museumsgeschichte ein.

147 Basler Nachrichten 25.11.1929; National-Zeitung 26.11.1929. Schaub, 1967, 99 f. Handschin, 1937, 190, rühmt an Tobler den Aufbau einer Sammlung zur aussereuropäischen Geologie auf der Basis des Materials, das dort tätige Geologen nach Basel senden. Dieses diene den angehenden Geologen zur Vorbereitung, werde aber auch von internationalen Fachleuten studiert. Janner, 2008, 6 ff.

148 Wenk wirkte bis 1977 und war auch Mitglied der Museumskommission; bei seinem Rücktritt wurde er durch Frey ersetzt, ebenfalls Mitglied der Kommission, Verwaltungsbericht des Regierungsrates 1977. – http://titan.minpet.unibas.ch/aliens/smpg/SMPMObitNekro.pdf.

149 StABS ED-REG 20, 2–17,1 Akten Phil. II, Kuratelspräsident Max Staehelin, Gutachten der Fakultät für die Nachfolge Vonderschmitt vom 21.12.1965. Zu Hans Schaub siehe weiter unten, Kap. 4.3.1.

150 Janner, 2008, 22ff.

151 Einen Eindruck von der Vielfalt seiner paläontologischen Thematik gibt die Festschrift zu seinem 70. Geburtstag, zu welcher damals typischerweise auch Museumsleute beitrugen. Ferner der Nekrolog von Hottinger, 1985, der auch den geistigen Hintergrund von beiden, Hottinger wie Reichel, zum Ausdruck bringt: Ehrfurcht vor der Schöpfung. Vgl. dazu auch das Schlusswort von Hölder, 1989, 211 über das «unantastbare Geheimnis der Schöpfung».

152 Das Habilitationsgesuch von Manfred Reichel wurde von der math.-nat. Abteilung der Philosophischen Fakultät am 14.1.1933 behandelt (S. 365 des Protokolls der Fakultät). Es liegen sehr lobende Referate des Geologen Buxtorf – und des Zoologen Portmann – im Protokoll.

153 National-Zeitung 7.7.1966. StABS Protokoll Kommission 8.7.1976, 7.10.1976 bezeichnet die Foraminiferentradition im Basler Naturhistorischen Museum als 60-jährig; sie sei von Tobler begründet worden. Hottinger war 1963 der erste bezahlte Forscher am Museum, der sich damit befasste; vorher war am Museum nur ehrenamtlich über Foraminiferen gearbeitet worden. Hottinger 1967, 55 berichtet ebenso, August Tobler sei der Erste gewesen, der in Basel über Foraminiferen gearbeitet habe. Die Foraminiferen wurden dann seit 1931 in der Schule Reichels zum Mittelpunkt der Paläontologie an der Universität Basel.

154 Bonjour, 1960, 757–760. Kreis, 1986, 108. Nach anderen Quellen handelte es sich um ein Extraordinariat. Basler Nachrichten 17.3.1955.

155 Grönhagen in Interview vom 13.9.2007.

156 Gespräch mit Christian Meyer vom 10.8.2007.

157 National-Zeitung 17.3.1955.

158 Grönhagen in Interview vom 13.9.2007 betont, dass die Basler Absolventen der Schule Reichels die Möglichkeit hatten, bei Shell in den Niederlanden eine Anstellung als Erdölgeologen zu finden. Die Basler Schule habe eine Art Monopol auf diese Stellen bei Shell gehabt.

159 Reichels Präparate von Vogelflügeln wurden u.a. in einer Sonderschau ‹Vogelflügel› 1976 gezeigt, Verwaltungsbericht des Regierungsrates für 1976 und 1977.

160 Basler Nachrichten 8.7.1956. JB 1954. Grönhagen in Interview vom 13.9.2007 berichtet, dass das Holzmodell des Pteranodon im Museum von Reichel stamme. Reichel hatte das Skelett des Pteranodon rekonstruiert, worauf es im Museumslabor ausgeführt wurde, Jahresbericht 1945 (Typoscript), StABS ED-REG 1, 285-3-3 (1).

161 Grönhagen in Interview vom 13.9.2007.

162 BaZ 1.12.1984. Die zitierten Worte stammen von seinem Nachfolger, Lukas Hottinger; in leicht abgeänderter Form auch ders., 1985.

163 Janner, 2008, 22. Janner berichtet über enge Verbindungen zu Herrnhuter Gemeinschaften in der Schweiz und in Deutschland.

164 Zur Bedeutung der Foraminiferen als Leitformen unter den Mikrofossilien Rothe, Erdgeschichte, 9 und öfter. Grimoult, 2000, 127, betrachtet Georges Deflandre als «chef de file de la micropaléontologie des années 1930 à sa mort, en 1966», 127. Anderswo bezeichnet er ihn als einen Entdecker der Mikropaläontologie, 177. Deflandre glaubte an die Orthogenese; die Formveränderung sei Ergebnis von «tendances évolutives», 144. Man wird also später prüfen müssen, ob es eine Beziehung zwischen Reichel und Deflandre gab.

165 Hölder, 1989, 187, 229. Die Ehrenberg-Sammlung befindet sich im Berliner Naturkundemuseum, www.naturkundemuseum-berlin.de. Martin Schlegel/K. Hausmann (Hg.), Christian Gottfried Ehrenberg-Festschrift, Leipzig 1996.

166 J.J. Galloway, A manual of foraminifera, Bloomington 1933. T.C. Perry, ‹Memorial to J.J. Galloway›, in: Journal of Paleontology 36, 1962, 844–847.

167 Vénec-Peyré et al., 2006.

168 Otto Wetzel, ‹Die in organischer Substanz enthaltenen Mikrofossilien des baltischen Kreide-Feuersteins›, in: Palaeontographica 77, 1933, 141–186.

169 Basler Nachrichten 7.9.1966; BaZ 2.6.1998. ED-REG 20, 2–18 1 Akten Naturhistorisches Museum, Kuratelspräsident Max Staehelin, Antrag Schaub an Kuratel zur Wahl Hottingers als Assistent I vom 6.5.1963.

170 Gespräch mit Christian Meyer am 10.8.2007.

171 Hottinger, 1985. Grimoult wie oben angeführt zur französischen Paläontologie.

172 Amtszeiten der Präsidenten siehe Aurel Schmidt, 1992, 31.

173 Das mag, wenn es nicht bloss Ausdruck persönlicher Antipathien von Privatgelehrten wie Fritz oder Paul Sarasin gegen Universitätsprofessoren war, die Basler Spielart der allgemeinen Bestrebungen der Museen gewesen sein, sich von Hochschulen und Akademien zu emanzipieren. Vgl. Heinz Penzlin, ‹Die theoretische und institutionelle Situation in der Biologie an der Wende vom 19. zum 20. Jahrhundert›, in: Jahn, 2004, 431–440.

174 Schaub, 1967, 99–101.

175 Ratsbeschluss vom 14.3.1821, StABS Erziehung DD 17 Naturhistorisches Museum 1818–1905.

176 Jahresbericht für 1921, Manuskript, spricht von einer Eröffnung des Naturhistorischen Museums 1821 im Falkensteinerhof. 1921 wurde von einem Festakt Abstand genommen aus Unzufriedenheit über das Scheitern des Projekts für das Kunstmuseum, das den Auszug der Kunstwerke aus dem Berri-Bau in scheinbar «unbestimmte Ferne» rückte (1928 zog die Kunstsammlung dann tatsächlich aus), StABS Erziehung DD 17 Naturhistorisches Museum 1906–1930.

177 Stehlin, 1917, 15ff. Beim Auszug der Physiker und Chemiker aus dem Berri-Bau (Eröffnung des Bernoullianums 1874) nahm das Museum den Namen ‹Naturhistorisches Museum› an, Stehlin, 1917, 99. Der Berri-Bau von 1849 selbst war das ‹Museum› schlechthin, weil er neben dem Naturhistorischen Museum namentlich die Kunstsammlung und die völkerkundlichen Bestände, aber auch die Bibliothek beherbergte.

178 Stehlin, 1917, passim.

179 Jahresbericht an die Regenz für 1841 beklagte Platznot, sagt aber auch: «Wir leben indes nunmehr in der erfreulichen Zuversicht, dass die nächste Zukunft für Abhilfe dieses Bedürfnisses sorgen wird», eine Anspielung auf die Planungen für einen neuen Museumsbau. Der Jahresbericht 1843 wiederholte diese Klage, erwähnte nun aber konkret den Beschluss des Grossen Rates vom 21.3.1842, der den Weg zu einem Neubau frei gemacht hatte, StABS Erziehung DD 17 Naturhistorisches Museum 1818–1905.

180 Stehlin, 1917, 35, unterstreicht den Platzmangel als Hauptargument.

181 Über 400 Beiträger fanden sich, und die Basler Historiografie legt Wert darauf, dass sich unter diesen nicht nur Vermögende, sondern auch ein Siegrist, ein Wirt, ein Ferger befanden – die Beiträge boten «eine Gelegenheit, sich in den Kreis des gehobenen Bürgertums einzureihen» (Meier, 2000, 132). Eine eigentliche sozialgeschichtliche Analyse der Subskribenten fehlt aber bisher. Ein noch nicht ganz überzeugender, unveröffentlichter Versuch bei Chiavi, 2007, 75. – Die Hefte mit den Einträgen, wer wie viel bezahlte resp. gemahnt werden musste, befinden sich in StABS Bau CC 13,1 1837–1842. In der Namensliste stehen nach unserer Auswertung 452 Beiträger. Der kleinste Beitrag ist Fr. 4 (Siegrist Leonhard Lotz an der St. Peterskirche), der höchste Fr. 3500 (Peter Vischer-Passavant, Besitzer von Schloss Wildenstein, Kunstsammler und Mäzen des Kunstmuseums). In den meisten Fällen steht nur eine Namensangabe; es wäre zu prüfen, ob man mit dem Adressbuch eine Zuordnung vornehmen könnte.

182 Jahresberichte an die Regenz für 1848 und 1849, StABS Erziehung DD 17 Naturhistorisches Museum 1818–1905.

183 Argumentation auf den ersten Seiten der Bücher, in welche die Beiträge eingeschrieben wurden, die die Bürger bei der Sammlung für den Museumsbau 1842 zu spenden versprachen, StABS Bau CC 13,1 1837–1842. Dort ist die Rede von Platzmangel für die wertvollen Sammlungen, aber auch von einem «Denkmal des Gemeinsinnes» und der «Liebe für Kunst und Wissenschaft» sowie der «Ehre der Vaterstadt».

184 1849 wurde der Freiwillige Musemsverein gegründet, der die weitere Unterstützung des Museums durch die Bürgerschaft sicherstellen sollte. Salvisberg, 2000. Chiavi, 2007, 67.

185 Ausführliche Akten zur Nutzung des ehemaligen Augustinerklosters, der Errichtung des Museumsbaus, dessen Unterhalt und bauliche Veränderungen in der umfangreichen Serie StABS Bau CC 13,1 (Reformation bis 1948). Der Bau hätte noch dominanter dastehen sollen, da der Abriss der gegenüberliegenden Häuser, die ihn gegen den Rhein zu abschirmen, geplant (aber nicht ausgeführt) wurde.

186 Kuhn/Sallmann, 2002.

187 Meier, 2000, 191. Immer wieder wird dennoch stark vereinfachend ein Bild gezeichnet, demzufolge das Museum aus einer allgemeinen Begeisterung der Bürgerschaft erwachsen sei, ein Museum ‹von Bürgern für Bürger› zu schaffen, so BaZ 12.3.1999 Nr. 60, 29, anlässlich der Ausstellung im Museum ‹150 Jahre Berri-Bau›. Ähnlich wird auch von der Universität immer

wieder gesagt, dass die ganze Bürgerschaft in allen wichtigen Phasen ihrer Geschichte zu ihr gestanden hätte.

188 Meier, 2000, 140f.

189 Zur Deutung des Museumsbaus Meier, 2000, 124ff., mit weiterführender Literatur. Meier bildet auch die erhaltenen Fotografien ab. Für die naturhistorischen Sammlungen interessiert sich Meier nicht. – Nagel et al., 2006, 282ff. Huber/Huggel, 2001. Huber, 1996. Ganz et al., 1979. Germann et al., 1978.

190 Meier, 2000, 146f.

191 Meier, 2000, 151–154, nennt dies «Überzeugungsarbeit beim Frommen Basel». Es entsprach aber der Verbindung von Glauben mit Wissenschaft der damaligen Zeit. Rütsche, 2005, S. 3ff. Lepenies, 1976.

192 Meier, 2000, 156.

193 Stichjahr 1853, nach Jahresbericht an die Regenz für 1853, StABS Erziehung DD 17 Naturhistorisches Museum 1818–1905.

194 [Ludwig Rütimeyer], Bericht über das Naturhistorische Museum vom Jahre 1883, StABS Erziehung DD 17 Naturhistorisches Museum 1818–1905.

195 Jahresbericht an die Regenz für 1864 (fälschlich mit 1865 bezeichnet, datiert vom 7. 2. 1865), StABS Erziehung DD 17 Naturhistorisches Museum 1818–1905.

196 Der Ausbau der Sammlungen des Museums wurde u. a. durch Mitfinanzierung von Missionsaktivitäten gefördert: 1842 Expedition des Missionars Riis an die Goldküste, 1851 Aufenthalt des Missionsinspektors Josenhans in Indien, Stehlin, 1917, 61. Weitere Beispiele in den Jahresberichten von Merian und Rütimeyer.

197 Jahresbericht 1887, StABS Erziehung DD 17 Naturhistorisches Museum 1818–1905.

198 Jahresberichte an die Regenz für 1877 und 1878, StABS Erziehung DD 17 Naturhistorisches Museum 1818–1905.

199 Jahresberichte 1885, 1888, StABS Erziehung DD 17 Naturhistorisches Museum 1818–1905.

200 Jahresbericht 1888, StABS Erziehung DD 17 Naturhistorisches Museum 1818–1905.

201 Prof. Fr. Burckhardt an ED 27. 6. 1889 Gesuch um Staatsbeitrag an den Ankauf Fr. 500, StABS Erziehung DD 17 Naturhistorisches Museum 1818–1905. Simons grosses Relief der Jungfrauregion war erst 1914 fertig, vgl. http://www.terrainmodels.com/simon.html; es muss sich bei dem in Basel angekauften Objekt also um eine frühere, kleinere Arbeit handeln.

202 Fritz Sarasin machte als Kommissionspräsident 1914 mit dieser Drohung teilweise Ernst, indem er die gesamte Abteilung Osteologie für das Publikum schloss, StABS Erziehung DD 17 Naturhistorisches Museum 1906–1930, Jahresbericht an die GGG für 1914.

203 Jahresbericht 1891 erwähnt den Plan, ein Gebäude auf dem Zeughausareal zu errichten, das die beiden Institute und das Museum aufnehmen sollte, StABS Erziehung DD 17 Naturhistorisches Museum 1818–1905. – StABS Planarchiv E 2,39 zeigt, dass es um 1881 Pläne für ein neues Wissenschaftszentrum auf dem Areal des Werkhofs neben dem Petersplatz gab. Gedacht war an einen Campus mit Kollegienhaus, Naturhistorischem Museum, Anatomie und Physiologie

(davon wurde 1885 das Vesalianum realisiert, vgl. Bonjour, 1960, 465f.), dazu ein Schulhaus (daraus wurde die ‹alte Gewerbeschule›), mit dem Botanischen Garten auf dem Spalenfriedhof und einer Zeichnungsschule (1881 am Platz der späteren Bibliothek konzipiert). Planarchiv E 2,44 von 1883 zeigt eine Weiterentwicklung dieser Gedanken mit einem Kollegienhaus zwischen Petersplatz und Spalenfriedhof als Abschluss des Petersplatzes, mit einem an den Platz angrenzenden Museum und einer Anstalt für Vergleichende Anatomie (als mit dem Museum verbundenes Gebäude) am Ort des heutigen Kollegienhauses, ausserdem dem Vesalianum (wo es realisiert wurde) und der Zeichnungsschule (wo danach die Gewerbeschule entstand). Weitere Planungen hinterliessen Spuren in Zeichnungen von 1890 (Planarchiv E 2,45 und 46–48 als Beispiele). Damals war die Verbindung Naturhistorisches Museum-Vergleichende Anatomie in der Ecke Petersgraben/Petersplatz immer noch aktuell. Das war wohl auch die allzu enge Verbindung, die Rütimeyer fürchtete. Von Universitätsinstituten z. B. für Geologie ist darauf nichts zu erkennen, wohl aber von Räumen für entsprechende Sammlungen im geplanten neuen Museumsgebäude.

204 Jahresbericht 1893, StABS Erziehung DD 17 Naturhistorisches Museum 1818–1905.

205 Zum Bau der Universitätsbibliothek 1896 am früheren Spalen-Friedhof durch den Architekten Emanuel La Roche, Bonjour, 1960, 463f.

206 Jahresbericht 1893, StABS Erziehung DD 17 Naturhistorisches Museum 1818–1905.

207 Ratschlag Nr. 1116, 1897. Jahresberichte für 1897 und 1898, StABS Erziehung DD 17 Naturhistorisches Museum 1818–1905.

208 Organisatorisch wurden Physik und Chemie vom Naturhistorischen Museum bereits durch das Universitätsgesetz von 1866 abgetrennt; diese waren nicht mehr der Museumskommission, sondern den Institutsvorstehern/Lehrstuhlinhabern direkt unterstellt, Jahresbericht für 1865, StABS Erziehung DD 17 Naturhistorisches Museum 1818–1905.

209 Bonjour, 1960, 469f.

210 Jahreszahlen bei Schaub, 1967, 94 und bei Aurel Schmidt, 1992, 60.

211 Kreis, 1986, 124, nennt dies «ein zweites Universitätszentrum» «auf dem Petersberg». Seit 1914 bestand ein Plan für ein neues Kollegienhaus am Petersplatz, der jedoch erst 1939 verwirklicht wurde. Inzwischen diente das ‹Untere Kollegium› in seiner durch den Umbau von 1859/60 geschaffenen Form als Kollegienhaus und Institutsgebäude. Die Zahnärzte arbeiteten seit 1924 am Petersplatz; die Geografen zogen 1926 ins Bernoullianum. Die Seminarien der philosophisch-historischen Abteilung der Phil. Fakultät wurden ab 1917 am Stapfelberg konzentriert. – 1907 war geplant worden, das damals neue juristische Seminar, das germanistisch-romanistische Seminar und die Fachkurse für Primarlehrer an der Augustinergasse 6–8 unterzubringen, StABS Bau CC 87.

212 Kreis, 1986, 129 bezeichnet dies als ‹zweite Erweiterung› zu Beginn des 20. Jahrhunderts («Ausdehnung in die Ebene des St. Johann-Quartiers»).

213 Huber, 2003. Labhardt, 1939.

214 Eduard Handschin wurde als Kommissionspräsident Nachfolger von Bernoulli auf Vorschlag der Regenz (unter dem Vorsitz von Rektor Adolf Portmann), Regenz an Kuratel 30.1.1947; die Kuratel beschloss allerdings, dass die Wahl in die Kompetenz des Erziehungsrates falle, Kuratel an ED 5.2.1947, StABS ED-REG 1, 285-2 3.

215 Beispiel Samuel Schaub, Lehrer an der Knabensekundarschule, Dr. phil., Spezialist in Osteologie (fossile Säuger), wurde am 8.5.1922 vom Erziehungsrat auf Antrag von Stehlin in die Museumskommission gewählt, StABS Erziehung C 54 Kommission des Naturhistorischen Museums 1920–1936. Ihm wurde eine Reduktion des Schulpensums um 4 Wochenstunden gewährt, damit er sich der Museumsarbeit widmen konnte, Erziehungsratsbeschluss 5.7.1926, ebenda.

216 Die Zusammensetzung war durch das Universitätsgutsgesetz von 1919 geregelt. Praxis um 1945: Einen Teil der Kommission wählte die Regenz, diese bestimmte Professoren der einschlägigen Fächer zu Kommissionsmitgliedern. Den anderen Teil (3 Mitglieder) wählte der Erziehungsrat; er delegierte meistens Lehrer und Privatgelehrte. Vgl. als Beispiel Erziehungsratsbeschluss 23.6.1947 in StABS ED-REG 1, 285-2 3. Seit 1955 galt eine einheitliche Amtsperiode von vier Jahren (früher meist drei Jahre), Änderung des Organisationsgesetzes Par. 30 Abs. 3 durch Grossratsbeschluss vom 10.3.1955. ED an Erziehungsrat 14.5.1955, StABS ED-REG 1, 285-2 3.

217 Engelmann an Kuratel 7.5.1895; Schmidt an Kuratel 13.5.1895, StABS Erziehung DD 17 Naturhistorisches Museum 1818–1905. Stehlin an Hauser 14.7.1929, StABS Erziehung C 54 Kommission für das Naturhistorische Museum 1920–1936. Zu Engelmann vgl. Häfliger, 1931. Einen Nachruf auf Engelmann enthält auch der Jahresbericht für das Naturhistorische Museum für 1931, StABS Erziehung DD 17 Akademische Anstalten – Naturhistorisches Museum 1931–1955. StABS Erziehung DD 17 Naturhistorisches Museum 1818–1905.

218 Ratsherr Fritz Müller (gest. 1895) war einer von Peter Merians Getreuen, der ab der Mitte der 1870er-Jahre die zoologischen Sammlungen des Museums bedeutend erweiterte, Stehlin, 1917, 48.

219 StABS UA XII 1 Akademische Anstalten 1915–1925, Beschluss Erziehungsrat 29.6.1920.

220 Stehlin, 1930, 393–407. – Hinderling, 1959. Interessant S. 13 «[...] der Mensch war ihnen anfänglich durchaus ein Objekt der Natur. Was man von ihm kennen wollte, das war seine physische Erscheinung, die Güter seines Kulturschaffens, auch seine Sprache, im Hinblick jedoch auf eine abstammungsgeschichtliche Deutung.» Weitere Angaben aus Jahresbericht 1942 (Typoscript), StABS ED-REG 1, 285-3-3 (1).

221 Der Neubau eines Völkerkundemuseums auf dem Areal des Rollerhofs wurde vom Grossen Rat 1913 beschlossen. Der Bau war 1916 beendet und wurde 1917 eröffnet. Fritz Sarasin stellte dies als eine Notwendigkeit wegen Platzmangel im Berri-Bau dar. In diesem Neubau von 1916 wurde die Völkerkunde (geleitet von Felix Speiser) und die Prähistorie (geleitet von Paul Sarasin) untergebracht, Ansprache von Herrn Dr. Fritz Sarasin (am Festakt zum 100-jährigen Jubiläum der Naturforschenden Gesellschaft), in: Verhandlungen der Naturforschenden Gesellschaft in Basel 28, 1917, 193–206, insbes. 201, 205. Schaub, 1967, 94. Speiser, 1937, 194. Seit 1930 gab es einen besoldeten Kustos für die völkerkundliche Sammlung, Speiser, 1937, 195.

222 Der Kaufmann Lukas Vischer hatte 1828–1837 Mittelamerika bereist und «mexikanische Altertümer» mitgebracht, die den ältesten Bestand der völkerkundlichen Sammlung in Basel bildeten; Speiser, 1937, 193.

223 Raumaufteilung 1849 nach Schaub, 1967, 93.

224 Speiser, 1937, 193.

225 Zur Geschichte des Völkerkundemuseums und des Schweizerischen Museums für Volkskunde die Publikationen aus Anlass des Anbaus von Paul Artaria (Eröffnung der volkskundlichen Sammlung Rollerhof 1953), Topografische Sammlung, StABS, Dossiers zu den Adressen an der Augustinergasse; eine kurze Bemerkung auch in Aurel Schmidt, 1992, 31. Zur Hauskommission StABS Erziehung C 25 Museumskommission 1849–1941 die Akten des Betriebs des Berri-Baus.

226 Vgl. dazu die Biografie von Eduard Hoffmann-Krayer (1904 Schaffung der Abteilung Volkskunde am Museum, Aurel Schmidt, 1992, 60 und Speiser, 1937, 193) und die Darstellungen zur Schaffung des ‹Schweizerischen› Museums in Topografische Sammlung, StABS, wie oben.

227 StABS Bau CC 88 Schlüsselberg 15. Das 1919 angekaufte Haus wurde zuerst vom Staat an die Firma Krayer-Ramsperger vermietet, erst 1926 renoviert und daraus ein Depot für die Kunstsammlung gemacht. 1928 bezog darin der Aufseher Leopold Ruz seine Dienstwohnung, 1937 wurde das Haus für die Bibliothek der Basler Studentenschaft genutzt.

228 Ratschlag betreffend Verwendung der Liegenschaft Schlüsselberg 5 für Museumszwecke und schenkweisen [sic] Erwerb der Liegenschaften Augustinergasse 4, 6 und 8 für Museums- und Universitätszwecke, 2. Mai 1918, Nr. 2146. Zu Schlüsselberg 5 (‹zum Weissen Bären›) vgl. StABS Bau CC 89; das Haus gehörte einer Freimaurerloge. 1888 wurde unter Protest des Museums (wegen Feuergefahr) eine Druckerei eingerichtet, was erstmals Anlass bot, einen Ankauf für das Museum zu fordern; auch 1903 wurde ein Kauf abgelehnt. Mit dem Buchdrucker wurde 1913 ein Tausch gegen eine Parzelle am Blumenrain vereinbart, wodurch das Haus zur Einwohnergemeinde kam. 1914 wurde der ehemalige Maschinensaal der Druckerei dem Museum zugesprochen, 1918 begann der Umbau für die Zwecke des Museums (Lifteinbau), der erst 1920 beendet war; das Museum bezog die Räumlichkeiten 1921. 1955 wurde die Liegenschaft umgebaut. Vgl. auch Kunstdenkmäler des Kantons Basel-Stadt 7, 2006, 114. – Zu Augustinergasse 4 vgl. StABS Bau CC 86; das Haus war im 19. Jahrhundert von der FAG gekauft worden, um für die künftigen Bedürfnisse der Universität vorzusorgen. Das Erziehungsdepartement mietete 1914 darin eine Wohnung für den Museumsabwart; 1918 überliess die FAG das Haus geschenkweise dem Staat. Zu Augustinergasse 6–8 vgl. StABS Bau CC 87; dieses Haus war seit 1907 als Adresse für die neu entstandenen Seminarien der Juristen und der Germanisten/Romanisten sowie der Primarlehrerkurse vorgesehen.

229 Stehlin wurde vom Erziehungsrat anstelle des zurücktretenden Präsidenten Fritz Sarasin zum Kommissionspräsidenten bestimmt, StABS UA XII 1 Akademische Anstalten 1915–1925, Beschluss Erziehungsrat 29. 6. 1920. Stehlin trat aus gesundheitlichen Gründen 1941 zurück, vgl. Konzept für die Würdigung Stehlins durch Erziehungsdirektor Im Hof vom 12. 5. 1941, der ihm attestierte, er hinterlasse ein «prächtiges, mustergültiges Museum», Konzept ED an Dr. Hans G. Stehlin, StABS ED-REG 1, 285-2 3.

230 Joneli, 1943.

231 Regierungsrat Fritz Hauser an das Personal der Museen an der Augustinergasse, 30. 8. 1924, teilt die Wahl Stehlins zum Präsidenten der Museums-(Haus-)kommission mit und unterstreicht, dass Stehlin damit per 1. 1. 1925 in allen Dienstangelegenheiten der Vorgesetzte des Museumspersonals sei, StABS Erziehung C 25 Museumskommission 1849–1941.

232 Jahresbericht für 1919, StABS Erziehung DD 17 Naturhistorisches Museum 1906–1930.

233 Auszug der Kunstsammlung aus dem Berri-Bau 1928: Schaub, 1967, 94.

234 Jahresberichte für 1931 und 1932 von Stehlin in StABS Erziehung DD 17 Akademische Anstalten – Naturhistorisches Museum 1931–1955.

235 StABS Erziehung DD 17 Naturhistorisches Museum 1906–1930.

236 Ratschlag betreffend den Ankauf der Liegenschaft Zum Württembergerhof, Albangraben 12, 14 und 16, sowie der Erteilung des Expropriationsrechtes an den Regierungsrat zur Erwerbung der Liegenschaft Albangraben 18 für den Neubau des Kunstmuseums und betreffend die Bewilligung eines Kredites für bauliche Änderungen im Museum an der Augustinergasse, 8. April 1926, Nr. 2724 (Fr. 500 000 für den Umbau Augustinergasse 2). Ratschlag betreffend Bewilligung eines Kredites für weitere bauliche Änderungen und eine zentrale Heizungsanlage im Museum an der Augustinergasse, dem Grossen Rate des Kantons Basel-Stadt vorgelegt am 10. Mai 1928, Nr. 2871 (Nachtragskredit für den Museumsumbau Fr. 276 000, 1929 nochmals 18 000). Ratschlag betreffend die Mobiliarausrüstung und die Ausführung von baulichen Arbeiten im Museum an der Augustinergasse, 12. Juni 1930, Nr. 3023 (Kredit Fr. 125 000; das Mobiliar kostete zusätzliche Fr. 390 000). Vgl. auch Jahresbericht des Museums für 1932 in StABS Erziehung DD 17 1931–1955.

237 Jahresbericht 1925 spricht von folgenden Bauplanungen: Einbau eines neuen Dachstuhles (aus Beton), Verstärkung der Bodenkonstruktion, gemäss Jahresbericht 1926 wurden dafür Fr. 500 000 vom Grossen Rat bewilligt. Jahresbericht 1928 bestätigt, dass die Dachstöcke der beiden Seitenflügel in Eisenbeton ausgeführt wurden, der Boden im 2. Stock (ehemals Böcklinsaal) verstärkt und die Heizung montiert und in Betrieb genommen worden seien. StABS Erziehung DD 17 Naturhistorisches Museum 1906–1930.

238 Jahresbericht 1928, StABS Erziehung DD 17 Naturhistorisches Museum 1906-1930.

239 Nachruf auf Stehlin in Jahresbericht des Museums (Typoscript) 1941, StABS ED-REG 1, 285-3-3 (1). Stehlins Nachfolger als Betreuer der Osteologie wurde Samuel Schaub und als Betreuer der Museumsbibliothek Dr. A. Erni. W. B., ‹Zum Tode von Dr. H. G. Stehlin›, Basler Nachrichten 21. 11. 1941.

240 Rektor an Portmann 26. 11. 1931: Ernennung Portmanns zum Kommissionsmitglied, StABS UA XII 1 Akademische Anstalten 1926–1940.

241 Jahresbericht 1931 meldet den Rücktritt Zschokkes als Kommissionsmitglied und Vorsteher der Wirbellosen-Sammlung, daraufhin wurde die Verantwortung für die Wirbellosen dem Vorsteher der Abteilung Wirbeltiere, Fritz Sarasin, übertragen. Den freigewordenen Sitz in der Kommission nahm Portmann ein auf Vorschlag Stehlins, StABS Erziehung DD 17 Akademische Anstalten – Naturhistorisches Museum 1931–1955.

242 Jahresbericht 1924, StABS Erziehung DD 17 Naturhistorisches Museum 1906–1960.

243 Stehlin an Hauser, 23.11.1931, StABS Erziehung DD 17, Akademische Anstalten – Naturhistorisches Museum 1931–1955. Die Neuordnung der Mineralien besorgte Grütter seit 1930 in temporären Anstellungen auf der Basis von Extrakrediten. 1934 wurde er Assistent am Mineralogischen Institut und betreute seither die Museumssammlungen eher im Nebenamt; der Jahresbericht für 1934 spricht von Einsätzen an Samstagnachmittagen und während der Ferien, StABS Erziehung DD 17 Akademische Anstalten – Naturhistorisches Museum 1931–1955.

244 Vgl. Kohler, 2006, 107f., 117ff. zu den us-amerikanischen Museen: Seit den frühen 1900er-Jahren «larger museums were routinely dispatching collectors and curators on expeditions to far-flung corners of the globe». – Es ist in der europäischen Literatur ein Gemeinplatz, dass man nicht Einsichten, die man an nordamerikanischen Museen gewonnen hat, auf Europa übertragen dürfe; die Unterschiede werden entsprechend stark betont, vgl. Beccarelli, 2005, 42f.: «Die Entwicklung der Museen in den USA verlief gänzlich anders». Angesichts des ganz wesentlichen Teils privater Initiative beim Aufbau und Betrieb des Basler Naturhistorischen Museums bis in die Mitte des 20. Jahrhunderts wäre diese harte Grenzziehung vielleicht zu revidieren und auf deren rhetorische Funktionen zu reflektieren.

245 ED an Regierungsrat 28.10.1936, StABS Erziehung DD 17 Naturhistorisches Museum 1931–1955. Pensionierung vgl. Roux an Hauser 3.9.1936, StABS Erziehung DD 17 Naturhistorisches Museum 1931–1955. Regenz an Kuratel der Universität, 26.11.1936, StABS Erziehung C 54 Kommission für das Naturhistorische Museum 1920–1936. Jahresbericht für 1937, StABS Erziehung DD 17 Naturhistorisches Museum 1931–1955.

246 Hediger an Stehlin 21.9.1936 (Bewerbungsschreiben), Stehlin an Hauser 13. und 17.11.1936, Kuratel an ED 24.12.1936, ED an Regierungsrat 19.1.1937, Regierungsratsbeschluss 2.2.1937, Jahresbericht für 1939, StABS Erziehung DD 17 Naturhistorisches Museum 1931–1955.

247 Lothar Forcart (1902–1990) verdiente eine eigene biografische Würdigung als Vorsteher der Zoologischen Abteilung. Vgl. inzwischen den Nekrolog von Max Wüthrich, 1990.

248 Hediger an Stehlin 9.7.1938. ED an Stehlin 20.7.1938. ED an Regierungsrat 3.10.1938. Regierungsratsbeschluss 18.10.1938, StABS Erziehung DD 17 Naturhistorisches 1931–1955.

249 Jahresbericht für 1940, StABS Erziehung DD 17 Naturhistorisches Museum 1931–1955.

250 Janner, 2008, 29–33.

251 Antrag Stehlin an Hauser 4.6.1927 argumentiert, zwei der Kommissionsmitglieder, die als Abteilungsvorsteher wirkten, seien alt und krank (dies bezog sich u.a. auf Greppin, der am 14.6.1927 starb), und nur ein Beamter könne für die nötige Kontinuität garantieren; nötig sei ein Paläontologe, wobei er bereits an Dr. R. Rutsch dachte, der in Bern bei Prof. Arbenz abgeschlossen hatte, man solle sich mit der Stellenschaffung beeilen, weil die Ölindustrie sonst die fähigen Kandidaten abwerben könnte. Am 22.11.1927 wurde die Stelle zur Ausschreibung freigegeben, während Rutsch bereits seit dem 1.9.1927 unter Tobler als Assistent für das Museum arbeitete. Rutsch meldete sich als einziger Bewerber auf die Kustodenstelle, die ihm am 1.3.1928 zugesprochen wurde. StABS Erziehung DD 17 Naturhistorisches Museum 1906–1930.

252 Hinweis in den Akten zu 1933 in StABS Erziehung DD 17 Akademische Anstalten – Naturhistorisches Museum 1931–1955. Jahresbericht 1935 ebenda. Jahresbericht für 1937, ebenda. Rutsch an Stehlin 30.9.1938, ebenda. Jahresbericht für 1938, Gasche sollte per 1.1.1939 die Stelle von Rutsch übernehmen, ED an Regierungsrat 17.1.1939 und Regierungsratsbeschluss vom 27.1.1939, ebenda.

253 ED an Regierungsrat, 29.9.1936, und Regierungsratsbeschluss 3.10.1936, ED an Regierungsrat 26.4.1937 und Regierungsratsbeschluss 11.5.1937, Jahresbericht für 1938, StABS Erziehung DD 17 Naturhistorisches Museum 1931–1955.

254 ED an Regierungsrat 15.11.1928 und Regierungsratsbeschluss 20.11.1928. StABS Erziehung DD 17 Naturhistorisches Museum 1906–1930.

255 Die Ordnung für die Assistenten des Naturhistorischen Museums von 1900 kannte zwei Assistentenstellen, deren eine der später Kustodenstelle genannten Position entsprach (für Zoologie, ab 1902 Dr. Jean Roux); die andere war schlechter dotiert und für Geologie gedacht, StABS Erziehung DD 17 Naturhistorisches Museum 1906–1930. Der Entwurf für eine neue Ordnung, den das ED der Regierung am 19.5.1921 unterbreitete, richtete sich nicht mehr an Assistenten, sondern an «wissenschaftliche Hilfskräfte»; unterschieden wurde zwischen der damals noch alleinigen Kustodenstelle, einer nicht festgelegten Zahl besoldeter Assistenten, deren Lohn aus dem staatlichen Assistenzkredit stammte, und den Freiwilligen, ebenda. Die Unterstellungsverhältnisse waren etwas unklar: Der Kustos unterstand denjenigen Abteilungsverantwortlichen, mit denen er zusammenarbeitete; die Assistenten den jeweils zuständigen Abteilungsverantwortlichen und dem Kustos, falls Letzterer in der betreffenden Abteilung tätig war. Für die Freiwilligen wurde nichts geregelt.

256 StABS Erzeihung A 13 Universitätsgesetz und Universitätsgesetzgebung 1920–1928/32, Dokumente der entsprechenden Daten. – 1927 (Beispieljahr) war Roux noch immer Kustos, Huber Präparator, Stuber und Zimmermann galten als Technische Gehilfen, siehe Personalverzeichnis der Universität, Sommersemester 1927, StABS UA XII 1 Akademische Anstalten 1926–1940.

257 Regierungsratsbeschlüsse 7.7.1906, 5.3.1910 zu Roux, StABS Erziehung D 17 Naturhistorisches Museum 1906–1930. ED an Regierungsrat 28.2.1939 (Hürzeler, mit Hinweis auf Herkunft aus «ärmlichen Verhältnissen») und ED an Regierungsrat 1.3.1939 (Gasche), StABS Erziehung DD 17 Naturhistorisches Museum 1931–1955.

258 Erste Klage über rückläufige Eintritte in Jahresbericht von Fritz Sarasin über das Naturhistorische Museum an die GGG für 1914, StABS Erziehung DD 17 Naturhistorisches Museum 1906–1930.

259 Schaub, 1967, 95.

260 Jahresbericht 1934, in StABS Erziehung DD 17 Akademische Anstalten – Naturhistorisches Museum 1931–1955.

261 Dankesschreiben von Hauser an Clavel, 12.11.1934, StABS Erziehung DD 17 Akademische Anstalten – Naturhistorisches Museum 1931–1955.

262 Die Beziehungen des Zoologischen Gartens zum Museum scheinen nicht besonders eng gewesen zu sein. So wird in der Darstellung der wissenschaftlichen Forschungen am Basler Zoo von 1967 das Museum mit keinem Wort erwähnt – man darf deshalb vielleicht davon ausgehen, dass die theoretische Möglichkeit, den Garten als ‹Sammlung lebender Tiere› in Ergänzung zum Museum zu verstehen, nicht in die Praxis umgesetzt wurde. Lang, 1967, 21–23.

263 Schaub, 1967, 95: «Die Zahl der Besucher und ihre Äusserungen entsprachen vielfach nicht den Erwartungen» (von 1932).

264 Bericht der Hauskommission der Museen an der Augustinergasse (Präsident: Stehlin) für das Jahr 1937, StABS Erziehung C 25 Museumskommission 1849–1941, klagt über den «trostlosen Rückgang des einträglichen Museumsbesuchs», der als «Folge der Krise» dargestellt wird. Man zählte 1937 noch 1522 zahlende Besucher (1936: 1586), aber auch die Tage mit freiem Eintritt zeigten einen Rückgang der Besucher an: Sonntage: 14 646 (1936: 16 783); Mittwochnachmittage: 3957 (1936: 4367). Der nachfolgende Jahresbericht (1938) konstatiert einen weiteren Rückgang (zahlende Besucher noch 1245) und erklärt dies jetzt mit den restriktiven Devisenbestimmungen für Besucher aus Frankreich oder Deutschland, ebenda.

265 Das ist kein Einzelfall: Die 1889 eröffnete zoologische Galerie des Jardin des Plantes (Muséum d'Histoire Naturelle), Paris, wurde erst in den 1930er-Jahren mit einer schwachen elektrischen Beleuchtung ausgestattet, Van Praët, 2005, 84. – Aurel Schmidt, 1992, 60 behauptet, elektrisches Licht sei bereits 1907 eingeführt worden; dies kann sich nur auf die Arbeitsräume beziehen, nicht aber auf die Ausstellungssäle. Ein Plan von 1939 zeigt Leitungen zu vereinzelten Beleuchtungskörpern an Wänden und unter Galerien, ob diese so ausgeführt wurden, wissen wir nicht: StABS Planarchiv EE 3, 299. Man begann erst nach dem Zweiten Weltkrieg, die Säle und schliesslich, als Gipfel des Fortschritts, einzelne Vitrinen zu beleuchten, und jedes Mal zeigte sich, dass die Stromversorgung des Berri-Baus zu schwach dimensioniert war, um zusätzliche Verbraucher ohne Weiteres anschliessen zu können. – Noch 1952 beklagt der Jahresbericht, dass abends keine Führungen abgehalten werden könnten, da es keine elektrische Beleuchtung in den Ausstellungen gab, Jahresbericht 1952, Typoskript, StABS ED-REG 1, 285-3-3 (1).

266 Zur Mode des Dioramas Kohler, 2006, 76 ff. ausführlich. In US-Museen beginnt diese Mode in den 1890er-Jahren; erste Höhepunkte als ‹Habitat Diorama› sind 1910 erreicht (Beispiel Gruppe der wilden Truthähne im Field Museum of Natural History, Kohler, 2006, 80, mit Abbildung). Iwan Stössel-Sittig, ‹Das Einhorn im Cyberspace. Zur Geschichte des naturwissenschaftlichen Exponats›, in: Fayet, 2005, 44–57, 55: Schaffhauser Beispiel aus den 1930er-Jahren. Im Vergleich zum Basler Museum fällt auf, dass das Berner Naturhistorische Museum in seiner Konzeption des Neubaus von 1933 ganz wesentlich auf Dioramen abstellte, wobei die Hauptattraktion die afrikanische Tierwelt war, basierend auf der Safari des Bernard Percival von Wattenwyl (1877–1924) und seiner Tochter Vivienne (1900–1957) 1923/24, deren Ziele in einer Abmachung zwischen dem Jäger von Wattenwyl und dem Konservator Franz Baumann (1885–1961) festgelegt worden waren. Bernard von Wattenwyl starb 1924 unter den Pranken

des neunzehnten Löwen, den er erlegte. Für die Gestaltung der Tiere und der Dioramen wesentlich war der Beitrag des Präparators und Dermoplastikers Georg Ruprecht (1887–1968) und des Malers Heinrich Würgler (1898–1986) (Bundi, 1998, 4f., 14, 22). 1880 hatte Bern einen eigenen Museumsbau im üblichen Stil erhalten (Waisenhausstrasse, siehe Bundi 1998, 19); der Neubau war eine Studie in moderner, bauhausartiger Architektur. Die Wirkung auf das Publikum war bei der Eröffnung 1936 gewaltig.

267 JB 1953 berichtet, dass die Skelettfunde von Höhlenbären zur Rekonstruktion eines ganzen Bären nicht ausreichten. Deshalb wurde eine freie Rekonstruktion gewählt, die nicht auf einem Skelett beruhte.

268 Handschin gehörte zu den Initianten der Idee, eine neue Art Ausstellungen einzurichten, auch wenn dies vielleicht von Schaubs Erfolgen etwas verdunkelt wird und es Handschin in seiner Präsidiums- und Direktoriumszeit nicht gelang, die Ressourcen zu finden, die zur Schaffung der Voraussetzungen nötig waren: 1948 begann er gezielt, Museen im Ausland zu besuchen, um dort die Präsentationen im Hinblick auf die Umgestaltung der Basler Ausstellungen zu studieren. Jahresbericht für 1948, Typoskript, StABS ED-REG 1, 285-3-3 (1). Schaub würdigte dies wie folgt: «Auf Verlangen des Erziehungsdepartementes bereitete er eine gründliche Neuordnung des Museumsbetriebes vor», dazu gehörte auch die Vorbereitung moderner Schausammlungen, mit welcher er es bis zur Bewilligung eines Kredits von Fr. 30 000 für Beleuchtungszwecke brachte; Handschin konnte aber davon nichts mehr ausführen, Schaub in Jahresbericht 1959, Typoskript, StABS ED-REG 1, 285-3-3 (1).

269 Aurel Schmidt, 1992, 36.

270 Dr. Walter Bernoulli, geb. 23. 5. 1885, Sohn des Dr. med. Daniel Bernoulli-Glitsch, Geologe, Mitglied der Zofingia, promovierte 1912 bei Carl Schmidt und arbeitete anschliessend als Erdölgeologe in Übersee, meistens in Kamerun, wo er Material sammelte, das er dem Museum zusandte. 1931 verheiratete er sich und beschloss, in Basel zu bleiben. 1934 veröffentlichte er einen geologischen Führer, 1935 trat er in die Museumskommission ein und leitete die Geologische Abteilung. 1941 wurde er Präsident der Kommission, 1942/43 präsidierte er auch die Naturforschende Gesellschaft. Mit dem Geologen Dr. Arthur Erni, der bis zu seinem Tod 1945 die Bibliothek des Museums betreute, war er eng befreundet. Erni hatte in Zürich bei Heim studiert und liess sich nach seiner Tätigkeit als Erdölgeologe 1929 in Trimbach nieder; 1935 wurde er in die Kommission des Basler Naturhistorischen Museums berufen, wo er über Ammoniten arbeitete. Bernoulli machte sich unter anderem einen Namen durch seine Suche nach den Typusexemplaren der Veröffentlichungen des 18. und 19. Jahrhunderts in den Museumsbeständen. Er starb im Dezember 1946. Seinen Nachruf in der National-Zeitung zeichnete der Geologieprofessor Vonderschmitt. Basler Nachrichten 9. 12. 1946. Jahresberichte 1945 und 1946 (Typoskripte) StABS ED-REG 1, 285-3-3 (1).

271 Im Jahresbericht für 1891 bezeichnet Rütimeyer bereits alle Räumlichkeiten, die das Museum nutze, als «schadhaft», StABS Erziehung DD 17 Naturhistorisches Museum 1818–1905. Ausführlich StABS Bau CC 13,1. Bericht der Hauskommission des Museums für Natur- und

Völkerkunde für 1938 nennt schadhafte Wände, defektes Hauptkamin, Wassereinbrüche durch Schäden am Dach, StABS Erziehung C 25 Museumskommission 1849–1941.

272 Jahresbericht 1924: Damals bewilligte der Grosse Rat Fr. 65 000 für die Neugestaltung der Säle und den Ausbau des Kellers im Martinsgassflügel. Der Keller wurde tatsächlich ausgebaut, aber die ebenfalls vorgesehenen Umbauten am Frontbau (Augustinergasse) mussten gestoppt werden, weil zuerst weitergehende Reparaturen nötig waren, die man nicht vorausgesehen hatte, StABS Erziehung DD 17 Naturhistorisches Museum 1906–1930.

273 Jahresbericht 1941 (Typoskript) StABS ED-REG 1, 285-3-3 (1).

274 Jahresbericht 1943 (Typoskript) StABS ED-REG 1,285-3-3 (1) berichtet von sichtbaren Schäden durch Kälte und Feuchtigkeit in den Sälen und Depoträumen.

275 Jahresbericht 1944 (Typoskript) StABS ED-REG 1, 285-3-3 (1).

276 Bericht der Hauskommission für die Museen an der Augustinergasse für 1939, StABS Erziehung C 25 Museumskommission 1849–1941.

277 Janner, 2008, 14 ff.

278 Interview Grönhagen 13. 9. 2007. – Eduard Handschin wurde 1929 als Assistent am Museum angestellt und war für die entomologische Sammlung zuständig. 1942 trat er in die Kommission ein. Bis zu diesem Zeitpunkt galt das Kommissionsmitglied Adolf Portmann als Vorsteher der Zoologischen Sammlungen; er trat die Verantwortung für diese 1942 an Handschin ab, Jahresbericht des Naturhistorischen Museums 1942 (Typoskript) in StABS ED-REG 1, 285-3-3 (1).

279 Emile André wurde 1913 Extraordinarius, 1918 Ordinarius für Zoologie in Genf, vgl. http://www.biani.unige.ch/BIANI2/pages/about_us/history.php.

280 V. B. Wigglesworth war durch sein Standardwerk The Principles of Insect Physiology (viele Auflagen; 2nd edition London 1942) bekannt geworden. Über seine Einstellung zu ökologischen Zusammenhängen orientieren seine Schriften, die gesammelt unter dem Titel Insects and the Life of Man. Collected Essays on Pure Science and Applied Biology, London 1976, herausgekommen sind. Wigglesworth unterhielt Beziehungen zu Basel und referierte auch an Veranstaltungen der chemischen Industrie.

281 Basler Nachrichten 23. 1. 1962. National-Zeitung vom selben Tag. Basler Volksblatt 24. 1. 1962.

282 JB 1956 betont, dass dies auf Wunsch der Behörde (d. h. nicht der Museumsleitung und nicht der Kommission) geschehen sei. – Zum Systemwechsel StABS ED-REG 1, 285-0 1, Allgemeines 1956–1962. Regierungsratsbeschlüsse 30. 10. 1956, 3. 12. 1956: Wahl von Handschin zum Direktor und Schaffung von drei Stellen für Abteilungsvorsteher.

283 Kuratelspräsident Gerwig an ED zu Handen Erziehungsrat, 22. 4. 1941 aus Anlass des Gesuchs von Stehlin vom 17. 2. 1941 um Entlassung als Kommissionspräsident: «Herr Regierungsrat Hauser war der Ansicht, dass der Zeitpunkt des Rücktritts des Herrn Dr. Stehlin als Präsident der Kommission dazu benützt werden sollte, die Kompetenzverhältnisse der Kommission und der wissenschaftlichen Beamten des naturhistorischen Museums neu zu ordnen».

284 Stehlin an Im Hof 2. 6. 1941, StABS Erziehung DD 17 Naturhistorisches Museum 1931–1955.

285 ‹G.› an Im Hof, ohne Datum, dem obigen Schreiben angehängt.

286 Die drei besoldeten Abteilungsleiter wurden damals noch Kustoden genannt. Hinzu kamen die sogenannten Assistenten: der Ornithologe Sutter in der Zoologie, und temporäre Assistenten wie Grütter in der Mineralogie. Man hatte einen Präparator, Karl Rothpletz, und zwei technische Gehilfen. JB 1950, Personalbestand.

287 Protokoll Kommission 14.1.1957. JB 1956 erwähnt die Pensionierung von S. Schaub und blickt auf 135 Jahre Kommissionsarbeit zurück.

288 Protokoll Kommission 1.7.1957.

289 Protokoll Kommission 19.12.1957.

290 Mineralogie 1957: Wenk, Professor für Mineralogie an der Universität und Kommissionsmitglied, hatte unter dem alten System die Mineralogische Abteilung geführt. 1957 schied er aus. Man behalf sich danach damit, dass Grütter, Mitarbeiter am Mineralogischen Institut der Universität, einen Teil seiner Zeit für das Museum verwenden sollte, Protokoll Kommission 1.7.1957. Grütter arbeitete seit 1929 für das Museum; er verstarb am 20.10.1967, Protokoll Kommission 25.10.1967.

291 Handschin berichtete unter anderem in der Kommission, eine Erneuerung der Ausstellungen setze die Mitwirkung eines externen Grafikers voraus, dessen Dienste nur mit einem grossen Sonderkredit bezahlbar wären, was offensichtlich noch als ganz unrealistisch galt, Protokoll Kommission 20.2.1958.

292 Interview Grönhagen 13.9.2007. Dieses Verhältnis verhinderte aber nicht, dass Kommission und Direktor auch durchaus verschiedener Ansicht sein konnten – dazu Kommissionsprotokoll.

293 Regierungsratsbeschlüsse 30.10.1956, 3.12.1956.

294 Handschin, 1937, 188f.: «Die Sammlungen müssen streng in Schausammlung und wissenschaftliches Archiv getrennt werden» – unter Bezug auf den Archivbegriff, den Rütimeyer geprägt und Stehlin aufgegriffen hatte. Was der Besucher sehe, müsse populäre Wissenschaft sein, welche die «Naturgeschichte der engeren Heimat und der Erde insgesamt» vermittle. Dies sah er bereits 1932 verwirklicht in drei Sälen: der Tierwelt der Schweiz, den schweizerischen Mineralien und der geologischen Sammlung. Das Ziel wäre für ihn, die Sammlungen als «ein kleines Lehrbuch» zu präsentieren, das statt Abbildungen «die natürlichen Objekte in sorgfältiger Auswahl» präsentiere. Die wissenschaftliche Sammlung sei in Wirklichkeit schon damals «in den Kellern, den Räumen hinter den Schausammlungen und im Haus zum ‹Weissen Bär›» untergebracht gewesen.

295 Kohler, 2006, 108: «The segregation of display and study collections, discussed as early as the 1850s in European museums, became official policy at the Museum of Comparative Zoology in 1878, at the U.S. National Museum in 1881, at the Academy of Natural Science in 1889, and in the 1890s in museums everywhere.» Zu Wilhelm Haacke siehe Heinz Penzlin, ‹Die theoretische und institutionelle Situation in der Biologie an der Wende vom 19. zum 20. Jahrhundert›, in: Jahn, 2004, 431–440, insbes. 440.

296 Schaub, 1967, 95f.

297 Schaub, 1967, 94. Vgl. JB 1952: Die Übernahme der Häuser ‹zum Fälkli› und ‹zum Venedig› sollte die wachsende Platznot beheben.

298 Jahresbericht 1946 (Typoskript), ED-REG 1, 285-3-3 (1).

299 Handschin hatte 1952 als Kommissionspräsident (eventuell noch früher) diese beiden Liegenschaften bei der Regierung für das Museum verlangt; sie waren nach dem Krieg mit Notwohnungen belegt worden, ED-REG 1, 285-1 1, Besprechungsnotiz vom 11.12.1952. – ‹Zum Venedig› wurde 1942 durch die Einwohnergemeinde angekauft und 1955 für das Museum umgebaut, vgl. Kunstdenkmäler des Kantons Basel-Stadt 7, 2006, 111. – ‹Zum Fälkli›: 1942 Kauf durch die Einwohnergemeinde. 1955 und 1966 umgebaut für die Bedürfnisse des Museums, vgl. Kunstdenkmäler des Kantons Basel-Stadt 7, 2006, 317.

300 Personenlexikon des Kantons Basel-Landschaft, Eintrag ‹Walter Schaub›, http://www.arxhof.bl.ch/docs/archive/hist/bio/7/SCHAUB_Walter.htm. Janner, 2008, 50ff. Hottinger, 1998.

301 Bonjour, 1960, 760 nennt das Datum.

302 AZ 31.10.1958.

303 Interview Grönhagen 13.9.2007.

304 Interview Grönhagen 13.9.2007.

305 Kreis, 1986, 41f.

306 Basler Nachrichten 8.4.1959. National-Zeitung 28.9.1973. BaZ 28.3.1979. Dieselbe 28.9.1983.

307 Interview Grönhagen 13.9.2007.

308 Nach der Pensionierung von Grütter, der die mineralogischen Sammlungen im Bernoullianum und am Museum zugleich betreut hatte, begann der Weg zur Einstellung eines beamteten Abteilungsvorstehers (Stefan Graeser) und eines Konservators (Josef Arnoth, als Bewerber zuerst abgelehnt, weil Studium noch nicht beendet, ab 1972 zuerst aushilfsweise, dann definitiv beschäftigt, Protokoll Kommission 5.9.1972), Protokolle Kommission 13.4.1964, 9.3.1966, 28.11.1966, 9.3.1967. Graeser trat die Stelle am Basler Museum erst 1968 an, da er ein Nationalfondsprojekt abschliessen wollte, Protokoll Kommission 28.11.1967.

309 Der Konflikt um die Anstellung Gebhards gab Anlass, statt einen gleich zwei Präparatoren (beide neuen Männer waren Deutsche, Jürgen Gebhard und Rainer Schmidt) einzustellen – das Erziehungsdepartement lehnte zunächst die Beschäftigung eines Ausländers ab, Protokoll Kommission 13.3.1964, 19.11.1964.

310 Hans Schaub, Nummulites et Assilines de la Téthys paléogène: taxinomie, phylogenèse et biostratigraphie, Basel 1981.

311 Interview Grönhagen 13.9.2007.

312 Der Plafonierungsbeschluss vom August 1969 zielt unter anderem auf alle universitären Institutionen, um die Ausgaben zu begrenzen und eine Ausgabenplanung konzeptionell einzuleiten, Kreis, 1986, 42 und 275ff. Die Stellenplafonierung erfasste das Museum 1972, JB 1972–1975.

313 Janner, 2008, 30.

314 Protokoll Kommission 20.3. und 17.12.1959.

315 Interview Grönhagen 13.9.2007.

316 Die Rechnungen zeigen eine Vielfalt von Fonds mit grösseren oder kleineren Kapitalien. Eine Zusammenfassung als ‹Stiftung zur Förderung des Naturhistorischen Museums› wurde 1974 hergestellt. Protokoll Kommission 25.1.1974.

317 Protokoll Kommission 6.3.1961, 16.3.1961.

318 Protokoll Kommission 28.11.1967.

319 Protokoll Kommission 22.2.1965, 9.3.1966, 21.2.1968.

320 Protokoll Kommission 1.2.1965 (Revision der Osteologie durch Kommissionsmitglieder), 22.2.1965. 9.3.1966 berichtete das Kommissionsprotokoll von einem «wahnsinnigen Konflikt» in der Osteologie, den Kommissionspräsident Sarasin und Rudolf Geigy zu schlichten versuchten. Konflikte in der Osteologie brachen auch nach Hürzelers Pensionierung wieder aus, Protokoll Kommission 10.2.1975. 1979 wollte die Kommission einen Beamten wegen unbefriedigender Amtsführung nicht in seiner Position bestätigen, sah aber davon ab, einen entsprechenden Antrag an die Regierung zu stellen, weil diese damit nicht einverstanden gewesen wäre (der betreffende Beamte war Grossrat und gehörte der gleichen Partei an wie der zuständige Regierungsrat). Nach Protokoll Kommission 7.5.1979, 15.11.1979, 21.12.1979. 1980/81 wurde die Osteologie aufgeteilt in Säugerpaläontologie einerseits, rezente Osteologica, fossile Nicht-Säuger, Pleistozän andererseits, Protokoll Kommission 28.1.1981 und JB 1980.

321 1967 wurde für die Anstellung von Reinhart Gygi als ‹Assistent› und Nachfolger Lukas Hottingers diskutiert, ob man ihm nicht explizit 50% der Zeit für eigene Forschungen zugestehen solle, um die Dürftigkeit des Gehaltes zu kompensieren, Protokoll Kommission 28.11.1967. Wir erinnern auch an die offensichtlich unzulänglichen Lohnansätze der vorausgehenden Epochen der Museumsgeschichte.

322 Marcus von Orelli, der als einer der fähigsten und sympathischsten Mitarbeiter bezeichnet wurde, kündigte eine Anstellung als Assistent I am Museum und trat bei CIBA eine Stelle in der Schädlingsbekämpfung an. Die Museumskommission und Direktor Schaub nahmen diesen Vorgang zum Anlass, eine Änderung der Funktionsbezeichnungen und der Lohnansätze im Museum zu verlangen. Schreiben vom 30.7.1962 und 19.10.1962 an Kuratel, StABS ED-REG 20, 2-18 1, Akten Naturhistorisches Museum, Kuratelspräsident Max Staehelin.

323 Schaub und der Kommissionspräsident stellten am 5.2.1963 bei der Kuratel den Antrag, die Amtsbezeichnungen zu revidieren und die Besoldungen neu zu ordnen. Assistenten I und II seien nur wie Primarlehrer bezahlt; man solle sie wie Mittellehrer bezahlen. Die Position der Assistenten II sei für Wissenschaftler mit Abschluss unbefriedigend; man soll diese Funktion neu nur für Doktoranden verwenden. Bedeutende Forscher seien auf Lebzeit als Assistenten I angestellt, wie der Ornithologe Sutter. Man solle für sie die Amtsbezeichnung Konservator einführen. Abteilungsvorsteher sei keine offizielle Funktion, man solle diese als Konservatoren I bezeichnen; Konservatoren II sollten die Sammlungsvorsteher heissen. Es folgte eine

interessante Aufstellung der damaligen Löhne (als Brutto-Löhne): Museumsdirektor Fr. 21000–29000, Konservator 17000–22000, Assistent I 15000–20000, Assistent II 13000–18000. Im Vergleich dazu die Lehrerlöhne: Lehrer der Sekundarstufe II 19000–26000, solche der Sekundarstufe I 16000–23000, Primarlehrer 14000–20000. ED-REG 20, 2-18 1, Akten Naturhistorisches Museum, Kuratelspräsident Max Staehelin.

324 Protokoll Kommission 4.10.1962. JB 1962.

325 Protokoll Kommission 10.2.1966. Die Konflikte in der Geologie zogen sich bis 1969 hin. Eine Frühpensionierung des damaligen Vorstehers aus gesundheitlichen Gründen wurde dann als Lösung ernsthaft erwogen, Protokoll Kommission 15.1.1969, 31.1.1969. Der Betroffene wehrte sich mit Beizug eines Anwalts dagegen, 28.10.1969. Inzwischen wurde der ehrenamtliche Mitarbeiter der Geologie, Kugler, zum interimistischen Abteilungsvorsteher ernannt, 28.10.1969 (auch in JB 1969–1971). Vom 1.12.1969 bis 1973 leitete Kugler so die Geologie mit Erfolg, 24.2.1970, 7.1.1971 (JB 1972–1975). Mit der Pensionierung des Vorstehers rückte Konservator Peter Jung 1972 in die Stellung des Abteilungsvorstehers der Geologie auf, wobei John Saunders seinerseits 1975 für Jung in die Konservatorenstelle nachrückte, ebenda.

326 Wittmer sollte eine neugeschaffene Stelle als Assistent I am Museum erhalten, berichtet das ED der Kuratel am 21.3.1968. Der 1915 geborene Wittmer hatte eine kaufmännische Lehre gemacht und war dann als angestellter Kaufmann vier Jahre in Zürich und fünf Jahre in Südamerika tätig gewesen. Dann gründete er ein eigenes Exportgeschäft in Argentinien, das er dort zehn Jahre betrieb. Schliesslich kehrte er in die Schweiz zurück und betrieb von Herrliberg (Zürich) aus während weiteren 11 Jahren eine eigene Importfirma. 1966 verkaufte er seine Firma, um sich ganz der Entomologie zu widmen. Die Bezahlung, die Basel-Stadt für seine Tätigkeit als Entomologe am Museum offerierte, stand in einem offensichtlichen Missverhältnis zu Wittmers vorherigem Einkommen. Ernennung von Wittmer zum Abteilungsvorsteher Entomologie durch Regierungsratsbeschluss vom 9.7.1968, StABS ED-REG 20 2-18 2 Akten Naturhistorisches Museum, Kuratelspräsident Max Staehelin.

327 Diese Stiftung wurde der Verwaltung durch den freiwilligen Museumsverein unterstellt und auf diese Weise der Kontrolle durch die Kommission für das Naturhistorische Museum entzogen, Protokoll Kommission 12.1.1978. Das Kapital stammte von Wittmer selbst und von Rudolf Geigy, JB 1969–1971.

328 Protokoll Kommission 24.2.1970, 8.12.1970. Regierungsratsbeschluss 21.7.1970, Anstellung per 1.9.1970. Der Betreffende war der einzige Bewerber für die Stelle als Wissenschaftlicher Assistent I, und er wurde von Wittmer zur Bewerbung explizit aufgefordert. Offiziell arbeitete er 1970–1986 für das Basler Museum; während dieser Zeit habilitierte er sich 1983 in Zoologie an der Universität Basel. Ab 1987 führte er den Titel eines Professors für ‹Entomology and Dynamic Biogeography› an der Universität Lausanne. Seit 1999 war er Dozent am Institut NLU-Biogeographie Basel. Im Jahr 2000 wurde er dort zum Titularprofessor befördert. www.unibas.ch/index; Archiv Pressemitteilungen für 2000.

329 Protokoll Kommission 23.6.1980 (Nachfolge Wittmer). Direktor Rahm wollte ursprünglich dem Betreffenden die Leitung der Entomologie übertragen und die durch seine Beförderung freiwerdende Konservatorenstelle zu je 50% anderen zuteilen, einer davon war der später Gewählte. Wittmer meldete Einspruch gegen die Beförderung dieser früher von ihm empfohlenen Person an, Protokoll Kommission 15.11.1979, 31.1.1980.

330 Protokoll Kommission 25.1.1984.

331 Protokoll Kommission 16.3.1961.

332 JB 1960 unterscheidet innerhalb der Geologischen Abteilung je eine paläobotanische und eine paläozoologische Sammlung.

333 Gestaltung von Urpferden, JB 1953.

334 Basler Nachrichten 3./4.4.1965.

335 JB 1953, 1954, 1955, 1956. JB 1960.

336 Janner, 2008, 38ff.

337 Basler Nachrichten 4.8.1958. JB 1958.

338 Basler Nachrichten 25.6.1960 und viele weitere Quellen.

339 Hürzeler publizierte seit 1949 über den Oreopithcus: ‹Neubeschreibung von Oreopithecus bambolii Gervais›, in: Schweiz. Palaeont. Abh. 66, 1949, 1–20. Die vorübergehende Geringschätzung änderte ab 1986, Kommissionsprotokoll 27.1.1988: Forschungen von T. Harrison (‹A reassessment of the phylogenetic relationships of Oreopithecus bambolii Gervais›, in J. Hum. Evol. 15, 1986, 541–583) liessen die Arbeiten von Hürzeler wieder als aktuell erscheinen, in der Kommission wurde angeregt, das Museum soll dazu eine Broschüre herausbringen (vgl. Anm. 345, Ausstellung 1994).

340 Gespräch mit Christian Meyer, 10.8.2007.

341 JB 1954. Biografische Angaben Janner, 2008, 43ff.

342 Mit der Dozentur war eine Remuneration verbunden, er las über Osteologie und Odontologie der rezenten und der fossilen Primaten und baute eine 4-teilige Vorlesung (die sich jeweils über vier Semester erstreckte) über Primaten auf. Daneben betreute er Dissertationen, u.a. diejenige von B. Engesser und von Heizmann. Vgl. Gesuch um Beurlaubung von den Vorlesungen für ein Jahr nach 10-jähriger Tätigkeit an der Universität, Hürzeler an Kuratel 28.4.1969, StABS ED-REG 20, 2–18 2 Akten Naturhistorisches Museum, Kuratelspräsident Max Staehelin.

343 Haag/Haas/Hürzeler, 1962. Hürzeler, 1962.

344 National-Zeitung 18.3.1974.

345 BaZ 31.1.1978. Der Oreopithecus wurde 1994 Gegenstand einer Sonderausstellung am Naturhistorischen Museum Basel, Verwaltungsbericht des Regierungsrates für 1994. BaZ 26.8.1995. Hürzeler wurde im Basler Magazin (Beilage zur BaZ) vom 8.8.1998, S.1–5, durch Burkhart Engesser gewürdigt; zum gleichen Zeitpunkt zeigte das Naturhistorische Museum erneut eine Oreopithecus-Ausstellung. JB 1998. Engesser, 2000.

346 Elisabeth Schmid (1912–1994) pendelte zunächst zwischen Freiburg i. B. und Basel. 1951 habilitierte sie sich in Basel, 1953 eröffnete sie das Labor für Urgeschichte am Stapfelberg in Räumen, die zum Völkerkundemuseum gehörten. Berger, 1977. Schibler, 1994.

347 Protokoll Kommission 25.10.1967, 28.11.1967.

348 JB 1998.

349 Protokoll Kommission 29.1.1971: Bay will sich im Stapfelberg etablieren und die Räume dort selbst mit Studenten renovieren.

350 Protokoll Kommission 25.1.1974.

351 Zur Geschichte der Liegenschaft Stapfelberg 6 vgl. Kunstdenkmäler des Kantons Basel-Stadt 7, 2006, 321.

352 Protokoll Kommission 12.1.1978, 8.3.1978.

353 JB 1981.

354 Protokoll Kommission 28.10.1991.

355 Protokoll Kommission 21.3.2002.

356 Protokoll Kommission 16.11.1961, 4.10.1962.

357 Protokoll Kommission 4.10.1962.

358 Ratschlag Nr. 6110, 1964. Nach Interview Grönhagen, 13.9.2007, kann davon ausgegangen werden, dass Schaub selbst, beraten durch das Erziehungsdepartement, den Ratschlag verfasste.

359 Ratschlag betreffend Erweiterung und Umbau des Naturhistorischen Museums, den Mitgliedern des Grossen Rates des Kantons Basel-Stadt vorgelegt am 11. September 1964 (Nr. 6110). Planbeilagen zeigen Raumnutzung im Ist-Zustand und die Neubauten.

360 Interview Grönhagen 13.9.2007.

361 JB 1965.

362 Schaubs Konzeption wird von ihm selbst knapp, aber umfassend skizziert in Schaub, 1967, 101–106.

363 So schon, einschliesslich Aussicht auf Bundessubventionen, Schaub in JB 1962.

364 Protokoll Kommission 10.2.1966.

365 Protokoll Kommission 24.2.1970.

366 Protokoll Kommission 9.3.1966, 25.10.1967.

367 Protokoll Kommission 25.10.1967. 26.1.1968. JB 1968.

368 Protokoll Kommission 29.1.1971.

369 Interview Grönhagen 13.9.2007.

370 Protokoll Kommission 25.1.1974. Protokoll Kommission 20.2.1974 Rückendeckung der Kommission für Schaub und erstmals Kritik an (anderen!) Museen, die «sammeln ad infinitum» betreiben würden und immer höhere Ansprüche an Platz und Personal stellten.

371 Protokoll Kommission 22.4.1975.

372 JB 1961 entwickelte in wenigen Sätzen aus einer Kritik der bestehenden Dauerausstellungen Teile des Umbaukonzepts; schon hier wurde klargestellt, dass vor dem Umbau ausreichender Lagerraum für die Sammlungsbestände gefunden werden müsse. 1961 waren Fr. 25 000 für entsprechende Abklärungen budgetiert.

373 Protokoll Kommission 17.12.1959, 15.12.1960.

374 Forcart in Stuttgart, Frankfurt, London; Schaefer bei ICOM und in deutschen Museen; Schaub in Stuttgart, Frankfurt, Paris, JB 1962.

375 JB 1965.

376 Protokoll Kommission 14.11.1974, 15.11.1974.

377 Protokoll Kommission 20.2.1974.

378 Protokoll Kommission 15.11.1974.

379 Verwaltungsbericht des Regierungsrates 1971. Der Bericht kündigt ferner den Ausbau der Öffentlichkeitsarbeit der Museen an.

380 Beccarelli, 2005, 2 rechnet die Museen insgesamt zur «Freizeit- und Unterhaltungsindustrie».

381 Verwaltungsbericht des Regierungsrates 1978 lobt die damals neue geologische Dauerausstellung als modern, attraktiv; sie brauche jedoch eine dauernde technische Betreuung, dafür sei sie sehr gut besucht.

382 Protokoll Kommission 12.2.1979. 7.5.1979.

383 Die ursprünglichen Gebäude stammen von 1889 (Galérie de Zoologie) und 1898 (Galérie de Paléontologie et d'Anatomie comparée), Aurel Schmidt, 1992, 21. Der Bau von 1889 wurde damals als ‹Louvre de la science› gefeiert, Laissus, 1995, 26, 73. Zur Baugeschichte Van Praët, 2005, 84. Exemplarisch steht heute auch das Naturhistorische Museum in Wien da, das als ‹Gesamtkunstwerk› aus Architektur, künstlerischer Ausstattung, Exponaten und Museologie erlebt werden kann, Kruspel, 2000.

384 Eine Tendenz zur temporären Ausstellung, oft zu Ungunsten der Sammlungen, konstatiert allgemein seit den ausgehenden 1960er-Jahren Beccarelli, 2005, 45. Das Ziel nennt er «blockbuster exhibitions» im Trend «zu immer grösseren und spektakuläreren Wechselausstellungen, der bis heute andauert und in den 1980er und zu Beginn der 1990er Jahre seinen vorläufigen Höhepunkt fand».

385 Der Plan, die Wanderausstellung über chinesische Saurier zu übernehmen, erscheint erstmals im Protokoll Kommission 7.12.1988. Über die konkretere Planung und die Höhe des Budgets (Fr. 622 000) orientierte Jung am 14.6.1989, wobei Kommissionspräsident Sarasin erklärte, er unterstütze den Plan nicht, da er mit dem Regime in China nicht einverstanden sei (wohl ein Hinweis auf das Massaker vom Tien An Men-Platz, 4.6.1989). Die Ausstellung war vorher in Cardiff und in Stockholm (wo eine Delegation des Museums aus Saunders und Schaefer sie gesehen und mit den Chinesen verhandelt hatte, JB 1989/90) sehr gut aufgenommen worden. Nach Abschluss wurde am 14.2.1991 gemeldet, dass die Ausstellung in Basel während 8 Monaten zu sehen gewesen und 156 000 Besucher angezogen habe. Nun gehe sie nach Darmstadt. Dabei musste der erzielte Gewinn an die Staatskasse abgeliefert werden, Protokoll Kommission 25.2.1992. Der Aufwand war für das vergleichsweise kleine Museum sehr gross; beklagt wurde, dass die täglichen Arbeiten dadurch liegen geblieben seien, Verwaltungsbericht des Regierungsrates für 1990. Ort der Ausstellung war der dritte Stock. Nach dem Abbau der Ausstellung wurde über eine Neueinrichtung mit Dauerausstellung diskutiert, 1995.

386 Da die Besucherzahlen im Verlauf der 1980er- und 1990er-Jahre insgesamt in den Museen stark zunahmen, spielte sich der Wettbewerb auf einem immer höheren Frequenzniveau ab. Alle Basler Museen zusammen hatten 1980 bereits 650 000 Eintritte verzeichnet; 1998 war man bei 1 150 000 angekommen; Beccarelli 2005, 1. Dem entsprach übrigens nur ein Ausgabenwachstum um den Faktor 1,2 (Aufwand der öffentlichen Hand), ders. 2. – JB 2000 nennt die Kunstmuseen als Modelle für immer aufwendigere Sonderausstellungen. Sonderausstellungen sind in den Augen der Direktoren wichtig z. B. mit Blick auf das Parlament. Die kulturinteressierte Öffentlichkeit erwartet, etwas Fremdes, Neues, Grosses zu sehen, was nur Sonderausstellungen leisten können. Das Publikum verliert auf diese Weise den Sinn für die Wertschätzung der in Basel vorhandenen Sammlungen. Die sich öffnende Schere zwischen Erwartung und Angebot ist ein weltweiter Trend. Peter Blome im Gespräch mit dem Verfasser, 2. 7. 2007.

387 Jung/Saunders, 1987. Ferner ‹Hans G. Kugler, ein Basler Ölpionier›, Ausstellung im Hochparterre des Naturhistorischen Museums Basel vom 20. 4.–3. 7. 2007. Kugler verdankt das Museum u. a. paläontologische Sammlungen aus Trinidad, Venezuela und den Kleinen Antillen, geologische Kartierungen, eine Fachbibliothek und die Kugler-Werdenberg-Stiftung zur Förderung paläontologischer und zoologischer Aktivitäten an Museum.

388 Jahresbericht 1934 erwähnt Sendungen von Zoologica und Geologica aus Trinidad von Kugler, Typoskript, StABS Erziehung DD 17, Naturhistorisches Museum 1931–1955. JB 1951 erwähnt Materialsendungen aus Trinidad. Diese gingen vorher teils nach Basel, teils nach Bern. An der Universität Bern sollte sie Rutsch, der frühere Basler Kustos für die geologischen Sammlungen und inzwischen in Bern Professor, bearbeiten. Dieser stellte 1950 die Arbeit an diesen Beständen ein.

389 Auf Empfehlung Kuglers wurde 1974 John B. Saunders angestellt (pensioniert 1993, Protokoll Kommission 22. 3. 1993), der ihn bei der Festigstellung seiner Trinidad-Monografie unterstützen sollte (Protokoll Kommission 4. 1. 1982: damals war diese Monografie noch nicht fertig). Dieses Vorgehen führte zu Protesten von Hottinger und Laubscher in der Kommission, die sich von der Diskussion ausgeschlossen sahen, Protokoll Kommission 25. 1. 1974. Zwei Jahre später ging es um die definitive Anstellung von Saunders (der damals gerade auf einem längeren, durch Texaco finanzierten Urlaub war) auf die Konservatorenstelle Mikropaläontologie. Dies führte wiederum zu Protesten, weil eine starke Lobby versuchte, diese Stelle für den Pionier der archäobotanischen Pollenanalyse, Bernhard W. Scheuring, zu nutzen, Protokoll Kommission 5. 2. 1976, 8. 7. 1976. 7. 10. 1976 – mit einer Intervention Zollers vom Botanischen Institut zugunsten Scheurings (aber auch der Kommissionsmitglieder Lang und Kramer, die beim Chef des Erziehungsdepartements vorstellig wurden); Scheuring war selbst Mitglied der Museumskommission (gewählt als Vertreter der Assistenten). Hauptargumente waren, dass Scheurings Fach einen neuen Schwerpunkt bedeutet hätte in Zeiten der Finanzknappheit, während man die Foraminiferenforschung weiterführen müsse.

390 JB 1961 erwähnt, dass Kugler Jung in der Funktion eines persönlichen Assistenten ins Museum holte. Das Museum stellte am 30.3.1965 beim ED einen Antrag auf die Schaffung einer Stelle für Jung mit einer ausführlichen Begründung. Das Museum sei ein «europäisches Zentrum» für Mollusken, insbesondere Muscheln und Schnecken des Tertiärs und Quartärs dank Baumberger. 1928 sei Dr. Rutsch als Kustos angestellt worden, der 1939 als Professor an die Universität Bern gegangen sei; damit endeten die Aktivitäten im Bereich der Tertiären Mollusken in Basel. Lothar Forcart befasse sich mit rezenten und quartären Süsswassermollusken; er werde in 2 Jahren pensioniert werden. H. G. Kugler fördere das Studium mittelamerikanischer tertiärer Mollusken; Jung habe über dessen Material 1964 mit Kuglers finanzieller Unterstützung doktoriert und sei danach für 5 Monate mit Kugler nach Trinidad gegangen; dann sei er SNF-Assistent am Museum geworden. Hottinger sei 1964 Assistent I am Museum geworden, seit kurzem sei er Privatdozent (Foraminiferen des Mesozoikums und des Tertiärs) und er werde voraussichtlich Reichels Aufgaben an der Universität übernehmen. Dadurch würde er teilweise für das Museum ausfallen. Hottinger, Hans-Peter Luterbacher (SNF-bezahlt) und Schaub bildeten in dieser Darstellung ein Team für die Biostratigrafie des Tertiärs; dieses Team brauche Jung zur Ergänzung in Malakologie. Am 10.5.1965 befürwortete die Kuratel die Neuschaffung einer Stelle für Jung am Museum, Kuratel an ED. Am 20.10.1965 empfahl die Kuratel rückwirkend auf den 1.10.1965 die Wahl von Jung zu einem Assistenten I am Museum, Kuratel an ED. ED-REG 20, 2–18 1 Akten Naturhistorisches Museum, Kuratelspräsident Max Staehelin.

391 Das Projekt DSDP lief von 1966 bis 1984, das Nachfolgeprojekt begann 1985 als Ocean Drilling Project ODP, http://www.iodp.tamu.edu/publicinfo/glomar_challenger.html; http://www.odp.tamu.edu/glomar.html. Hölder, 1989, 103, spricht von «dramatischen Fortschritten» seit 1968 dank dem Projekt der Tiefseebohrungen des Schiffes Glomar Challenger, das seit 1968 als US-Projekt, seit 1974 als internationales Ocean Drilling Project laufe, und berichtet über die Hauptergebnisse – ohne Hinweise auf die Bedeutung von Basel.

392 JB 1967: Jung am Smithsonian.

393 Protokoll Kommission 10.3.1972, 2.7.1973.

394 Einschätzung Christian Meyer in Gespräch vom 10.8.2007.

395 Protokoll Kommission 22.3.1993, 3.11.1993.

396 Die Project Website betreut heute Laurel S. Collins an der International University of Florida in Miami. Dort eine Liste der Forscher nach dem Stand vom 15.3.2005. Das Steering Committee bestand aus fünf Persönlichkeiten: Ann Budd (systematics coordinator), Anthony Coates (stratigraphy), Laurel Collins (information coordinator), Jeremy Jackson (scientific coordinator), Peter Jung (curator of molluscs). Die Mollusken wurden in Basel deponiert und zusätzliches Mollusken-Material am Department of Paleontology, Natural History Museum, London, gelagert. Rare Taxa wurden ebenfalls in Basel deponiert. Zur Projektgeschichte http://eusmilia.geology.uiowa.edu/ppp.htm (Neogene Marine Biota of Tropical America): Begonnen wurde das Vorhaben 1986 durch Jeremy Jackson und Anthony Coates, Smithsonian Tropical Research Institute. Die Bestimmung der Mollusken besorgten Jung und Todd. Zwei wichtige Berichts-

publikationen liegen vor: Evolution and environment in tropical America, Chicago 1996; A paleobiotic survey of Caribbean faunas from the Neogene of the Isthmus of Panama, 1999 = Bulletins of American paleontology 357. Vgl. auch http://www.stri.org/English/research/facilities/ancon/research_projects.php.

397 Gespräch mit Christian Meyer, 10.8.2007.

398 Dieses ‹Forschungzentrum› setzt Schaefer mit der Osteologischen Abteilung des Museums gleich. Die Verbindung zur Basler Universität bestand aus der 1959 begonnene Vorlesungstätigkeit von Hürzeler. Hinzu kamen internationale Forschungskooperationen: Hürzeler und M. Crusafont-Pairó in Katalonien (Sabadell-Barcelona) und Schaefers Mitwirkung bei den Grabungen in Tel Ubeidiya in Kooperation mit der von Jerusalem aus unternommenen Grabungstätigkeit im Jordantal. Solche Grabungen wurden vom SNF unterstützt; vgl. Schaefer, 1967, 74f., 77, 79.

399 Gespräch mit Christian Meyer, 10.8.2007.

400 Protokoll Kommission 19.8.1971, 15.12.1971, mit Beilage ‹Ein Rahmenkonzept der morphologischen Forschung in Basel› von Lukas Hottinger, 12.12.1971. Das von Hürzeler selbst gelieferte Exposé vom 27.9.1971 fehlt.

401 JB 1969–1971 wiederholte diesen Gedanken: Dort wurde mitgeteilt, dass die Kommission grossen Wert auf die Beziehungen zwischen Museum und Universität lege, wobei die Zoologische Anstalt Bezugspunkt für die Abteilungen Zoologie, Osteologie und Anthropologie sei (in dieser Auffassung gehörte Osteologie zur Zoologie und nicht zur Paläontologie). Die Arbeit am Museum stelle den systematischen Teil der Zoologie dar. Geologie und Mineralogie sollten sich entsprechend auf die analogen Universitätsinstitute beziehen. Entsprechend feierte dieser Jahresbericht das Museum als Ort der morphologisch-taxonomischen Forschung, die von 12 beamteten Wissenschaftlern, 15 Freiwilligen und 2 SNF-besoldeten Mitarbeitern durchgeführt werde. Der kritische Tenor von Hottingers Angriff auf die Traditionen wurde in der Darstellung im Jahresbericht weitgehend unterdrückt.

402 Alle Angaben zu Rahm aus der Perspektive von Universität, Kuratel und z.T. Regierung in StABS ED-REG 20, 2–17, 2 Akten Phil. II, Kuratelspräsident Max Staehelin.

403 Centre suisse de recherches scientifiques en Côte d'Ivoire, von Rudolf Geigy zusammen mit seinem Neuenburger Kollegen Jean-Georges Baer gegründet; Stettler, 2002, 58.

404 Anlässlich von Sutters Pensionierung wurde in der Kommission festgestellt, dass Basel die grösste und kompletteste Sammlung einheimischer Vögel besässe, die in Zusammenarbeit mit der Vogelwarte Sempach zu einem wertvollen Arbeitsinstrument ausgebaut worden sei. Protokoll Kommission 15.11.1979. Sutters Pensionierung war auf 31. Mai 1980 geplant.

405 Protokoll Kommission 25.10.1967, 26.1.1968, 31.1.1969.

406 Protokoll Kommission 7.3.1969.

407 Protokoll Kommission 28.10.1969, 24.2.1970.

408 Siehe dazu das nachfolgende Kapitel.

409 Graeser wurde 1935 geboren, legte die Maturitätsprüfung in Brig ab und studierte dann in Bern. 1956 bis 1964 war er Doktorand und Assistent in Bern bei Niggli, 1964 wurde er dort promoviert und im selben Jahr Assistent bei ‹Fräulein› Prof. Jäger am Alterslabor (sic) der Universität Bern. In Basel erhielt Graeser eine neugeschaffene Stelle. Die Ernennung zum Vorsteher der Mineralogischen Abteilung des NMB datiert vom November 1968, worauf er seinen Arbeitsplatz im Bernoullianum bezog. ED an Kuratel 27.11.1967, StABS ED-REG 20, 2–18 1 Akten Naturhistorisches Museum, Kuratelspräsident Max Staehelin. Graeser wurde 1971 durch den Mineralogie-Professor Wenk aufgefordert, sich an der Basler Universität zu habilitieren, Protokoll Kommission 7.1.1971. Die Idee war, dass das Museum mit dem Direktor Schaub (Geologie-Paläontologie, Extraordinarius), dem damaligen Vizedirektor Rahm (Zoologie, ebenfalls Extraordinarius) und schliesslich mit dem künftigen PD Graeser im Universitätsleben präsent sein sollte. Die Fakultät beantragte die Venia für Mineralogie bei der Regenz am 28.6.1971, StABS ED-REG 20, 2–17 2, Akten Phil. II, Kuratelspräsident Max Staehelin.

410 Beitrag des Museums zur Grün 80 war eine Sonderausstellung ‹Die Biene›, Verwaltungsbericht des Regierungsrates für 1980.

411 Protokoll Kommission 4.1.1982.

412 Protokoll Kommission 3.12.1984. 1985 gab es eine interne Planungsgruppe, zusammengesetzt aus Jung, Saunders, Engesser, Winkler und Grönhagen. Protokoll Kommission 13.2.1986. Das Ende des Plans erwähnt Protokoll Kommission 27.1.1988.

413 Protokoll Kommission 27.1.1983. 22.11.1983. 25.1.1984. – Ursprünglich war das Museum täglich von 9 bis 12 und von 14 bis 18 Uhr (im Winter nur bis 17 Uhr) offen gewesen; freien Eintritt hatte man an Sonntagen von 10:15 bis 12:15 und 14 bis 16 Uhr sowie an Mittwochen von 14 bis 16 Uhr, Ordnung für die Öffnungszeiten der Basler Museen, vom Regierungsrat genehmigt am 23.8.1932, StABS UA XII 1 Akademische Anstalten 1926–1940, und revidierte Ordnung für den Besuch des Museums für Natur- und Völkerkunde vom 4.1.1935 in StABS Erziehung DD 17 Naturhistorisches Museum 1931–1955; der Eintritt kostete damals Fr. 1.

414 Protokoll Kommission der entsprechenden Tage. Bei den Protokollen liegt ein Entwurf vom 20.5.1987 ‹Das Naturhistorische Museum Basel und das Jahr 2000. Ein Konzept›. Das Konzept folgt der Bestimmung in RR-Bericht Nr. 7922 vom 25.7.1986, S. 40, wonach die Museen ihre Institutionspolitik autonom bestimmten. Gesetzliche Grundlagen waren das Universitätsgutsgesetz vom 16.10.1919 (Vorgeschichte dazu in StABS Erziehung A 13 Universitätsgesetz 1865–1904 mit Entwürfen der Kuratel von 1899 und 1901) in der Fassung vom 8.12.1927 mit VO über die Unveräusserlichkeit der Sammlungsgegenstände vom 29.10.1946 und Ordnung über das Naturhistorische Museum vom 24.8.1956.

415 Protokoll Kommission 10.9.1987, darin Konzept Schreiben Rahm an Susanne Imbach ED vom 11.9.1987. Verwaltungsberichte des Regierungsrates für 1985 und 1986.

416 Protokoll Kommission 6.2.1990.

417 Einen Teil dieses Einsatzes für Naturschutz verdankte das Museum immer wieder privaten Initiativen seiner Mitarbeiter; so spielte der Konservator Gebhart eine führende Rolle in der

Bewegung zum Schutz der Fledermäuse, während der wissenschaftliche Zeichner Armin Coray sich die Rettung des Erdbockkäfers Dorcadion fuliginator zum Ziel gesetzt hatte. Zum Thema Erdbockkäfer in den 1980er-Jahren Ritter 1992, 234–237. JB 1985/86.

418 Vgl. auch Kapitel 6.11, unten.

419 Heute unter dem Titel Fauna of Arabia, hg. v. Wilhelm Büttiker, Friedhelm Krupp, Iyad Nader, Wolfgang Schneider, vgl. http://www.libri.ch/agency/services/faunaofarabia.htm.

420 Kohler, 2006, 120–123, beschreibt dieses für US-Museen für die Wende zum 20. Jahrhundert. Lehrreich ist an derselben Stelle der Hinweis auf das Problem, dass Stifter und Museumsleiter schon in den 1920er-Jahren attraktive Ausstellungen für wichtiger erachteten als wissenschaftliche Forschung; für diese Ausstellungen wurden Feldkampagnen grosszügig finanziert, die Material dafür bringen sollten – die Kosten für die wissenschaftliche Auswertung dieser Funde mussten beiläufig ins Budget für Expedition und Sammlung ‹hineingeschmuggelt› werden. Die Grosszügigkeit einzelner Philanthropen erlaubte aber daneben den Betrieb eigentlicher Forschungsmuseen, ebenda 123–133.

421 Sutter, 1952.

422 Protokoll Kommission 9.3.1967.

423 Auch Soemba geschrieben, die Reise galt als «erste grosse Expedition des Museums»; vom Naturhistorischen Museum nahm der Ornithologe Ernst Sutter teil, vom Völkerkundemuseum A. Bühler; die Naturkundler verfolgten das Ziel, die dort von Handschin 1930–1932 gesammelten Materialien zu ergänzen. Es wurden 800 Vögel geschossen und 100 000 Insekten gesammelt, dazu Reptilien in Alkohol konserviert; Jahresbericht für 1949, Typoskript, StABS ED-REG 1, 285-3-3 (1). – Die wissenschaftliche Auswertung begann 1952, JB 1952.

424 Die Zusammenarbeit begann 1947 mit der Vereinbarung, der zufolge die Vogelwarte Vogelbälge ins Basler Museum liefern sollte, Jahresbericht 1947, Typoskript, StABS ED-REG 1, 285-3-3 (1). – Bruderer war ein Portmannschüler, der zeitweise mit dem Ornithologen Ernst Sutter am Museum zusammenarbeitete, Protokoll Kommission 26.1.1968. Später wurde Bruderer Mitglied der Kommission für das Basler Naturhistorische Museum.

425 BaZ 22.11.1999, Nachruf von Raffael Winkler. Ders., ‹Ernst Sutter (1914–1999)›, in: Journal of Ornithology 141, 2000, 255–256. Ders., ‹Im Andenken an Ernst Sutter 1914–1999›, in: Ornithologische Gesellschaft Basel, 129. Jahresbericht, 1999, 5–8. Ders., ‹Ernst Sutter zum Gedächtnis. Redaktor 1954–1988›, in: Der Ornithologische Beobachter 97, 2000, 1–6 (mit Publikationsliste). Janner, 2008, 56 ff.

426 Die überlieferten Jahresrechnungen zeigen die Bedeutung der Stiftungen, über die das Museum verfügen konnte. Ob die Unterfinanzierung real, konstant und dramatisch war, ist vorläufig noch eine offene Frage. Die Quellen zur Finanzierungsgeschichte sind leider spärlich.

427 Die Abbildung in JB 1999, veröffentlicht unter dem Titel ‹Unser 1999›, entspricht StABS Bildersammlung Höflinger Hö B 50.

428 Meier, 2000, 192. Noch 1999, anlässlich des Jubiläums des Berri-Baus, fand das Museum den Gedanken absurd, zur Revalorisierung des Berri-Baus Zwischenböden wieder zu entfernen.

Erhaltung und Mehrung der Ausstellungsfläche hatten für das Museum absolute Priorität, JB 1999. – Zur Jubiläumsausstellung im Museum BaZ 23.4.1999 Nr. 94 S. 41. Die Presse berichtete, dass dafür ein Ausstellungselement rekonstruiert wurde, wie es im Museum für Völkerkunde (!) bestanden haben dürfte (Südamerika-Objekte). Auch stand ein alter Kasten stellvertretend dafür, dass das Naturhistorische Museum früher seine Objekte als «kurioses Sammelsurium» präsentiert habe.

429 Protokoll Kommission 3.5.1999, 20.11.2000. JB 1999 begründet das Interesse für einen neuen Museumsstandort mit Platzproblemen und dem Willen, Sammlung, Forschung und Ausstellung räumlich nicht radikal zu trennen. BaZ 29.11.1999 Nr. 279 S. 21 stellte damals eine geplante «Mammut-Zügelei» in Aussicht. Dabei wurde Direktor Peter Jung zitiert, der den Raummangel für die 11 Mio. Objekte beklagte.

430 Portmann wurde durch Regierungsratsbeschluss vom 1.7.1957 gestattet, sein Lehrpensum von acht auf fünf Stunden zu reduzieren, um seinen internationalen Verpflichtungen und seiner Forschungstätigkeit noch mehr Raum geben zu können; dafür sollte Nüesch befördert werden und einen erweiterten Lehrauftrag bekommen, Portmann an Kuratel 12.2.1957, Bericht ED an Regierungsrat vom 25.6.1957. ED-REG 1a, 2 Phil. Fak. II, Prof. Dr. Adolf Portmann Zoologie.

431 Regierungsratsbeschluss vom 26.3.1968 legt das Datum des Endes von Portmanns Amtstätigkeiten auf den 31.3.1968 fest. StABS ED-REG 20, 2–17 2, Akten Phil. II, Kuratelspräsident Max Staehelin. ED-REG 1a, 2 Phil. Fak. II, Prof. Dr. Adolf Portmann Zoologie, Schreiben Portmann an Kuratelspräsident Max Staehelin vom 27.7.1967.

432 Janner, 2008, 63.

433 Dazu Kohler, 2002. Zum Verhältnis zwischen Naturgeschichte und Experiment am Beispiel der Zoologie Nyhart, 1996, 432 ff.

434 Hermann J. Muller (1890–1967), Jahn, 2004, 909. Die Symposiumsbeiträge sind publiziert als Gordon E. W. Wolstenholme (ed.), Man and his future, Boston, Toronto, London 1963. Einer der Beiträge, auf den Portmann anspielte, war derjenige von Hermann J. Muller, ‹Genetic progress by voluntarily conducted germinal choice›, ebenda 247–261.

435 Weingart, 1988. Portmanns Kritik an Muller musste innerhalb des schweizerischen Kontextes auch als Angriff auf Ernst Hadorn verstanden werden; zur Verbindung Muller/Hadorn vgl. Stettler, 2002, 179 f.

436 Weingart, 1995. Weitere Angaben bei Stettler, 2002, 81 f., und 304, Anm. 136.

437 Mayr, 1982. Konrad Senglaub, ‹Neue Auseinandersetzungen mit dem Darwinismus›, in: Jahn, 2004, 558–579, Schema S. 577.

438 Deutlich zusammengefasst in Portmanns Schrift ‹Biologie als technische Weltmacht› von 1970, die der Verlag Arche herausbrachte.

439 Portmann propagierte seit 1945, also nicht erst als Antwort auf das Biozentrum, eine ‹allgemeine Biologie›, die er durch eine Reform des Hochschulunterrichts stärken wollte; Ritter, 2000, 245, 250, mit Hinweis auf den Beitrag von Portmann, ‹Allgemeine Biologie – ein Hochschulproblem›, in: Experientia 1, 1945.

440 Kellenberger et al., 1992, 117.

441 Das Biozentrum war in den ersten Jahren eine eigene öffentlich-rechtliche Institution und wurde erst 1973 durch Grossratsbeschluss zu einem regulären Bestandteil der Universität, Kreis, 1986, 137.

442 Hubert Bloch und Alfred Pletscher waren zugleich (mit Kellenberger) Mitglieder des Forschungsrates des Schweizerischen Nationalfonds (Kellenberger et al., 1992, 115). Bloch, Extraordinarius der medizinischen Fakultät, wurde 1970 Leiter des Friedrich-Miescher-Instituts; er starb 1974, Kreis, 1986, 113. Vorgänge und wechselnde Koalitionen sind komplex, vgl. Stettler, 2002, 181ff. Eine offiziöse Darstellung zum 20-jährigen Jubiläum bieten Kellenberger et al., 1992. Der Industriebeitrag betrug Fr. 5 Mio., wovon Fr. 2 Mio. allein von Roche stammten; der Staat bezahlte Fr. 32,5 Mio. daran, Kellenberger et al., 1992, 120. Höhe und Aufteilung der Kredite auch bei Kreis, 1986, 135.

443 Vgl. die Darstellung von Kreis, 1986, 110–113 und 134–139.

444 Ab Wintersemester 1972/73 konnten Basler Studierende im dritten und vierten Jahr ein Grundstudium mit Abschluss in ‹Biologie II› absolvieren, während vorher das Biozentrum ausschliesslich Doktoratskandidaten und Postdocs aufgenommen und sich von den Diplomstudiengängen ferngehalten hatte, Kreis, 1986, 111. Aus ‹Biologie I› (organismische Biologie) wurde später das ‹Departement Integrative Biologie› mit den Zoologie- und Botanikdozenturen, assoziiert mit dem Tropeninstitut, ca. 1996. Ab 1999 gab es wieder ein gemeinsames Kurrikulum ‹Biologie› mit Dozenten aus Zoologie, Botanik, Tropeninstitut und Biozentrum. 2001 wurde dies auf ein BA-Kurrikulum nach Bologna-Norm umgestellt. Mündliche Mitteilungen Bruno Baur an Verfasser, 29. 8. 2007.

445 Kellenberger in Gutachten für den Schweizerischen Wissenschaftsrat, 1971, mit Nachträgen 1980, aus den Papieren von Armin Fiechter (freundlicher Hinweis von Niklaus Stettler).

446 Kellenberger in Kellenberger et al., 1992, 116, beklagt sich, dass 1970 «das Biozentrum an der Ausbildung der Lehrer von Basel-Stadt nicht teilnehmen durfte» – ein seltsames Votum, gehörte es doch zur Gründungsphilosophie dieses Zentrums, sich auf Spitzenforschung zu konzentrieren, und wollte man sich anfangs nicht einmal mit Studierenden ohne Diplom abgeben. Zum Geist, aus dem heraus die Grundgedanken der Molekularbiologie in Basel abgelehnt wurden, vgl. Thürkauf, 1968, der damals kategorisch feststellte, «dass es nicht möglich ist, die Gestalt eines Lebewesens durch die Integration einer differentiell-kausalen Betrachtung zu beschreiben. Da Atommodelle Fiktionsmodelle sind, die wegen ihrer Gestaltlosigkeit niemals eine Gestalt zu erfassen vermögen, ist ihre Anwendung auf das Phänomen Leben eine den betrachteten Gegebenheiten zuwiderlaufende Handlung.» (17). Und weiter, mit explizitem Bezug auf Portmann: «Hat nicht eine Überschätzung des differentiell-kausalen Denkens die Morphologie mit ihrer Sicht auf die Geschlossenheit und Ganzheit des Phänomens Leben in den Hintergrund jener Bühne gedrängt, auf der heute die exakten Naturwissenschaften die Hauptrollen spielen. In Anbetracht dieser offenen Frage ist es heute, da wir das 150jährige Bestehen unserer Naturforschenden Gesellschaft feiern, am Platz, die Bedeutung der morpho-

logischen Betrachtungsweise klar zu erkennen. Keine andere Betrachtungsweise gibt uns die Möglichkeit, das teleologisch-finale Verhalten des Lebens in seiner unauflösbaren Ganzheit darzustellen» (21). Max Thürkauf (1925–1933) war Professor für Physikalische Chemie an der Universität Basel.

447 Kreis, 1986, 109. Faktisch ist die Schaffung durch Regierungsratsbeschluss vom 21.2.1967 per Wintersemester 1967/68 erfolgt; StABS ED-REG 20, 2–17, 2 Akten Phil. II, Kuratelspräsident Max Staehelin, Kopie Regierungsratsbeschluss 21.2.1967. Dieser Lehrstuhl sollte die schlichte Bezeichnung ‹Zoologie II› tragen. Die Stelle wurde als ‹Experimentelle Zoologie› ausgeschrieben. Die Verhandlungen mit den drei erstplatzierten Kandidaten scheiterten im Januar 1969, Kuratel an Fakultät, 23.1.1969, StABS ED-REG 20, 2–17, 2 Akten Phil. II, Kuratelspräsident Max Staehelin.

448 Kreis, 1986, 18–22, zur neuen Rolle des Bundes in der Hochschulfinanzierung; ders., 79, zur Tendenz der Lehrstuhlverdoppelung und deren vielfältigen Ursachen.

449 Der Geschichte der Verhaltensforschung an Tieren in Basel soll hier nicht weiter nachgegangen werden. Mit Regierungsratsbeschluss vom 29.3.1966 wurde PD Rudolf Schenkel zum Extraordinarius mit einem 3-stündigen Lehrauftrag ‹Probleme der Verhaltensforschung› auf sechs Jahre ernannt; am 1.12.1971 beantragte die Fakultät bei der Kuratel eine Verlängerung um weitere sechs Jahre, ED-REG 20 2–17, 2 Akten Phil. II, Kuratelspräsident Max Staehelin. Rudolf Schenkel hatte sich 1966 vom Schuldienst beurlauben lassen. Er gründete eine eigene Arbeitsgruppe an der Zoologischen Anstalt; diese befasste sich mit Steinböcken im Nationalpark, Affen im Zoo und Wildtieren in Afrika und auf Java; Stingelin, Zoologische Anstalt, 1967, 11. – Allgemein zur Geschichte der ‹Verhaltensbiologie› Ilse Jahn/Ulrich Sucker, ‹Die Herausbildung der Verhaltensbiologie›, in: Jahn, 2004, 580–600.

450 Stingelin wurde mit Regierungsratsbeschluss vom 31.3.1968 als Nachfolger Portmanns berufen, Kopie des Beschlusses in ED-REG 20, 2–17, 2 Akten Phil. II, Kuratelspräsident Max Staehelin. Portmann hatte in einem Schreiben an Arnold Schneider vom 23.1.1968 selbst nachdrücklich gefordert, dass Stingelin auf den 1.4.1968 ernannt werde, ED-REG 1a, 2 Phil. Fak. II Prof. Dr. Adolf Portmann Zoologie.

451 Die Fakultät hatte schon am 21.12.1966 ein persönliches Ordinariat für Nüesch bei der Kuratel vorgeschlagen. Die Berufungskommission der Fakultät für die Nachfolge Portmann hatte einstimmig empfohlen, Nüesch nicht zum Nachfolger Portmanns zu machen, sondern seine Leistungen in anderer Weise zu würdigen. StABS ED-REG 20, 2–17,1 Akten Phil. II, Kuratelspräsident Max Staehelin. Am 31.10.1967 beantragte die Kuratel beim ED, Nüesch solle in Anerkennung seines aussergewöhnlichen Einsatzes für den Unterricht, der den «Mangel an wissenschaftlicher Leistung» kompensiere, zum persönlichen Ordinarius befördert werden. Nüesch hatte vorher direkt beim Vorsteher des ED für sich ein Ordinariat gefordert; ED an Kuratel, 23.8.1967, ED-REG 20, 2–17, 2 Akten Phil. II, Kuratelspräsident Max Staehelin. Das Kuratelsmitglied Hartmann Koechlin bezeichnet ihn als zuverlässigen Experimentator, der auch in den USA anerkannt sei und in Harvard gewirkt habe; sein Einsatz für die Lehre sei «unerhört»,

ebenda, Koechlin an Kuratelspräsident 9.10.1967. Am 18.12.1967 beschloss der Regierungsrat, Nüesch per 1.1.1968 (drei Monate vor Portmanns definitivem Rücktritt) zum Professor ad personam zu ernennen, ebenda.

452 StABS UA XIA 3, 3a Nachfolge Portmann 1965–1969.

453 Stingelin, Zoologische Anstalt, 1967, 9–12.

454 Sitzungen der Fakultätskommission 6.7., 21.12.1965, 20.1.1966, StABS UA XIA 3, 3a Nachfolge Portmann 1965–1969.

455 Im Berichtsentwurf der Fakultätskommission an die Fakultät vom 11.1.1966 wurde Nüesch von der Nachfolge Portmann explizit ausgeschlossen. Ein Schüler Geigys, der in Erwägung gezogen worden war, gehöre zur Medizinischen Zoologie und falle deshalb ebenfalls ausser Betracht. Argumentiert wurde auch gegen Museumsmitarbeiter, gegen Wissenschaftler aus der Industrie und gegen Verhaltensforscher. Experimentelle Zoologie werde bereits in der Medizinischen Zoologie betrieben, Allgemeine Zoologie müsse Morphologie sein. Aus diesen Gründen fielen weg: Hans Burla (Zürich), S. Rosin (Bern), G. Wagner (Zürich). Cyril A. Grob berichtete dem Dekan dieses Ergebnis der Kommissionsarbeit am 24.2.1966. Quelle wie vorausgehende Anmerkung.

456 Ernst Hadorn (1902–1976), Schüler von Fritz Baltzer in Bern, seit 1943 Ordinarius für Zoologie und vergleichende Anatomie an der Universität Zürich, Jahn, 2004, 840. Zur Einordnung der Schule Baltzer: Jahn, 2004, 450 (Beitrag von Heinz Penzlin über Entwicklungsphysiologie). Stettler, 2002, 59f., zur Bedeutung der Schule Baltzer; ders., 171ff., zu Hadorns Laufbahn und Zielsetzungen; Stettler betont die Distanz zwischen Hadorn und der Schule Baltzer nach 1945, ders., 173.

457 StABS UA XIA 3, 3a.

458 StABS UA XIA 3, 3a.

459 StABS ED-REG 20 2–17, 2 Akten Phil. II, Kuratelspräsident Max Staehelin.

460 ED-REG 20 2–17, 3 Akten Phil. II, Kuratelspräsident Max Staehelin.

461 Verwaltungsbericht des Regierungsrates 1977. Nüesch übernahm von Stingelin die Vertretung der Zoologie in der Kommission des Naturhistorischen Museums, ebenda.

462 Fakultät an Rektorat 19.12.1968, Antrag auf Venia Docendi für David Gaudenz Senn, geb. 1940; Senn hatte in Basel Zoologie studiert und bei Stingelin doktoriert, war 1966 Assistent an der Zoologischen Anstalt geworden, war zweimal an der New Hebrew University of Jerusalem und einmal in Gainesville gewesen und untersuchte Gehirne von Reptilien. Am 26.3.1969 bestätigte die Kuratel dem Rektorat diese Venia Docendi für Zoologie. Eine Beamtung lehnten die Behörden 1972 ab, stattdessen erhielt er einen 3-stündigen Lehrauftrag für ‹Spezielle Probleme der vergleichenden Morphologie und Biologie der Wirbeltiere (Herpetologie und Ichthyologie)›, Antrag Stingelin an Fakultät 14.12.1971, Antrag der Fakultät an die Kuratel vom 17.12.1971, ED-REG 20 2–17 2, Akten Phil. II, Kuratelspräsident Max Staehelin.

463 Kreis, 1986, 80 (auch 109), bezeichnet dies als eine «grössere» Vakanz.

464 Arber war 1970 für Molekulargenetik an das Biozentrum berufen worden, Kellenberger et al., 1992, 115.

465 Kreis, 1986, 109. Rowell et al. 1985, 2–9. Stearns hatte in Yale das Grundstudium absolviert, promovierte an der University of British Columbia und kehrte nach seiner Basler Zeit 2000 nach Yale als Edward P. Bass Professor of Ecology and Evolutionary Biology zurück, vgl. Website von Stearns an der Yale University.

466 Die beiden Ordinarien waren, wie oben genannt, Rowell und Stearns, der Extraordinarius war Volker Schmid.

467 Für Einblicke in das Wirken von Stearns dankt der Verfasser Bruno Baur für das am 29.8.2007 gewährte Interview.

468 Kreis, 1986, 109, 112, betont die Ungleichbehandlung.

469 Zur Geschichte der Pflanzenphysiologie im 19. Jahrhundert knapp Vera Eisnerova, ‹Botanische Disziplinen›, in: Jahn, 2004, 302–323, insbes. 319–321. Überblick für die Schweiz bei Stettler, 2002, 56.

470 Uns interessiert hier die Botanik an der Institution Universität. Dies impliziert keine Abwertung der botanischen Arbeit, die ausserhalb dieser Institution geleistet wurde. Für eine knappe Einführung in die Geschichte der Beschäftigung mit der regionalen Flora Ritter, 1992, 215f. Stöcklin, 2002. Hürlimann/Rieder, 2002.

471 Freundliche Mitteilung von Markus Ritter, 22.8.2007. Max Moor (1911–1988) arbeitete über Pflanzengesellschaften, u.a. in der Reinacherheide; zu Hans Kunz (1904–1982) http://de.wikipedia.org/wiki/Hans-Kunz. Kunz, der als Kind von Trimbach nach Basel kam, studierte zuerst Rechtswissenschaft, liess sich in Heidelberg von Jaspers beeindrucken und studierte danach in Basel Psychologie und Philosophie; 1934 promovierte er bei Paul Häberlin; Habilitation 1945. 1951 erhielt er den Professorentitel, 1960 ein Extraordinariat für Psychologie, 1966–1974 bekleidete er ein persönliches Ordinariat für Psychologie an der Universität Basel. Daneben forschte und publizierte er zwischen 1937 und 1970 zu botanischen Themen; vgl. Max Moor, ‹Das botanische Werk von Hans Kunz›, in: Bauhinia 5, 1974, 109–115. Der HLS-Artikel zu Kunz erwähnt das botanische Werk mit keinem Wort. Vgl. auch Stöcklin und Hürlimann/Rieder wie oben. – Charles Simon, geb. 1908, Chemiker, Botaniker im Nebenfach, ab 1934 bei Firma Geigy, hat daneben immer botanisiert. Vgl. Ch. Heitz/H. P. Rieder, ‹Charles Simon zum 70. Geburtstag›, in: Bauhinia 6/2, 1978, 263.

472 Bonjour, 1960, 734. – Auch hier darf man diejenigen Botaniker nicht vergessen, die nicht unmittelbar in die Universität eingebunden waren: Rudolf Preiswerk, Alfred Frey, den Pflanzengeografen Hermann Christ, vgl. Stehlin, 1917, 31, 39.

473 Simon Schwendener 1829–1919, Assistent bei Naegeli, PD München 1860, 1878–1910 Ordinarius für Botanik in Berlin, Jahn, 2004, 952. Stehlin, 1917, 43.

474 Carl Wilhelm von Naegeli (1817–1891), Jahn, 2004, 910.

475 Wilhelm Friedrich Philipp Pfeffer (1845–1920), Jahn, 2004, 924.

476 Hermann Vöchting (1847–1917), zuerst Gärtnerlehre, dann PD in Bonn, ab 1887 Ordinarius für Botanik in Tübingen, Jahn, 2004, 982.

477 Georg Albrecht Klebs (1857–1918), Jahn, 2004, 871.

478 Andreas Franz Wilhelm Schimper (1856–1901), Jahn, 2004, 946.

479 Zu deren Bedeutung vgl. Ekkehard Höxtermann, ‹Physiologie und Biochemie der Pflanzen›, in: Jahn, 2004, 499–536, insbes. 499ff. (namentlich für Pfeffer).

480 Bonjour, 1960, 736f.

481 Tatsächlich wurde mehrfach ein Neubau oder eine Verlegung des Instituts geplant; ein Anzug des damaligen Grossrats Hans Rudolf Striebel (späterer Vorsteher des Erziehungsdepartements) forderte 1980 einen Neubau in nächster Nähe zum Biozentrum, der die Institute für Pharmazie, Zoologie, Mathematik, Botanik und Geografie aufnehmen sollte, Kreis, 1986, 138f.

482 Regierungsratsbeschluss vom 11.12.1967; Beförderung wirksam ab Wintersemester 1967/68, StABS ED-REG 20, 2–17, 2 Akten Phil. II, Kuratelspräsident Max Staehelin.

483 Niederer-Schmidli, 1992, 202; Akten aus den Dossiers von Kuratelspräsident Max Staehelin, siehe unten.

484 StABS ED-REG 20, 2–17 3, Akten Phil. II, Kuratelspräsident Max Staehelin.

485 Johann Jakob Oertli, bei seiner Bewerbung um die Professur in Basel 45 Jahre alt, hatte an der ETH ein Diplom in Forstwirtschaft erworben und danach einen Ph. D. in Berkeley. Seit 1957 war er Professor in Kalifornien, zuletzt Full Professor in Riverside. Die Berufungskommission der Fakultät setzte ihn nur auf den dritten Listenplatz (hinter R. M. M. Crawford aus St. Andrews [1° loco] und H. Ziegler aus München [2°]) mit der Begründung, man habe Bedenken wegen Oertlis Mangel an organisatorischen Fähigkeiten. Bericht Berufungskommission Fakultät Phil. II vom 20.4.1972, StABS ED-REG 20, 2–17 3, Akten Phil. II, Kuratelspräsident Max Staehelin.

486 Kreis, 1986, 109.

487 StABS ED-REG 20, 2–17 3, Akten Phil. II, Kuratelspräsident Max Staehelin.

488 Dekanat der Phil.-Nat. Fakultät, Universität Basel, Ordner ‹Natur- und Umweltschutz› Akten NLU.

489 International Union for Conservation of Nature and Natural Resources; zu deren Geschichte siehe http://www.iucn.org/en/about/.

490 Stearns an die Dozenten der Fakultät, 11.2.1985, zum Traktandum ‹Naturschutz› der Fakultätssitzung vom 19.2.1985.

491 Aktennotiz Werner Arber 25.3.1985. Stearns an Striebel 28.6.1985. Striebel an Fakultät 17.7.1985. Fakultät an ED 22.7.1985. Stearns an Striebel 29.7.1985. Striebel an Stearns 22.8.1985.

492 Petition der Fachgruppe Geographie, 11.6.1988. Striebel an den Sprecher der Petitionäre, Roland Chrétien, 5.7.1988.

493 Fachgruppen an Striebel 6.3.1989. Positionspapier Lukas Ott 9.3.1989. Regierung an Fachgruppen 17.4.1989. Dekanat an Susi Rüedi 28.4.1989.

494 Antrag ED an Regierungsrat 13.4.1993, Regierungsratsbeschluss vom 20.4.1993.

495 Gespräch von Bruno Baur mit dem Verfasser, 29.8.2007.

496 Zu NLU siehe Hartmut Leser, Regio Basiliensis 36/3, 1995, 247–253.

497 http://www.borderstep.de/details.php?menue=1&subid=52&projektid=50&le=de.

498 Die Stiftungsurkunde vom 5.2.1991 nennt als Zweck «den Aufbau der interdisziplinären ökologischen Lehre und Forschung im Bereich Mensch-Gesellschaft-Umwelt in allen Fachbereichen der Universität Basel».

499 Die Darstellung beruht auf SWA/WWZ Dossier Institute 1061 MGU, das Dokumente von 1997 bis 2002 enthält.

500 Laubscher, 1967, 24–34. – Ähnliches gilt von der Darstellung der Sedimentologie an der Universität Basel durch D. Bernoulli (1967): Dieser benützte zwar die Arbeiten von C. Renz, F. Wiedenmayer und B. Ziegler, die man mit dem Basler Museum in Verbindung bringen kann, die Darlegung der Forschungen berücksichtigte aber Sammlungen des Museums nicht.

501 Hottinger, 1967, erwähnt in seiner Darstellung der Mikropaläontologie an der Universität Basel erwartungsgemäss das Museum, in der Form eines Hinweises auf den Museumsdirektor Hans Schaub als Nummulitenspezialisten und die seit 30 Jahren, d. h. seit den 1930er-Jahren, bestehende «Tradition, die [...] den Studenten der Geologie Daten und Methodik der Mikropaläontologie für Praxis und Forschung vermittelt, wichtige Typensammlungen [die nicht näher spezifiziert werden] im Museum, ausgedehnte Sammlungen von Vergleichs- und Unterrichtsmaterial und eine spezialisierte Bibliothek» als «Hintergrund, vor dem sich die Basler Forschung» abspiele.

502 Regierungsratsbeschluss 8.2.1966 verlängerte Hürzelers 2-stündigen Lehrauftrag für Osteologie der Primaten um sechs Jahre, die Fakultät verlangte am 1.12.1971 bei der Kuratel weitere Verlängerung um sechs Jahre, StABS ED-REG 20 2–17 2, Akten Phil. II, Kuratelspräsident Max Staehelin.

503 Nachdem der Geologe P. Staehelin am Museum von seiner Anstellung zurückgetreten war, wurde Hottinger als international bereits bekannter Mikropaläontologe (Foraminiferen) und Schüler von Reichel angestellt; Staehelin arbeitete daneben als ehrenamtlicher Mitarbeiter weiter, Protokoll Kommission 19.11.1964.

504 PD Hottinger wurde am 6.9.1966 vom Regierungsrat per 1.10.1966 zum Extraordinarius mit einem 4-stündigen Lehrpensum Paläontologie ernannt; gleichzeitig sollte er nach Erziehungsratsbeschluss vom 23.8.1966 Abteilungsvorsteher am Naturhistorischen Museum sein ($^2/_3$ seines Gehalts steuerte das Museum bei, $^1/_3$ gingen à conto Universität), Kopie Regierungsratsbeschluss 6.9.1966, StABS ED-REG 20, 2–17, 2 Akten Phil. II, Kuratelspräsident Max Staehelin.

505 Protokoll Kommission 28.11.1966. Hottingers Nachfolger auf der Assistentenstelle im Museum wurde der Spezialist für die Geologie des Jura, Reinhart Gygi, ein Schüler von Trümpy in Zürich. Gygi war der einzige Kandidat für die Nachfolge Hottingers, Protokoll Kommission 28.11.1967.

506 Wir erwähnen hier die Anthropologie nicht, die durch Bay und Kaufmann eine enge Beziehung zur Universität unterhielt. Die Stellung der Anthropologie am Museum war jedoch zeitweise marginal, sodass über dieses Fach keine tragfähige Brücke zwischen den beiden Institutionen Museum und Universität zu bauen war.

507 Ende von Jungs Amtszeit dargestellt in BaZ 25.1.2001, S. 42. Jung hatte damals 35 Dienstjahre und war 63 Jahre alt.

508 Protokolle Kommission 13.2.1997.

509 Die Ausschreibung lief bis 31.7.1999. Die bisherige Direktion wünschte sich einen Panamaforscher als Nachfolger.

510 Zum Schicksal der Bibliothek vgl. oben die Informationen von Peter Nagel, NLU.

511 Kommission 10.9.1987, 27.1.1988, 7.12.1988, 26.1.1989, 28.11.1994, 22.8.1995. JB 1997.

512 Rowell an Hänggi 12.6.1995, Beilage zu Protokoll Kommission 22.8.1995.

513 Protokoll Kommission 31.10.1995. – Museen wollen «über die Zusammenstellung von Dingen ein bestimmtes Denken hervorbringen», Roger Fayet, ‹Ob ich nun spreche oder schweige. Wie das Museum seine Dinge mit Bedeutung versieht›, in: Fayet, 2005, 11–32, Zitat S. 12. Grundlegend Krzystof Pomian, Der Ursprung des Museums. Vom Sammeln, hg. von Ulrich Raulff, Berlin 1988. Korff, 2002. Zum Wandel der Konzeption naturgeschichtlicher Museen vgl. Iwan Stössel-Sittig, ‹Das Einhorn im Cyberspace. Zur Geschichte des naturwissenschaftlichen Exponats›, in: Fayet, 2005, 44–57, inbes. 53f.

514 Protokoll Kommission 2.4.2001.

515 Protokoll Kommission 28.10.1991.

516 Protokoll Kommission 22.3.1993.

517 In Anbetracht des vergleichsweise sehr hohen Anteils öffentlicher Finanzierung verbieten sich Analogien zu Debatten über Museen in USA, welche die Literatur dominieren, weitgehend, da dort 30–50% der Ausgaben durch «donative financing» gedeckt werden, Beccarelli, 2005, 33. – Innerhalb der staatlichen Mittel machten in Basel meist die Personalkosten den überwiegenden Anteil aus (NMB 2003: 90%, BaZ 28.8.2003, S. 40), sodass kein Spielraum bleibt.

518 Zusammenstellung der Geldbeiträge, die jährlich im Mittel der Jahre 1870–1874 den wissenschaftlichen Sammlungen und Anstalten der Universität zukamen, Angaben für das NMB, StABS UA XII 1 Akademische Anstalten 1798–1914.

519 Im Regierungsratsbeschluss vom 9.11.1918 war noch an Fr. 3200 gedacht, StABS Erziehung A 13 Universitätsgesetz 1905–1913.

520 StABS Erziehung DD 17 Naturhistorisches Museum 1931–1955, Jahresbericht für 1934.

521 Protokoll Kommission 3.11.1993.

522 Protokoll Kommission 24.4.1996, 14.6.1996, 13.8.1996, 28.10.1996.

523 Staatskanzlei Basel-Stadt, Medienmitteilung des Regierungsrats vom 27.6.1995, http://pages.unibas.ch/rr-bs/medmit/rrbs/1995/06/rrbs-19950627-005.html.

524 Protokoll Kommission 28.11.1994. Das kantonale Leitbild lag dann im Frühjahr 1995 vor. – Inhalt des kantonalen Leitbildes BaZ 21.4.1995 Nr. 93 S. 29.

525 Redaktion Scherler, 1997. Die interne Diskussion über den Entwurf für ein eigenes Leitbild des Museums begann im Frühjahr 1995, Protokoll Kommission 15.3.1995. Vor der Kommission wurde dieser Entwurf erst am 14.6.1996 diskutiert.

526 Kommissionsprotokolle der entsprechenden Sitzungen. Als 2003 das sogenannte Strukturelle Defizit des Museums beseitigt wurde, wurden die 5 wissenschaftlichen Abteilungen tatsächlich auf 2 reduziert; zusammen mit der Konzentration von Dienstleistungen in einer einzigen Be-

triebsabteilung wurden 300 Stellenprozente eingespart, BaZ 16.1.2003, S.23 und 28.8.2003, S.40.

527 Die Re-Valorisierung der Sammlung (gegenüber dem Akzent auf temporären Ausstellungen) hätte sich auf damals aktuelle, internationale Trends berufen können. Man darf dies nicht missverstehen als Folge «finanziellen Spardrucks», wie Beccarelli, 2005, 45, meint – Sammlungen als Kulturgut im Rahmen einer Präsentation, die direkt aus der Geschichte der Sammlung selbst abgeleitet ist (historisierte Ausstellungskonzepte für Sammlungen), haben eine eigene Rechtfertigung. Zur Zentralität der Sammlung für die Mission des Museums Beccarelli, 2005, 47f.

528 Verwaltungsbericht des Regierungsrates für 1973. Akten zu den Bemühungen um ein neues Universitätsgesetz um 1970: StABS JD-REG 1a 5 U (3) 3 Universitätsgesetz Revision 1966–1980.

529 Gesetz über die Museen des Kantons Basel-Stadt (Museumsgesetz) vom 16.6.1999, 451.100. Ein Entwurf ging schon 1995 in Vernehmlassung; diese ergab, dass das neue Universitätsgesetz abzuwarten sei, Protokoll Kommission 2.3.1995.

530 Beccarelli, 2005, 78f., verwendet die durch das Basler Gesetz von 1999 definierte Struktur der Trägerschaft als Muster für den Typus der öffentlich-rechtlichen Sammlung.

531 Zu dieser Kommission gehörten u.a. Markus Kutter (Liberale) und Markus Ritter (Grüne) – vgl. auch die Ausführungen zum sogenannten Universitätsgut. Das Bürokratisierungsthema wird noch in JB 2000 angeschlagen.

532 JB 1969–1971. Protokoll Kommission 19.8.1971.

533 Der Regierungsrat zog 1995, also vor Abschluss der Arbeiten am neuen Museumsgesetz von 1999, dieses Organisationsgesetz heran, um zu beweisen, dass er das Recht habe, ganze Museen zu schliessen und andere zusammenzulegen.

534 Ratschlag betreffend Änderung des Gesetzes über die Museen des Kantons Basel-Stadt (Museumsgesetz) vom 16.6.1999, vom 21.12.2004 (Nr.9424), den Mitgliedern des Grossen Rates des Kantons Basel-Stadt zugestellt am 24.12.2004, mit Bezug auf den Grossratsbeschluss vom 14.1.2004 (Ablehnung des Eintretens auf die Vorlage zum ‹Steuerungsgesetz› und damit Ablehnung einer «flächendeckenden Einführung des New Public Management in der Verwaltung des Kantons Basel-Stadt»). Damit lief die Geltungsdauer des Gesetzes über die «versuchsweise Einführung der ‹wirkungsorientierten Verwaltungsführung› in der kantonalen Verwaltung (‹PuMa›)» [SG 153.120] per 31.12.2004 ohne Nachfolgegesetz ab. Der Grosse Rat folgte aber dem Vorschlag der Regierung, für die Museen diese Führungsprinzipien weiterhin in Geltung zu belassen. Begründet wurde dies damit, dass die Museen einem «starken Wettbewerb» ausgesetzt seien sowie einen Anreiz bräuchten, «ökonomisch zu wirtschaften»; schliesslich könnten so Gönnerbeiträge auf das jeweilige Folgejahr übertragen werden, ohne dass Gewinne aus Sponsoring automatisch zugunsten des Kantons verfielen. – Gleichzeitig wurde aber auf Betreiben der Regierung die Stabsstelle der Museumsdirektorenkonferenz den Direktoren weggenommen (deren Stellung galt als unbegründbare ‹Sonderstellung›) und als Museumsdienste unter neuer Leitung in das Ressort Kultur des Erziehungsdepartements integriert.

535 Freundliche Mitteilung Markus Ritter in E-Mail vom 22.8.2007, dort auf die Periode 1998–2001 datiert. – Die Beziehungen zur Universität waren auch dadurch etwas erschwert, dass der 1990–2000 amtierende Museumsdirektor vergeblich versucht hatte, sich an der Universität Basel in Geologie zu habilitieren.

536 Protokoll Kommission, Beilage Stellungnahme der Regenz zum Entwurf des ED für eine Verordnung für die staatlichen Museen, 2.3.1995.

537 Schreiben des Regierungsrates an den Grossen Rat vom 12.12.1995 betr. Anzug M. Ritter und Konsorten (Schreiben Nr. 0750, ED/938121). Schreiben desselben an denselben vom 29.4.1998 betr. denselben (Schreiben Nr. 0192, ED/938121, gemäss Regierungsratsbeschluss vom 28.4.1998). Ratschlag (Nr. 8835) und Entwurf zu einem Gesetz über die Museen des Kantons Basel-Stadt und zu einer Revision des Gesetzes über das Universitätsgut und die Sammlungen und Anstalten der Universität sowie Bericht zum Anzug M. Ritter und Konsorten und Bericht zur Museumsinitiative vom 7.7.1998, zugestellt am 10.7.1998. Bericht der Kulturkommission des Grossen Rates zum Ratschlag Nr. 8835 vom 8.3.1999, zugestellt am 24.3.1999.

538 Bonjour, 1960, 118.

539 Bonjour, 1960, 344 ff.

540 Bonjour, 1960, 393 ff.

541 StABS Erziehung A 13 Universitätsgesetz und Universitätsgesetzgebung.

542 Gutachten E. Ruck zum Verordnungsrecht der Universität mit einem Anhang von Paul Speiser, vom 21.1.1934, StABS Erziehung A 25 Universitätsgesetz 1932–1956.

543 Diese Bestimmung gilt offensichtlich als Bollwerk gegen die Willkür einer Trägerschaft (Regierung) in finanziellen Nöten, die versucht sein könnte, durch Verkauf von Beständen z. B. Bauten zu finanzieren oder die Zuschussfinanzierung durch Staatskredite abzubauen. Ein Versuch, diesen Themenbereich mit dem Stichwort ‹Deaccessioning› zu ent-emotionalisieren, bei Becarelli, 150–158, aber auch hier wird auf die Risiken deutlich hingewiesen. Vgl. auch Anm. 554.

544 Bonjour, 1960, 403 ff.

545 Das Universitätsgesetz vom 9.4.1835 in StABS Erziehung A 3. Das Gesetz über die Verwaltung und Verwendung des Universitätsgutes vom 6.4.1836 und die Diskussionen über das Universitätsgut von 1833 bis zum Gesetz von 1836 in StABS Erziehung A 4. Vgl. ebenda, Gutachten an den e. Grossen Rat betreffend den Bestand des Universitätsvermögens und die künftige Stellung desselben, verlesen am 7.12.1835, und Gutachten der Sonderkommission ebenda vom 25.11.1835, mit den Urteilen der Eidg. Schiedskommission vom 9.11.1833, 11.7.1834 und 6.8.1834.

546 Bonjour, 1960, 798.

547 Ruck begründet im oben angeführten Gutachten von 1926 diesen Umstand damit, dass ein einseitig durch den Kanton Basel-Stadt erlassenes Gesetz daran gar nichts ändern kann – der eidgenössische Schiedsspruch steht über der kantonalen Gesetzgebung. Dies mag auch der Grund sein, warum dieselben Formulierungen bis ins jüngste Universitätsgutsgesetz weitergezogen werden.

548 Bonjour, 1960, 461. Eine einheitliche gesetzliche Festlegung, welche Institution wie viel jährlichen Staatsbeitrag zugute hatte, fand sich erstmals im Gesetz von 1866, Bonjour, 1960, 467. Universitätsgesetz vom 30.1.1866 mit allen Nachträgen und Änderungen bis 9.12.1909 in StABS Erziehung A 13 Universitätsgesetz 1905–1913.

549 StABS Erziehung A 13 Universitätsgesetz und Universitätsgesetzgebung, Universitätsgutsgesetz vom 16.10.1919.

550 Bonjour, 1960, 800. Die Regierung wollte in Ratschlag Nr. 2546 vom 13.12.1923 die Lohnansätze für das Personal linear um 20% kürzen und verlangte dazu eine Revision von § 31 des Universitätsgutsgesetzes von 1919. Im Ersten Gesetzesentwurf vom Februar 1924 sollte das Naturhistorische Museum den Verwalter verlieren (einziger Beamter wäre dann noch der Kustos gewesen), und der Staatskredit sollte «maximal» Fr. 3500 betragen. Am 24.4.1924 empfahl die Rechnungskommission dem Grossen Rates, von einer linearen Gehaltskürzung abzusehen, was der Grosse Rat am 26.6.1924 auch tat. Im Zweiten Gesetzesentwurf vom September 1924 war der Verwalter des Museums wieder vorgesehen. Erst am 8.12.1927 nahm der Grosse Rat die Gesetzesänderungen vor, basierend auf Ratschlag Nr. 2831 vom 13.10.1927: Die Sammlungen wurden weiterhin einzeln aufgezählt, der Verwalter verschwand wieder aus den Bestimmungen für das Naturhistorische Museum, dafür war der Staatsbeitrag wieder als «fester Beitrag» (nicht als Obergrenze) bei Fr. 3500 festgesetzt. StABS Erziehung A 13, Universitätsgesetz und Universitätsgesetzgebung.

551 Votum in der Grossratssitzung vom 4.7.1968 über die Raumbedürfnisse der Basler Universität, Kreis, 1986, 23.

552 Gesetz über das Universitätsgut (Universitätsgutsgesetz) vom 16.6.1999 (440.400).

553 Unter heutigen Bedingungen versteht man die Unveräusserlichkeit in Basel auch als Schutz gegen mögliche Willkür von Direktoren, die zur Befriedigung von kurzfristigen Interessen wertvolle Sammlungsbestände veräussern könnten. Tausch und Verkauf ist durch das Gesetz als Ausnahme möglich (mit Absicherungen). Man möchte in Basel verhindern, dass Zustände wie in US-Museen eintreten, wo durch Verkäufe aus Sammlungen z. B. Neubauten finanziert werden. Peter Blome im Gespräch mit dem Verfasser, 2.7.2007.

554 BaZ 9.9.1995 Nr. 210 S. 35, 5.12.1995, Nr. 284, S. 23. In der erstgenannten Referenz wird gefragt, warum die Museumsdirektoren sich bei der Museumsschliessung nicht öffentlich zu Wort gemeldet haben. – Es ist davon auszugehen, dass die im späteren Museumsgesetz als staatliche Museen festgeschriebenen Institutionen (Antikenmuseum, Historisches Museum, Museum der Kulturen, Naturhistorisches Museum, Öffentliche Kunstsammlung) in den Entscheid, das Museum für Gestaltung zu schliessen und das Stadt- und Münstermuseum in das Historische Museum zu integrieren, einbezogen worden waren, sodass sie keinen Anlass zu öffentlichen Protesten sehen konnten. Der Schliessungsentscheid war am Ende abgestützt auf das Leitbild; denn das davon primär betroffene Museum unterschied sich von den übrigen dadurch, dass es seine Sammlungen nicht bewirtschaftete, sondern nur mit thematischen Ausstellungen in Erscheinung trat, die inhaltlich kaum einen Bezug zu den Sammlungen aufwiesen.

555 Dahinter standen u.a. Markus Ritter, Ueli Mäder, Markus Kutter und Verena Herzog, BaZ 5.12.1995, Nr. 284, S. 23.

556 Gelten Eintritte als eigentlicher Leistungsausweis gegenüber den Trägerschaften, besteht das Risiko, dass das Museum seine Tätigkeiten mit wirklichem öffentlichem Gutscharakter abbaut zugunsten der Vermittlung und Präsentation – im Klartext: Sammlung, Konservierung, Erschliessung, Forschung vernachlässigt; vgl. Beccarelli, 2005, 269, der den Trend zur Vernachlässigung der Aufgaben mit dem Charakter öffentlicher Güter empirisch bestätigt. Je höher sein Umsatz ist (Betriebsaufwand), desto mehr gewichtet ein Museum Forschung und Erschliessung. Die Finanzierungsstruktur (öffentliche versus andere Gelder) spielt dabei kaum eine Rolle. Je mehr Mittel also ein Museum hat, desto eher ‹investiert› es in Erschliessung und Forschung, Beccarelli, 2005, 283f., 288. – Die Messung des Erfolgs eines Museums kann allein aus sachlichen Gründen weder über gewöhnliche betriebswirtschaftliche Kennzahlen noch über die Besuchszahlen erfolgen, vgl. Warnung bei Becarelli, 2005, 293f.

557 Beccarelli, 2005, 2, 7, 19.

558 «Die Frage der Bewertung von Sammlungsobjekten ist ausserordentlich komplex.» «In der Regel tauchen die Sammlungsbestände in keiner Bilanz auf.» Beccarelli, 2005, 151f. unter Beizug von A. Hänggi, Vom Umfang und Wert unserer Sammlungen, Arbeitspapier Naturhistorisches Museum Basel vom 11.8.2004; und Chr. Oberer, Der Wert naturwissenschaftlicher Sammlungen und deren Berechnung, Referat am 5. Kuratorentreffen der Gesellschaft für Biologische Systematik vom 18.9.2002, München (beide Papiere offenbar unveröffentlicht). Angesichts der inhärenten Schwierigkeiten der Berechnung, für welche Beispiele aus dem Basler Naturhistorischen Museum angeführt werden, wird der Gedanke bei Beccarelli nicht weiter verfolgt.

559 Die Museumsdirektoren erhofften sich 4-jährige Globalbudgets, was der NPM-Philosophie besser entsprochen und den Planungsrhythmen gemässer gewesen wäre; sie scheiterten am Finanzdepartement; Peter Blome im Gespräch mit dem Verfasser, 2.7.2007. Blome war Leiter der Arbeitsgruppe des Projektes ATLAS innerhalb der Museumsdirektorenkonferenz, BaZ 27.9.1996 Nr. 227, 33. – Das Parlament behält zudem über seine Bildungs- und Kulturkommission eine Kontrolle über die Globalbudgets und die Inhalte der zugehörigen Leistungsaufträge, ausserdem werden Einzel-Investitionskredite über Fr. 300000 durch den Grossen Rat beschlossen; vgl. Museumsgesetz §9, Ziff. 2 (Information des Parlaments), 3 (Zieldefinition), 4 und 5 (Beschlusskompetenzen des Parlaments).

560 Beccarelli, 2005, 84ff.

561 Noch das kantonale Leitbild für die Museen postulierte 1995 in Punkt 17: «Die Kommissionen begleiten, beraten, unterstützen und beaufsichtigen [!] die Museumsdirektion in der Erfüllung ihres kulturellen Auftrags», BaZ 21.4.1995, Nr. 93, 29ff.

562 Eine Diskussion pro und contra Eintrittsgebühren bei Beccarelli, 2005, 135–141. Der Autor meint, aus ökonomischer Sicht liesse sich ein freier Eintritt nicht rechtfertigen; aus seiner Argumentation folgt im Grunde, dass die Leitung des einzelnen Museums frei sein müsste,

ihre Eintrittspreise im Kontext einer auf den Zweck der Institution abgestimmten Strategie festzusetzen (141).

563 Interview Grönhagen 13.9.2007. Prot.Kommission 25.2.1992. JB 1993. Prot.Kommission 18.5.1995, 13.2.1996, 24.4.1996, 18.6.1996, 13.8.1996, 22.4.1997, 3.5.1999. BaZ 9.1.1999, Nr.7, 41.Kommissionsprotokoll 22.11.1999, 1.2.2000, 30.5.2000. BaZ 20.11.1999, Nr.272, 39 und BaZ 14.7.2000, Nr.162, 23 ‹Licht aus für den Lichtbrunnen›.

564 Die Säugetierpaläontologen begannen früh in den 1950er-Jahren, Material von Fundstätten nach Basel zu bringen und es im Museumshof nach Fossilien von Kleinsäugern (namentlich Zähnchen) zu durchsuchen. Dazu diente eine Schlämmanlage. Vgl. z.B. JB 1954: 9 Tonnen Material aus Sansan geschlämmt.

565 «Da die Planung zur Nutzung des Innenhofs im Berri-Bau im Sand verlief, entschloss sich Clara Wilpert zur eigenständigen Lösung und bat das Architekturhaus Herzog & de Meuron um eine Studie für den Ausbau im Bereich des Schürhofs», BaZ 18.9.2002, 27.

566 Überdachung des Rollerhofs mit Unterstützung der Christoph Merian Stiftung und separater Eingang für das Museum der Kulturen, Protokoll Kommission 25.6.2001. Das Museum der Kulturen überraschte die Nachbarn mit einem Entscheid in der Frage der gemeinsamen Zentralen Dienste (ex Hauskommission), Protokoll Kommission 22.11.1999, 1.2.2000, 30.5.2000. Ferner entstand beim Museum der Kulturen ein Restaurant, während sich das Naturhistorische Museum später an das Projekt anschliessen wollte mit der Idee, dieses Restaurant für eine Personalcafeteria mitzunutzen. Der separate Eingang für das Museum der Kulturen war seit 2002 geplant, Protokoll Kommission 21.3.2002. Eine Trennung der beiden Museen verlangte das ED selbst bereits im Jahr 2000, Protokoll Kommission 20.11.2000.

567 Vgl. die sehr lobende Zusammenfassung in BaZ 18.9.2002, 27 «Die inhaltliche Handschrift des Museums der Kulturen gilt als vorbildlich», gelobt wird die klare Entwicklung in Richtung der Partnerschaft mit Ländern, wo Basler Ethnologen forschen und geforscht haben, unter dem Motto ‹Vom kolonialen Sammeln zur interkulturellen Zusammenarbeit›; betont wird zugleich die Verjüngung des Personals; das Museum erfahre eine «wachsende Wertschätzung [...] von der offiziellen Kulturpolitik».

568 Zu den Aktivitäten von E.O.Wilson in ihrem Kontext Stettler, 2002, 34.

569 Bereits Handschin, 1937, 188f., fand, dass die verschiedenen Sammlungen im Museum zusammen «heute ein naturgeschichtliches Archiv» bilden und dass damit «bereits die heutige Stellung des Museums umschrieben» sei. ‹Archiv› implizierte aber für Handschin primär die Idee einer Trennung zwischen Magazin und ‹öffentlichen Räumen›. Interview Grönhagen 13.9.2007: «Interviewer: Archive steht heute vorne an der Fassade. Grönhagen: Ja eben. Interviewer: Von der Funktion her ist es dasselbe? Grönhagen: Ja, klar, einfach Sammlung, fertig Schluss.»

570 Vgl. auch deren Buch mit dem Titel Conserving, München 2000.

571 BaZ 10.6.2000 Nr.23, 6; Aurel Schmidt, 1992.

572 http://www.nmb.bs.ch/forschung.htm, besucht am 28.10.2007; Hervorhebung von uns.

573 http://www.nmb.bs.ch/aktuell_06_23_5_06.pdf, entsprechend dem Flyer ‹aktuell› vom Juni – September 2006 mit der Überschrift ‹Entdecke die Archive des Lebens›.

574 Aurel Schmidt, 1992, 38.

575 Vgl. die Nennung der Sammlung Santschi auf www.antweb.org.

576 Der Basler Anteil an den Kosten der Arbeitsgemeinschaft wurde durch Ciba, Geigy, Roche und Sandoz bezahlt, JB 1968. – Eine Chronik der Grube Lengenbach unter www.grube-lengenbach.ch. Die Arbeitsgemeinschaft Lengenbach war 1957 als ‹Bernische Arbeitsgemeinschaft Lengenbach› gegründet worden. Der spätere Basler Mineraloge Graeser war seit 1958, damals noch unter Berner Flagge, dabei, zuerst als «mineralogischer Sachverständiger und Koch». Führende Mitglieder waren das Naturhistorische Museum Bern und das entsprechende Berner Universitätsinstitut mit den Proff. E. Niggli und W. Nowacki sowie der Strahler Josef Imhof aus Binn. Von 1958 bis 1964 arbeitete Graeser dort für seine von Niggli angeleitete Dissertation. 1963 wurde die Arbeitsgemeinschaft erweitert, hinzu kamen namentlich das Naturhistorische Museum Basel und Dr. F. Häfliger, Basel. 1998 ging die Grube von der Arbeitsgemeinschaft an die IGL über. 2003 wurde die IGL aufgelöst und durch den Verein Forschungsgemeinschaft Lengenbach FGL ersetzt.

577 Bader war der grosse Milbenforscher. Vor ihm war es Dr. Charles Walter, gestorben 1947, JB 1947.

578 Es gab nach 1990 eine Reihe von Darstellungen in der Tagespresse und eine Sonderausstellung über die Forschungen im Museum 1991, Letzteres erwähnt Verwaltungsbericht des Regierungsrates für 1991.

579 http://www.garfield.library.upenn.edu/.

580 Zur Förderpolitik des Nationalfonds in den ersten Jahrzehnten seines Bestehens am Beispiel der Biologie Stettler, 2002.

9 Bibliografie

9.1 Quellen

9.1.1 Unveröffentlichte Quellen

Staatsarchiv des Kantons Basel-Stadt

Bildersammlung BILD 2, 647 Foto der Ausstellung zur Völkerkunde (offenbar Parterre), um 1900, von Attila Varaby.

Bildersammlung BILD 2, 957–962 Fotos von der Ausstellung der Gipsabgüsse (1. Stock).

Bildersammlung Höflinger Hö A3686 Büste des Papstes Pius II., Übergabe 1939 an die Universität, Festakt in der Alten Aula.

Bildersammlung Höflinger Hö B50 Foto der naturgeschichtlichen (zoologischen) Sammlung mit der Giraffe im Hintergrund, undatiert.

Bildersammlung Höflinger Hö B51, B52, C129 Fotos der Kunstsammlung im oberen Stock.

Bildersammlung Höflinger Hö D28725 Augustinergasse um 1950.

ED-REG 1, 229-2 Personalakten Schreibhilfen und Abwart der Zoologischen Anstalt.

ED-REG 1, 229-3-3 Jahresberichte Adolf Portmann ab 1942 vollständig.

ED-REG 1, 285 0 (1) Naturhistorisches Museum, Allgemeines 1956–1962.

ED-REG 1, 285-1 (1) Naturhistorisches Museum, Diverses.

ED-REG 1, 285-1 (2) Naturhistorisches Museum, Diverses.

ED-REG 1, 285-2-3 (1) Naturhistorisches Museum, Kommission 1935–1953, 1956–1964.

ED-REG 1, 285-2-3 (2) Naturhistorisches Museum, Kommission 1968–1972.

ED-REG 1, 285-3-3 (1) Naturhistorisches Museum, Jahresberichte 1941–1967.

ED-REG 1, 285-3-3 (2) Naturhistorisches Museum, Jahresberichte 1968–1971.

ED-REG 1a, 2 Phil. Fak. II – Prof. Dr. Adolf Portmann, Zoologie.

ED-REG 20, 2-17 1: Akten Kuratelspräsident Max Staehelin, 1961–1972.

ED-REG 20, 2-17 2: Akten Kuratelspräsident Max Staehelin, 1961–1972.

ED-REG 20, 2-17 3: Kuratel der Universität, Akten von Kuratelspräsident Max Staehelin, Phil.-Nat. Fakultät 1961–1972.

ED-REG 20, 2-18 1: Akten Kuratelspräsident Max Staehelin, 1961–1972.

ED-REG 20, 2-18 2: Akten Kuratelspräsident Max Staehelin, 1961–1972.

ED-REG 37a 8-1 (1) Unterlagen der Museumsdienste Basel und deren Vorläuferinstitutionen. Planung, Organisation Abteilung Bildung und Vermittlung 1998.

ED-REG 37a 9-1/1 (1) Unterlagen der Museumsdienste Basel und deren Vorläuferinstitutionen. Belegsammlung eigene Drucksachen.

ED-REG 37a 9-1/2 (1) Unterlagen der Museumsdienste Basel und deren Vorläuferinstitutionen. Belegsammlung eigene Drucksachen.
ED-REG 37a 9-1/3 (1) Unterlagen der Museumsdienste Basel und deren Vorläuferinstitutionen. Belegsammlung eigene Drucksachen.
ED-REG 37a 9-1/4 (1) Unterlagen der Museumsdienste Basel und deren Vorläuferinstitutionen. Belegsammlung eigene Drucksachen.
ED-REG 37a 9-1/5 (1) Unterlagen der Museumsdienste Basel und deren Vorläuferinstitutionen. Belegsammlung eigene Drucksachen.
Erziehung A 3 Gesetz über die Einrichtung des Pädagogiums und der Universität 1834–1835.
Erziehung A 4 Gesetz über die Verwaltung und Verwendung des Universitätsgutes, und Reglement dazu 1835–1867.
Erziehung A 13 Universitätsgesetz 1865–1904.
Erziehung A 13 Universitätsgesetz 1905–1913.
Erziehung A 13 Universitätsgesetz 1913–1919.
Erziehung A 13 Universitätsgesetz – Universitätsgesetzgebung 1920–1928 (1932).
Erziehung A 25 Universitätsgesetz 1906–1931.
Erziehung A 25 Universitätsgesetz 1932–1956.
Erziehung AA 12 Professur Vergleichende Anatomie, Ludwig Rütimeyer 1855–1895.
Erziehung CC 25a Professur Zoologie, Friedrich Zschokke, Adolf Portmann, 1893–1936.
Erziehung DD 17 Erziehungsakten.
JD-REG 1a 5 U (3) 3 Universitätsgesetz Revision 1966–1980
Planarchiv D 5, 79–82 Ingenieur Schmidt, Pläne Oberes Kollegium, 1841.
Planarchiv E 2, 38, 39, 44–48 Projekt zur Verwertung des Werkhofareals für Zwecke der Universität, 1881–1890.
Planarchiv EE 3, 31–316 Diverse Pläne Museum, Museumsareal, Museumsgeviert 1894–1974 (1982).
Planarchiv F 3, 138–148 Pläne für den Architekturwettbewerb (Konkurrenzprogramm) Erweiterung des Museumsgebäudes 1908 ff.
Planarchiv F 6, 1, Nr. 1–10; F 6, 9 Nr. 1–60 Pläne des neu zu erbauenden Museums, Melchior Berri, 1842, 1844.
Planarchiv N 3, 44–70 Erweiterung des Museums, Projekte aus dem Konkurrenzprogramm 1909.
Planarchiv P 3, 11, 24–27 Plan Raumeinteilung des Museums (19. Jh.), Pläne zum Umbau, 1897.
Planarchiv P 3, 14–15 Erweiterung der Bibliothek an der Augustinergasse 2, 1890.
Planarchiv P 3, 20 Umbau des Museums, 1895, 1897.
Planarchiv P 3, 174–179, 191 Projekt Kunstmuseum Schützenmatte.
Planarchiv Q 1, 116 Konkurrenzprogramm 1908–1913, Pläne Schlüsselberg 9, 11, Rollerhof-Hinterhäuser, 1912.
Planarchiv U 4, 110–122 Planunterlagen für das Konkurrenzprogramm 1908–1913.
Planarchiv X 4, 1–14 Pläne Museum 1928, u. a. zum Umbau.
Planarchiv X 6, 73–77 Umbau Augustinergasse 2, 1896–1898.

Planarchiv X 6, 88, 94, 106 Bibliotheksbau Schönbeinstrasse/Bernoullistrasse, 1893.

Privatarchive PA 212 T, 16.13 Sarasinsches Familienarchiv. Zur Erinnerung an Dr. Paul Benedikt Sarasin, geboren 11. Dezember 1856, gestorben 7. April 1929, als Manuskript für Freunde gedruckt.

Protokolle S 4 Bd. 21 Erziehungsrat.

Protokolle T 2 Bd. 12 Protokolle der Kuratel 1930–1935.

UNI-REG 5d 2–1 (1) Portmann Adolf.

Universitätsarchiv UA X 3, 5 142 Dossier Ludwig Rütimeyer 1895–1899.

Universitätsarchiv UA XIa 3, 2 89 Dossier Adolf Portmann 1929–1963 (1982).

Universitätsarchiv UA XIa 3,2 140 Dossier Friedrich Zschokke 1922–1935.

Universitätsarchiv UA XIa 3,3a 150 Nachfolge Adolf Portmann 1965–1969.

Universitätsarchiv UA XII 1 Akademische Anstalten, Sammlungen, Kommissionen – Allgemeines, Universitätsgut, Gesetz 1798–1914.

Universitätsarchiv UA XII 1 Akademische Anstalten, Sammlungen, Kommissionen – Allgemeines, Universitätsgut, Gesetz 1915–1925.

Universitätsarchiv UA XII 1 Akademische Anstalten, Sammlungen, Kommissionen – Allgemeines, Universitätsgut, Gesetz 1926–1940.

Schweizerisches Wirtschaftsarchiv, Basel

Institute 366: Naturhistorisches Museum.

Institute 1061: MGU.

Naturhistorisches Museum Basel, Direktion

Protokolle der Museumskommission in grauem Ordner: 1957–1979.

Protokolle der Museumskommission in blauem Ordner: 1979–1992.

Protokolle der Museumskommission in blauem Ordner: 1992–1997.

Protokolle der Museumskommission in weisser Mappe: 1999–2004.

Fotosammlung.

Jahresberichte (gedruckt) 1950–2000.

Universität Basel, Dekanat der Philosophisch-Naturwissenschaftlichen Fakultät

Ordner ‹Natur- und Umweltschutz› (Akten NLU).

Interviews

Interview mit Peter Blome vom 2. Juli 2007.

Interview mit Christian A. Meyer vom 10. August 2007.

Interview mit Bruno Baur vom 29. August 2007.

Interview mit Doris Grönhagen vom 13. September 2007.

Interview mit Peter Nagel vom 1. Oktober 2007.

Interview mit René Panchaud vom 7. November 2007.

9.1.2 Gedruckte Quellen, Berichte, Internet

Adolf Portmann zum 100. Geburtstag. Uni nova 79/80, Basel 1997.

Anonym: ‹Hans-Georg Stehlin 1870–1941›, in: Basler Nachrichten 19.11.1941 (Nachruf).

Anonym: ‹Nachruf H.-G. Stehlin›, in: National-Zeitung 20.11.1941.

Baur, Bruno, et al.: Biodiversität in der Schweiz. Zustand, Erhaltung, Perspektiven, Grundlagen für eine nationale Strategie, Bern 2004.

Bearth, Peter; Schwander, Hans: ‹Mineralogie und Petrographie›, in: Verhandlungen der Naturforschenden Gesellschaft in Basel 78 (1), 1967, 80–84.

Berger, Louis (Hg.): Festschrift Elisabeth Schmid, Basel 1977.

Bernoulli, D.: ‹Sedimentologie›, in: Verhandlungen der Naturforschenden Gesellschaft in Basel 78 (1), 1967, 35–54.

Burckhardt, Rudolf: Biologie und Humanismus. Drei Reden, Jena 1907.

Burckhardt, Rudolf: Geschichte der Zoologie und ihrer wissenschaftllichen Probleme, Berlin, Leipzig 1921.

Christ, Hermann: ‹Prof. Wilhelm Schimper 1856–1901›, in: Verhandlungen der schweizerischen naturforschenden Gesellschaft 1901, Beilage ‹Nekrologe›, i–iii (SA).

Contributions to the Panama Paleontology Project, in chronological order of receipt of citation, as of September 25, 2007 (compiled by Laurel S. Collins), http//www.fiu.edu/~collinsl/ppp-con.html.

Cuttelod, Annabelle (Red.): Die Zukunft der Systematik in der Schweiz. Systematik als biologische Schlüsseldisziplin. Ein Positionspapier der Schweizerischen Akademie der Naturwissenschaften, Bern 2006.

Dietschy, Hans: ‹Kleine Museumsgeschichte›, in: Basler Nachrichten, 9./10.5.1953.

E. G.: ‹Dr. Hermann Christ †›, in: National-Zeitung 25./26.11.1933.

Engesser, Burkart: ‹Gli studi di Johannes Hürzeler sul'Oreopothecus e storia del ritrovamento di «Sandrone»›, in: Atti del Museo di Storia Naturale della Maremma, numero speziale dedicato al XL aniversario della scoperta dello scheletto di Oreopithecus Bambolii, no. 18, 31 dicembre 2000, 7–15.

Expertengruppe ‹Zukünftige Basler Museumspolitik›: Schlussbericht Zukünftige Basler Museumspolitik – ‹Leitbild für die Basler Museen› an den Regierungsrat des Kantons Basel-Stadt, Basel, 10.11.1994.

Freyvogel, Thierry A.: ‹Forschung und Lehre am Schweizerischen Tropeninstitut in Basel›, in: Verhandlungen der Naturforschenden Gesellschaft in Basel 78 (1), 1967, 13–20.

Gesetz über das Universitätsgut (Universitätsgutsgesetz) vom 16. Juni 1999 (440.400) in der Fassung vom 1.1.2001.

Gesetz über die Museen des Kantons Basel-Stadt (Museumsgesetz) vom 16. Juni 1999 (451.100) in der Fassung vom 1.5.2005.

Haag, Herbert; Haas, Adolf; Hürzeler, Johannes: Evolution und Bibel, Luzern 1962.

Handschin, Eduard: ‹Das Naturhistorische Museum›, in: Bruckner, Albert (Red.): Basel, Stadt und Land. Ein aktueller Querschnitt, Basel 1937.

Häfliger, J. A.: ‹Theodor Engelmann †›, in: Schweizerische Apotheker-Zeitung 30, 1931.

‹Hans Kunz›, http://de.wikipedia.org/wiki/Hans_Kunz.

Heitz, Ch.; Rieder, H. P.: ‹Charles Simon zum 70. Geburtstag›, in: Bauhinia 6/2, 1978, 263.

Hinderling, Paul, et al.: Gedächtnis-Ausstellung Fritz und Paul Sarasin. Führer durch das Museum für Völkerkunde Basel. Sonderausstellung in Zusammenarbeit mit dem Naturhistorischen Museum Basel vom 1. Juli bis 1. November 1959, Basel 1959.

Hölder, Helmut; von Koenigswald, W.: Kurze Geschichte der [deutschen paläontologischen] Gesellschaft. www.palaetontologische-gesellschaft.de.

Hotspot. Biologische Sammlungen – Archive der Natur. Biodiversität. Forschung und Praxis im Dialog. Informationen des Forum Biodiversität Schweiz, Nr. 13, April 2006.

Hottinger, Lukas: ‹Mikropaläontologie›, in: Verhandlungen der Naturforschenden Gesellschaft in Basel 78 (1), 1967, 55–62.

Hottinger, Lukas: ‹Professor Manfred Reichel›, in: Uni nova 39, 1985.

Hottinger, Lukas: ‹In memoriam: Hans Schaub, 1913–1994›, in: Paleogene Shallow Benthos of the Thetys 2 (Dela-Opera SAZU 4, razz. 34-2), Ljubljana 1998, 6–10.

Hottinger, Lukas (Red.): Die Erdgeschichte in der Umgebung von Basel, Basel 1967 (Veröffentlichungen aus dem Naturhistorischen Museum Basel 6).

Hürlimann, Hans; Rieder, Hans-Peter: ‹1952–2002: Die Basler Botanische Gesellschaft jubiliert›, in: Bauhinia 16, 2002, 5–11.

Hürzeler, Johannes: ‹Kann die biologische Evolution, wie sie sich in der Vergangenheit abgespielt hat, exakt erfasst werden?›, in: Forster, Karl (Hg.): Schöpfungsglaube und biologische Entwicklungslehre. Studien und Berichte der Katholischen Akademie in Bayern, Heft 16, Würzburg 1962.

Imhof, Gottlieb: ‹Prof. Dr. Rudolf Burckhardt 1866–1908›, Zürich 1909 (SA aus: Verhandlungen der Schweizerischen Naturforschenden Gesellschaft 2/2, 1909, Nekrologe).

Imhof, Gottlieb: ‹Prof. Dr. Rudolf Burckhardt 1866–1908›, in: Verhandlungen der Naturforschenden Gesellschaft in Basel 20, 1910, 1–37.

Joneli, E.: ‹Ein Herrschaftshaus verwandelt sich. Aus der Geschichte der Liegenschaft St. Albananlage 14›, in: National-Zeitung, 18. 3. 1943.

Jung, Peter; Saunders, John (Red.): Hans G. Kugler 1893–1986, Basel 1987.

Kellenberger, E.: ‹Die Biologie von morgen›, in: Schweizerische Hochschulzeitung 43, 1970, Heft 1, 34–58.

Kellenberger, E.: Die Bedeutung der Biologie in der Gesellschaft von morgen. Bemerkungen zu den Auswertungsberichten der Fragebogen Biologie zu Händen des Schweizerischen Wissenschaftsrates (Kopie aus dem Besitz von Prof. Dr. Armin Fiechter, vermittelt durch Niklaus Stettler), 25. 1. 1971 (Basel).

Klaus, Gregor, et al.: Biologische Vielfalt. Perspektiven für das neue Jahrhundert. Erkenntnisse aus dem Schweizer Biodiversitäts-Projekt, Basel 2000.

Koordinationsstelle Biodiversitätsmonitoring Schweiz: Zustand der Biodiversität in der Schweiz (Umwelt-Zustand 0604), Bern 2006.

Künzli, Irene; Pauli, Daniela: Natürlich vernetzt. Broschüre zur Sonderausstellung, ca. 2006. www.biodiversität.ch.

Labhart, Alfred: Geschichte der Kollegiengebäude der Universität Basel, 1460–1936. Festschrift der Universität Basel zur Einweihung des neuen Kollegienhauses am 10. Juni 1939, Basel 1939.

Lang, Ernst M.: ‹Forschung im Zoologischen Garten›, in: Verhandlungen der Naturforschenden Gesellschaft in Basel 78 (1), 1967, 21–23.

Laubscher, H. P.: ‹Geologie und Paläontologie›, in: Verhandlungen der Naturforschenden Gesellschaft in Basel 78 (1), 1967, 24–34.

Leser, Hartmut: ‹NLU›, in: Regio Basiliensis 36/3, 1995, 247–253.

Luterbacher, Hanspeter; Grönhagen, Doris (Red.): Festschrift zum 70. Geburtstag von Prof. Dr. Manfred Reichel, Basel 1966 (= Eclogae Geologicae Helvetiae 59, 1).

Meyer-Dürr, L. Rudolf: ‹Über den Werth und Unwerth der Entomologie in der öffentlichen Meinung und über die Motive, welche den Entomologen in seinen Forschungen leiten sollten›, in: Mitteilungen der schweizerischen entomologischen Gesellschaft 1, 1862, 10–15.

Monteil, Annemarie: Basler Museen, Herausgeber: Der Regierungsrat des Kantons Basel-Stadt, Basel 1977.

Moor, Max: ‹Das botanische Werk von Hans Kunz›, in: Bauhinia 5, 1974, 109–115.

Naturhistorisches Museum Basel: (Gedruckte) Jahresberichte 1950–2000, 2005.

Naturhistorisches Museum Basel unter Mitarbeit von Wittmann, Otto: Raritäten und Curiositäten der Natur. Die Sammlungen des Naturhistorischen Museums Basel, Basel 1980.

Nienhaus-Meinau, Casimir: Bericht über die Verunreinigungen des Rheines durch Abfallstoffe der Fabriken im Basler Industrie-Bezirk, erstattet an das Schweizerische Handels- und Landwirtschafts-Departement, Basel 1883.

nr.: ‹Der Abschied von Professor Friedrich Zschokke›, in: Basler Nachrichten, 14. 1. 1936.

Peyer, Bernhard; Nabholz, Luise: Jean Strohl, Zürich 1942.

Portmann, Adolf: Alles fliesst. Rückblick und Ausblick eines Biologen, Basel o. J. (1959).

Portmann, Adolf: ‹Allgemeine Biologie. Ein Hochschulproblem›, in: Experientia 1, 1945.

Portmann, Adolf: Aufbruch der Lebensforschung, Zürich 1965.

Portmann, Adolf: Die Biologie als technische Weltmacht, Zürich 1970.

Portmann, Adolf: ‹Die Frühzeit des Darwinismus im Werk Ludwig Rütimeyers›, in: Basler Stadtbuch 1965, 164–188.

Portmann, Adolf: Die Odonaten der Umgebung von Basel. Beitrag zur biologischen Systematik der mitteleuropäischen Libellen, Lörrach 1921 (Diss. Basel 1921).

Portmann, Adolf: Einführung in die vergleichende Morphologie der Wirbeltiere, Basel 1948.

Portmann, Adolf: Natur und Kultur im Sozialleben. Ein Beitrag der Lebensforschung zu aktuellen Fragen, 2. Aufl. Basel o. J. (1946).

Portmann, Adolf: ‹Prof. Dr. Eduard Handschin (1894–1962)›, in: Verhandlungen der Naturforschenden Gesellschaft Basel 73, 1962, 332–339.

Portmann, Adolf: Vom Ursprung des Menschen. Ein Querschnitt durch die Forschungsergebnisse, Basel o. J. (1945).

Puschnig, A. R.; Graeser, S.; Arnoth, J.: ‹Die mineralogischen Sammlungen des Naturhistorischen Museums Basel (Schweiz). Geschichte, Schwerpunkte und heutiger Zustand›, in: Mitteilungen der Naturforschenden Gesellschaft in Basel 9, 2006, 47–66.

Rasbach, Helga: ‹Der Pteridologe Tadeus Reichstein. Eine persönliche Würdigung›, in: Bauhinia 11, 1996, 211–219.

Ratschlag betreffend Änderung des Gesetzes über die Museen des Kantons Basel-Stadt (Museumsgesetz) vom 16. Juni 1999, vom 21. Dezember 2001 (Nr. 9424), den Mitgliedern des Grossen Rates des Kantons Basel-Stadt zugestellt am 24. Dezember 2004.

Ratschlag betreffend Bewilligung eines Kredites für weitere bauliche Änderungen und eine zentrale Heizungsanlage im Museum an der Augustinergasse, dem Grossen Rate des Kantons Basel-Stadt vorgelegt am 10. Mai 1928. (Nr. 2871).

Ratschlag betreffend den Ankauf der Liegenschaft Zum Württembergerhof, Albangraben 12, 14 und 16, sowie der Erteilung des Expropriationsrechtes an den Regierungsrat zur Erwerbung der Liegenschaft Albangraben 18 für den Neubau des Kunstmuseums und betreffend die Bewilligung eines Kredites für bauliche Änderungen im Museum an der Augustinergasse: 8. April 1926. (Nr. 2724).

Ratschlag betreffend die Mobiliarausrüstung und die Ausführung von baulichen Arbeiten im Museum an der Augustinergasse. 12. Juni 1930. (Nr. 3023).

Ratschlag betreffend Erweiterung und Umbau des Naturhistorischen Museums, den Mitgliedern des Grossen Rates des Kantons Basel-Stadt zugestellt am 11. September 1964. (Nr. 6110).

Ratschlag betreffend Umbau- und Erweiterungsarbeiten in den Museen an der Augustinergasse. 18. Februar 1977. (Nr. 7296).

Ratschlag betreffend Verwendung der Liegenschaft Schlüsselberg 5 für Museumszwecke und schenkweisen Erwerb der Liegenschaften Augustinergasse 4, 6 und 8 für Museums- und Universitätszwecke. 2. Mai 1918. (Nr. 2146).

Ratschlag und Entwurf zu einem Gesetz betreffend Abänderung der §§ 5 und 11 des Universitätsgesetzes vom 30.1.1866 (Schaffung von Lehrstühlen für Pharmazie, physikalische Chemie, Geologie und Paläontologie) vorgelegt am 24. Juli 1920. (Nr. 2335).

Regierungsrat des Kantons Basel-Stadt: Leitbild für die Basler Museen, April 1995.

Rowell, Hugh; Stears, Stephen Curtis; Schmid, Volker: ‹Das Zoologische Institut der Universität Basel›, in: Uni nova 37/38, Februar 1985, 2–9.

Rütimeyer, Ludwig: ‹Erinnerung an Dr. Ludwig Imhoff›, in: Verhandlungen der Naturforschenden Gesellschaft in Basel 5, 1986, 353–367.

Rütimeyer, Ludwig: ‹Ratsherr Peter Merian›, in: Programm zur Rektoratsfeier der Universität Basel, Basel 1883.

Sarasin, Fritz: ‹Anprache von Herrn Dr. Fritz Sarasin›, in: Ansprachen beim öffentlichen Festakt in der Martinskirche zum 100jährigen Jubiläum der Naturforschenden Gesellschaft, in: Verhandlungen der Naturforschenden Gesellschaft in Basel 28, 1917, 193–206.

Sarasin, Fritz: ‹Geschichte der Vogelsammlung der Basler Naturhistorischen Museums›, Basel 1939 (SA).

Schaefer, Hans: ‹Säugetierpaläontologie›, in: Verhandlungen der Naturforschenden Gesellschaft in Basel 78 (1), 1967, 74–79.

Schaub, Hans: ‹Das Naturhistorische Museum Basel›, in: Verhandlungen der Naturforschenden Gesellschaft in Basel 78 (1), 1967, 92–106.

Scherler, Christof (Red.): Ein Porträt. Naturhistorisches Museum Basel, Basel 1997.

Schibler, Jörg: ‹Zum Andenken an Frau Prof. Dr. E. Schmid›, in: Jahrbuch SGUF 77, 1994, 227.

Schmid, Elisabeth: ‹Urgeschichte – Laboratorium für Urgeschichte›, in: Verhandlungen der Naturforschenden Gesellschaft in Basel 78 (1), 1967, 85–91.

Schmidt, Ph.: 125 Jahre Tierschutz in Basel. Festschrift zum Jubiläum des Basler Tierschutzvereins, Basel 1973.

Schweizerisches Tropeninstitut – 1943–1993–2003, Basel 1993.

Senn, G.: ‹Zum Tode von Dr. Hermann Christ-Socin, dem grossen Botaniker›, in: Basler Nachrichten, 25.11.1933.

Smit, Pieter: ‹The Swiss zoologist Rudolf Burckhardt (1866–1908), pioneer in biohistory›, in: Gesnerus 1/2, 1985, 67–83.

Soder, Pierre A.: Biographies and obituaries relevant to the collections held at NMB. http.//pages.unibas.ch/museum/microfossils/Colls_NMB/GENERALS/LIT_ORB.HTML.

Speiser, Felix: ‹Das Museum für Völkerkunde›, in: Bruckner, A. (Red.): Basel Stadt und Land, ein aktueller Querschnitt, Basel 1937, 192–197.

Stamm, Roger Alfred; Fioroni, Pio: ‹Adolf Portmann, ein Rückblick auf seine Forschungen›, SA aus: Verhandlungen der Naturforschenden Gesellschaft in Basel 94, 1984, 88–120.

Stehlin, Hans Georg: ‹Geschichte der Naturforschenden Gesellschaft in Basel 1817–1917›, SA aus Verhandlungen der Naturforschenden Gesellschaft in Basel 28, 1917, 3–188 (Festschrift zum 100jährigen Jubiläum).

Stehlin, Hans Georg: ‹Paul Sarasin 1856–1929›, SA aus Verhandlungen der Schweizerischen Naturforschenden Gesellschaft 1930, 393–407.

Steinmann, Paul: Die Fische der Schweiz, Aarau 1936.

STG-Coopers & Lybrand Consulting; Erziehungsdepartement des Kantons Basel-Stadt: Projekt ATLAS. Konzept Führungs- und Organisationsstruktur Bereich Museen, Fassung vom 12. September 1996.

STG-Coopers & Lybrand Consulting: REKABAS – Teilprojekt Museen. Bericht über die Ergebnisse, Basel, 29. März 1994.

Stierlin, Gustav: ‹Necrolog des Herrn Andreas Bischoff-Ehinger von Basel, vorgetragen bei der Generalversammlung des schweizerischen entomologischen Vereins in Aarau den 26. September 1875›, in: Mitteilungen der schweizerischen entomologischen Gesellschaft 4, 1877, 454–468.

Stingelin, Werner: ‹Zoologie – Zoologische Anstalt›, in: Verhandlungen der Naturforschenden Gesellschaft in Basel 78 (1), 1967, 9–12.

Stöcklin, Jürg: ‹50 Jahre Basler Botanische Gesellschaft und Jubiläumsprogramm›, in: Bauhinia 16, 2002, 1–4.

Stöcklin, Jürg; Schmid, Bernhard: Zur Situation und Entwicklung der Biologie in der Schweiz. Schlussbericht. Schweizerische Kommission für Biologie (SKOB) der Schweizerischen Akademie der Naturwissenschaften (SANW), Bern 1994.

Suter, Rudolf: ‹Der Sinn des Museums›, in: Basler Nachrichten, 12.–13. September 1964.

Sutter, Ernst: ‹Dr. Arnold Masarey zum Gedächtnis›, in: Der ornithologische Beobachter 49, 1952, 33–37.

Thomson Scientific: ISI Web of Knowledge. Science Citation Index Expanded (as part of Web of Science). http://apps.newisiknowledge.com.

Thürkauf, Max: ‹Gedanken zur Anwendung physikalisch-chemischer Gesetze auf das Phänomen Leben›, in: Verhandlungen der Naturforschenden Gesellschaft in Basel 79 (1), 1968, 9–24.

Universitätsgesetz vom 14. Januar 1937, in: Kantonsblatt vom 16.1.1937, 30.

Universitätsgutsgesetz vom 16. Oktober 1919, in: Kantonsblatt vom 22.10.1919, 1.

Ursprung, Heinrich: ‹Nachruf auf Jakob Seiler 1886–1970›, in: Vierteljahrsschrift der Naturforschenden Gesellschaft in Zürich 115/4, 1970, 470f.

Van der Ziel, A.: ‹On the work of the Swiss zoologist Adolf Portmann›, in: JASA 6, March 1954, 5–9. Paper presented at the 8th Annual Convention of the American Scientific Affiliation at Wiona Lake, Indiana, September 1–3, 1953. wwww.asa3.org/asa/PSCF/1954/JASA3-54Vander-Ziel.html.

Verordnung über das Universitätsgut vom 29.10.1946, in: Kantonsblatt vom 2.11.1946, 233.

Verordnung betreffend die Unveräusserlichkeit des Universitätsguts vom 19. Dezember 2000 (440.450).

Weber, Urs: ‹Bwana Ngiri›. Hommage à Rudolf Geigy. 100 Jahre Rudolf Geigy, Basel 2002.

Winkler, Raffael: ‹Ernst Sutter 1914–1999›, in: Journal of Ornithology 141, 2000, 255–256.

Winkler, Raffael: ‹Im Andenken an Ernst Sutter 1914–1999›, in: Ornithologische Gesellschaft Basel, 129. Jahresbericht, 1999, 5–8.

Winkler, Raffael: ‹Ernst Sutter zum Gedächtnis. Redaktor 1954–1988›, in: Der Ornithologische Beobachter 97, 2000, 1–6.

Wolstenholme, Gordon E. W. (ed.): Man and his future, Boston etc. 1963.

Wüthrich, Max: ‹Lothar Forcart (1902–1990) mit einem bibliografischen Anhang von A. Zilch und H. Turner›, in: Archiv für Molluskenkunde der Senckenbergischen Naturforschenden Gesellschaft 121, 1990, 1–13.

W. B.: ‹Zum Tode von Dr. H.-G. Stehlin›, in: Basler Nachrichten, 21.11.1941.

W.V.: ‹Zum 90. Geburtstage von Dr. H. Christ›, in: Basler Anzeiger, 11.12.1923.

www.grube-lengenbach.ch.

Zschokke, Friedrich: ‹Das Genus Oochoristica Lühe›, SA aus Zeitschrift für wissenschaftliche Zoologie 83, Leipzig 1905.

Zschokke, Friedrich: Der Flug der Tiere, Berlin 1919.

Zschokke, Friedrich: ‹Die Tierwelt der Juraseen›, SA aus Revue suisse de zoologie 2 (2), Genève 1894.

Zschokke, Friedrich: Die Tierwelt der Schweiz in ihren Beziehungen zur Eiszeit, Basel 1901.

Zschokke, Friedrich: Vivat Academia. Erinnerungen an 40 Dozentenjahre, Basel 1930.

Zschokke, Friedrich; Steinmann, P.: Die Tierwelt der Umgebung von Basel, Basel 1911.

9.2 Literatur

Atran, Scott: Cognitive foundations of natural history. Towards an anthropology of science, Cambridge (UK) 1990.

Bachmann, Stefan: Zwischen Patriotismus und Wissenschaft. Die schweizerischen Naturschutzpioniere 1900–1938, Zürich 1999.

Beccarelli, Claudio: Finanzierung von Museen. Theorie und Anwendung am Beispiel der Schweizer Museumslandschaft, Bern 2005.

Bennington, J. Bret: A short history of paleontology, http://people.hofstra.edu/faculty/J_B_Bennington/137notes/history_of_paleo.html.

Berchtold, Alfred: Bâle et l'Europe, une histoire culturelle, Lausanne 1990.

Bezombes, Dominique (dir.): La Grande galerie du Muséum national d'histoire naturelle. Conserver c'est transformer, Paris 1994.

Blanckaert, Claude et al. (coordination): Le Muséum au premier siècle de son histoire, Paris 1997.

Blum, Roger: Die politische Beteiligung des Volkes im jungen Kanton Baselland (1832–1875), Liestal 1977.

Bonjour, Edgar: Die Universität Basel von den Anfängen bis zur Gegenwart 1460–1960, Basel 1960.

Bowler, Peter J.: The Fontana history of environmental sciences, London 1992.

Boylan, Patrick: Museums 2000. Politics, people, professionals and profit, London 1992.

Bridson, Gavin D. R.: The history of natural history. An annotated bibliography, New York 1994.

Bürgin, Alfred: Geschichte des Geigy-Unternehmens von 1758 bis 1939. Ein Beitrag zur Basler Unternehmer- und Wirtschaftsgeschichte, Basel 1958.

Buffetaut, Eric: Histoire de la paléontologie, Paris 1998.

Bundi, Hanspeter: Afrika in Bern. Wie die Safari zweier Bernburger das Naturhistorische Museum verwandelte, Bern 1998.

Burckhardt, Dieter: ‹Die Wiege des Naturschutzes stand in Basel. Streiflichter auf Entstehung und Entwicklung des Naturschutzes in der Schweiz›, in: Verhandlungen der Naturforschenden Gesellschaft Basel 102 (1), 1992, 3–45.

Carl, Bruno: ‹Neue Bauaufgaben im frühen 19. Jahrhundert›, in: Werk 50, 1963, 453–458.

Carroll, Victoria: ‹«Beyond the pale of ordinary criticism». Eccentricity and the fossil books of Thomas Hawkins›, in: Isis 98, 2007, 225–265.

Chadarevian, Soraya de, et al. (eds): Molecularizing biology and medicine. New practices and alliances, 1910s–1970s, Amsterdam 1998.

Chambers, Paul: Bones of contention. The archaeopteryx scandals, London 2002.

Chiavi, Ivo: Peter Merian (1795–1883) als Förderer der naturwissenschaftlichen Forschung in Basel, Liz.-Arbeit Universität Basel (Betreuer: Kaspar von Greyerz), unveröffentlichtes Manuskript, 2007.

Eidelman, Jacqueline; Van Praët, Michel (dir.): La muséologie des sciences et ses publics. Regards croisés sur la Grande Galerie de l'Evolution du Muséum national d'histoire naturelle, Paris 2000.

Fayet, Roger (Hg.): Im Land der Dinge. Museologische Erkundungen, Baden/Schaffhausen 2005.

Flubacher, Silvia: Die Berufung Adolf Portmanns auf den Lehrstuhl für Zoologie in Basel 1931, Seminararbeit (Manuskript), Historisches Seminar, Universität Basel, 2007.

Ganz, Paul L., et al.: ‹Das Museum an der Augustinergasse› = Basler Zeitschrift für Geschichte und Altertumskunde 78, 1979 (SA).

Germann, Georg; Huber, Dorothee, et al.: ‹Der Bau des alten Museums Basel (1844–1849)›, in: Basler Zeitschrift für Geschichte und Altertumskunde 78, 1978.

Givernaud, Nicolas: ‹Georges Teissier et la génétique des populations›, http://picardp1.ivry.cnrs.fr/Teissier.html#note1.

Gossman, Lionel: Basel in the age of Burckhardt. A study in unseasonable ideas, Chicago 2002.

Goulven, Laurent: ‹Naissance de la paléontologie›, in: Futura Sciences 2003, www.futura-sciences.com/comprendre/d/dossier229-4.php.

Grimoult, Cédric: Le développement de la paléontologie contemporaine, Genève 2000.

Groeben, Christiane; Kaasch, Joachim; Kaasch, Michael (Hg.): Stätten biologischer Forschung/Places of biological research. Beiträge zur 12. Jahrestagung der DGGTB in Neapel 2003 (Verhandlungen zur Geschichte und Theorie der Biologie 11), Berlin 2005.

Hölder, Helmut: Kurze Geschichte der Geologie und Paläontologie. Ein Lesebuch, Berlin 1989.

Huber, Dorothee: Architekturführer Basel, Basel 1993.

Huber, Dorothee: Das Kollegienhaus der Universität Basel, Bern 2003.

Huber, Dorothee; Huggel, Doris; Architekturmuseum Basel (Hg.): Melchior Berri 1801–1854. Architekt des Klassizismus, Basel 2001.

Huber, Walter, et al.: 1832–1982. Festschrift zur 150-Jahr-Feier. Das Naturhistorische Museum Bern. Seine Geschichte, seine Sammlungen, seine Aufgaben = Jahrbuch des Naturhistorischen Museums Bern, Bd. 8, 1981–1983, Beiheft.

Illies, Joachim: Das Geheimnis des Lebendigen. Leben und Werk des Biologen Adolf Portmann, München 1976.

Jahn, Ilse (Hg.): Geschichte der Biologie. Theorien, Methoden, Institutionen, Kurzbiographien, Hamburg 2004.

Jahn, Ilse: Grundzüge der Biologiegeschichte, Jena 1990.

Janner, Sara: Forschen, dokumentieren, sammeln und ausstellen im Naturhistorischen Museum Basel zwischen 1900 und 1980. Neun biographische Skizzen, Basel 2008 (unveröffentlichtes Manuskript).

Jansen, Sarah: Schädlinge, Frankfurt/Main 2003.

Jardine, Nicholas; Secord, Jim A.; Spary, Emma C. (eds): Cultures of natural history, Cambridge 1996.

John, Hartmut, et al. (Hg.): Lernort Museum – neu verortet! Ressourcen für soziale Integration und individuelle Entwicklung. Ein europäisches Praxishandbuch, Bielefeld 2004.

Kell, Patricia: ‹The Ashmolean Museum. A case study of 18th century collecting›, in: Knell, Simon J. (ed.): Museums and the future of collecting, 2nd edition. Aldershot, Vermont 2004 (1st edition 1999), 72–83.

Kellenberger, Eduard, et al.: ‹Die Entstehung des Biozentrums in Basel›, in: Verhandlungen der Naturforschenden Gesellschaft Basel 102 (1), 1992, 111–132.

Knell, Simon: ‹Altered values. Searching for a new collecting›, in: Knell, Simon J. (ed.): Museums and the future of collecting, 2nd edition. Aldershot, Vermont 2004, 1–46.

Knell, Simon J. (ed.): Museums and the future of collecting, 2nd edition, Aldershot, Vermont 2004 (1st edition 1999).

Koch, Hannsjoachim Wolfgang: Der Sozialdarwinismus. Seine Genese und sein Einfluss auf das imperialistische Denken, München 1973.

Koechlin, Florianne: ‹Don Quijote der Laboratorien›, in: WoZ 24, 10. 6. 2004.

Kohler, Robert E.: All creatures. Naturalists, collectors, and biodiversity, 1850–1950, Princeton, Oxford 2006.

Kohler, Robert E.: Landscapes and labscapes. Exploring the lab-field border in biology, Chicago 2002.

Korff, Gottfried: Meuseumsdinge deponieren, exponieren. Hg. v. Martina Eberspächer et al., Köln 2002.

Kreis, Georg: Die Universität Basel 1960–1985, Basel 1986.

Kreis, Georg (Hg.): Zeitbedingtheit – Zeitbeständigkeit. Professoren-Persönlichkeiten der Universität Basel, Basel 2002.

Kruspel, Stefanie: Das Naturhistorische Museum Wien als Gesamtkunstwerk. Ein kunst- und kulturhistorischer Rundgang durch das Haus, Wien 2000.

Kugler, Rolf: Philosophische Aspekte der Biologie Adolf Portmanns, Zürich 1967 (Basler Beiträge zur Philosophie und ihrer Geschichte 2).

Kuhn, Thomas K.; Sallmann, Martin (Hg.): Das ‹Fromme Basel›. Religion in einer Stadt des 19. Jahrhunderts, Basel 2002.

Kurz, Hugo: Zur Geschichte des Anatomischen Instituts und des Anatomischen Museums Basel, Basel 1995.

Laissus, Yves: Le Muséum National d'Histoire Naturelle, Paris Gallimard 1995 (nouvelle éd. 2003).

Lear, Linda J.: Rachel Carson. Witness for nature, London etc. 1999.

Lepenies, Wolf: Das Ende der Naturgeschichte. Wandel kultureller Selbstverständlichkeiten in den Wissenschaften des 18. und 19. Jahrhunderts, München 1976.

Loetz, Francisca; Steinbrecher, Aline (Hg.): Sammelsurium der Tiere. Geschichte und Geschichten des Zoologischen Museums der Universität Zürich, Zürich 2008.

McMullin, Ernan: ‹Duhem's middle way›, in: Synthese 83/3, 1990, 421–430.
Maurer, Martin: Die soziale Differenzierung in Stadt und Landschaft Basel als Ursache der Kantonstrennung 1833, Liestal 1985.
Mayr, Ernst: The growth of biological thought, Cambridge MA 1982.
Meier, Nikolaus: ‹Identität und Differenz. Zum 150. Jahrestag der Eröffnung des Museums an der Augustinergase in Basel›, in: Basler Zeitschrift für Geschichte und Altertumskunde 100, 2000, 121–192.
Müller, Helmut: Philosophische Grundlagen der Anthropologie Adolf Portmanns, Weinheim 1988.
Nagel, Anne; Möhle, Martin; Meles Brigitte: Die Altstadt von Grossbasel, Bern 2006 (Kunstdenkmäler der Schweiz 109 = Kunstdenkmäler des Kantons Basel-Stadt 7).
Neuland-Kitzerow, Dagmar (Hg.): Objekte im Kontext. Museumsgeschichte(n) – Forschungsgeschichte(n), Berlin 2001.
Niederer-Schmidli, Susanne: ‹Umweltschutz – Schlagwort des siebziger Jahre?›, in: Verhandlungen der Naturforschenden Gesellschaft Basel 102 (1), 1992, 175–210.
Nudds, John R.; Pettitt, Charles W. (eds): The value and valuation of natural science collections. Proceedings of the international conference, Manchester, 1995, London 1997.
Nyhart, Lynn K.: ‹Natural history and the «new» biology›, in: Jardine, Nicholas; Secord, Jim A.; Spary, Emma C. (eds): Cultures of natural history, Cambridge 1996, 426–494.
Olson, Everett Claire: The other side of the medal. A paleobiologist reflects on the art serendipity of science, Blacksburg 1990.
Ort, Werner: Der modernen Schweiz entgegen. Heinrich Zschokke prägt den Aargau, Baden 2003.
Palladino, Paolo: Entomology, ecology, and agriculture, Amsterdam 1996.
Perkins, John H.: Insects, experts, and the insecticide crisis, New York 1982.
Pisani, Camille: ‹Der Mensch in der Vitrine. Vom Musée d'Ethnographie du Trocadéro zum neuen Musée de l'Homme›, in: Te Heesen, Anke; Lutz, Petra (Hg.): Dingwelten. Das Museum als Erkenntnisort, Köln 2005, 141–149.
Pomian, Krzysztof: Collectionneurs, amateurs et curieux. Paris, Venise 16e–18e siècle, Paris 1987.
Porter, Roy: ‹Gentlemen and geology. The emergence of a scientific career 1660–1920›, in: The Historical Journal 21, 1978, 809–836.
Preiss, Achim; Stamm, Karl; Zehnder, Frank Günter (Hg.): Das Museum. Die Entwicklung in den 80er Jahren. Festschrift für Hugo Borger zum 65. Geburtstag, München 1990.
Preziosi, Donald, et al. (ed.): Grasping the world. The idea of the museum, Aldershot 2004.
Rheinberger, Hans-Jörg; Hagner, Michael (Hg.): Die Experimentalisierung des Lebens. Experimentalsysteme in den biologischen Wissenschaften 1850–1950, Berlin 1993.
Reif, Wolf-Ernst: ‹The search for a macroevolutionary theory in German paleontology›, in: Journal of the History of Biology 19/1, 1986, 79–130.
Ritter, Markus: ‹Aspekte einer Geschichtsschreibung der Tierwelt Basels›, in: Verhandlungen der Naturforschenden Gesellschaft Basel 102 (1), 1992, 211–276.

Ritter, Markus: ‹Die Biologie Adolf Portmanns im zeitgeschichtlichen Kontext›, in: Basler Zeitschrift für Geschichte und Altertumskunde 100, 2000, 207–254.

Rothe, Peter: Erdgeschichte. Spurensuche im Gestein, Darmstadt 2000.

Roussel Versini, Anne (coord.): Les collections du Muséum, Paris 2005.

Rudwick, Martin J. S.: Bursting the limits of time. The reconstruction of geohistory in the age of revolution, Chicago 2005.

Rudwick, Martin J. S.: The meaning of fossils, Chicago 1972.

Rütsche, Claudia: Die Kunstkammer in der Zürcher Wasserkirche. Öffentliche Sammeltätigkeit einer gelehrten Bürgerschaft im 17. und 18. Jahrhundert aus museumsgeschichtlicher Sicht, Bern 1997.

Rütsche, Claudia: ‹Eine Enzyklopädie aus Objekten. Johann Jakob Scheuchzers Inventarisation der Zürcher Kunstkammer und die Physica Sacra›, in: Michel, Paul; Herren, Madeleine (Hg.): Allgemeinwissen und Gesellschaft. Akten des internationalen Kongresses über Wissenstransfer und enzyklopädische Ordnungssysteme, Prangins 2003. www.enzyklopaedie.ch (elektronisch publiziert 2005), 1–33.

Salvisberg, André: 150 Jahre Freiwilliger Museumsverein Basel, Basel 2000.

Sande, T. A.: ‹Museums, museums, museums›, in: Journal of Museum Management and Curatorship 11, 1992, 185–192.

Schmidt, Aurel: Die Natur und ihr Museum. Ein Kapitel Geistesgeschichte vor Jürg Kreienbühls Bildern aus dem Jardin des Plantes, Basel 1992.

Sheets-Pyenson, Susan: Cathedrals of science. The development of colonial natural history museums during the late 19th century, Kingston, Montreal 1988.

Simon, Christian: ‹Diversitätswahrnehmung – Diversitätsrepräsentation. Ein nichtdisziplinärer Versuch›, in: Biodiversität MCO Info, SPP-U, MGU, 4, 1995, 4–6.

Star, Susan L.; Griesemer, James R.: ‹Institutional ecology, «translations» and boundary objects. Amateurs and professionals in Berkeley's Museum of Vertebrate Zoology, 1907–1939›, in: Social Studies of Science 19, 1989, 387–420.

Stettler, Niklaus: Natur erforschen. Perspektiven einer Kulturgeschichte der Biowissenschaft an Schweizer Universitäten 1945–1975, Zürich 2002.

Stirnimann, Charles: Die ersten Jahre des ‹Roten Basel› 1935–1938, Basel 1988.

Strahm, Hans: ‹Die Anfänge der naturhistorischen Sammlungen in der alten Berner Stadtbibliothek›, in: Berner Zeitschrift für Geschichte und Heimatkunde 7, 1945, 37–40.

Takacs, David: The idea of biodiversity. Philosophies of paradise, Baltimore 1996.

Te Heesen, Anke; Spary, Emma C. (Hg.): Sammeln als Wissen. Das Sammeln und seine wissenschaftsgeschichtliche Bedeutung, Göttingen 2001.

Te Heesen, Anke; Lutz, Petra (Hg.): Dingwelten. Das Museum als Erkenntnisort, Köln 2005.

Van Praët, Michel (dir.): La Grande Galerie de l'Evolution, Paris 2005.

Vénec-Peyré, Marie-Thérèse; Gardin, Silvia; Masure, Edwige: ‹La contribution des micropaléontologues aux Annales de Paléontologie entre 1906 et 2006›, in: Annales de Paléontologie 92, 2006, 105–116.

Wahlert, Gerd von: Adolf Portmann, Versuch einer Würdigung, Basel 1972.

Walter, François: Les Suisses et l'environnement, Genève 1990.

Weikart, Richard: From Darwin to Hitler. Evolutionary ethics, eugenics, and racism in Germany, New York 2004.

Weingart, Peter: ‹Struggle for existence. Selection and retention of a metaphor›, in: Maasen, Sabine, et al. (eds): Biology as society, society as biology. Metaphors, Dordrecht 1995, 127–154.

Weingart, Peter, et al.: Rasse, Blut und Gene. Geschichte der Eugenik und Rassenhygiene in Deutschland, Frankfurt/Main 1988.

Wilson, Edward O.: ‹The biodiversity crisis. A challenge to science›, in: Issues in Science and Technology 2, 1985, 20–29.

Wilson, Edward O.; Peter, Frances M. (eds): Biodiversity, Washington DC 1988.

Wittmann, Otto: Frühe Paläontologie in der Landschaft Basel. Kommentar zu Daniel Bruckners Versuch einer Beschreibung historischer und natürlicher Merkwürdigkeiten der Landschaft Basel, Band 2, Dietikon-Zürich 1977.

Worrall, John: ‹Scientific realism and scientific change›, in: Philosophical Quarterly 32, 1982, 201–231.

Zwicker, Josef: ‹Zur Universitätsgeschichte in den 1930er Jahren›, in: 50 Jahre Kollegienhaus der Universität Basel. Vorträge gehalten am 10. Juni 1989, Basel 1991, 10–19.

Anhang

Verzeichnis der Abkürzungen

Anm.	Anmerkung
Art.	Artikel
BaZ	Basler Zeitung
betr.	betreffend
cf.	vergleiche
CSCF	Centre suisse de cartographie de la faune
d.h.	das heisst
DC	District of Columbia
DDT	Dichlordiphenyltrichloräthan
DFG	Deutsche Forschungsgemeinschaft
Diss.	Dissertation
DNA	Deoxyribonucleic acid
DSDP	Deep Sea Drilling Project
ED	Erziehungsdepartement (des Kantons Basel-Stadt)
eds	Editors (Herausgeber)
ETH	Eidgenössische Technische Hochschule
EU	Europäische Union
FAG	Freiwillige Akademische Gesellschaft
FDP	Freisinnig-demokratische Partei
Fr.	Schweizer Franken
GGG	Gesellschaft zur Beförderung des Guten und Gemeinnützigen
HCH	Hexachlorcyclohexan
Hg.	Herausgeber
HLS	Historisches Lexikon der Schweiz
ICOM	International Council of Museums
IRSAC	Institut pour la Recherche Scientifique en Afrique Centrale
IUCN	International Union for Conservation of Nature and Natural Resources
JB	Jahresbericht(e)
MA	Massachusetts
MGU	Mensch – Gesellschaft – Umwelt
n.a.	nicht angegeben / nicht anwendbar
N.S.	Neue Serie

NGO	Non-governmental organization
NLU	Natur-, Landschafts- und Umweltschutz
NMB	Naturhistorisches Museum Basel
NPM	New Public Management
ODP	Ocean Drilling Project
p.a.	per annum
PD	Privatdozent
Phil. I	Philosophisch-Historische Fakultät
Phil. (Fak.) II	Philosophische Fakultät II (Philosophisch-Naturwissenschaftliche Fak.)
PR	Public Relations
PuMa	(New) Public Management (Basler Projekt zur Reorganisation der Verwaltung)
REKABAS	Redimensionierung der Kantonsaufgaben im Kanton Basel-Stadt
RR	Regierungsrat
SA	Sonder-Abdruck (Separatum)
SANW	Schweizerische Akademie der Naturwissenschaften
SBN	Schweizerischer Bund für Naturschutz
SGUF	Schweizerische Gesellschaft für Ur- und Frühgeschichte
SNF	Schweizerischer Nationalfonds zur Förderung der wissenschaftlichen Forschung
SNG	Schweizerische Naturforschende Gesellschaft
SPP	Schwerpunktprogramm
SPP-U	Schwerpunktprogramm Umwelt
StABS	Staatsarchiv des Kantons Basel-Stadt
SWA	Schweizerisches Wirtschaftsarchiv
TOPODOK	Topographische Dokumentation
UA	Universitätsarchiv (im StABS)
UK	United Kingdom
UNESCO	United Nations Educational, Scientific and Cultural Organization
UN(O)	United Nations (Organization)
US(A)	United States (of America)
vgl.	vergleiche
VO	Verordnung
VPOD	Verband des Personals öffentlicher Dienste
WWF	World Wildlife Fund
WWZ	Wirtschaftswissenschaftliches Zentrum
z. B.	zum Beispiel

Für die Museumsnacht 1999 wurde ein Comic herausgebracht, der mit diesem Bild schliesst. Es unterstreicht, dass das Museum eine enge Beziehung zu Kindern herstellt. Zugleich transportiert es die Botschaft, dass die Inhalte des Museums durch Tor, Schwelle und Beleuchtung von der Aussenwelt, in der das Kind lebt, getrennt sind. Diese Grenzziehung widerspricht dem eigentlichen Anspruch der Naturgeschichte, das Leben zu erfassen.

Bildnachweis

Der Autor hat sich bemüht, sämtliche Inhaber von Abdruckrechten zu identifizieren und deren Einverständnis einzuholen. Sollten Rechtsinhaber übersehen worden sein, so werden sie gebeten, sich beim Autor oder auch beim Verlag zu melden.

Abkürzungen
Fp = Fotopositiv, Fn = Fotonegativ

Naturhistorisches Museum

Vordere Umschlagklappe: Überarbeitung einer Kopie eines Plans des Hochbauamtes Basel-Stadt, aufgenommen am 19. Februar 1992, korrigiert am 27. Januar 1995.

Hintere Umschlagklappe: Serie von Fotopositiven, Eidenbenz, Basel (chronologische Anordnung rekonstruiert).

Objekte: S. 16 Bildtafel, Zeichnung Otto Garraux, Basel; 83 Drahtmodell von Manfred Reichel, Foto Jean-Jacques Nobs, Basel; 270 Sammlungskasten, Foto Jean-Jacques Nobs, Basel; 299 Beobachtungsblatt aus Ringbuch, Scan; 300 Alkoholpräparate, Foto Jean-Jacques Nobs, Basel; 413 aus: Simon Jaquemet, Eine Nacht im Museum, NM Comic, [Basel] 1999 (150 Jahre Berri-Bau 1949–1999), letzte Seite.

Bildmaterial: S. 64 Fp; 96 Fp; 101 Fp; 121 Fp; 125 Fp; 126 Fp; 131 beide Fp; 132 Fp, Photopress Zürich (Fotograf nicht identifizierbar); 134 links Glasnegativ; 134 rechts clichiertes Fp; 165 Fn; 167 Fp, Wolfgang Suter; 169 Fp; 170 Fp, Burkart Engesser; 176 Fn, Wolfgang Suter; 177 Fn, Wolfgang Suter; 181 beide Fn; 183 Fn; 185 Fn; 188 Zeichnung, Otto Garraux; 194 Fp, Severino Dahint; 211 Fp, Severino Dahint; 251 Fn, Wolfgang Suter; 259 Fp, Severino Dahint; 262 Fp; 263 Fp, Severino Dahint; 294 Fp; 296 Fp; 304 Fp; 337 Fp.

Staatsarchiv des Kantons Basel-Stadt

S. 18 PA 924 a 0 2.1 b (1) 282, Glasdia; 24 BSL 1013 1-7127 1 (Foto Hans Bertolf), Basel, Fn; 27 BSL 1013 1-7248 1 (Foto Hans Bertolf), Basel, Fn; 67 BSL 1013 1-4765 1 (Foto Hans Bertolf), Basel, Fn; 98 Bild Schn. 14, Aquarell, Johann Jakob Schneider nach Johann Jakob Neustück; 102 Planarchiv E 2, 44, Plan, Stadtbaumeister Heinrich Reese; 103 Planarchiv E 2, 48, Zeichnung,

Stadtbaumeister Heinrich Reese; 105 Hö C 35497 (Sammlung Höflinger), Fn, Höflinger; 106 Hö B 56 (Sammlung Höflinger), Ersatznegativ für originales Glasnegativ, Jakob Höflinger; 107 Planarchiv P 3, 50, Projekt der Basler Baugesellschaft, Variante, 1914/15; 112 PA 924a O 2.1b (1) 259, Glasdia; 156 BSL 1013 1-3933 2 (Foto Hans Bertolf), Basel, Fn; 171 BSL 1013 2-83 1 (Foto Hans Bertolf), Basel, Fn; 189 BSL 1013 1-4807 1 (Foto Hans Bertolf), Basel, Fn; 208 BSL 1013 1-5595 1 (Foto Hans Bertolf), Basel, Fn; 210 Hö B 50 (Sammlung Höflinger), Ersatznegativ für originales Glasnegativ, Jakob Höflinger, Basel; 292 BSL 1013 1-3918 1 (Foto Hans Bertolf), Basel, Fn.

Universitätsbibliothek, Porträtsammlung und Bibliotheksbestände

S. 42 Carte de visite, Jakob Höflinger, Basel; 44 Carte de visite, Johann Friedrich Hartmann, Basel; 46 Bildtafel A III aus: Crania Helvetica. Sammlung schweizerischer Schädelformen in Gemeinschaft mit Ludwig Rütimeyer, Professor der Zoologie und vergleichenden Anatomie bearbeitet von Wilhelm His, Professor der Anatomie und Physiologie in Basel. Mit Atlas von 82 Doppeltafeln, Basel und Genf, H. Georg's Verlagsbuchhandlung, 1864, Bildatlas: A. Sion-Typus (22 Doppelbilder), III. Kleinhüningen bei Basel (UBB Signatur: Hl II 29); 50 Abzug Fotocliché; 54 Tafel IV aus: Paul Sarasin und Fritz Sarasin, Ergebnisse naturwissenschaftlicher Forschungen auf Ceylon in den Jahren 1884–1886, Wiesbaden. C.W. Kreidel's Verlag, 1887–1893, Bd. 1, 1887–1888, mit XVII Tafeln, S. 19–31: Ueber zwei parasitische Schnecken, 1887, hierzu Tafel IV und V (UBB Signatur: H h I 52); 79 Fp; 116 Fp, Photo Braun, Basel; 145 Fp, Photopress Zürich (Fotograf nicht identifizierbar).

Geologisch-Paläontologisches Institut, Bibliothek

Objekt: S. 77 Menukarte, Foto Jean-Jacques Nobs.
Bildmaterial: S. 81 Fotografische Reproduktion eines verschollenen Fp.

Privatbesitz

S. 99 Stich, gezeichnet von Friedrich Zimmermann, gestochen von Alexander Alboth, Leipzig, herausgegeben unter dem Titel ‹La Musée de Bâle› von J. L. Fuchs & Co, ohne Datum und Ort; 137 Fp; 151 Fp.

Zur Bildfolge in der hinteren Klappe:

Transport des sechs Meter hohen Präparats eines afrikanischen Giraffenbullen aus der Eingangshalle in den 2. Stock des Museums im August 1935

In einem Holzrahmen gesichert wird die Giraffe durch den Haupteingang unter Aufsicht eines Museumsangestellten aus der Eingangshalle auf die Augustinergasse getragen. Hans Georg Stehlin tritt unmittelbar hinter der Giraffe auf die Augustinergasse und verfolgt aufmerksam den weiteren Transport zum Eingang zum Hof zwischen Naturhistorischem und Völkerkundlichem Museum. Zusammen mit seinem Mitarbeiter Samuel Schaub folgt er der Giraffe.

Die Giraffe kommt auf dem Hof zwischen beiden Museen an und wird unter das Holzgerüst geschoben, auf dem das eine Tonne schwere Präparat mittels eines Flaschenzugs zum Fenster im Treppenhaus im 2. Stock des Museums gehievt werden soll. Die Giraffe wird vorsichtig angehoben. Die Giraffe auf der Höhe des 1. Stockes.

Die Giraffe nähert sich dem Fenster im Treppenhaus auf der Höhe des 2. Stocks. Nach dem erfolgreichen Abschluss des Transports herrscht immer noch Anspannung in der Leitung der osteologischen Sammlung (von links): Samuel Schaub, Hans Georg Stehlin und Hermann Helbing. Im Hintergrund vielleicht der Kustos der zoologischen Abteilung Lothar Forcart.
Freude und Erleichterung hingegen bei (von links): Eugen Paravicini, Mitarbeiter des Völkerkundlichen Museums, und Fritz Sarasin.